상위권의 기준

최상위 수학

수학 좀 한다면

구성과 특징

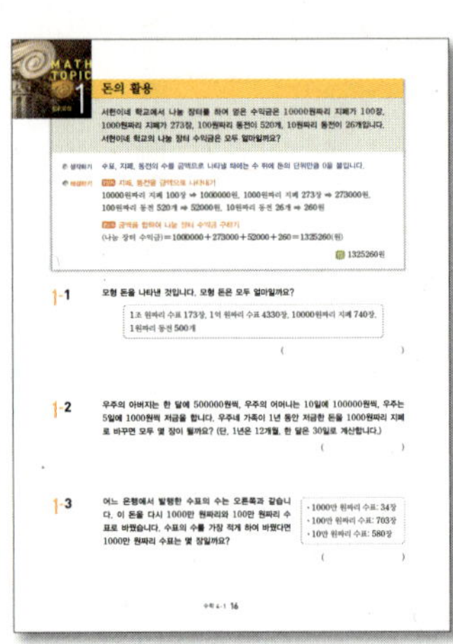

MATH TOPIC

엄선된 대표 심화 유형들을 집중 학습함으로써 문제 해결력과 사고력을 향상시키는 단계입니다.

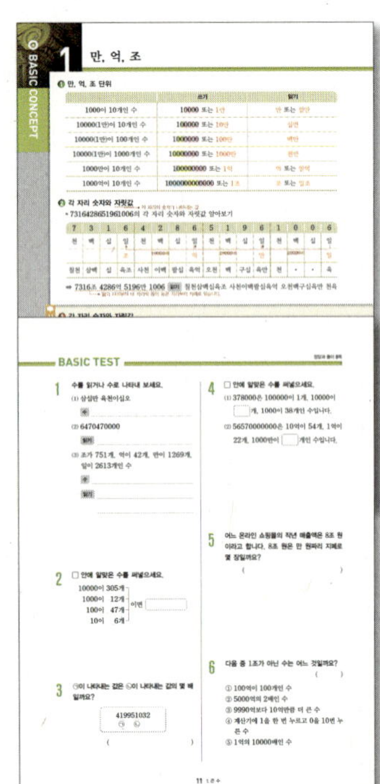

BASIC CONCEPT

개념 설명과 함께 구성되어 있습니다.
교과서 개념 이외의 실전 개념, 연결 개념, 주의 개념, 사고력 개념을 함께 정리하여 심화 학습의 기본기를 갖출 수 있게 하였습니다.

BASIC TEST

본격적인 심화 학습에 들어가기 전 단계로 개념을 적용해 보며 기본 실력을 확인합니다.

최상위를 위한 특별 학습 서비스

상위권 학습 자료
상위권 단원평가＋경시 기출문제(디딤돌 홈페이지 www.didimdol.co.kr)

문제풀이 동영상
LEVEL UP TEST 전 문항 및 HIGH LEVEL 전 문항

최상위 초등수학 4-1

펴낸날 [초판 1쇄] 2024년 9월 26일 [초판 3쇄] 2025년 4월 1일
펴낸이 이기열
펴낸곳 (주)디딤돌 교육
주소 (03972) 서울특별시 마포구 월드컵북로 122 청원선와이즈타워
대표전화 02-3142-9000
구입문의 02-322-8451
내용문의 02-323-9166
팩시밀리 02-338-3231
홈페이지 www.didimdol.co.kr
등록번호 제10-718호
구입한 후에는 철회되지 않으며 잘못 인쇄된 책은 바꾸어 드립니다.
이 책에 실린 모든 삽화 및 편집 형태에 대한 저작권은
(주)디딤돌 교육에 있으므로 무단으로 복사 복제할 수 없습니다.
상표등록번호 제40-1576339호
최상위는 특허청으로부터 인정받은 (주)디딤돌 교육의 고유한 상표이므로
무단으로 사용할 수 없습니다.
Copyright © Didimdol Co. [2561540]

최상위 수학 4·1 학습 스케줄표

8주 완성

짧은 기간에 집중력 있게 한 학기 과정을 학습할 수 있도록 설계하였습니다.
방학 때 미리 공부하고 싶다면 8주 완성 과정을 이용하세요.

공부한 날짜를 쓰고 하루 분량 학습을 마친 후, 부모님께 확인 check ☑ 를 받으세요.

1주	월 일	월 일	월 일	월 일	월 일
	1. 큰 수				
	10~13쪽	14~15쪽	16~19쪽	20~22쪽	23~25쪽

2주	월 일	월 일	월 일	월 일	월 일
	1. 큰 수		**2. 각도**		
	26~27쪽	28~30쪽	34~37쪽	38~39쪽	40~43쪽

3주	월 일	월 일	월 일	월 일	월 일
	2. 각도			**3. 곱셈과 나눗셈**	
	44~47쪽	48~49쪽	50~51쪽	52~54쪽	58~61쪽

4주	월 일	월 일	월 일	월 일	월 일
	3. 곱셈과 나눗셈				
	62~63쪽	64~67쪽	68~71쪽	72~74쪽	75~76쪽

5주	월 일	월 일	월 일	월 일	월 일
	3. 곱셈과 나눗셈	**4. 평면도형의 이동**			
	77~79쪽	84~89쪽	90~93쪽	94~97쪽	98~101쪽

6주	월 일	월 일	월 일	월 일	월 일
	4. 평면도형의 이동		**5. 막대그래프**		
	102~104쪽	105~107쪽	112~115쪽	116~119쪽	120~122쪽

7주	월 일	월 일	월 일	월 일	월 일
	5. 막대그래프			**6. 규칙 찾기**	
	123~124쪽	125~126쪽	127~129쪽	134~137쪽	138~141쪽

8주	월 일	월 일	월 일	월 일	월 일
	6. 규칙 찾기				
	142~145쪽	146~150쪽	151~153쪽	154~156쪽	157~159쪽

공부를 잘 하는 학생들의 좋은 습관 8가지

매일매일 규칙적인 학습 시간 계획을 세워요.

과제에 대한 시간 관리를 잘 해요.

책상 정리정돈을 잘 해요.

열심히 공부한 다음 적당한 휴식을 가져요.

등, 하교 때 자신이 한 공부를 다시 기억하며 상기해 봐요.

모르는 부분에 대한 질문을 잘 해요.

수학 문제를 푼 다음 틀린 문제는 반드시 오답 노트를 만들어요.

자신만의 노트 필기법이 있어요.

최상위 수학 4·1 학습 스케줄표

12주 완성

부담되지 않는 학습량으로 공부 습관을 기를 수 있도록 설계하였습니다.
학기 중 교과서와 함께 공부하고 싶다면 12주 완성 과정을 이용하세요.

공부한 날짜를 쓰고 하루 분량 학습을 마친 후, 부모님께 확인 check☑를 받으세요.

1주 · 1. 큰 수
월 일	월 일	월 일	월 일	월 일
10~11쪽	12~13쪽	14~15쪽	16~18쪽	19~20쪽

2주 · 1. 큰 수
월 일	월 일	월 일	월 일	월 일
21~22쪽	23~25쪽	26~27쪽	28~29쪽	30쪽

3주 · 2. 각도
월 일	월 일	월 일	월 일	월 일
34~35쪽	36~37쪽	38~39쪽	40~41쪽	42~43쪽

4주 · 2. 각도
월 일	월 일	월 일	월 일	월 일
44~45쪽	46~47쪽	48~49쪽	50~51쪽	52~54쪽

5주 · 3. 곱셈과 나눗셈
월 일	월 일	월 일	월 일	월 일
58~59쪽	60~61쪽	62~63쪽	64~65쪽	66~67쪽

6주 · 3. 곱셈과 나눗셈
월 일	월 일	월 일	월 일	월 일
68~69쪽	70~71쪽	72~74쪽	75~76쪽	77~78쪽

7주 · 3. 곱셈과 나눗셈 / 4. 평면도형의 이동
월 일	월 일	월 일	월 일	월 일
79쪽	84~85쪽	86~87쪽	88~89쪽	90~93쪽

8주 · 4. 평면도형의 이동
월 일	월 일	월 일	월 일	월 일
94~97쪽	98~99쪽	100~101쪽	102~104쪽	105~106쪽

9주 · 4. 평면도형의 이동 / 5. 막대그래프
월 일	월 일	월 일	월 일	월 일
107쪽	112~113쪽	114~115쪽	116~117쪽	118~119쪽

10주 · 5. 막대그래프 / 6. 규칙 찾기
월 일	월 일	월 일	월 일	월 일
120~122쪽	123~124쪽	125~126쪽	127~129쪽	134~135쪽

11주 · 6. 규칙 찾기
월 일	월 일	월 일	월 일	월 일
136~137쪽	138~139쪽	140~141쪽	142~143쪽	144~145쪽

12주 · 6. 규칙 찾기
월 일	월 일	월 일	월 일	월 일
146~147쪽	148~150쪽	151~153쪽	154~156쪽	157~159쪽

HIGH LEVEL

교외 경시 대회에서 출제되는 수준 높은 문제들을 풀어 봄으로써 상위 3% 최상위권에 도전하는 단계입니다.

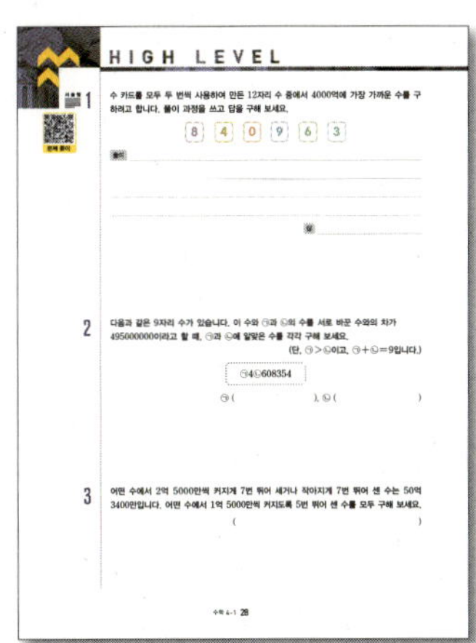

윗 단계로 올라가는 데 어려움이 없도록 **BRIDGE 문제**들을 각 코너별로 배치하였습니다.

LEVEL UP TEST

대표 심화 유형 외의 다양한 심화 문제들을 풀어 봄으로써 해결 전략과 방법을 학습하고 상위권으로 한 걸음 나아가는 단계입니다.

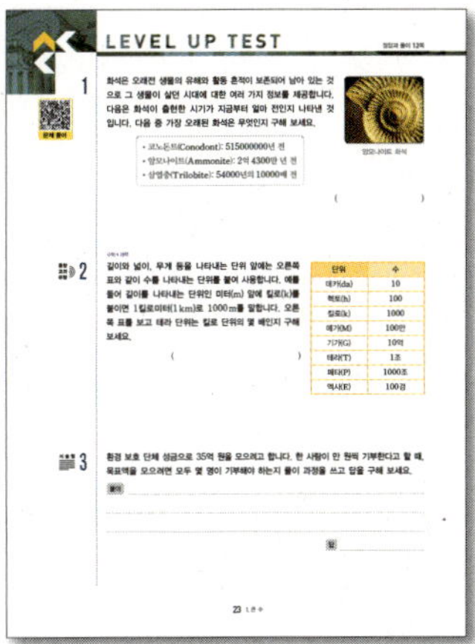

차례

큰 수

숫자와 자릿값의 시작

자릿값의 발달

자릿값의 시작은 기원전 3400년 전으로 거슬러 올라갑니다. 메소포타미아 지역의 바빌로니아에서는 천문학이 발달하였는데 천문학에서 사용되는 큰 수를 좀 더 편리하게 나타낼 필요가 있었습니다.

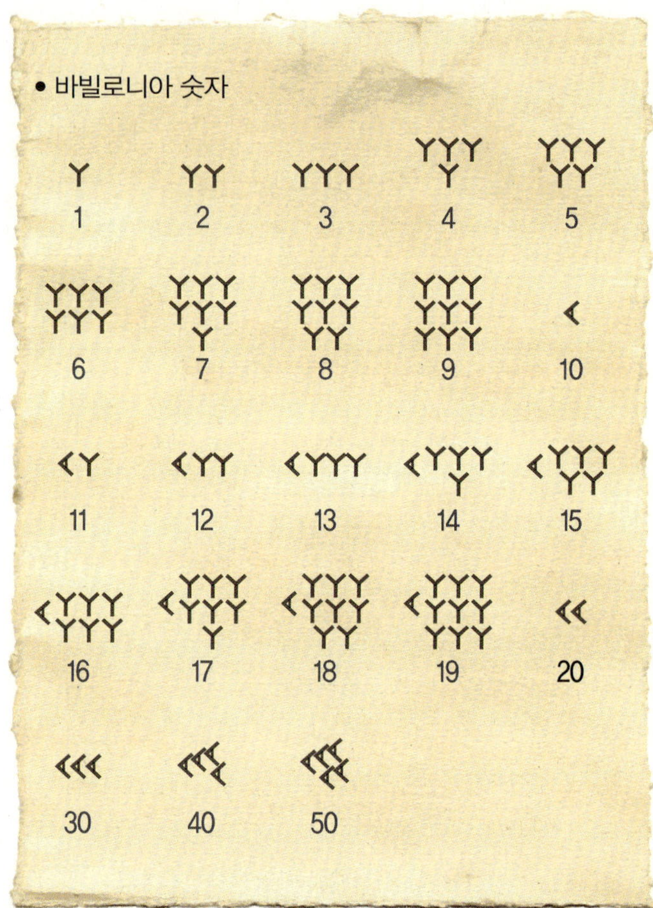

그들은 육십진법과 같은 숫자 표기 방식을 사용했습니다. 육십진법이란 60을 한 묶음으로 하여 자리를 올리는 방법으로, 우리가 현재 사용하는 십진법(숫자 10개를 단위로 하는 수 체계)과는 다릅니다. 육십진법은 현재에도 쓰이고 있는데 60초를 1분, 60분을 1시간으로 하는 시간 단위에 사용됩니다.

여러 가지 큰 수

자릿값에 따라 일, 십, 백, 천, 만, 십만, 백만, 천만, 억 등 수의 이름이 달라집니다. 우리나라에 전해진 중국 원나라 수학책인 '산학계몽'에는 큰 수들이 기록되어 있는데, 이 수들의 이름은 고대 인도 불교 경전인 화엄경에서 유래된 것들입니다. 수들 중에서 **항하사**는 인도의 갠지스 강의 모래라는 뜻으로 셀 수도 없을 만큼의 큰 수를 뜻하고, **무량대수**는 상상할 수 없을 만큼 큰 수를 뜻합니다.

만	10000
억	10000 0000
조	10000 0000 0000
경	10000 0000 0000 0000
해	10000 0000 0000 0000 0000
자	10000 0000 0000 0000 0000 0000
양	10000 0000 0000 0000 0000 0000 0000
구	10000 0000 0000 0000 0000 0000 0000 0000
간	10000 0000 0000 0000 0000 0000 0000 0000 0000
정	10000 0000 0000 0000 0000 0000 0000 0000 0000 0000
재	10000 0000 0000 0000 0000 0000 0000 0000 0000 0000 0000
극	10000 0000 0000 0000 0000 0000 0000 0000 0000 0000 0000 0000
항하사	10000 0000 0000 0000 0000 0000 0000 0000 0000 0000 0000 0000 0000
아승기	10000 0000 0000 0000 0000 0000 0000 0000 0000 0000 0000 0000 0000 0000
나유타	10000 0000 0000 0000 0000 0000 0000 0000 0000 0000 0000 0000 0000 0000 0000
불가사의	10000 0000 0000 0000 0000 0000 0000 0000 0000 0000 0000 0000 0000 0000 0000 0000
무량대수	10000 0000 0000 0000 0000 0000 0000 0000 0000 0000 0000 0000 0000 0000 0000 0000 0000

1 만, 억, 조

❶ 만, 억, 조 단위

	쓰기	읽기
1000이 10개인 수	10000 또는 1만	만 또는 일만
10000(1만)이 10개인 수	100000 또는 10만	십만
10000(1만)이 100개인 수	1000000 또는 100만	백만
10000(1만)이 1000개인 수	10000000 또는 1000만	천만
1000만이 10개인 수	100000000 또는 1억	억 또는 일억
1000억이 10개인 수	1000000000000 또는 1조	조 또는 일조

❷ 각 자리 숫자와 자릿값 ●→ 각 자리의 숫자가 나타내는 값

• 7316428651961006의 각 자리 숫자와 자릿값 알아보기

7	3	1	6	4	2	8	6	5	1	9	6	1	0	0	6
천	백	십	일	천	백	십	일	천	백	십	일	천	백	십	일
			조		10000배		억		10000배		만		10000배		일
칠천	삼백	십	육조	사천	이백	팔십	육억	오천	백	구십	육만	천	•	•	육

➡ 7316조 4286억 5196만 1006 읽기 칠천삼백십육조 사천이백팔십육억 오천백구십육만 천육

●→ 일의 자리부터 네 자리씩 끊어 높은 자리부터 차례로 읽습니다.

사고력 개념

❶ 각 자리 숫자와 자릿값

2	7	0	3	7	0

⬇

2	0	0	0	0	0
	7	0	0	0	0
			3	0	0
				7	0

• $270370 = 200000 + 70000 + 300 + 70$

●→ 각 자리의 숫자가 나타내는 값의 합

• 수를 읽을 때 0은 숫자와 자릿값을 모두 읽지 않지만 수를 쓸 때 읽지 않은 자리에는 0을 꼭 써야 합니다.

수 270370 ⟺ 읽기 이십칠만 삼백칠십

• 같은 숫자라도 자리에 따라 나타내는 값이 다릅니다.

270370
●→ 십의 자리 숫자, 나타내는 값: 70
●→ 만의 자리 숫자, 나타내는 값: 70000

실전 개념

❶ 수를 여러 가지 방법으로 나타내기

31800

10000이 3개 ➡ 30000	10000이 2개 ➡ 20000	
1000이 1개 ➡ 1000	1000이 11개 ➡ 11000	1000이 30개 ➡ 30000
100이 8개 ➡ 800	100이 8개 ➡ 800	100이 18개 ➡ 1800
31800	31800	31800

BASIC TEST

1 수를 읽거나 수로 나타내 보세요.

(1) 삼십만 육천이십오

수 ___________________

(2) 6470470000

읽기 ___________________

(3) 조가 751개, 억이 42개, 만이 1269개,
일이 2613개인 수

수 ___________________

읽기 ___________________

2 □ 안에 알맞은 수를 써넣으세요.

$$\left.\begin{array}{r} 10000\text{이 } 305\text{개} \\ 1000\text{이 } 12\text{개} \\ 100\text{이 } 47\text{개} \\ 10\text{이 } 6\text{개} \end{array}\right\} \text{이면} \boxed{}$$

3 ㉠이 나타내는 값은 ㉡이 나타내는 값의 몇 배
일까요?

$$\boxed{\begin{array}{c} 4\,1\,9\,9\,5\,1\,0\,3\,2 \\ \underset{㉠}{}\underset{㉡}{} \end{array}}$$

(   )

4 □ 안에 알맞은 수를 써넣으세요.

(1) 378000은 100000이 1개, 10000이
□개, 1000이 38개인 수입니다.

(2) 56570000000은 10억이 54개, 1억이
22개, 1000만이 □개인 수입니다.

5 어느 온라인 쇼핑몰의 작년 매출액은 8조 원
이라고 합니다. 8조 원은 만 원짜리 지폐로
몇 장일까요?

(   )

6 다음 중 1조가 아닌 수는 어느 것일까요?

(   )

① 100억이 100개인 수
② 5000억의 2배인 수
③ 9990억보다 10억만큼 더 큰 수
④ 계산기에 1을 한 번 누르고 0을 10번 누
른 수
⑤ 1억의 10000배인 수

2 뛰어 세기

❶ 수의 크기

한 자리 올라갈 때마다 자릿값은 10배가 됩니다.

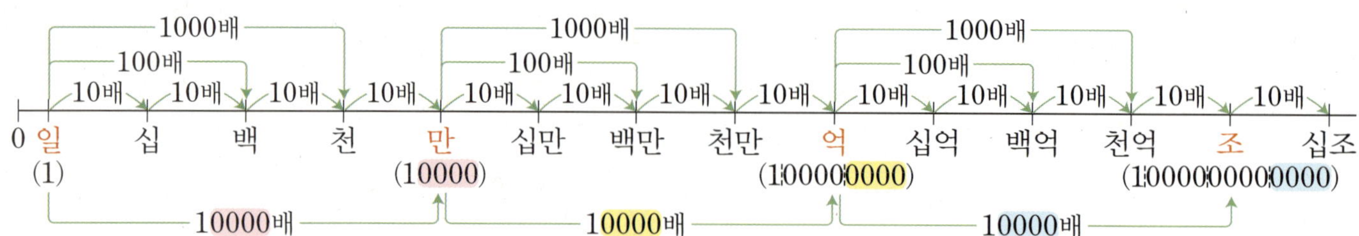

❷ 뛰어 세기

• 10000씩 뛰어 세기

만의 자리 숫자가 1씩 커집니다.

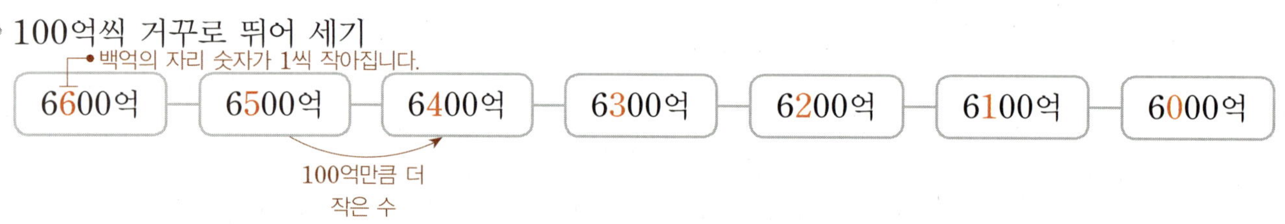

| 27000 | 37000 | 47000 | 57000 | 67000 | 77000 | 87000 |

10000만큼 더 큰 수

• 100억씩 거꾸로 뛰어 세기

백억의 자리 숫자가 1씩 작아집니다.

| 6600억 | 6500억 | 6400억 | 6300억 | 6200억 | 6100억 | 6000억 |

100억만큼 더 작은 수

연결 개념 [소수의 덧셈과 뺄셈]

❶ 소수의 자릿값

							⌐0.2	⌐0.05	⌐0.004
4	9	5	0	1	7	.	2	5	4
십만	만	천	백	십	일	.	영 점 일	영 점 영일	영 점 영영일

➡ 495017.254 [읽기] 사십구만 오천십칠 점 이오사 → 자연수는 자릿값을 읽고, 소수 부분은 숫자만 차례로 읽습니다.

• 각 자리의 숫자가 나타내는 값의 합으로 나타내기

$$495017.254 = 400000 + 90000 + 5000 + 10 + 7 + 0.2 + 0.05 + 0.004$$

실전 개념

❶ 수직선 위의 수 구하기

수직선에서 눈금 한 칸의 크기 구하기	㉠에 알맞은 수 구하기
수직선에서 눈금 5칸이 10억을 나타내므로 눈금 한 칸의 크기는 2억입니다. 20억 ⌣ 30억 5칸 = 10억	㉠은 20억에서 2억씩 3번 뛰어 센 수입니다. 20억 — 22억 — 24억 — 26억 이므로 ㉠은 26억입니다.

BASIC TEST

1 빈칸에 알맞은 수를 써넣으세요.

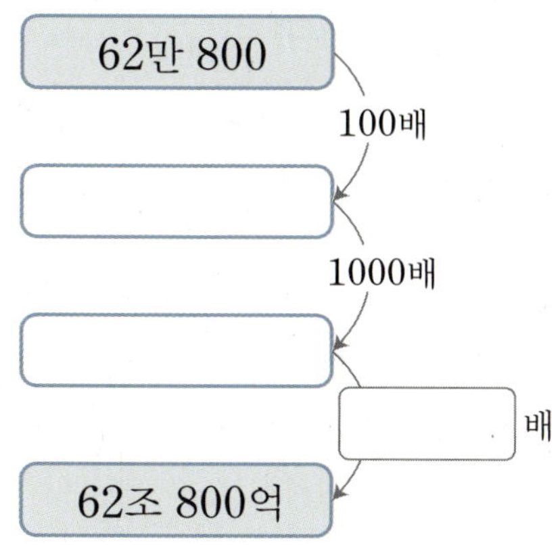

2 몇씩 뛰어 세었는지 써 보세요.

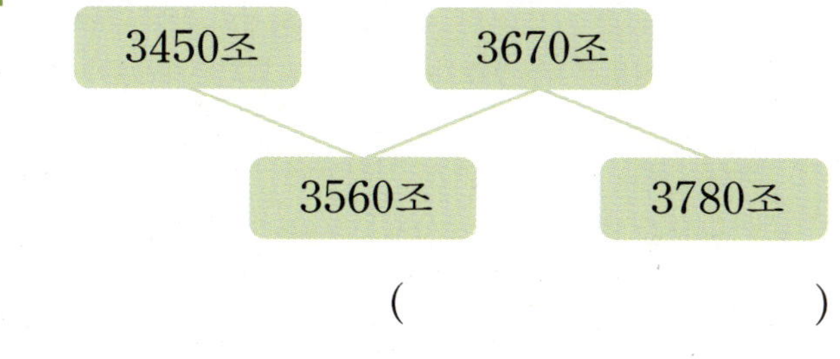

( )

3 뛰어 세기를 하였습니다. ㉠에 알맞은 수를 구해 보세요.

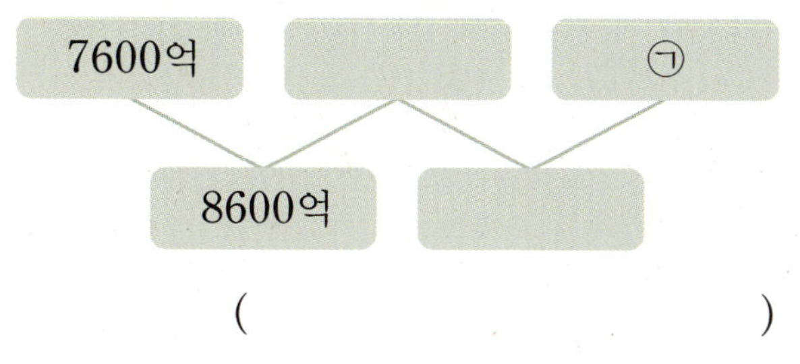

( )

4 다음 수의 백억의 자리 숫자를 써 보세요.

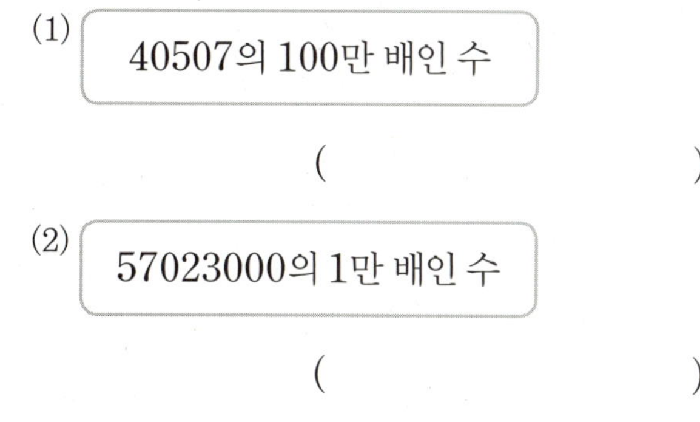

(1) ( )

(2) ( )

5 어느 나라의 십 년 전 예산은 삼십육조 구천억 원이고 올해 예산은 십 년 전 예산의 10배입니다. 올해 예산은 얼마인지 수로 나타내 보세요.

( )

6 수직선을 보고 가에 알맞은 수를 구해 보세요.

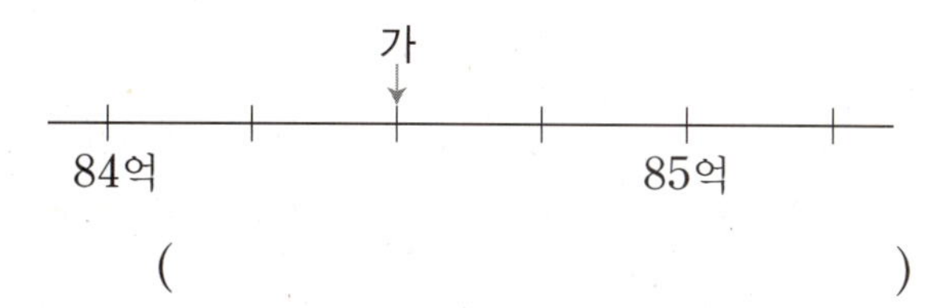

( )

7 정우는 15만 원짜리 킥보드를 사려고 합니다. 정우가 지금 가지고 있는 돈은 35000원이고 다음 달부터 매달 25000원씩 모은다고 합니다. 몇 개월 후에 킥보드를 살 수 있을까요?

( )

3 큰 수의 크기 비교

❶ 큰 수의 크기 비교하기

- 자릿수가 다른 경우: 자릿수가 많은 수가 더 큰 수입니다. 4521800000 > 689500000
  (10자리 수) (9자리 수)

- 자릿수가 같은 경우: 높은 자리부터 차례로 비교하여 높은 자리 수가 크면 더 큰 수입니다.
  450167150 < 450168359
  └─ 7 < 8 ─┘

❷ 수직선에서 수의 크기 비교하기

- 9400만, 1억 750만, 8550만의 크기 비교하기

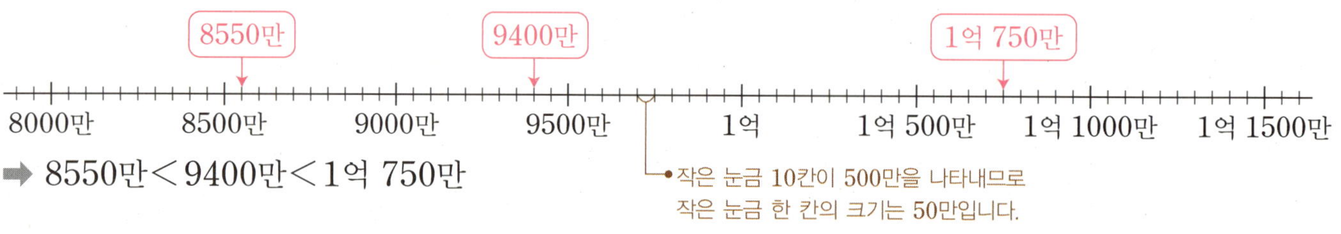

➡ 8550만 < 9400만 < 1억 750만

● 작은 눈금 10칸이 500만을 나타내므로
작은 눈금 한 칸의 크기는 50만입니다.

사고력 개념

❶ 큰 수의 단위

일	일	십	백	천
만	일만	십만	백만	천만
억	일억	십억	백억	천억
조	일조	십조	백조	천조
경	일경	십경	백경	천경
⋮		⋮		

큰 수는 만(10^4), 억(10^8), 조(10^{12}), 경(10^{16}), 해(10^{20}), 자(10^{24}), 양(10^{28}), 구(10^{32}), 간(10^{36}), 정(10^{40}), 재(10^{44}), 극(10^{48}), 항하사(10^{52}), 아승기(10^{56}), 나유타(10^{60}), 불가사의(10^{64}), 무량대수(10^{68}) 등에 일, 십, 백, 천을 붙여 네 자리씩 끊어서 읽습니다.

실전 개념

❶ □ 안에 들어갈 수 있는 수 구하기

> 452837519542 < 4528□5273280

두 수의 자릿수가 12자리로 같으므로 높은 자리 수부터 차례로 비교합니다.
억의 자리 수까지 같고 백만의 자리 수를 비교하면 7 > 5이므로 천만의 자리 수는 3 < □입니다.
따라서 □ 안에 들어갈 수 있는 수는 4, 5, 6, 7, 8, 9입니다.

❷ 단위가 있는 큰 수의 크기 비교

- 2678000000 cm와 297800000 cm의 비교
  작은 단위를 큰 단위로 바꾸어 비교합니다. ─● 큰 수를 작은 수로 바꾸어 비교하는 것이 편리합니다.
  2678000000 cm = 26780000 m = 26780 km이고,
  297800000 cm = 2978000 m = 2978 km입니다.
  ➡ 26780 km > 2978 km이므로 2678000000 cm > 297800000 cm입니다.

BASIC TEST

1 두 수의 크기를 비교하여 ○ 안에 >, =, < 중 알맞은 것을 써넣으세요.

(1) 267835615 ◯ 267835415

(2) 701457657 ◯ 7014570657

(3) 4721조 170억 ◯ 4796조 70억

2 작은 수부터 차례로 기호를 써 보세요.

> ㉠ 7382018472250
> ㉡ 1000만이 712047개인 수
> ㉢ 7305의 100000000배인 수

( )

3 ㉠과 ㉡이 나타내는 수를 수직선에 나타내고, 더 큰 수의 기호를 써 보세요.

> ㉠ 10000이 18개, 1000이 51개, 100이 30개인 수
> ㉡ 10000이 21개, 1000이 15개, 100이 10개인 수

225000   230000   235000

( )

4 0부터 9까지의 수 중에서 □ 안에 들어갈 수 있는 수를 모두 구해 보세요.

(1) 901□40 > 901740

( )

(2) 56820124 < □3610376

( )

5 다음은 태양계 행성의 크기를 조사하여 나타낸 표입니다. 물음에 답하세요.

행성	지름(km)
지구	12756
금성	12104
천왕성	51118
화성	6792

(1) 지구와 크기 차이가 가장 많이 나는 행성은 어느 것일까요?

( )

(2) 지구와 크기 차이가 가장 적게 나는 행성은 어느 것일까요?

( )

6 수 카드 0 , 3 , 8 , 2 , 5 를 모두 두 번씩 사용하여 만들 수 있는 10자리 수 중에서 가장 작은 수를 쓰고 읽어 보세요.

쓰기 ( )
읽기 ( )

돈의 활용

서현이네 학교에서 나눔 장터를 하여 얻은 수익금은 10000원짜리 지폐가 100장,
1000원짜리 지폐가 273장, 100원짜리 동전이 520개, 10원짜리 동전이 26개입니다.
서현이네 학교의 나눔 장터 수익금은 모두 얼마일까요?

● **생각하기** 수표, 지폐, 동전의 수를 금액으로 나타낼 때에는 수 뒤에 돈의 단위만큼 0을 붙입니다.

● **해결하기** **1단계** 지폐, 동전을 금액으로 나타내기

10000원짜리 지폐 100장 ➡ 1000000원, 1000원짜리 지폐 273장 ➡ 273000원,

100원짜리 동전 520개 ➡ 52000원, 10원짜리 동전 26개 ➡ 260원

2단계 금액을 합하여 나눔 장터 수익금 구하기

(나눔 장터 수익금)=1000000+273000+52000+260=1325260(원)

답 1325260원

1-1 모형 돈을 나타낸 것입니다. 모형 돈은 모두 얼마일까요?

> 1조 원짜리 수표 173장, 1억 원짜리 수표 4330장, 10000원짜리 지폐 740장,
> 1원짜리 동전 500개

(   )

1-2 우주의 아버지는 한 달에 500000원씩, 우주의 어머니는 10일에 100000원씩, 우주는
5일에 1000원씩 저금을 합니다. 우주네 가족이 1년 동안 저금한 돈을 1000원짜리 지폐
로 바꾸면 모두 몇 장이 될까요? (단, 1년은 12개월, 한 달은 30일로 계산합니다.)

(   )

1-3 어느 은행에서 발행한 수표의 수는 오른쪽과 같습니
다. 이 돈을 다시 1000만 원짜리와 100만 원짜리 수
표로 바꿨습니다. 수표의 수를 가장 적게 하여 바꿨다면
1000만 원짜리 수표는 몇 장일까요?

> • 1000만 원짜리 수표: 34장
> • 100만 원짜리 수표: 703장
> • 10만 원짜리 수표: 580장

(   )

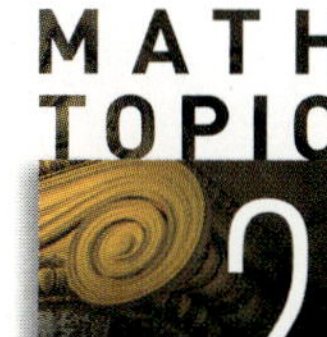

MATH TOPIC 2

심화유형

뛰어 세기 한 수 구하기

수직선을 보고 ㉠과 ㉡에 알맞은 수를 각각 구해 보세요.

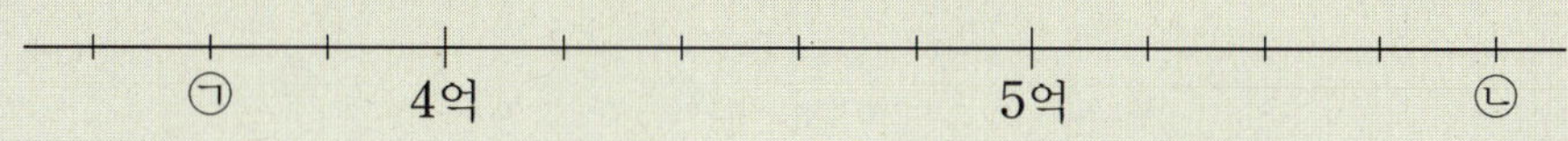

● **생각하기** 수직선에서 눈금 한 칸의 크기를 구하여 ㉠, ㉡에 알맞은 수를 알아봅니다.

● **해결하기**

1단계 수직선에서 눈금 한 칸의 크기 구하기

작은 눈금 5칸이 1억을 나타내므로 작은 눈금 한 칸의 크기는 2000만입니다.

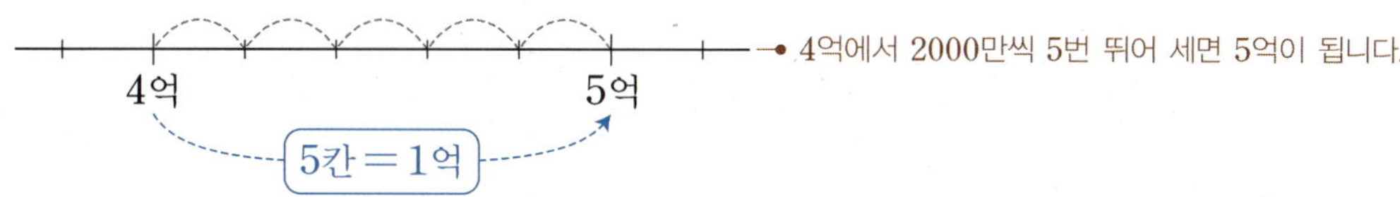

● 4억에서 2000만씩 5번 뛰어 세면 5억이 됩니다.

2단계 ㉠에 알맞은 수 구하기

㉠은 4억에서 2000만씩 2번 거꾸로 뛰어 센 수입니다.

4억─3억 8000만─3억 6000만이므로 ㉠은 3억 6000만입니다.

3단계 ㉡에 알맞은 수 구하기

㉡은 5억에서 2000만씩 4번 뛰어 센 수입니다.

5억─5억 2000만─5억 4000만─5억 6000만─5억 8000만이므로 ㉡은 5억 8000만입니다.

답 ㉠=3억 6000만, ㉡=5억 8000만

2-1 수직선을 보고 ㉮와 ㉯에 알맞은 수를 각각 구해 보세요.

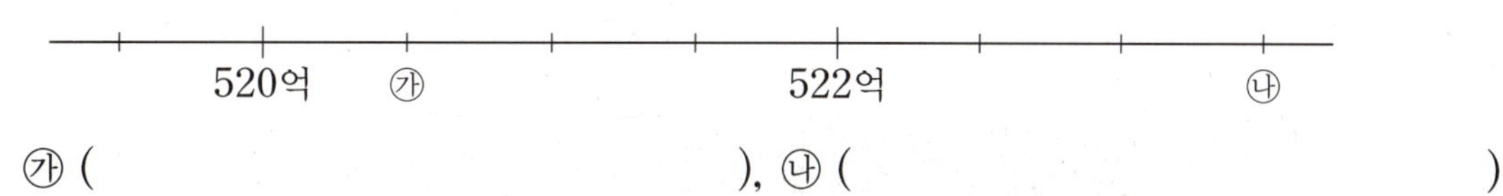

㉮ (   ), ㉯ (   )

2-2 어떤 수에서 350억씩 뛰어 세기를 4번 하였더니 2조 8600억이 되었습니다. 어떤 수는 얼마일까요?

(   )

2-3 어느 반도체 회사의 수출액은 매달 5억 2000만 달러씩 증가하고 있습니다. 2024년 3월의 수출액이 108억 4000만 달러일 때, 2024년 8월의 수출액은 얼마일까요?

(   )

수 카드로 수 만들기

수 카드를 모두 한 번씩 사용하여 만든 6자리 수 중에서 둘째로 큰 수를 구해 보세요.

$$3 \quad 1 \quad 4 \quad 5 \quad 9 \quad 2$$

● **생각하기** 가장 큰 수를 만든 다음 둘째로 큰 수를 만들어 봅니다.

● **해결하기**

1단계 가장 큰 수 만들기

수 카드의 수의 크기를 비교하면 $9 > 5 > 4 > 3 > 2 > 1$입니다. 큰 수부터 차례로 높은 자리에 놓아 가장 큰 수를 만들면 954321입니다.

2단계 둘째로 큰 수 만들기

둘째로 큰 수는 가장 큰 수의 십의 자리 수와 일의 자리 수를 바꾸면 됩니다.

➡ 둘째로 큰 수: 954312

답 954312

3-1 0부터 9까지의 수를 모두 한 번씩 사용하여 만들 수 있는 10자리 수 중에서 둘째로 큰 수와 둘째로 작은 수를 구해 보세요.

둘째로 큰 수 ( )

둘째로 작은 수 ( )

3-2 0부터 7까지의 수를 모두 한 번씩 사용하여 8자리 수를 만들었을 때, 76543021보다 큰 수는 모두 몇 개인지 구해 보세요.

( )

3-3 수 카드를 모두 한 번씩 사용하여 만들 수 있는 6자리 수 중에서 204975보다 작은 수는 모두 몇 개인지 구해 보세요.

$$2 \quad 4 \quad 0 \quad 9 \quad 7 \quad 5$$

( )

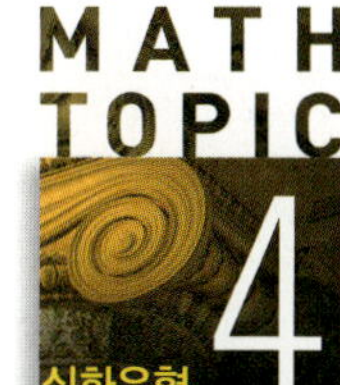

MATH TOPIC 4

심화유형

자릿값의 응용

㉠, ㉡, ㉢, ㉣에 들어갈 수 있는 수 중에서 가장 큰 것을 찾아 기호를 써 보세요.

- $48205420883=482×100000000+\boxed{㉠}×10000+883$
- $5230915304632454=523조\ \boxed{㉡}\ 억\ 3046만\ 3245$
- 사천이백칠억 삼백십일만 팔백오십사 $=4207억\ \boxed{㉢}\ 만\ 854$
- $38051940562034=38×1000000000000+\boxed{㉣}×100000000$
  $+4056×10000+2034$

● **생각하기** 큰 수를 만, 억, 조 단위로 끊어서 나타내 봅니다.

● **해결하기** **1단계** ㉠, ㉡, ㉢, ㉣에 알맞은 수 구하기

- $482|0542|0883=482×100000000+\boxed{542}×10000+883$ ➡ ㉠=542

억　만
- $523|0915|3046|3245=523조\ \boxed{915}\ 억\ 3046만\ 3245$ ➡ ㉡=915

조　억　만
- 사천이백칠억 삼백십일만 팔백오십사 $=4207억\ \boxed{311}\ 만\ 854$ ➡ ㉢=311
- $38|0519|4056|2034=38×1000000000000+\boxed{519}×100000000$

조　억　만
  $+4056×10000+2034$ ➡ ㉣=519

2단계 가장 큰 수 찾기

㉠, ㉡, ㉢, ㉣을 비교하면 ㉡ 915 > ㉠ 542 > ㉣ 519 > ㉢ 311이므로 가장 큰 수는
㉡ 915입니다.

 **답** ㉡

4-1

☐ 안에 알맞은 수를 써넣으세요.

$368340439743=\boxed{}×1000000000+\boxed{}×100000+\boxed{}$

4-2

☐ 안에 알맞은 수를 써넣으세요.

6040000은 1000000이 5개, 100000이 ☐개, 10000이 25개,
1000이 80개, 100이 100개인 수입니다.

□ 안에 들어갈 수 있는 수 구하기

0부터 9까지의 수 중에서 □ 안에 들어갈 수 있는 수들의 합을 구해 보세요.

$$424635601394 < 42463\square742083$$

● 생각하기　두 수의 자릿수를 비교하고, 자릿수가 같으면 가장 높은 자리 수부터 차례로 비교합니다.

● 해결하기　**1단계** 두 수의 자릿수 비교하기

두 수의 자릿수는 12자리로 같습니다.

2단계 높은 자리 수부터 차례로 비교하여 □ 안에 들어갈 수 있는 수 구하기

높은 자리 수부터 비교하면 천만의 자리 수까지 같고 백만의 자리 수를 비교하면
□=5일 때 $424635601394 < 42463\boxed{5}742083$이므로 □ 안에는 5와 같거나 5보다
$6 < 7$
큰 수가 들어갈 수 있습니다.

3단계 □ 안에 들어갈 수 있는 수들의 합 구하기

따라서 □ 안에 들어갈 수 있는 수는 5, 6, 7, 8, 9이므로 합은
$5+6+7+8+9=35$입니다.

답 35

5-1　□ 안에는 0부터 9까지 어느 수를 넣어도 됩니다. 두 수의 크기를 비교하여 ○ 안에 >,
< 중 알맞은 것을 써넣으세요.

$$4036803\square5715 \bigcirc 4\square368\square69\square\square15$$

5-2　□ 안에는 0부터 9까지 어느 수를 넣어도 됩니다. 큰 수부터 차례로 기호를 써 보세요.

㉠ $54008\square648031$
㉡ $540\square9427\square289$
㉢ $53\square928947\square95$

(　　　　　　　　　　)

MATH TOPIC 6

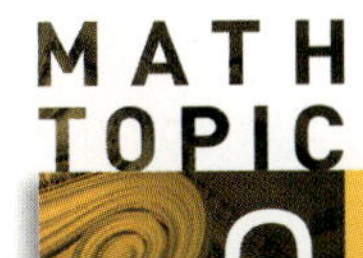

심화유형 6

조건을 만족시키는 수 구하기

조건을 모두 만족시키는 수 중에서 가장 큰 수를 구해 보세요.

> • 10자리 수입니다.
> • 만의 자리 숫자는 4입니다.
> • 0부터 9까지의 수를 모두 한 번씩 사용하여 만든 수입니다.
> • 십억의 자리 숫자와 억의 자리 숫자는 1 또는 2입니다.

● 생각하기   자릿수에 맞게 □를 사용하여 수를 나타낸 다음 조건을 만족시키는 수를 구합니다.

● 해결하기   **1단계** □를 사용하여 수를 나타내고 □ 안에 알 수 있는 숫자 써넣기

10자리 수이므로 □□□□□□□□□□입니다.

만의 자리 숫자가 4이므로 □□□□□4□□□□이고, 가장 큰 수를 구하는 것이므로

십억의 자리 숫자는 2이고, 억의 자리 숫자는 1입니다. ➡ 21□□□4□□□□

2단계 조건을 만족시키는 수 중에서 가장 큰 수 구하기

남은 수 0, 3, 5, 6, 7, 8, 9를 높은 자리부터 큰 수를 차례로 □ 안에 넣으면
2198746530입니다.

답 2198746530

6-1 조건을 모두 만족시키는 수 중에서 가장 작은 수를 구해 보세요.

> • 5자리 수입니다.
> • 0이 2개 있습니다.
> • 가장 높은 자리 숫자는 나머지 자리 숫자들을 더한 값과 같습니다.

(   )

6-2 7□□4□□5인 수 중에서 조건을 모두 만족시키는 수를 구해 보세요.

> • 7자리 수로 각 자리 숫자는 모두 다릅니다.
> • 만의 자리 숫자는 백의 자리 숫자의 2배입니다.
> • 십만의 자리 숫자는 십의 자리 숫자의 3배입니다.

(   )

MATH TOPIC 7

심화유형

큰 수를 활용한 통합 교과유형

수학+사회

어느 나라의 *화훼 산업이 품질 향상을 위한 시설 확대와 화훼 기업의 지속적인 성장으로 2013년 2500만 달러였던 화훼 수출액이 2023년 4억 2500만 달러를 달성하였다고 합니다. 화훼 수출액이 해마다 같은 금액씩 증가한다면 화훼 수출액이 처음으로 6억 달러를 넘는 해는 몇 년일까요?

*화훼 산업: 관상용 화분이나 꽃을 재배하여 판매하는 것에 관련된 산업

● 생각하기　해마다 화훼 수출액이 얼마씩 증가하였는지 알아봅니다.

● 해결하기

1단계 1년마다 증가한 화훼 수출액 구하기

화훼 수출액은 2013년부터 2023년까지 10년 동안 2500만 달러에서 4억 2500만 달러로 4억 달러가 증가했으므로 해마다 화훼 수출액은 [　　　] 달러씩 증가하였습니다.

2단계 화훼 수출액이 처음으로 6억 달러를 넘는 해 구하기

4억 2500만 달러 ― 4억 6500만 달러 ― 5억 500만 달러 ― 5억 4500만 달러
(2023년)　　　　　(2024년)　　　　　(2025년)　　　　　(2026년)

― [　　　] 달러 ― [　　　] 달러
　(2027년)　　　　　　(2028년)

따라서 화훼 수출액이 처음으로 6억 달러를 넘는 해는 [　　　]년입니다.

답 [　　　] 년

7-1

수학+사회

월드팩트북(The World Factbook)은 미국 중앙정보국에서 매년 정기적으로 발간하는 책입니다. 이 책은 전 세계 국가들의 정치, 경제, 사회에 관한 정보가 수록되어 있습니다. 월드팩트북에서 조사한 2023년 나라별 인구 순위의 일부가 다음과 같을 때, ㉠과 ㉡에 공통으로 들어갈 수 있는 수를 모두 구해 보세요.

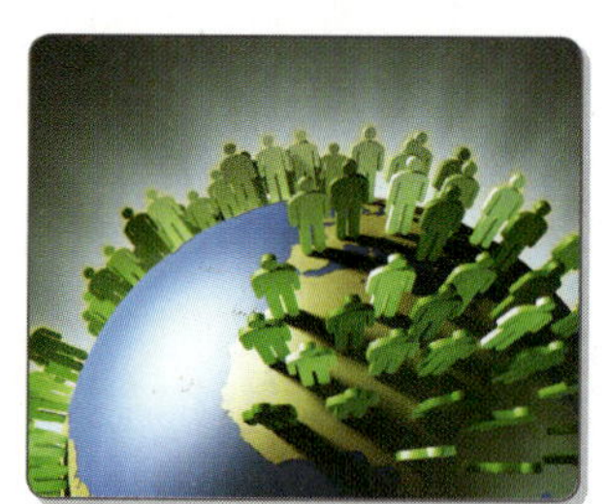

나라별 인구 순위

순위	나라	인구(명)	순위	나라	인구(명)
17위	이란	87590873	32위	스페인	47222613
18위	독일	8㉠220184	33위	아르헨티나	4㉡621847
19위	튀르키예	83593483	34위	알제리	44758398

(　　　　　　　)

LEVEL UP TEST

1 화석은 오래전 생물의 유해와 활동 흔적이 보존되어 남아 있는 것으로 그 생물이 살던 시대에 대한 여러 가지 정보를 제공합니다. 다음은 화석이 출현한 시기가 지금부터 얼마 전인지 나타낸 것입니다. 다음 중 가장 오래된 화석은 무엇인지 구해 보세요.

암모나이트 화석

- 코노돈트(Conodont): 515000000년 전
- 암모나이트(Ammonite): 2억 4300만 년 전
- 삼엽충(Trilobite): 54000년의 10000배 전

(   )

통합 교과 유형

수학+과학

2 길이와 넓이, 무게 등을 나타내는 단위 앞에는 오른쪽 표와 같이 수를 나타내는 단위를 붙여 사용합니다. 예를 들어 길이를 나타내는 단위인 미터(m) 앞에 킬로(k)를 붙이면 1킬로미터(1 km)로 1000 m를 말합니다. 오른쪽 표를 보고 테라 단위는 킬로 단위의 몇 배인지 구해 보세요.

(   )

단위	수
데카(da)	10
헥토(h)	100
킬로(k)	1000
메가(M)	100만
기가(G)	10억
테라(T)	1조
페타(P)	1000조
엑사(E)	100경

서술형

3 환경 보호 단체 성금으로 35억 원을 모으려고 합니다. 한 사람이 만 원씩 기부한다고 할 때, 목표액을 모으려면 모두 몇 명이 기부해야 하는지 풀이 과정을 쓰고 답을 구해 보세요.

풀이

답

4 756800000원을 100만 원짜리 수표와 10만 원짜리 수표로 바꾸려고 합니다. 수표의 수를 가장 적게 하여 바꾼다면 수표는 모두 몇 장인지 구해 보세요.

(   )

5 수 카드 0, 7, 9, 4, 5 를 모두 두 번씩 사용하여 10자리 수를 만들려고 합니다. 만의 자리 숫자가 7인 수 중에서 가장 작은 수는 얼마일까요?

(   )

수학+사회

통합 교과 유형

6 인플레이션이란 전쟁이나 경제 불황에 돈의 가치가 떨어지고 물가가 계속 오르는 것을 말합니다. 실제로 아프리카에 있는 짐바브웨라는 나라에서는 인플레이션의 영향으로 달걀 3개를 사려면 1000억 달러가 필요한 적이 있었습니다. 이 시기에 짐바브웨에서 달걀 900개를 사려면 몇 달러가 필요한지 구해 보세요.

(   )

7 조건을 만족시키는 수를 모두 써 보세요.

> · 7259990보다 큰 수입니다.
> · 칠백이십육만보다 작은 수입니다.
> · 일의 자리 숫자가 6보다 더 큽니다.

(   )

8 보기 와 같이 주어진 글자 카드 중 세 장을 골라 0이 가장 많은 수를 만들려고 합니다. 만든 수의 0은 모두 몇 개인지 구해 보세요.

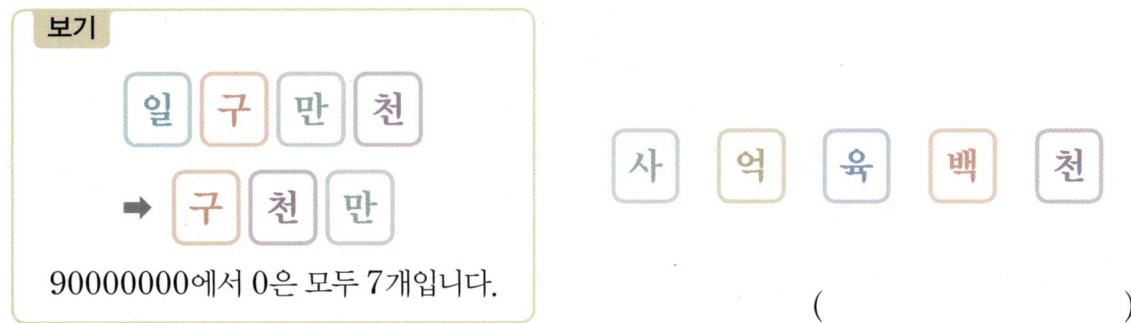

(   )

수학+역사

통합 교과 유형 **9** 지구상에 인류가 처음으로 나타난 것은 지금부터 300만~500만 년 전으로 알려져 있습니다. 최초의 인류는 오스트랄로피테쿠스로 두 발로 걸으며 간단한 도구를 만들어 사용했고, 해부학적으로 호모 에렉투스부터 현대 인간과 거의 가까운 체형을 갖고 있습니다. 인류의 기원을 수직선에 나타냈을 때 호모 에렉투스가 나타난 시기는 약 몇만 년 전일까요?

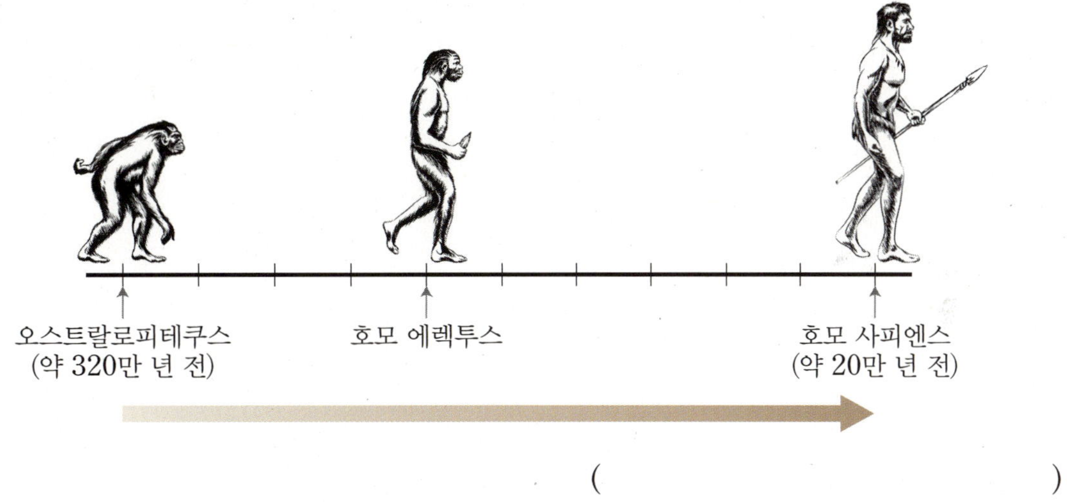

(   )

10 A, B, C, D 나라의 자동차 수를 조사한 표의 일부분이 찢어졌습니다. A 나라의 자동차 수가 가장 많고, D 나라의 자동차 수가 가장 적다고 합니다. A 나라의 자동차 수의 억의 자리 숫자가 4보다 작은 수일 때, ㉠과 ㉡에 각각 들어갈 수 있는 수를 모두 구해 보세요.
(단, □ 안에는 0부터 9까지의 수가 들어갈 수 있습니다.)

나라	자동차 수(대)
A	㉠38701244
B	94047590
C	236680913
D	9㉡□69025

㉠ (   )

㉡ (   )

11 100원짜리 동전을 100개 쌓으면 높이는 약 18 cm라고 합니다. 100원짜리 동전으로 1억 원을 쌓으면 높이는 약 몇 cm가 될까요?

(   )

12 0부터 9까지의 수 중에서 □ 안에 공통으로 들어갈 수 있는 수를 모두 구해 보세요.

> ㉮ 39734860385 > 397348□4385
> ㉯ 59730□83627 > 59730323627

(   )

서술형 13 0부터 9까지의 수를 모두 한 번씩 사용하여 만든 10자리 수 중에서 9876542310보다 큰 수는 모두 몇 개인지 풀이 과정을 쓰고 답을 구해 보세요.

풀이 ....

....

....

답 ....

14 0부터 9까지의 수 중에서 ㉠과 ㉡에 들어갈 수 있는 수는 모두 몇 쌍일까요?

> 둘을 하나로 묶어 세는 단위

$$4\boxed{㉠}956715305 > 48956715\boxed{㉡}05$$

(   )

15 조건을 모두 만족시키는 수 중에서 둘째로 작은 수를 구해 보세요.

> ㉠ 10자리 수입니다.
> ㉡ 억의 자리, 만의 자리, 일의 자리 숫자는 3, 5, 7 중에서 하나입니다.
> ㉢ 각 자리 숫자는 모두 다릅니다.

(   )

서술형 **16** 어느 날 은행에서 발행한 수표의 금액은 모두 28억 3300만 원이었고, 이 중에서 1000만 원짜리 수표는 203장, 100만 원짜리 수표는 374장이었습니다. 나머지 금액은 모두 10만 원짜리 수표일 때, 이날 은행에서 발행한 10만 원짜리 수표는 몇 장인지 풀이 과정을 쓰고 답을 구해 보세요.

풀이 ....

....

....

답 ....

서술형 1

수 카드를 모두 두 번씩 사용하여 만든 12자리 수 중에서 4000억에 가장 가까운 수를 구하려고 합니다. 풀이 과정을 쓰고 답을 구해 보세요.

8 4 0 9 6 3

풀이 ____

____

____

____

답 ____________________

2

다음과 같은 9자리 수가 있습니다. 이 수와 ㉠과 ㉡의 수를 서로 바꾼 수와의 차가 495000000이라고 할 때, ㉠과 ㉡에 알맞은 수를 각각 구해 보세요.

(단, ㉠＞㉡이고, ㉠＋㉡＝9입니다.)

㉠4㉡608354

㉠ (   ), ㉡ (   )

3

어떤 수에서 2억 5000만씩 커지게 7번 뛰어 세거나 작아지게 7번 뛰어 센 수는 50억 3400만입니다. 어떤 수에서 1억 5000만씩 커지도록 5번 뛰어 센 수를 모두 구해 보세요.

(   )

4 서로 다른 수가 적힌 3장의 수 카드가 있습니다. 각 수 카드를 최대 3번까지 사용하여 7자리 수를 만들려고 합니다. 만들 수 있는 수 중에서 가장 큰 수와 가장 작은 수의 차가 3773993일 때, ㉠에 알맞은 수를 구해 보세요.

㉠  

(   )

수학+역사

5 고대에는 나라마다 다른 수 표기 방법을 사용하였지만 현재는 전 세계에서 보편적으로 아라비아 숫자로 된 표기 방법을 사용합니다. 다음은 로마 숫자의 표기 방법으로 수를 뛰어 센 것입니다. 1000째 수는 얼마인지 아라비아 숫자로 나타내 보세요.

I	II	III	IV	V	VI	VII	VIII	IX	X	⋯
1	2	3	4	5	6	7	8	9	10	⋯
XX	XXX	XL	L	LX	LXX	LXXX	XC	C	D	M
20	30	40	50	60	70	80	90	100	500	1000

CCCLXII: 362   DCLIV: 654   CDXXIII: 423

MCCXXI — MCDXXI — MDCXXI — MDCCCXXI — MMXXI — ⋯

(   )

6 0부터 9까지의 수를 한 번씩만 사용하여 다음 조건을 만족시키는 10자리 수를 만들려고 합니다. 만들 수 있는 수 중에서 가장 작은 수를 구해 보세요.

> ㉠ 억의 자리 숫자는 만의 자리 숫자의 2배입니다.
> ㉡ 만의 자리 숫자는 일의 자리 숫자의 3배입니다.
> ㉢ 십억의 자리 숫자는 십만의 자리 숫자의 4배입니다.

(   )

7 조건을 모두 만족시키는 수 중에서 가장 큰 수를 ㉮, 가장 작은 수를 ㉯라고 할 때
㉮-㉯의 계산 결과에서 각 자리 숫자의 합은 얼마일까요?

> • 각 자리 숫자의 합이 15인 12자리 수입니다.
>
> • 0, 1, 3, 5만 여러 번 사용하여 만든 수입니다.
>
> • 0, 1, 3, 5는 한 번씩은 사용합니다.

(   )

경시
기출
문제 **8** 각 칸에 쓰여 있는 수들의 합이 조건을 모두 만족시키도록 1부터 9까지의 수를 아래의 빈
칸에 한 번씩 써넣으세요.

> ㉠ 6부터 2까지의 합은 45입니다. —• $6+\square+\cdots+\square+2=45$
>
> ㉡ 1부터 4까지의 합은 27입니다.
>
> ㉢ 6부터 4까지의 합은 36입니다.
>
> ㉣ 1부터 9까지의 합은 18입니다.

각도

각도와 삼각형

원의 중심각의 크기가 360°인 이유

각도를 나타낼 때 기준이 되는 것은 원의 각도입니다. 원을 그릴 때 한 바퀴 돌려 만들어지는 원의 중심각의 크기는 360°입니다. 이와 같이 원의 중심각의 크기를 360°로 정한 이유가 무엇일까요? 고대 바빌로니아에서는 오랫동안 태양이 뜨는 위치를 관찰하였습니다. 그 결과 매일 조금씩 다른 위치에서 뜨던 태양이 약 360일 후에 다시 제자리로 돌아온다는 사실을 알게 되었습니다. 그때부터 1년을 360일로 생각하게 되었고, 태양의 모양처럼 동그랗게 원을 그려 360개로 똑같이 나누어 달력으로 사용하다 원의 중심각의 크기는 360°가 되었습니다.

삼각형의 성질

삼각형은 영어로 트라이앵글(triangle)이라고 하는데 tri(트리)는 라틴어로 3을 뜻하며 삼각형의 변, 꼭짓점, 각이 모두 3개임을 알려 줍니다. 변의 길이와 각의 크기에 따라 삼각형을 여러 가지 종류로 구분할 수 있지만 모든 삼각형에는 다음과 같은 몇 가지 공통적인 성질이 있습니다.

- 삼각형의 세 각의 크기의 합은 180°입니다.

- 삼각형에서 가장 긴 변의 길이는 나머지 두 변의 길이의 합보다 짧고, 가장 짧은 변의 길이는 나머지 두 변의 길이의 차보다 깁니다.

- 삼각형에서 가장 큰 각과 마주 보는 변의 길이가 가장 길고, 가장 작은 각과 마주 보는 변의 길이가 가장 짧습니다.

삼각형을 이용한 것들

점, 선, 면으로 이루어진 도형 중에서 삼각형은 가장 기본이 되는 도형이면서 안정적인 모양입니다. 그렇기 때문에 삼각형을 이용한 것들을 주변에서 쉽게 찾아볼 수 있습니다.

수많은 삼각형을 연결하면 동그란 공처럼 만들 수 있습니다. 이를 이용하여 건물의 천장을 둥글게 만들 수 있는데 이런 지붕을 '돔'이라고 합니다.

돔은 기둥을 세우지 않아도 자체의 무게를 잘 견딜 수 있기 때문에 기둥이 없는 넓은 공간을 필요로 하는 체육관이나 전시장 같은 곳에서 흔히 볼 수 있습니다. 또한 건축물의 뼈대가 되는 철골(빔)도 거의 모두 삼각형으로 되어 있습니다. 강이나 바다 위의 다리에서도 삼각형으로 짜 맞춘 구조물을 볼 수 있을 것입니다.

1 각도의 이해

❶ 각도

• 각도: 각의 크기 — 변의 길이나 배치 방향이 아니라 두 변이 많이 벌어질수록 각의 크기가 큽니다.

• 1도(1°): 직각의 크기를 똑같이 90으로 나눈 것 중 하나

• 직각의 크기: 90°

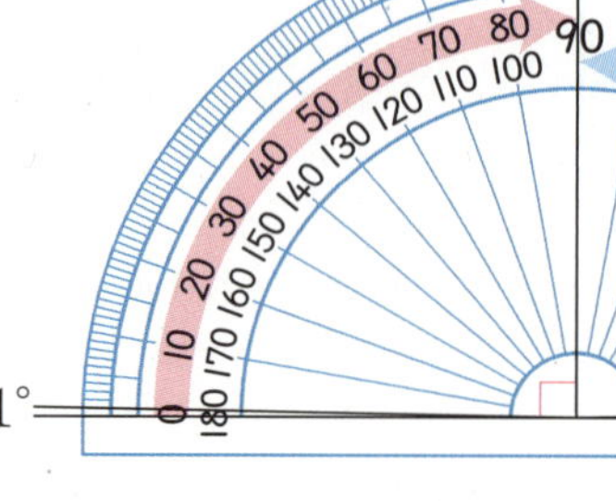

❷ 예각, 둔각

예(銳): 날카로울 예
둔(鈍): 둔할 둔

• 예각: 각도가 0°보다 크고 직각보다 작은 각

• 둔각: 각도가 직각보다 크고 180°보다 작은 각

❸ 각도의 합과 차

• 각도의 합

㉠의 각도는 각도기로 잴 수 없으므로 각도의 합을 이용하여 구합니다.

➡ ㉠ $= 180° + 40° = 220°$

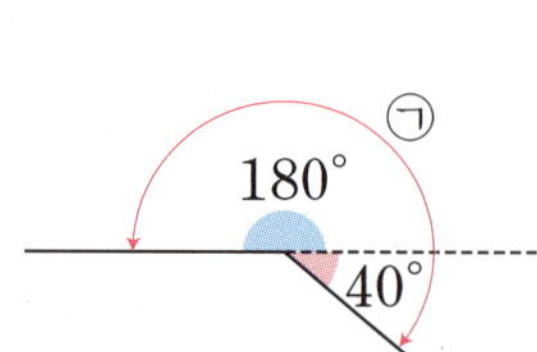

• 각도의 차

㉡의 각도는 각도기로 잴 수 없으므로 각도의 차를 이용하여 구합니다.

➡ ㉡ $= 360° - 110° = 250°$

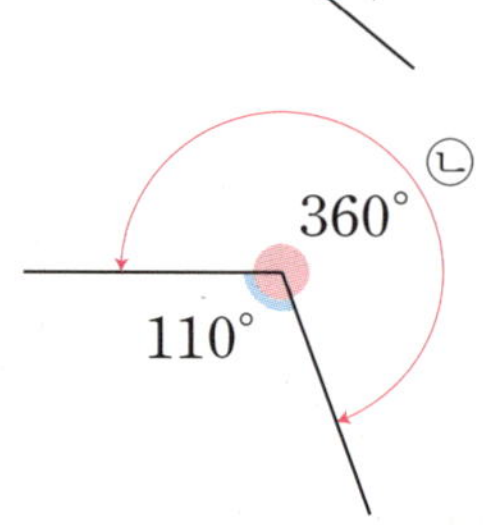

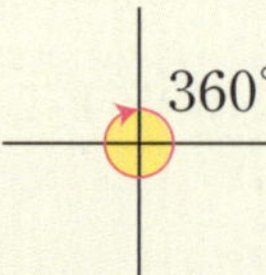

주의 개념

❶ 각도에 따른 각의 분류

직각을 4개 이어 붙이면 360°이므로 180°보다 작은 각을 만들고 남은 각의 크기는 180°보다 큽니다.

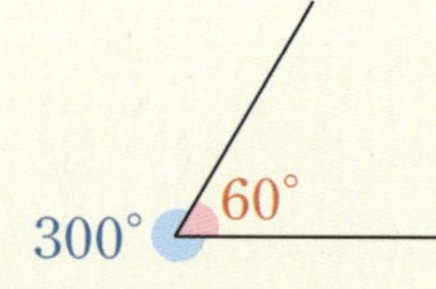

연결 개념

중등 연계

❶ 맞꼭지각의 성질

두 직선이 만날 때 생기는 4개의 각 중 서로 마주 보고 있는 각을 맞꼭지각이라고 합니다.

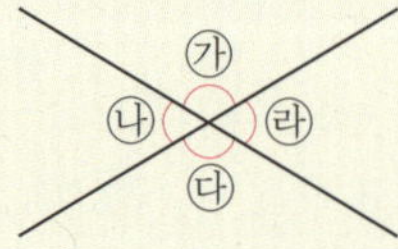

㉮ $+$ ㉯ $= 180°$, ㉮ $+$ ㉭ $= 180°$ ➡ ㉯ $=$ ㉭ (맞꼭지각)

㉭ $+$ ㉮ $= 180°$, ㉭ $+$ ㉯ $= 180°$ ➡ ㉮ $=$ ㉰ (맞꼭지각)

➡ 맞꼭지각의 크기는 서로 같습니다.

실전 개념

❶ 두 직선이 만나서 생기는 각의 크기 구하기

• ㉮와 ㉯의 각도 구하기

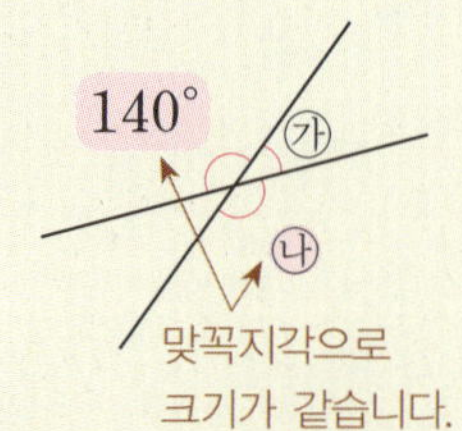

㉮의 각도 구하기	㉯의 각도 구하기
$140° + ㉮ = 180°$ ➡ ㉮ $= 180° - 140° = 40°$	㉮ $+$ ㉯ $= 180°$, ㉮ $= 40°$이므로 ㉯ $= 180° - ㉮ = 180° - 40° = 140°$

BASIC TEST

1 보기 의 각의 크기를 예각, 둔각으로 분류하여 기호를 써 보세요.

> **보기**
>
> ㉠ 80°   ㉡ 45°   ㉢ 110°   ㉣ 180°
> ㉤ 1°   ㉥ 96°   ㉦ 179°   ㉧ 90°

예각	둔각

2 ☐ 안에 알맞은 수를 써넣으세요.

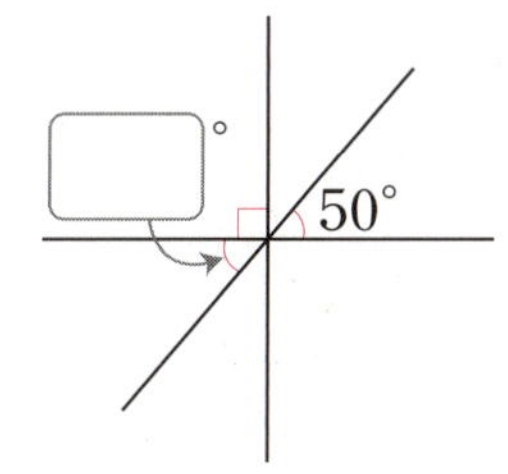

3 직선 ㄱㅅ을 크기가 같은 각 6개로 나눈 것입니다. 각 ㄴㅇㅂ의 크기를 구해 보세요.

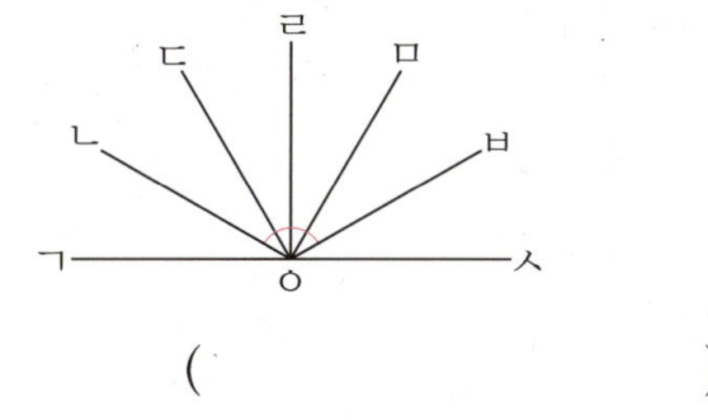

( )

4 시계의 짧은바늘과 긴바늘이 이루는 작은 쪽의 각이 둔각인 시각을 찾아 기호를 써 보세요.

> ㉠ 1시 20분   ㉡ 6시
> ㉢ 1시 40분   ㉣ 3시

( )

5 각 ㄱㅁㄷ은 120°이고, 각 ㄴㅁㄹ은 135°입니다. 각 ㄴㅁㄷ의 크기를 구해 보세요.

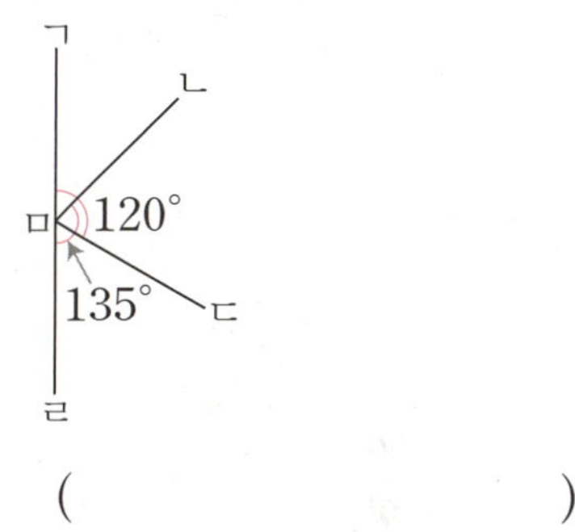

( )

6 두 삼각자를 겹치거나 이어 붙여 만들 수 없는 각도를 모두 찾아 ○표 하세요.

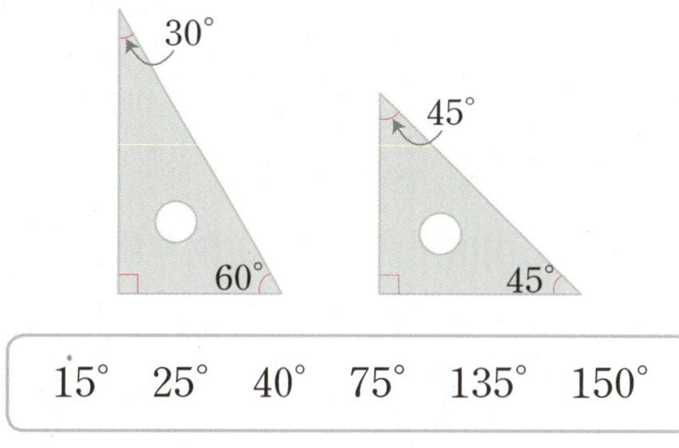

> 15°   25°   40°   75°   135°   150°

2 삼각형과 사각형의 각의 크기의 합

❶ 삼각형의 세 각의 크기의 합

삼각형의 세 각의 크기의 합은 $180°$입니다.

삼각형을 잘라서 알아보기	삼각형을 접어서 알아보기
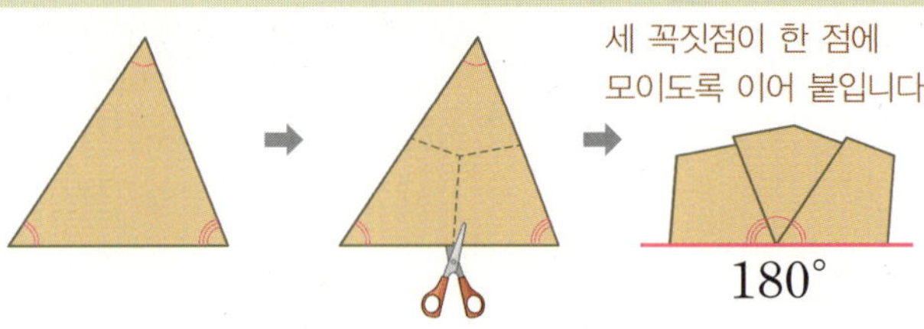 세 꼭짓점이 한 점에 모이도록 이어 붙입니다. $180°$	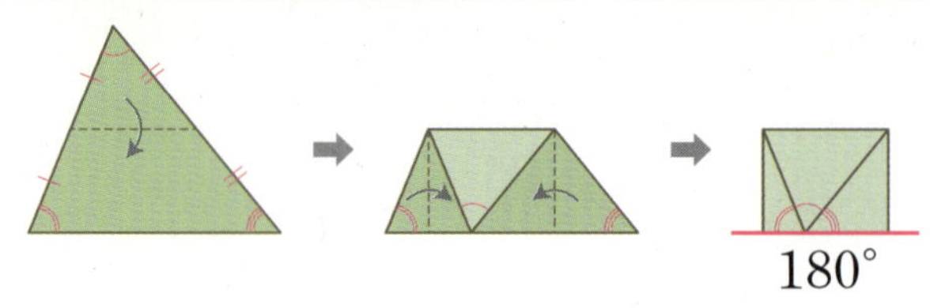 $180°$

❷ 사각형의 네 각의 크기의 합

사각형의 네 각의 크기의 합은 $360°$입니다.

사각형을 잘라서 알아보기	삼각형을 이용하여 알아보기
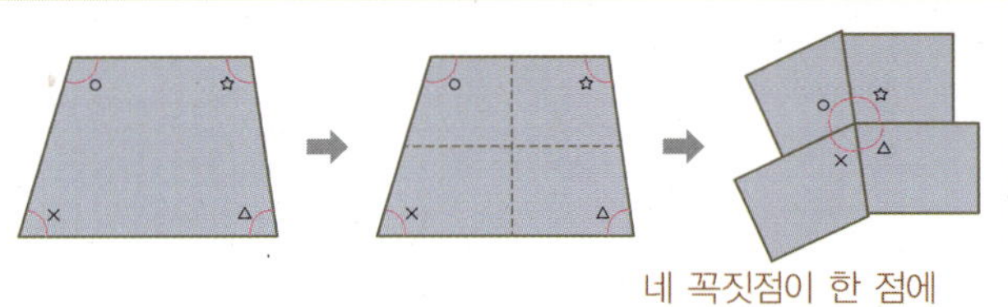 네 꼭짓점이 한 점에 모이도록 이어 붙입니다.	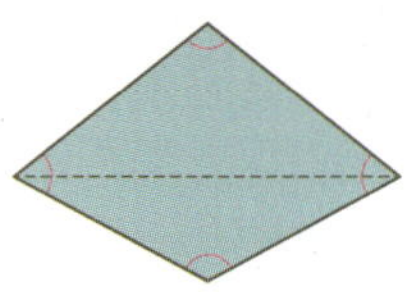 사각형은 두 개의 삼각형으로 나눌 수 있으므로 사각형의 네 각의 크기의 합은 $180°×2=360°$ 입니다.

연결 개념

[삼각형] [중등 연계]

❶ 삼각형 분류하기

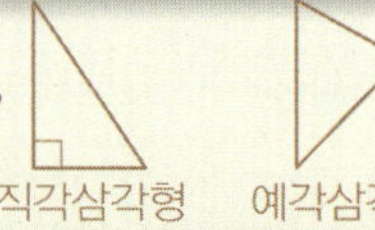 직각삼각형 예각삼각형 둔각삼각형    이등변삼각형 정삼각형

각의 크기에 따라 분류하기	변의 길이에 따라 분류하기
• 직각삼각형: 한 각이 직각인 삼각형 • 예각삼각형: 세 각이 모두 예각인 삼각형 • 둔각삼각형: 한 각이 둔각인 삼각형	• 이등변삼각형: 두 변의 길이가 같은 삼각형 • 정삼각형: 세 변의 길이가 모두 같은 삼각형

❷ 내각과 외각

└ 내(內): 안 내
- **내각**: 도형에서 선분으로 둘러싸인 부분의 안쪽에 있는 각

└ 외(外): 바깥 외
- **외각**: 도형의 한 변을 늘였을 때, 도형의 바깥쪽에 만들어 지는 각

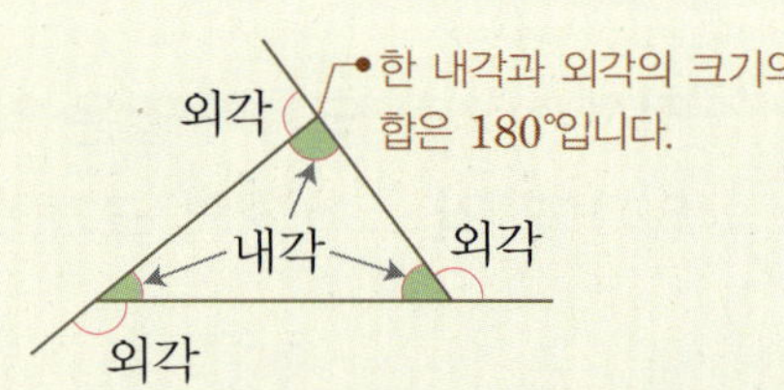

실전 개념

❶ 삼각형에서 외각의 크기 구하기

- ㉡의 각의 크기 구하기

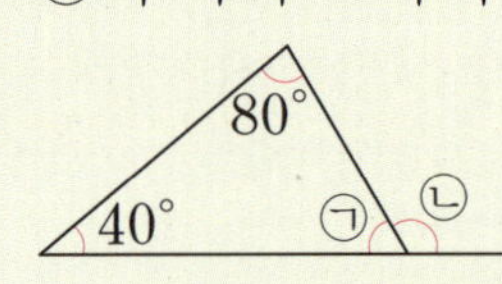

(삼각형의 세 각의 크기의 합)$=40°+80°+㉠=180°$
(한 직선에 놓이는 각의 크기의 합)$=㉠+㉡=180°$

➡ $㉡=40°+80°=120°$ ← 삼각형의 한 꼭짓점에서 만들어지는 외각의 크기는 이웃하지 않는 두 내각의 크기의 합과 같습니다.

BASIC TEST

1 □ 안에 알맞은 수를 써넣으세요.

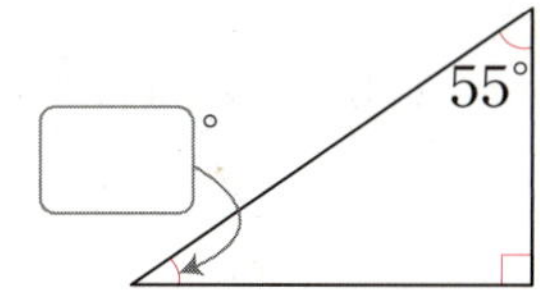

2 사각형에서 ㉠의 각도를 구해 보세요.

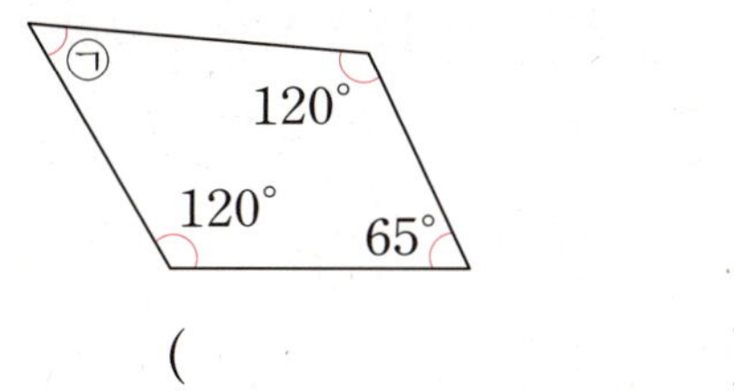

(   )

3 두 삼각자를 이용하여 만든 ㉠의 각도를 구해 보세요.

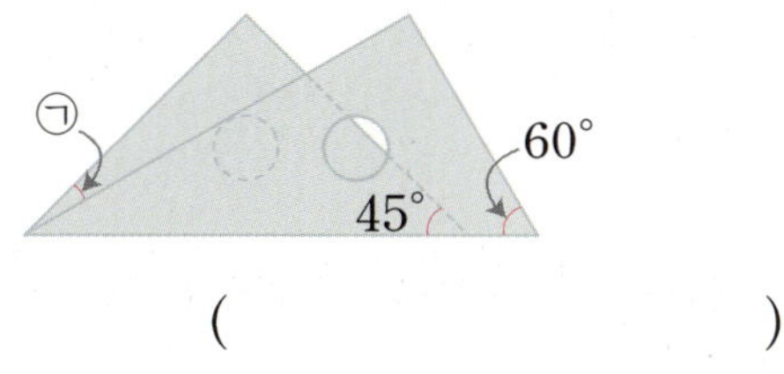

(   )

4 삼각형에서 ㉠의 각도를 구해 보세요.

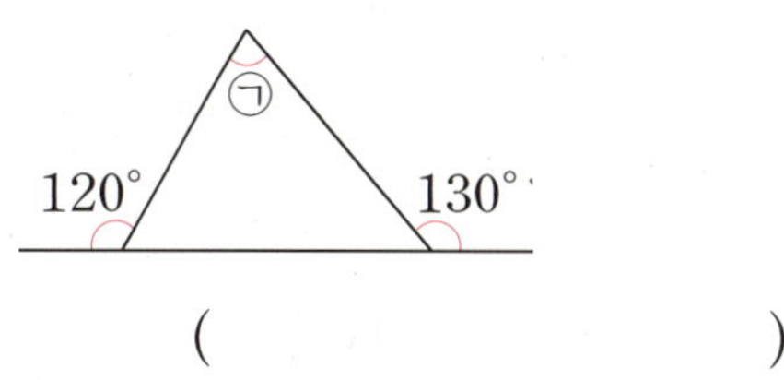

(   )

5 사각형에서 각 ㄱㅁㄷ의 크기는 각 ㅁㄷㄹ의 크기보다 32°만큼 더 작습니다. 각 ㄱㄴㄷ의 크기를 구해 보세요.

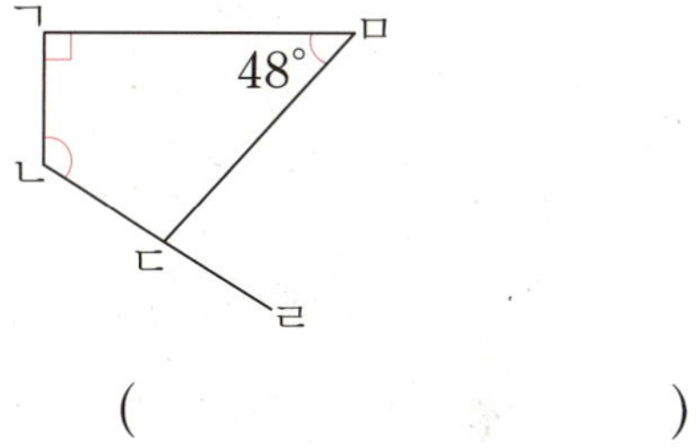

(   )

6 직사각형 모양의 봉투입니다. ㉠의 각도를 구해 보세요.

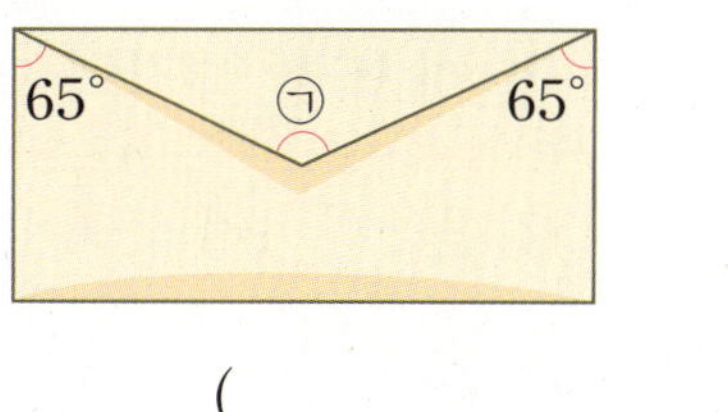

(   )

3 여러 가지 도형의 각의 크기의 합

❶ 변이 5개인 도형의 다섯 각의 크기의 합

변이 5개인 도형의 다섯 각의 크기의 합은 540°입니다.

3개의 삼각형으로 나누어 알아보기	5개의 삼각형으로 나누어 알아보기
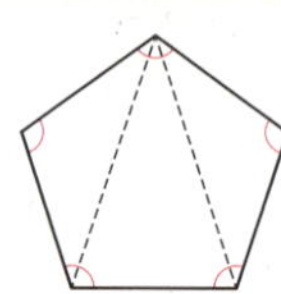 (도형의 다섯 각의 크기의 합) =(3개 삼각형의 세 각의 크기의 합) =180°×3=540°	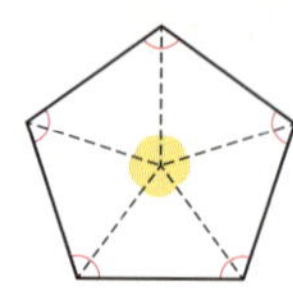 (도형의 다섯 각의 크기의 합) =(5개 삼각형의 세 각의 크기의 합) −360° =180°×5−360°=540°

[다른 방법] 삼각형 1개와 사각형 1개로 나누어 구할 수 있습니다.
(도형의 다섯 각의 크기의 합)=180°+360°=540°

❷ 변이 6개인 도형의 여섯 각의 크기의 합

변이 6개인 도형의 여섯 각의 크기의 합은 720°입니다.

4개의 삼각형으로 나누어 알아보기	6개의 삼각형으로 나누어 알아보기
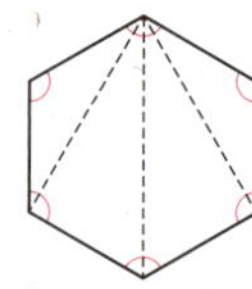 (도형의 여섯 각의 크기의 합) =(4개 삼각형의 세 각의 크기의 합) =180°×4=720°	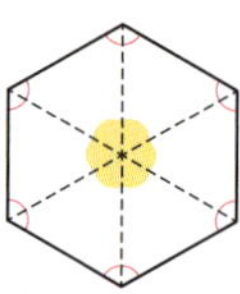 (도형의 여섯 각의 크기의 합) =(6개 삼각형의 세 각의 크기의 합) −360° =180°×6−360°=720°

[다른 방법] 사각형 2개로 나누어 구할 수 있습니다.
(도형의 여섯 각의 크기의 합)=360°×2=720°

실전 개념

❶ 도형에서 ㉠의 각도 구하기

도형의 다섯 각의 크기의 합은 540°이므로

$130° + 95° + 90° + 130° + ㉡ = 540°$, ㉡$= 540° - 445° = 95°$

㉠$+$㉡$=180°$이므로

㉠$= 180° - ㉡ = 180° - 95° = 85°$

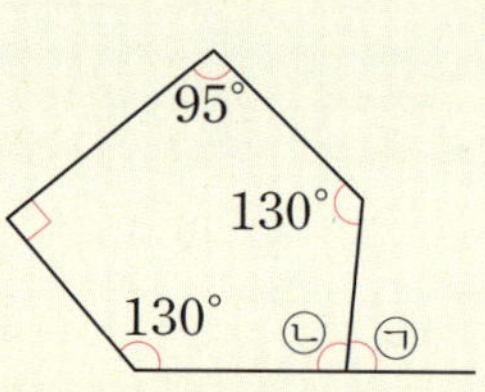

연결 개념

중등 연계

❶ ■각형의 내각의 크기의 합

└─ ●■개의 변으로만 둘러싸인 도형으로 다각형이라고 합니다.

■각형은 삼각형 (■−2)개로 나누어집니다.

> (■각형의 내각의 크기의 합)$=180°×($■$-2)$

(예) (10각형의 내각의 크기의 합)$=180°×(10-2)=180°×8=1440°$

└─ ●모든 변의 길이가 같고, 모든 각의 크기가 같은 다각형

❷ 정다각형에서 한 내각의 크기 구하기

> (정다각형의 한 내각의 크기)$=($내각의 크기의 합$)÷($내각의 수$)$

└─ ●변의 수와 내각의 수는 같습니다.

(예) 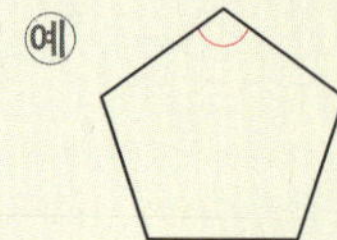 (정오각형의 한 내각의 크기) $=540°÷5=108°$
└─ ●정오각형의 내각의 크기의 합

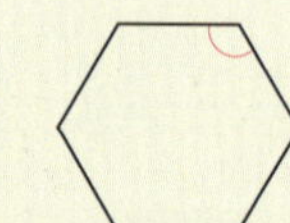 (정육각형의 한 내각의 크기) $=720°÷6=120°$
└─ ●정육각형의 내각의 크기의 합

BASIC TEST

1 도형에서 ㉮의 각도를 구해 보세요.

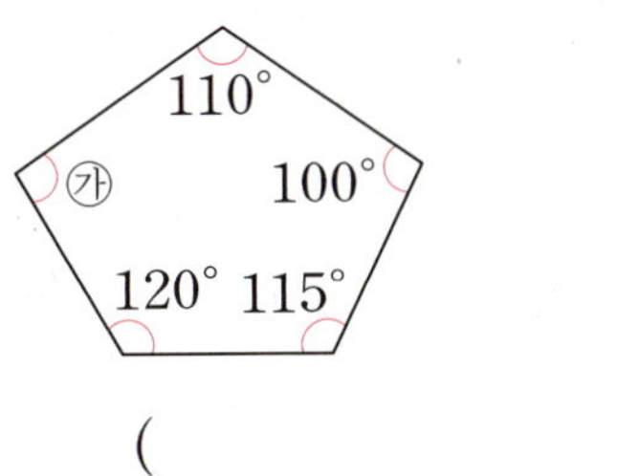

( )

2 도형에 표시한 각의 크기의 합을 구해 보세요.

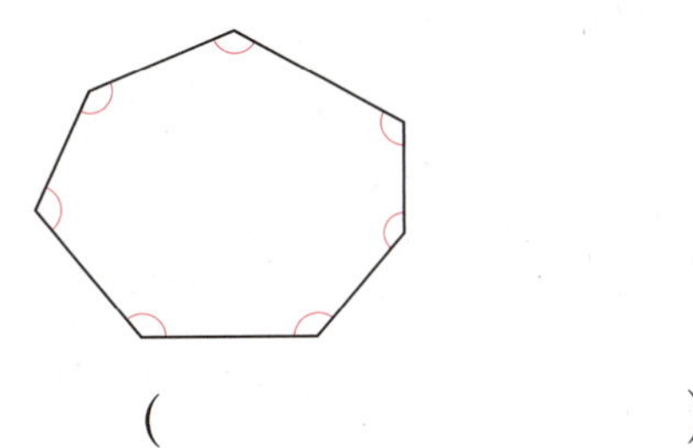

( )

3 도형에서 ㉮와 ㉯의 각도의 합을 구해 보세요.

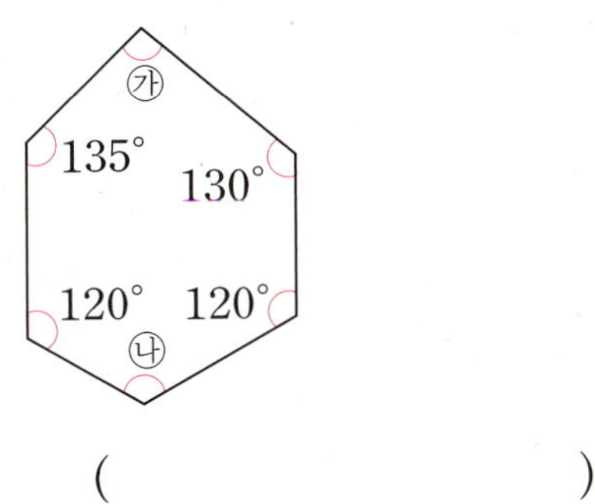

( )

4 직사각형 모양의 종이를 그림과 같이 잘랐습니다. ㉮와 ㉯의 각도의 합을 구해 보세요.

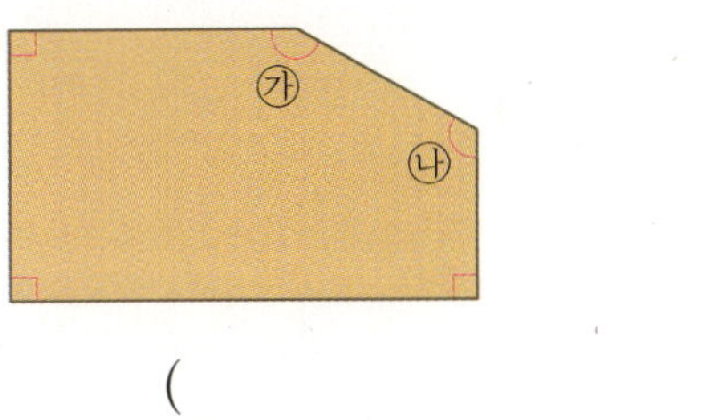

( )

5 도형에서 ㉮, ㉯, ㉰의 각도의 합을 구해 보세요.

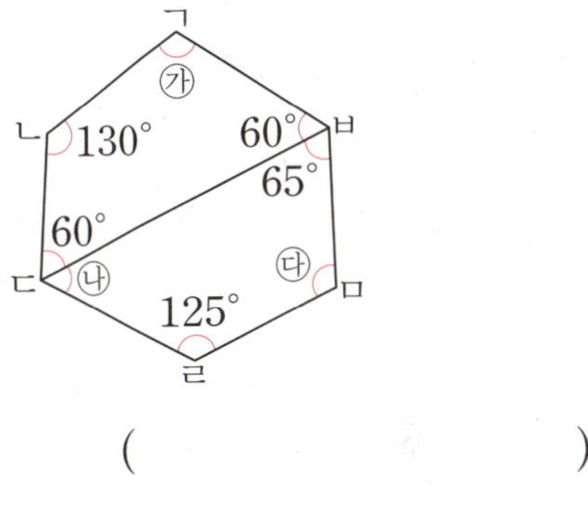

( )

6 도형에서 ①～⑩까지의 각도의 합을 구해 보세요.

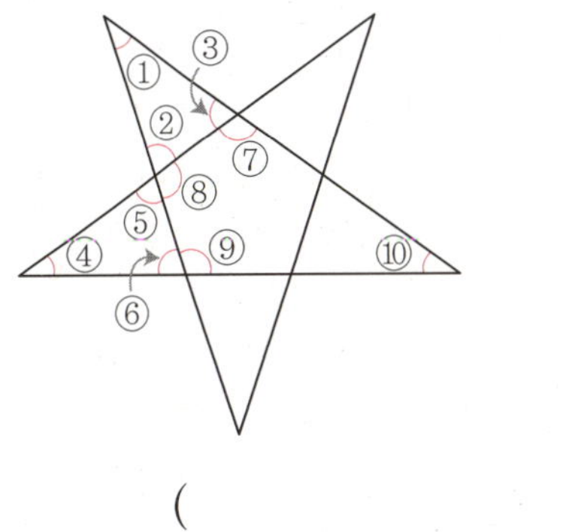

( )

직선에서 각도 구하기

오른쪽 그림을 보고 ㉮와 ㉯의 각도를 각각 구해 보세요.

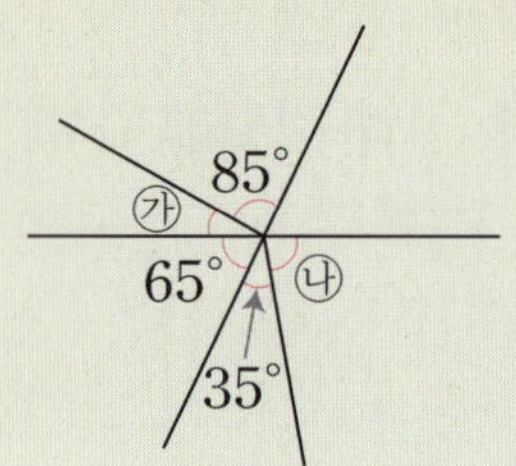

● **생각하기** 한 직선에 놓이는 각의 크기의 합은 $180°$입니다.

● **해결하기** **1단계** ㉮의 각도 구하기

직선 ㄷㅂ에서 $85° + ㉮ + 65° = 180°$,
$㉮ = 180° - 85° - 65° = 30°$

2단계 ㉯의 각도 구하기

직선 ㄴㅁ에서 $65° + 35° + ㉯ = 180°$,
$㉯ = 180° - 65° - 35° = 80°$

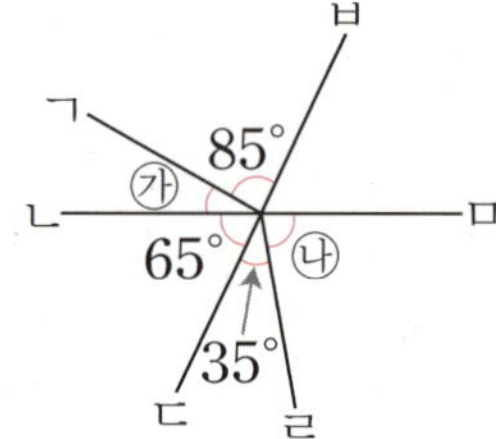

답 ㉮ $= 30°$, ㉯ $= 80°$

1-1 □ 안에 알맞은 수를 써넣으세요.

(1)

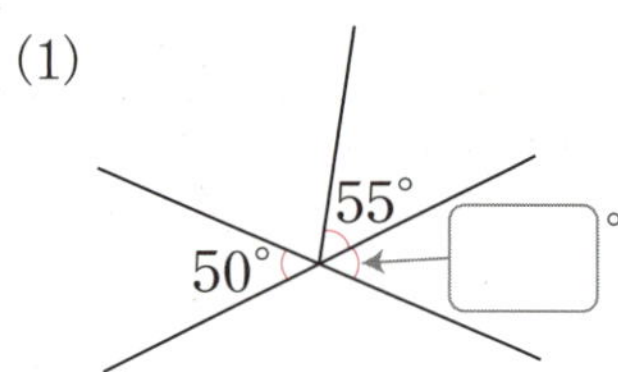

(2)

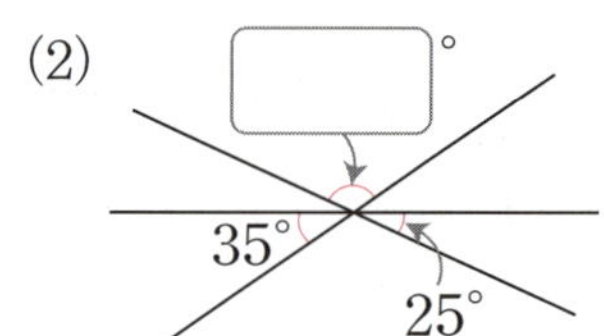

1-2 그림을 보고 ㉮와 ㉯의 각도를 각각 구해 보세요.

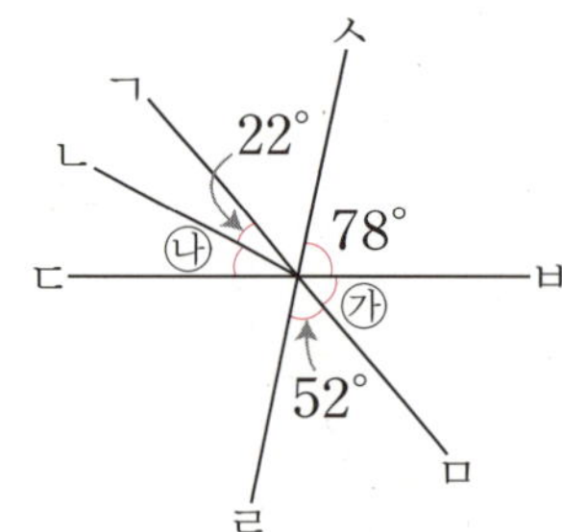

㉮ (   )

㉯ (   )

MATH TOPIC 2

심화유형

삼각형의 세 각의 크기의 합 이용하기

직사각형 안에 삼각형을 그렸습니다. ㉎의 각도를 구해 보세요.

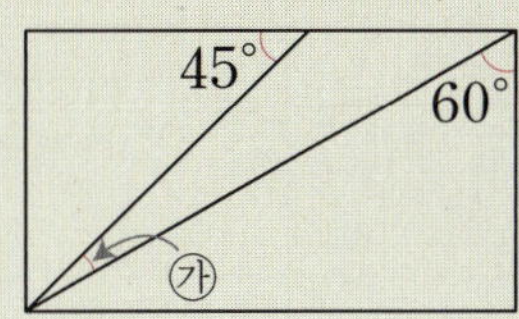

● **생각하기** 삼각형의 세 각의 크기의 합을 이용하여 각의 크기를 구합니다.

● **해결하기** **1단계** ㉯의 각도 구하기

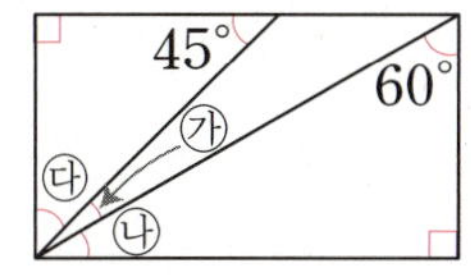

삼각형의 세 각의 크기의 합은 180°이므로

㉯＋90°＋60°＝180° ➡ ㉯＝180°－90°－60°＝30°

2단계 ㉰의 각도 구하기

삼각형의 세 각의 크기의 합은 180°이므로

90°＋㉰＋45°＝180° ➡ ㉰＝180°－90°－45°＝45°

3단계 ㉎의 각도 구하기

직사각형은 네 각의 크기가 모두 90°이므로

㉎＋㉯＋㉰＝90°, ㉎＋30°＋45°＝90°, ㉎＝90°－30°－45°＝15°

답 15°

2-1 오른쪽 그림과 같이 직사각형 ㄱㄴㄷㄹ 안에 삼각형 ㅁㄷㄹ을 그렸습니다. 각 ㄱㄹㅁ의 크기를 구해 보세요.

(   )

2-2 오른쪽 도형에서 ㉠과 ㉡의 각도의 합을 구해 보세요.

(   )

2-3 오른쪽 도형에서 ㉎의 각도를 구해 보세요.

(   )

3 사각형의 네 각의 크기의 합 이용하기

도형에서 ㉠의 각도를 구해 보세요.

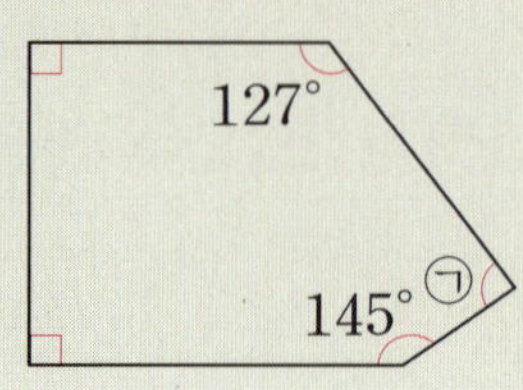

● **생각하기** 사각형의 네 각의 크기의 합을 이용하여 각의 크기를 구합니다.

● **해결하기** **1단계 도형을 둘로 나누기**

주어진 도형에 보조선을 그어 사각형 2개로 나눕니다.

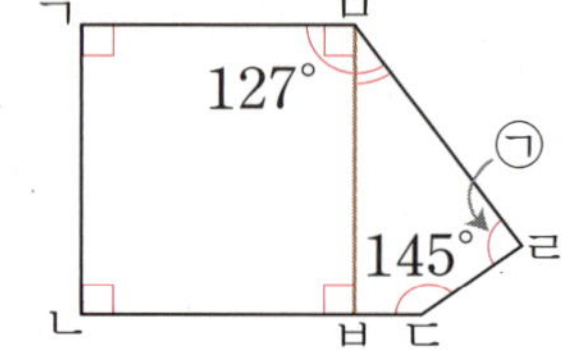

2단계 각 ㄹㅁㅂ의 크기 구하기

(각 ㄹㅁㅂ)=127°−90°=37°

3단계 ㉠의 각도 구하기

사각형 ㅁㅂㄷㄹ의 네 각의 크기의 합은 360°이므로

㉠=360°−37°−90°−145°=88°

다른 풀이 | 도형의 다섯 각의 크기의 합은 540°이므로
㉠=540°−90°−90°−145°−127°=88°

답 88°

3-1 오른쪽 도형에서 각 ㄱㅁㄹ의 큰 쪽의 각도를 구해 보세요.

(   )

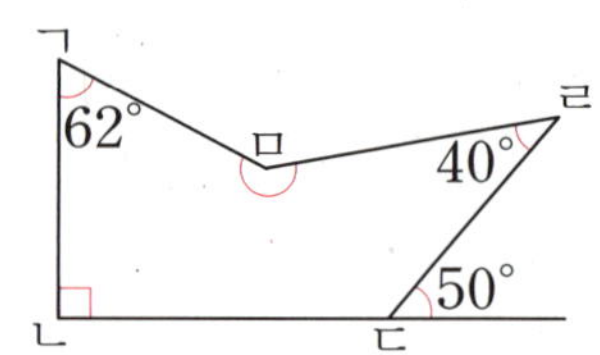

3-2 오른쪽 도형에서 ㉠과 ㉡의 각도의 합을 구해 보세요.

(   )

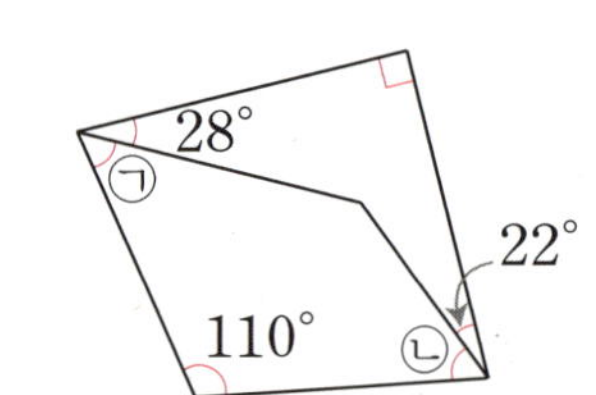

3-3 오른쪽 도형에서 ㉠의 각도를 구해 보세요.

(   )

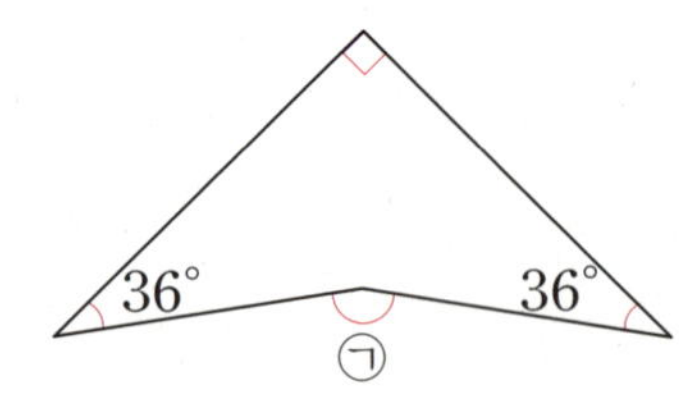

MATH TOPIC 4

심화유형

두 삼각자를 이용하여 각도 구하기

오른쪽 그림과 같이 삼각자 2개를 이용하여 만든 ㉠의
각도를 구해 보세요.

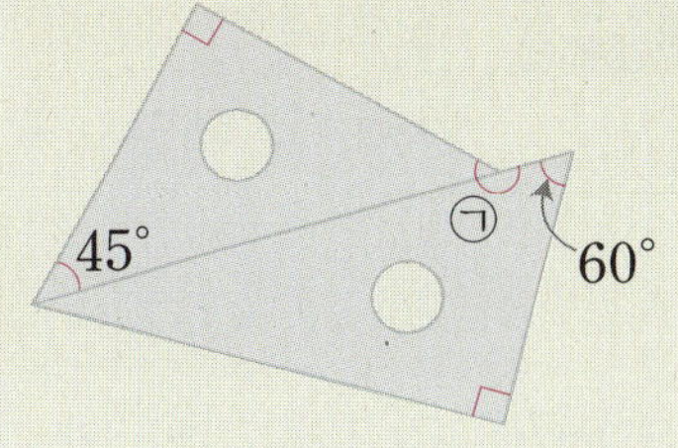

● **생각하기** ㉠을 둘로 나누어 각도의 합을 이용하여 구합니다.

● **해결하기** **1단계** ①의 각도 구하기
삼각형의 세 각의 크기의 합은 $180°$이므로
$① = 180° - 90° - 45° = 45°$

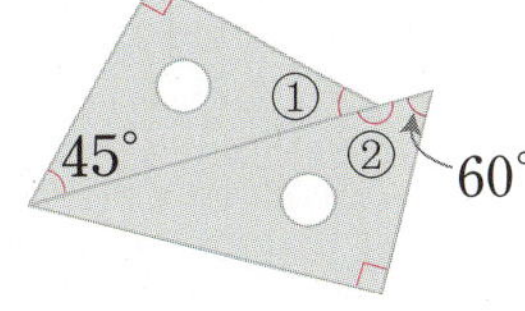

2단계 ㉠의 각도 구하기
$② = 180°$이므로 $㉠ = ① + ② = 45° + 180° = 225°$

답 $225°$

4-1

오른쪽 그림과 같이 삼각자 2개를 이용하여 만든 ㉠의 각도
를 구해 보세요.

(   )

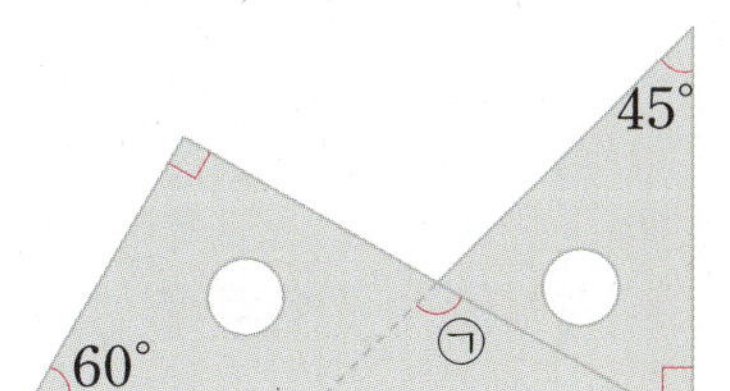

4-2

오른쪽 그림과 같이 삼각자 2개를 이용하여 만든 ㉠의 각도를 구해 보
세요.

(   )

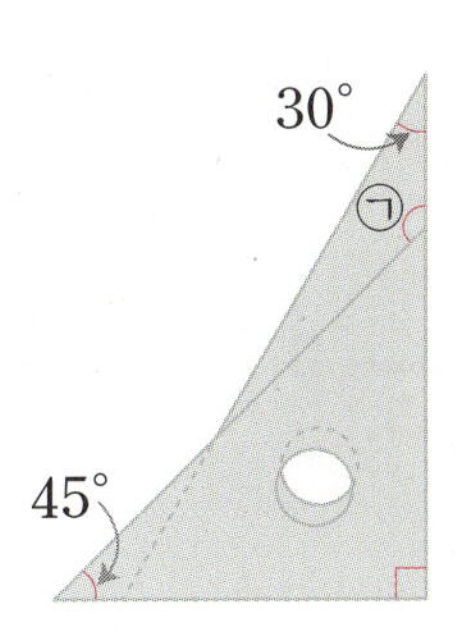

4-3

오른쪽 그림과 같이 삼각자 2개를 이용하여 만든 ㉮의 각
도를 구해 보세요.

(   )

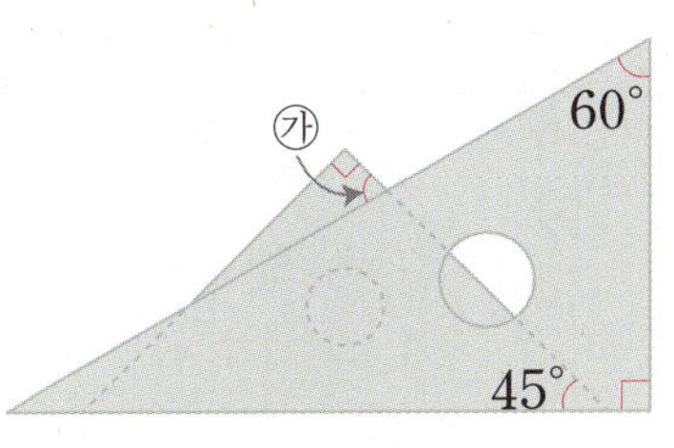

예각 또는 둔각의 수 구하기

오른쪽 그림에서 찾을 수 있는 크고 작은 예각과 둔각의 수의
차는 몇 개인지 구해 보세요.

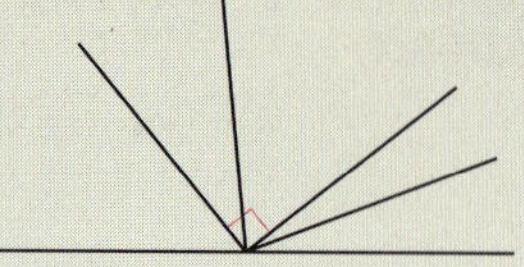

● 생각하기　각 1개, 2개, 3개, 4개로 만들 수 있는 예각 또는 둔각의 수를 각각 구합니다.

● 해결하기　**1단계** 예각의 수 구하기

예각은 각도가 0°보다 크고 90°보다 작은 각이므로
㉠, ㉡, ㉢, ㉣, ㉤, ㉠＋㉡, ㉢＋㉣, ㉣＋㉤으로 8개입니다.

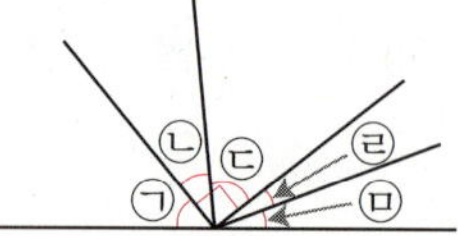

2단계 둔각의 수 구하기

둔각은 각도가 90°보다 크고 180°보다 작은 각이므로
㉠＋㉡＋㉢, ㉡＋㉢＋㉣, ㉢＋㉣＋㉤, ㉠＋㉡＋㉢＋㉣, ㉡＋㉢＋㉣＋㉤으로
5개입니다.

3단계 예각과 둔각의 수의 차 구하기

예각과 둔각의 수의 차는 8－5＝3(개)입니다.

답 3개

5-1　오른쪽 그림에서 찾을 수 있는 크고 작은 예각과 둔각은 각각 모
두 몇 개인지 구해 보세요.

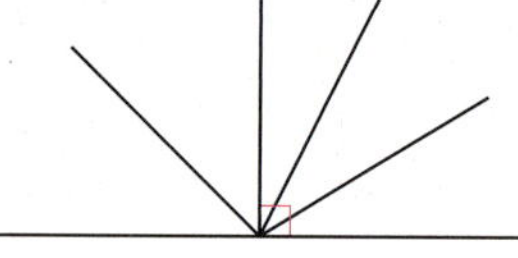

예각 (　　　　　　　　)

둔각 (　　　　　　　　)

5-2　오른쪽 그림은 직선을 크기가 같은 각 6개로 나눈 것입니다. 찾을
수 있는 크고 작은 예각은 모두 몇 개인지 구해 보세요.

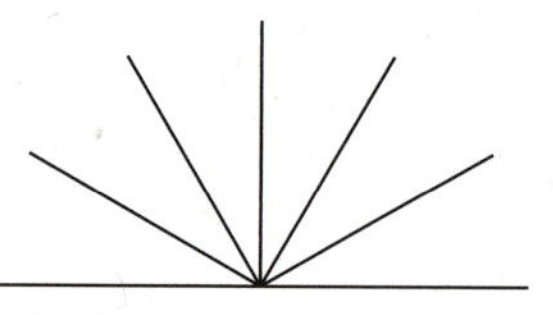

(　　　　　　　　)

5-3　오른쪽 그림은 직선 4개가 크기가 같은 각을 이루면서 한 점에서
만난 것입니다. 찾을 수 있는 크고 작은 둔각은 모두 몇 개인지 구
해 보세요.

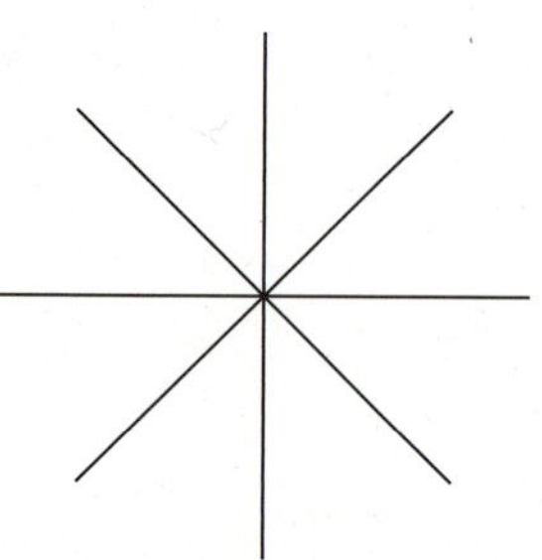

(　　　　　　　　)

MATH TOPIC 6

심화유형

접힌 도형에서의 각도 구하기

직사각형 모양의 종이를 오른쪽과 같이 접었습니다.
각 ㄱㅁㅂ의 크기를 구해 보세요.

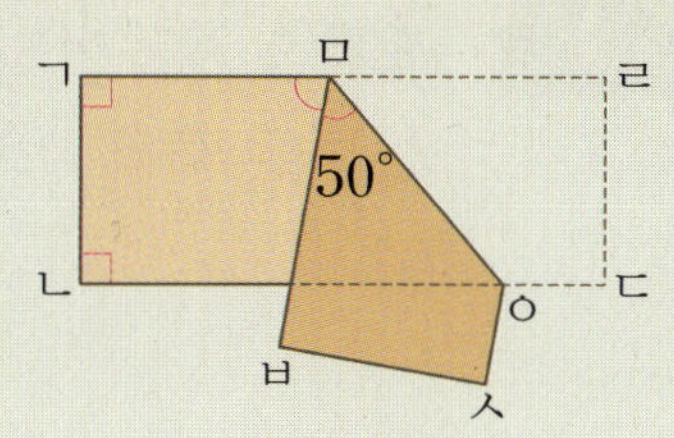

● **생각하기** 접기 전 부분과 접힌 부분은 모양과 크기가 같습니다.

● **해결하기** **1단계** 각 ㄹㅁㅇ의 크기 구하기

사각형 ㅁㅂㅅㅇ은 사각형 ㅁㄹㄷㅇ을 접은 것이므로
모양과 크기가 같습니다.
(각 ㄹㅁㅇ)=(각 ㅂㅁㅇ)=50°

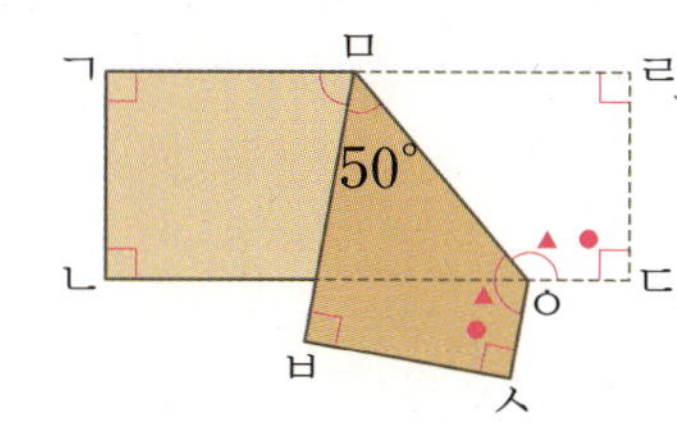

2단계 각 ㄱㅁㅂ의 크기 구하기

한 직선에 놓이는 각의 크기의 합은 180°이므로
(각 ㄱㅁㅂ)=180°-50°-50°=80°

답 80°

6-1 직사각형 모양의 종이를 오른쪽과 같이 접었습니다. ㉮의 각도를 구해
보세요.

(   )

6-2 삼각형 모양의 종이를 오른쪽과 같이 접었습니다. 각 ㄹㅂㅁ의
크기를 구해 보세요.

(   )

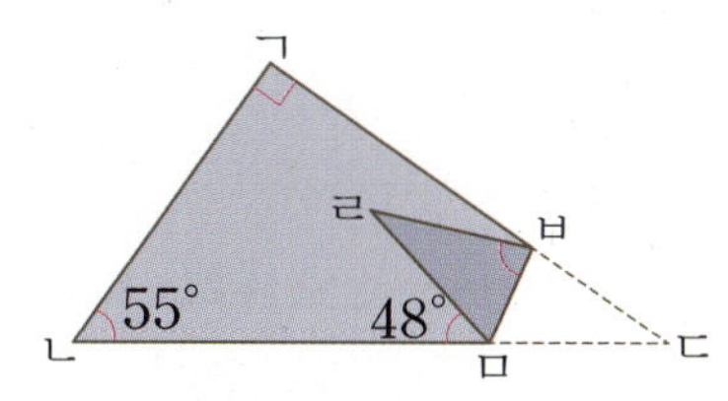

6-3 직사각형 모양의 종이를 오른쪽과 같이 접었습니다. 각 ㄱㅁㄷ의
크기를 구해 보세요.

(   )

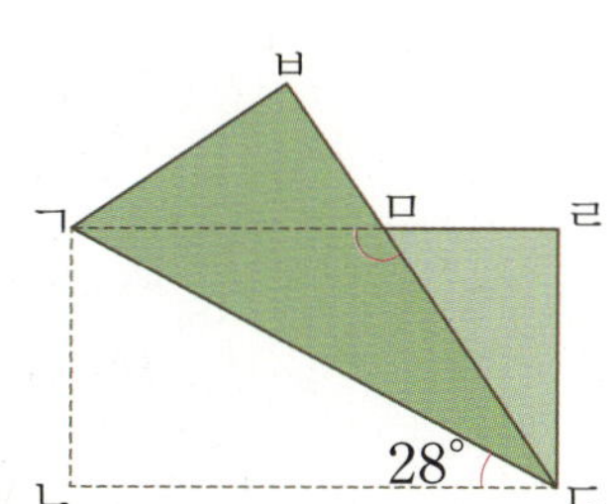

시계의 두 바늘이 이루는 각도 구하기

오른쪽 시계가 3시 30분을 가리킬 때, 짧은바늘과 긴바늘이 이루는 작은 쪽의 각도를 구해 보세요.

● **생각하기** 숫자 눈금 한 칸의 각도를 구한 다음 짧은바늘과 긴바늘이 이루는 각의 크기를 구합니다.

● **해결하기**

1단계 ㉠의 각도 구하기

숫자 눈금 한 칸의 각도는 $30°$이고, ㉠은 숫자 눈금 2칸이므로 ㉠ $= 30° \times 2 = 60°$입니다.
┗ 숫자 눈금 6칸의 각도는 $180°$이므로 숫자 눈금 한 칸의 각도는 $180° \div 6 = 30°$입니다.

2단계 ㉡의 각도 구하기

┏ $30° \div 2 = 15°$ ┏ $15° \div 3 = 5°$

짧은바늘은 1시간(60분)에 $30°$씩 움직이고, 30분에 $15°$씩, 10분에 $5°$씩 움직입니다.

㉡은 $30°$에서 긴바늘이 30분 동안 움직일 때 짧은바늘이 움직인 각도를 뺀 것이므로
㉡ $= 30° - 15° = 15°$입니다.

3단계 짧은바늘과 긴바늘이 이루는 작은 쪽의 각도 구하기

3시 30분일 때 시계의 짧은바늘과 긴바늘이 이루는 작은 쪽의 각도는
㉠ $+$ ㉡ $= 60° + 15° = 75°$입니다.

답 $75°$

7-1 오른쪽 시계가 5시를 가리킬 때, 짧은바늘과 긴바늘이 이루는 작은 쪽의 각도를 구해 보세요.

(   )

7-2 오른쪽 시계가 2시 40분을 가리킬 때, 짧은바늘과 긴바늘이 이루는 작은 쪽의 각도를 구해 보세요.

(   )

7-3 혜인이는 시계가 3시 40분을 가리킬 때 운동을 시작하였습니다. 혜인이가 운동을 끝낸 후 시계를 보니 5시 20분이었습니다. 혜인이가 운동을 하는 동안 짧은바늘이 움직인 각도를 구해 보세요.

(   )

MATH TOPIC 8

심화유형

각도를 활용한 통합 교과유형

수학+미술

테셀레이션은 한 가지 이상의 도형이 서로 겹치지 않으면서 빈틈 없이 평면을 전부 채우는 것을 말합니다. 다음 3가지 도형 중에서 한 가지 도형만으로 테셀레이션을 만들 때 테셀레이션을 만들 수 없는 도형은 어느 것인지 구해 보세요.

*정다각형	정사각형	정오각형	정육각형
도형 안의 각의 크기의 합	360°	540°	720°

*정다각형: 변의 길이가 모두 같고, 각의 크기가 모두 같은 도형

● 생각하기   도형의 한 각의 크기를 각각 구해 봅니다.

● 해결하기   **1단계** 각 도형의 한 각의 크기 구하기

정사각형의 한 각의 크기는 360°÷4=90°, 정오각형의 한 각의 크기는

540°÷5=108°, 정육각형의 한 각의 크기는 720°÷☐=☐°입니다.

2단계 각 도형으로 테셀레이션 만들기

같은 도형 여러 개를 한 점에서 만나도록 모았을 때 한 점에서 만나는 각의 크기의 합이 360°가 되는지 확인합니다.

• 정사각형: 90°×4=360° → 

• 정오각형: 108°×■=360°(■는 자연수)에서 ■에 알맞은 수를 구할 수 없습니다.

• 정육각형: ☐°×3=☐° → 

따라서 테셀레이션을 만들 수 없는 도형은 ☐입니다.   답 ☐

8-1

수학+미술

패턴 블록을 이용하여 여러 가지 모양을 만드는 놀이를 하였습니다. 오른쪽은 아래의 패턴 블록을 이용하여 만든 모양입니다. 같은 모양으로 표시한 각의 크기가 서로 같을 때, ㉠의 각도를 구해 보세요.

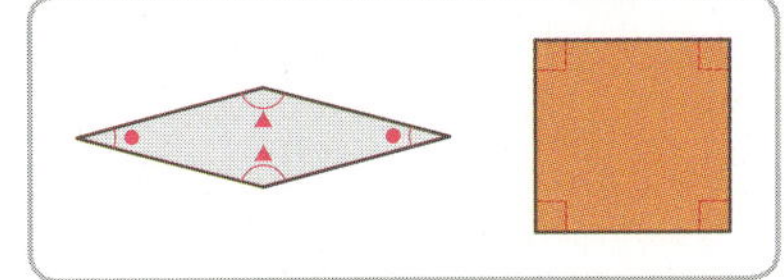

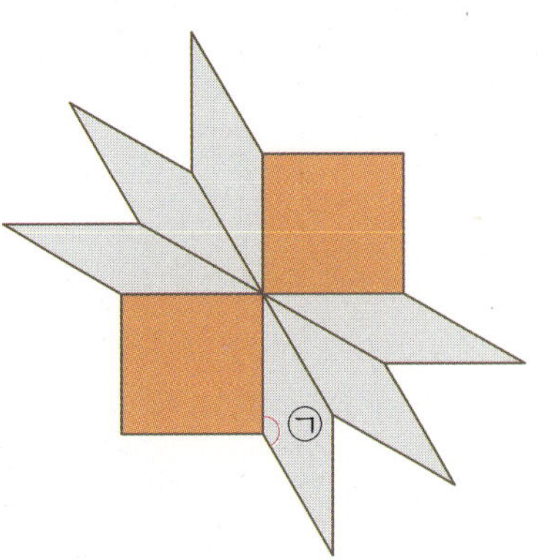

(   )

1 그림에서 ㉮와 ㉯의 각도의 차를 구해 보세요.

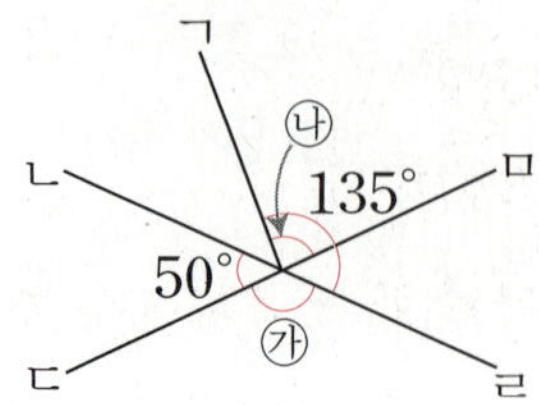

(   )

2 어떤 삼각형의 세 각을 ㉠, ㉡, ㉢이라 할 때, 다음과 같은 관계가 있습니다. ㉠, ㉡, ㉢의 각도를 각각 구해 보세요.

> • ㉠은 ㉡보다 $43°$만큼 더 큽니다.
> • ㉢은 ㉡보다 $11°$만큼 더 큽니다.

㉠ (   ), ㉡ (   ), ㉢ (   )

서술형 3 오른쪽 그림과 같이 삼각자를 점 ㄷ을 중심으로 화살표 방향으로 $40°$ 만큼 돌렸습니다. 각 ㄴㄷㄹ의 크기는 몇 도인지 풀이 과정을 쓰고 답을 구해 보세요.

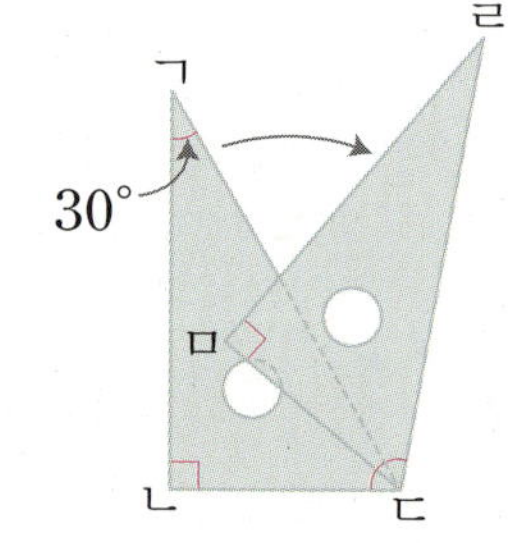

풀이 ....

....

....

답 ....

4 각 ㄱㄴㅁ과 각 ㅁㄴㄷ의 크기가 같을 때, ㉮의 각도를 구해 보세요.

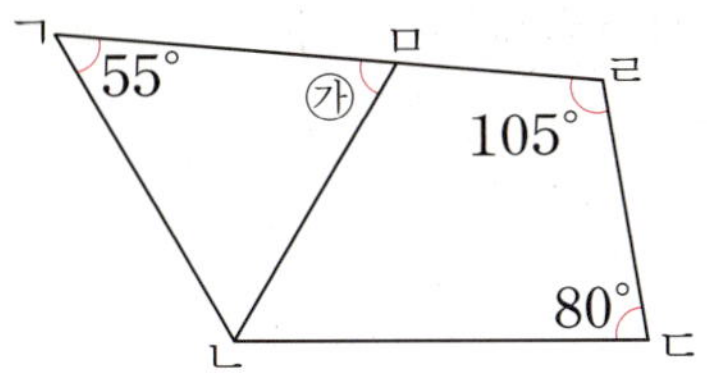

(   )

5 그림에서 ㉮의 각도를 구해 보세요.

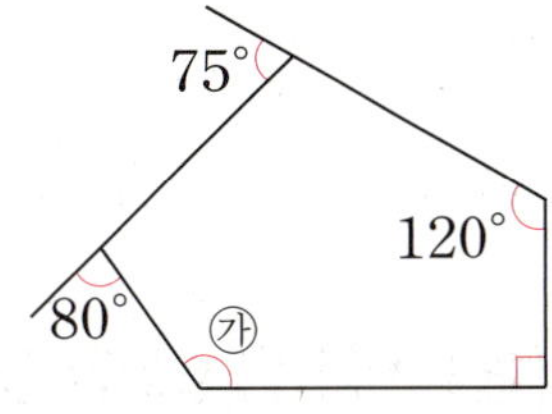

(   )

6 오른쪽 그림에서 찾을 수 있는 크고 작은 둔각은 모두 몇 개일까요?

(   )

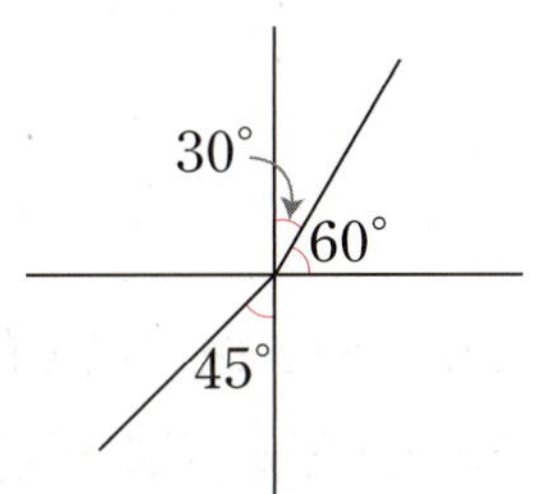

7 직사각형 모양의 종이를 오른쪽과 같이 접었을 때, ㉮의 각도를 구해 보세요.

(   )

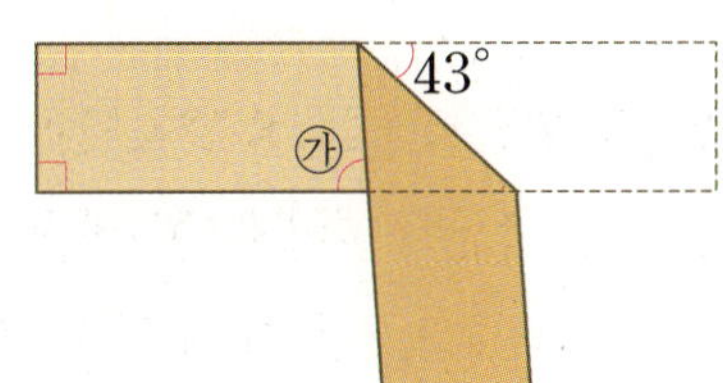

8 오른쪽 그림과 같이 삼각자 2개를 겹쳐 놓았습니다. ㉮의 각도를 구
해 보세요.

( )

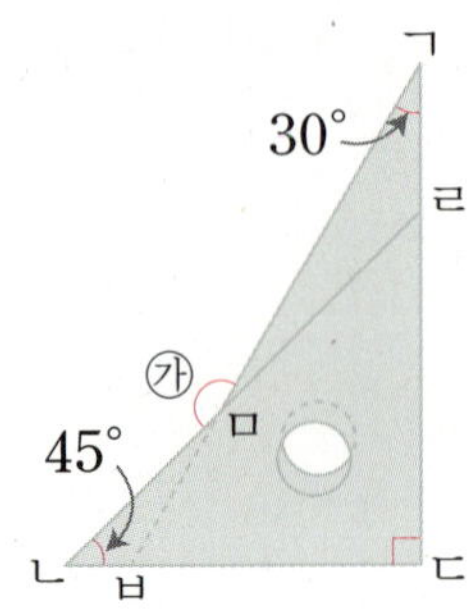

9 오른쪽 시계가 1시 40분을 가리킬 때, 짧은바늘과 긴바늘이 이루는 작
은 쪽의 각도를 구해 보세요.

( )

서술형 **10** 오른쪽 사각형에서 각 ㄴㄱㅁ과 각 ㅁㄱㄹ의 크기가 같고, 각 ㄱㄹㅁ
과 각 ㅁㄹㄷ의 크기가 같습니다. 각 ㄱㅁㄹ의 크기는 몇 도인지 풀이
과정을 쓰고 답을 구해 보세요.

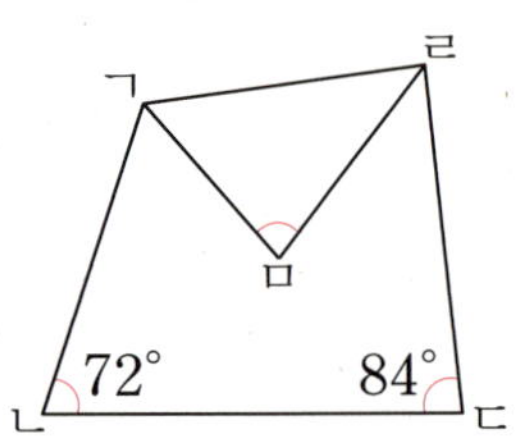

풀이

답

수학+과학

11 일상생활에서 보는 거울은 빛이 거울 면에 부딪쳐서 나아가던 방향을 바꾸는 현상인 빛의 반사를 이용하여 물체의 모양을 비추어 볼 수 있습니다. 빛이 거울 면으로 들어오는 각을 입사각이라 하고 거울 면에 반사되어 나오는 각을 반사각이라 하는데 입사각과 반사각의 각도는 같습니다. 두 거울 사이로 빛을 쏘았을 때 ㉮의 각도를 구해 보세요.

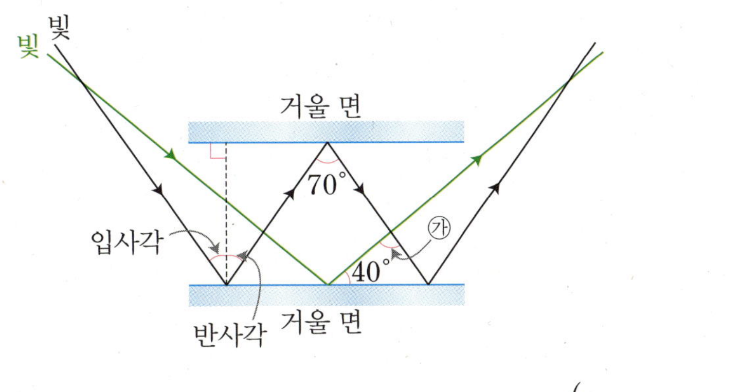

( )

12 도형에서 ㉮의 각도를 구해 보세요.

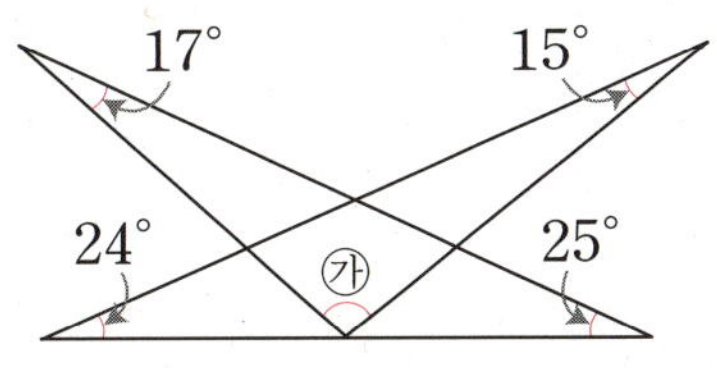

( )

13 오른쪽 도형에서 ㉠, ㉡, ㉢, ㉣, ㉤의 각도의 합을 구해 보세요.

( )

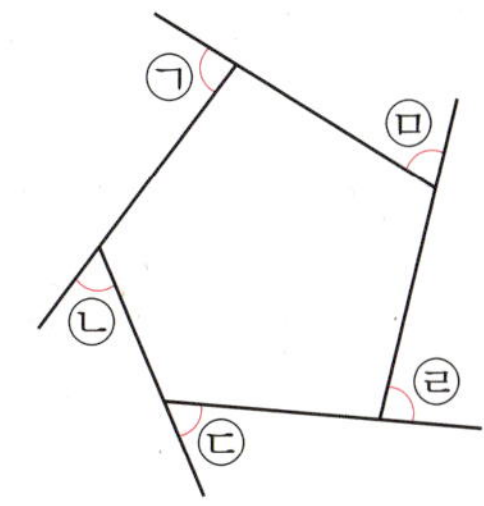

1 왼쪽의 직사각형 모양의 종이를 접어 오른쪽 모양을 만들었습니다. ㉠의 각도를 구해 보세요.

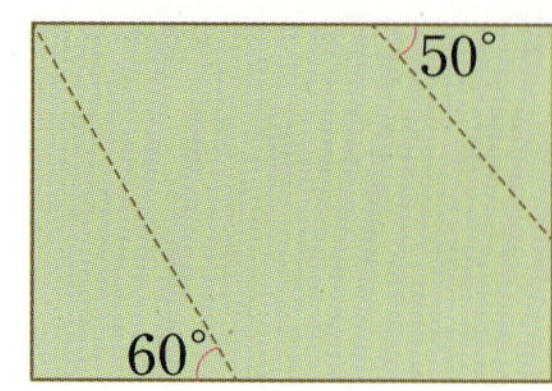

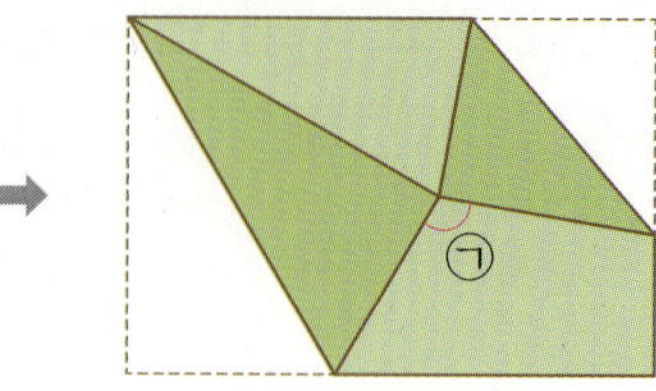

(   )

2 도형에서 ㉮와 ㉯의 각도의 합을 구해 보세요.

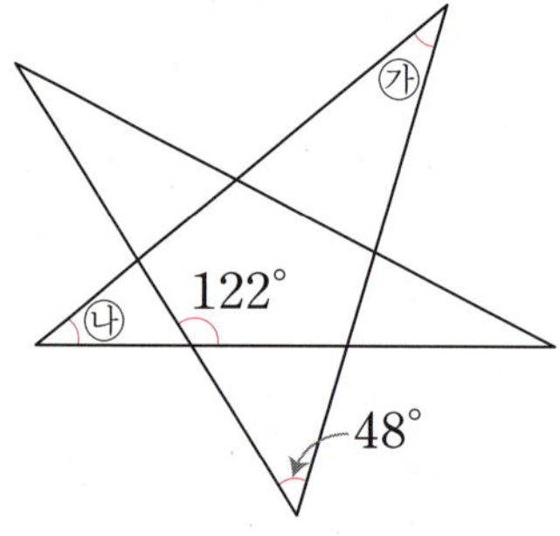

(   )

3 오른쪽 도형에서 색칠한 각의 크기의 합을 구해 보세요.

(   )

4 점판 위에 있는 점을 이어 만들 수 있는 각도가 서로 다른 각은 모두 몇 개인지 구해 보세요. (단, 180°보다 작은 각만 생각합니다.)

(   )

5 오른쪽 그림은 직각 ㄱㄴㄷ을 시계 방향으로 10°만큼 돌린 후, 다시 시계 방향으로 20°만큼 돌린 것입니다. 찾을 수 있는 각도가 서로 다른 각은 모두 몇 개인지 구해 보세요. (단, 180°보다 작은 각만 생각합니다.)

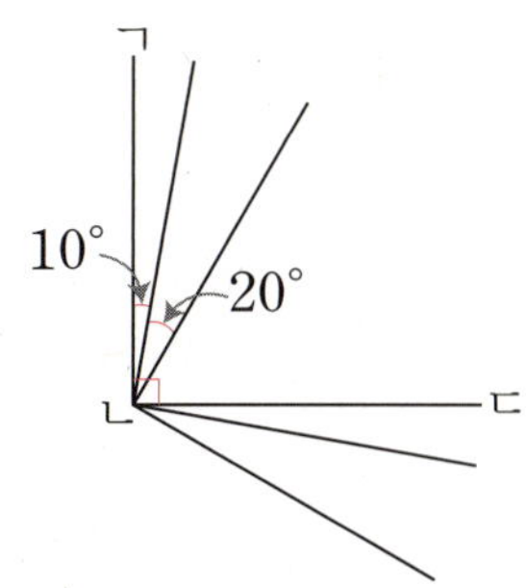

(   )

 6 정사각형 모양의 종이 3장을 다음과 같이 겹쳐 놓았을 때, ㉮의 각도를 구해 보세요.

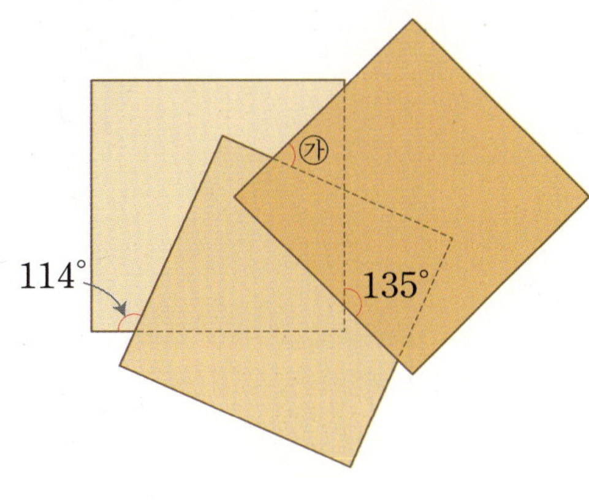

(   )

7 모양과 크기가 같은 사각형을 다음과 같이 겹치지 않게 이어 붙이면 빨간색 선을 변으로 하는 ■각형이 만들어집니다. ■에 알맞은 수를 구해 보세요.

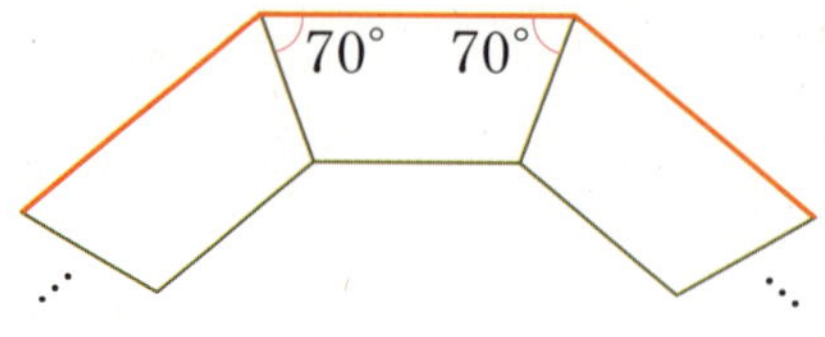

(   )

8 삼각형 모양의 종이를 다음과 같이 접었습니다. 각 ㄷㄹㅇ의 크기를 구해 보세요.

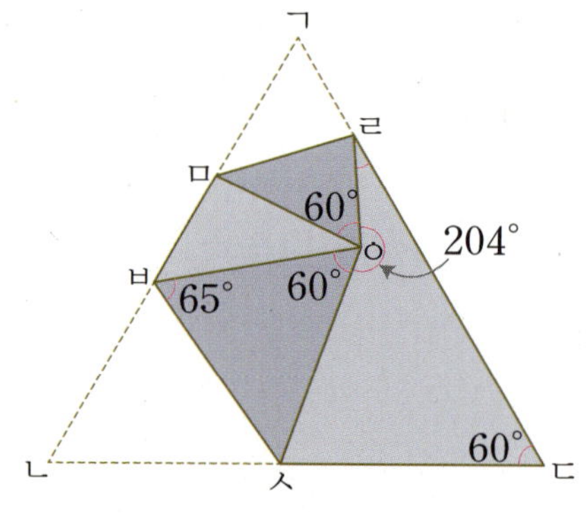

(   )

곱셈과 나눗셈

기호와 곱셈, 나눗셈의 이해

수학에서 사용하는 덧셈, 뺄셈, 곱셈, 나눗셈의 연산 기호가 만들어져 사용하기 시작한 것은 약 700~800년 전으로 그리 역사가 길지 않습니다. 수학의 발전은 연산 기호가 만들어진 이후부터라고 할 수 있는데 덧셈, 뺄셈, 곱셈, 나눗셈의 연산 기호는 언제, 누가 만들었는지 알아봅시다.

덧셈 기호의 등장

13세기 경 이탈리아의 수학자 레오나르도 피사노가 처음 사용하였다고 알려져 있습니다. 그는 7 더하기 8을 '7과 8'로 썼는데 라틴어로 '과'를 뜻하는 et를 줄여서 쓰다 보니 '+'로 쓰게 되었다고 합니다.

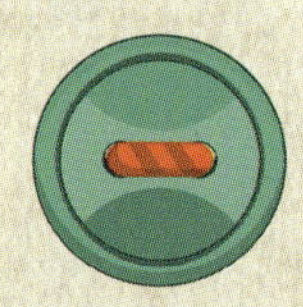

뺄셈 기호의 등장

1489년 독일의 수학자 요하네스 비트만이 쓴 산술책에서 '모자라다'라는 라틴어 단어 minus의 약자 '-m'에서 '-'만 따서 쓰게 되었다고 합니다. 이 책에는 '+'도 같이 썼다고 합니다.

곱셈 기호의 등장

곱셈 기호 '×'는 1631년 영국의 수학자 윌리엄 오트레드의 저서 '수학의 열쇠'에서 처음 사용되었다고 합니다. 성 안드레 십자가 모양에서 만들어졌다고 알려져 있습니다. 그러나 1618년 스코틀랜드의 수학자 네이피어의 책에서도 문자 X가 곱하기를 나타내는 데 사용되었다고 합니다.

나눗셈 기호의 등장

1659년 스위스의 수학자 요한 란의 대수학 책에서 처음 사용하였다고 합니다. 나눗셈의 기호 '÷'의 가로 막대 '—'는 분수에서 분자와 분모를 구분하는 가로줄을 의미하고, 아래 위의 두 ' · '은 수를 나타낸다고 합니다. 따라서 $3 \div 4$를 $\frac{3}{4}$으로 표현할 수 있습니다.

곱셈과 나눗셈의 이해

곱셈은 덧셈을 간단히 표현하기 위해 만들어졌습니다. 예를 들어 $6+6+6+6$을 6의 4배로 생각하면서 곱셈이 시작되었습니다.

$$6+6+6+6=24$$

$$6 \times 4 = 24$$

그렇다면 $(7 \times 2) + (7 \times 3)$은 어떤 의미일까요? 이것은 7을 두 번 더한 값에 7을 세 번 더한 값을 더한다는 의미입니다. 따라서 7을 5번 더한 값과 같으므로 $(7 \times 2) + (7 \times 3)$은 7×5와 같습니다.

나눗셈은 뺄셈으로부터 출발합니다. 예를 들어 30개의 사과를 5명이 똑같이 나누어 가질 경우 다음과 같이 뺄셈을 사용하여 나누기를 할 수 있습니다.

$$30-5-5-5-5-5-5=0$$

$$30 \div 5 = 6$$

(나누어지는 수) (나누는 수) (몫)

또한 나눗셈은 어떤 수를 똑같이 나눌 때 필요한 계산법으로 곱셈과 정반대의 셈의 원리를 가지고 있습니다.

$$6 \times 4 = 24$$

$$24 \div 4 = 6$$

1 (세 자리 수)×(두 자리 수)

❶ (세 자리 수)×(몇십)

• 364×20의 계산

$$364 \times 2 = 728 \Rightarrow 364 \times 20 = 7280$$

(10배, 10배)

$$
\begin{array}{r}
3\ 6\ 4 \\
\times\quad\ 2 \\
\hline
7\ 2\ 8
\end{array}
\qquad
\begin{array}{r}
3\ 6\ 4 \\
\times\quad 2\ 0 \\
\hline
7\ 2\ 8\ 0
\end{array}
$$

10배 → 0이 1개

❷ (세 자리 수)×(두 자리 수)

• 274×23의 계산

$$274 \times 23 = 274 \times (20+3)$$
$$= 274 \times 20 + 274 \times 3$$
$$= 5480 + 822 = 6302$$

$$
\begin{array}{r}
2\ 7\ 4 \\
\times\quad 2\ 3 \\
\hline
8\ 2\ 2 \\
5\ 4\ 8\ 0 \\
\hline
6\ 3\ 0\ 2
\end{array}
$$

←274×3
←274×20

• 일의 자리 0을 생략하여 나타낼 수 있습니다.

---

❶ 곱셈의 교환법칙, 결합법칙, 분배법칙

교환법칙	결합법칙	분배법칙
두 수의 곱셈에서 두 수의 순서를 바꾸어 곱하여도 결과는 같습니다. 예) $2 \times 3 = 6$, $3 \times 2 = 6$ ➡ $2 \times 3 = 3 \times 2$ $a \times b = b \times a$	세 수의 곱셈에서 어느 두 수를 먼저 곱하여도 결과는 같습니다. 예) $(2 \times 3) \times 5 = 6 \times 5 = 30$ • ( ) 안을 먼저 계산합니다. $2 \times (3 \times 5) = 2 \times 15 = 30$ ➡ $(2 \times 3) \times 5 = 2 \times (3 \times 5)$ $(a \times b) \times c = a \times (b \times c)$	두 수의 합에 다른 수를 곱한 값은 그것을 각각 곱한 것의 합과 같습니다. 예) $2 \times (3 + 4) = 2 \times 7 = 14$ $2 \times 3 + 2 \times 4 = 6 + 8 = 14$ ➡ $2 \times (3 + 4) = 2 \times 3 + 2 \times 4$ $a \times (b + c) = a \times b + a \times c$

---

❶ 수 카드로 곱이 가장 크게 되는 (세 자리 수)×(두 자리 수) 만들기

① 가장 큰 수부터 놓아 보기	② 나머지 수를 놓아 곱셈하기
가장 큰 수 5를 곱하는 수(두 자리 수)의 가장 높은 자리에, 둘째로 큰 수 4를 곱해지는 수(세 자리 수)의 가장 높은 자리에 놓습니다.	그 다음으로 큰 수 3을 ㉠에, 2를 ㉡에 놓고, 나머지 수 1을 빈칸에 놓습니다.

① 경우:

$$
\begin{array}{r}
4\ \square\ \square \\
\times\quad 5\ \square
\end{array}
$$

← 5와 4의 위치를 바꾼 경우보다 이 경우가 가장 큰 곱셈식이 됩니다.

② 경우:

$$
\begin{array}{r}
4\ ㉠\ \square \\
\times\quad 5\ ㉡
\end{array}
\Rightarrow
\begin{array}{r}
4\ 3\ 1 \\
\times\quad 5\ 2 \\
\hline
2\ 2\ 4\ 1\ 2
\end{array}
$$

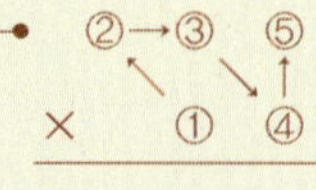

큰 수부터 차례로 ①→②→③→④→⑤에 놓으면 곱이 가장 크게 되는 (세 자리 수)×(두 자리 수)를 만들 수 있습니다.

BASIC TEST

1 □ 안에 알맞은 수를 써넣으세요.

$$437 \times 3 = \boxed{}$$

$$\boxed{} \text{배}$$

$$437 \times 30 = \boxed{}$$

2 □ 안에 알맞은 수를 써넣으세요.

(1) $123 \times 30 = 123 \times \boxed{} \times 10$

$$= \boxed{} \times 10 = \boxed{}$$

(2) $257 \times 40 = \underline{257 \times 4} \times \boxed{}$

$$= \boxed{} \times \boxed{}$$

$$= \boxed{}$$

3 □ 안에 알맞은 수를 써넣으세요.

(1) $308 \times 25 = 308 \times 20 + 308 \times \boxed{}$

$$= \boxed{} + \boxed{}$$

$$= \boxed{}$$

(2) $246 \times 17 = 200 \times 17 + \boxed{} \times 17$

$$= \boxed{} + \boxed{}$$

$$= \boxed{}$$

4 잘못 계산한 곳을 찾아 바르게 계산해 보세요.

$$\begin{array}{r} 3\ 6\ 7 \\ \times\ \ \ 5\ 4 \\ \hline 1\ 4\ 6\ 8 \\ 1\ 8\ 3\ 5 \\ \hline 3\ 3\ 0\ 3 \end{array} \Rightarrow \boxed{}$$

5 준후가 저금통에 모은 동전입니다. 저금통에 모은 동전은 모두 얼마일까요?

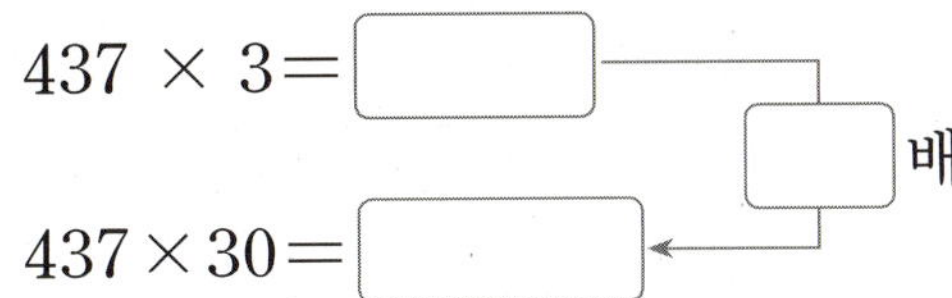

60개	90개

( )

6 어떤 수를 34번 더했더니 4760이 되었습니다. 어떤 수는 얼마일까요?

( )

7 □ 안에 들어갈 수 있는 자연수는 모두 몇 개일까요?

$$212 \times 40 < \square < 416 \times 21$$

( )

2 곱셈의 활용, 몇십으로 나누기

❶ 곱셈을 이용하여 실생활 문제 해결하기

> 예 유리는 문구점에서 친구들에게 줄 320원짜리 지우개를 48개 사려고 합니다. 유리가 16000원을 가지고 있다면 친구들에게 줄 지우개 48개를 살 수 있을까요?

어림하기 예 320원을 300원쯤으로, 48개를 50개쯤으로 어림하면 320×48은

약 $300 \times 50 = 15000$(원)입니다.

➡ 친구들에게 줄 지우개 48개를 살 수 있을 것 같습니다.

실제로 계산하기 $320 \times 48 = 15360$(원)

❷ 몇십으로 나누기

• $156 \div 20$의 계산

$$20 \times 6 = 120$$
$$20 \times 7 = 140$$
$$20 \times 8 = 160$$

➡

$$\begin{array}{r} 7 \leftarrow \text{몫} \\ 20\overline{)1\ 5\ 6} \\ 1\ 4\ 0 \\ \hline 1\ 6 \leftarrow \text{나머지} \end{array}$$

나눗셈에서 나머지는
나누는 수보다 항상 작습니다.

$156 \div 20 = 7 \cdots 16$

확인 $20 \times 7 + 16 = 156$

• $20 \times 7 = 140$, $140 + 16 = 156$을 하나의 식으로 나타내면 $20 \times 7 + 16 = 156$입니다.

156은 $20 \times 7 = 140$과 $20 \times 8 = 160$ 사이의 수이므로 몫은 7입니다.

사고력 개념

❶ 나눗셈에서의 0

$5 \div 0 = ?$	$0 \div 5 = ?$	$0 \div 0 = ?$
$5 \div 0 = \square \Rightarrow 0 \times \square = 5(\times)$	$0 \div 5 = \square \Rightarrow 5 \times \square = 0$	$0 \div 0 = \square \Rightarrow 0 \times \square = 0$
0에 어떤 수를 곱하여도 0이 되므로 □ 안에 알맞은 수는 존재하지 않습니다.	5에 어떤 수를 곱하여 0이 되려면 □=**0**입니다. 따라서 $0 \div 5 = 0$입니다.	0에 어떤 수를 곱하여도 0이 되므로 □**안에 어떤 수를 넣어도 됩니다.** 따라서 $0 \div 0$의 답은 무수히 많습니다.

실전 개념

❶ 나누어지는 수 구하기

방법1 나눗셈식을 곱셈식으로 나타내기

• $\square \div 50 = 9$에서 □ 안에 알맞은 수 구하기

$\square \div 50 = 9 \Rightarrow 50 \times 9 = \square$, $\square = 450$

방법2 확인하는 방법으로 구하기

• $\square \div 30 = 7 \cdots 14$에서 □ 안에 알맞은 수 구하기

$\square \div 30 = 7 \cdots 14 \Rightarrow 30 \times 7 + 14 = \square$, $\square = 224$

> ■ $\div$ ▲ = ● $\cdots$ ★ ➡ ▲ $\times$ ● $+$ ★ = ■

BASIC TEST

1 ☐ 안에 알맞은 수를 써넣으세요.

$$24 \div 3 = \boxed{}$$

$$\downarrow$$

$$240 \div 30 = \boxed{}$$

2 나눗셈의 몫의 크기를 비교하여 ◯ 안에 >, =, < 중 알맞은 것을 써넣으세요.

$$480 \div 60 \bigcirc 480 \div 80$$

3 예지는 묶음으로 파는 학용품을 사려고 합니다. 어림하여 9000원으로 살 수 있는 학용품 묶음을 찾아 ◯표 하세요.

자	연필	지우개
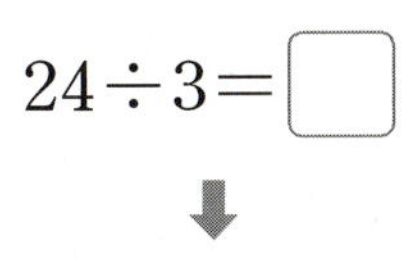		
한 개에 450원 21개 묶음	한 자루에 410원 23자루 묶음	한 개에 390원 22개 묶음
( )	( )	( )

4 밭에서 수확한 감자를 한 상자에 50개씩 담아 포장하였습니다. 포장한 감자는 8상자이고, 감자 12개가 남았다면 밭에서 수확한 감자는 모두 몇 개일까요?

( )

5 어느 학교에서 급식 때 학생 한 명에게 우유를 200 mL씩 주려고 합니다. 4학년 학생 수가 다음과 같을 때, 이 학교 4학년 학생 전체에게 줄 우유의 양은 모두 몇 L인지 소수로 나타내 보세요.

반	1반	2반	3반
학생 수(명)	23	19	21

( )

6 360은 40으로 나누어떨어집니다. 360보다 큰 수 중에서 40으로 나누었을 때 나머지가 30이 되는 가장 작은 수를 구해 보세요.

( )

7 한 상자에 풀을 20개까지 담을 수 있습니다. 풀 317개를 모두 담으려면 상자는 적어도 몇 상자 필요할까요?

( )

3 몇십몇으로 나누기

❶ 몇십몇으로 나누기

• 몫이 한 자리 수인 경우 → 나누어지는 수의 왼쪽 두 자리 수가 나누는 수보다 작으면 몫이 한 자리 수입니다.

나머지가 나누는 수보다 작아야 하므로 몫을 1만큼 더 크게 합니다. → **6**

$$5$$
$$78\overline{)503}$$
$$390$$
$$113 \rightarrow 나머지가 나누는 수보다 큽니다.$$

$$78\overline{)503}$$
$$468$$
$$35$$

503에서 546을 뺄 수 없으므로 몫을 1만큼 더 작게 합니다. → **6**

$$7$$
$$78\overline{)503}$$
$$546 \rightarrow 뺄 수 없습니다.$$

$$78\overline{)503}$$
$$468$$
$$35$$

• 몫이 두 자리 수인 경우 → 나누어지는 수의 왼쪽 두 자리 수가 나누는 수와 같거나 크면 몫이 두 자리 수입니다.

$$2$$
$$10$$
$$24\overline{)289}$$
$$240 \leftarrow 24 \times 10$$
$$49$$
$$48 \leftarrow 24 \times 2$$
$$1$$

➡

$$12 \leftarrow 몫$$
$$24\overline{)289}$$
$$24$$
$$49$$
$$48$$
$$1 \leftarrow 나머지$$

$$289 \div \boxed{24} = \boxed{12} \cdots \triangle \quad \Rightarrow \quad \text{확인} \quad \boxed{24} \times \boxed{12} + \triangle = 289$$

---

❶ 수 카드로 몫이 가장 크게 또는 가장 작게 되는 (세 자리 수)÷(두 자리 수) 만들기

몫이 가장 큰 나눗셈식	몫이 가장 작은 나눗셈식
① 세 자리 수는 가장 크게, 두 자리 수는 가장 작게 만듭니다. ➡ 가장 큰 세 자리 수: 654 　 가장 작은 두 자리 수: 12 ② 몫을 구합니다. ➡ $654 \div 12 = 54 \cdots 6$	① 세 자리 수는 가장 작게, 두 자리 수는 가장 크게 만듭니다. ➡ 가장 작은 세 자리 수: 124 　 가장 큰 두 자리 수: 65 ② 몫을 구합니다. ➡ $124 \div 65 = 1 \cdots 59$

소수의 나눗셈

❶ 몫을 소수로 나타내기

• $21 \div 5$

(자연수)÷(자연수)에서 나누어떨어지지 않는 경우 몫을 소수로 나타낼 수 있습니다. 21의 뒤에 소수점과 0이 생략되어 있는 것($21 = 21.0$)으로 생각하여 소수점을 찍고 0을 내려서 계산합니다.

$$4$$
$$5\overline{)21}$$
$$20$$
$$1$$

➡

$$4.2$$
$$5\overline{)21.0}$$
$$20$$
$$10$$
$$10$$
$$0$$

BASIC TEST

1 □ 안에 알맞은 수를 구해 보세요.

$$458 \div 17 = 26 \cdots 16$$
$$457 \div 17 = 26 \cdots 15$$
$$456 \div 17 = 26 \cdots 14$$
$$\vdots$$
$$\square \div 17 = 26$$

(   )

2 $184 \div 21$을 다음과 같이 어림하여 몫을 구했습니다. 잘못 계산한 까닭을 쓰고 바르게 계산해 보세요.

어림 $180 \div 20 = 9$

$$21 \overline{)184}$$
$$\quad\ 189$$

까닭 ....

....

3 초콜릿 215개를 한 상자에 23개씩 넣어 포장하려고 합니다. 몇 상자까지 포장할 수 있을까요?

(   )

4 □ 안에 들어갈 수 있는 수 중에서 가장 큰 수를 구해 보세요.

$$\square \div 39 = 13 \cdots \bigstar$$

(   )

5 $473 \div \square$의 몫은 한 자리 수입니다. □ 안에 들어갈 수 있는 수 중에서 가장 작은 수를 구해 보세요.

(   )

6 다음 나눗셈식은 나누어떨어집니다. □ 안에 알맞은 수를 써넣으세요.

$$24 \overline{)7\ \square\ 2} \quad \square\ 3$$

곱셈의 활용

어느 과수원에서 사과는 한 상자에 35개씩 136상자 수확했고, 배는 한 상자에 12개씩 113상자 수확했습니다. 이 과수원에서 수확한 사과와 배는 모두 몇 개일까요?

● **생각하기** 곱셈식을 세워 수확한 사과와 배의 수를 각각 구합니다.

● **해결하기** **1단계** 곱셈식을 세워 수확한 사과와 배의 수 각각 구하기

(수확한 사과의 수)＝(한 상자에 들어 있는 사과의 수)×(사과 상자의 수)
$$＝35 \times 136＝4760(개)$$
(수확한 배의 수)＝(한 상자에 들어 있는 배의 수)×(배 상자의 수)
$$＝12 \times 113＝1356(개)$$

2단계 수확한 사과와 배의 수의 합 구하기

(수확한 사과와 배의 수)＝$4760＋1356＝6116$(개)

답 6116개

1-1 혜리네 학교 4학년 학생들이 박물관으로 현장 체험 학습을 갔습니다. 혜리네 학교 4학년은 한 반에 학생이 21명씩 3개 반이고, 박물관의 입장료는 학생이 600원, 어른이 900원입니다. 각 반 담임 선생님을 포함한 4학년 전체 학생이 박물관에 들어갈 때, 내야 하는 입장료는 모두 얼마일까요?

(   )

1-2 어느 아이스크림 가게에서 한 개의 원가가 2435원인 아이스크림을 3000원에 팝니다. 이 아이스크림을 42개 팔았다면 이익은 얼마일까요?

(   )

1-3 한 봉지의 정가가 800원인 과자가 있습니다. 이 과자를 A 마트에서는 10봉지를 사면 1000원을 할인해 주고, B 마트에서는 10봉지를 사면 한 봉지를 더 준다고 합니다. 이 과자를 11봉지 살 때, 어느 마트에서 사는 것이 더 쌀까요?

(   )

심화유형 2 어떤 수 구하기

어떤 수를 32로 나누었더니 몫이 27이고, 나머지가 11이었습니다. 어떤 수를 11로 나누었을 때의 몫과 나머지를 각각 구해 보세요.

● **생각하기** (나누어지는 수)÷(나누는 수)=(몫)…(나머지)
➡ 확인: (나누는 수)×(몫)+(나머지)=(나누어지는 수)

● **해결하기** **1단계** □를 사용하여 나눗셈식 만들기
어떤 수를 □라 하면 □÷32=27…11

2단계 확인하여 어떤 수 구하기
확인하여 □의 값을 구하면 □=32×27+11=875

3단계 어떤 수를 11로 나누었을 때, 몫과 나머지 각각 구하기
875÷11=79…6이므로 몫은 79, 나머지는 6입니다.

답 몫: 79, 나머지: 6

2-1 어떤 수를 82로 나누었더니 몫이 7이고, 나머지가 15였습니다. 어떤 수를 33으로 나누었을 때의 나머지를 구해 보세요.

(   )

2-2 어떤 수를 37로 나누었더니 몫이 한 자리 수였습니다. 어떤 수 중에서 가장 큰 수를 구해 보세요.

(   )

2-3 어떤 수를 24로 나누어야 할 것을 잘못하여 42로 나누었더니 몫이 12이고, 나머지가 6이었습니다. 바르게 계산했을 때의 몫과 나머지의 합을 구해 보세요.

(   )

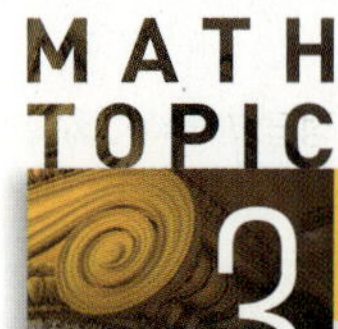

3 나눗셈의 활용

심화유형

사탕 257개를 학생 30명에게 똑같이 나누어 주려고 합니다. 사탕을 남김없이 모두 나누어 주려면 사탕은 적어도 몇 개 더 필요할까요?

● 생각하기 사탕을 똑같이 나누어 줄 때 한 학생에게 주는 사탕 수와 남는 사탕 수를 구합니다.

● 해결하기 **1단계** 나눗셈식 만들기

$257 \div 30 = 8 \cdots 17$이므로 한 학생에게 사탕을 8개씩 줄 수 있고, 17개가 남습니다.

2단계 더 필요한 사탕 수 구하기

남는 사탕이 없으려면 사탕을 한 개씩 더 나누어 주어야 하므로 사탕은 적어도
$30 - 17 = 13$(개) 더 필요합니다.
● 학생 수에서 남은 사탕 수를 뺍니다.

답 13개

3-1 지우는 동화책 한 권을 사서 매일 28쪽씩 2주일 동안 읽었더니 18쪽이 남았습니다. 같은 동화책을 매일 34쪽씩 읽는다면 모두 읽는 데 며칠이 걸릴까요?

( )

3-2 아현이네 마을에서는 길이가 980 m인 도로의 양쪽에 나무를 35 m 간격으로 심으려고 합니다. 도로의 처음부터 끝까지 나무를 심는다면 필요한 나무는 모두 몇 그루일까요?

(단, 나무의 두께는 생각하지 않습니다.)

( )

3-3 종현이는 425쪽짜리 역사책을 매일 17쪽씩 모두 읽었고, 시후는 325쪽짜리 역사책을 종현이와 같은 기간 동안 모두 읽었습니다. 시후는 역사책을 매일 몇 쪽씩 읽었을까요?

( )

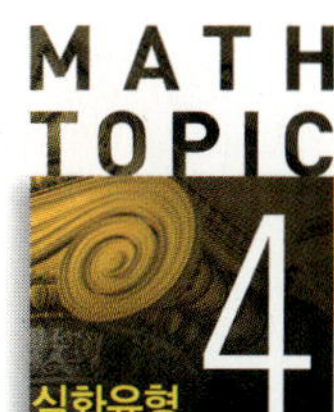

MATH TOPIC 4
심화유형

가장 가까운 수 구하기

곱이 10000에 가장 가까운 수가 되도록 ㉠과 ㉡에 알맞은 수를 구하려고 합니다. ㉠과 ㉡에 알맞은 수를 각각 구해 보세요.

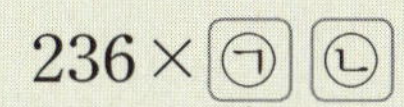

$$236 \times \boxed{㉠}\,\boxed{㉡}$$

● **생각하기**   곱이 10000보다 작으면서 가장 큰 곱셈식과 10000보다 크면서 가장 작은 곱셈식을 구합니다.

● **해결하기**

1단계 곱이 10000보다 작으면서 가장 큰 곱셈식과 10000보다 크면서 가장 작은 곱셈식 구하기

$236 \times 41 = 9676$, $236 \times 42 = 9912$, $236 \times 43 = 10148$이므로 곱이 10000보다 작으면서 가장 큰 곱셈식은 $236 \times 42 = 9912$이고, 곱이 10000보다 크면서 가장 작은 곱셈식은 $236 \times 43 = 10148$입니다.

2단계 ㉠과 ㉡에 알맞은 수 구하기

$236 \times 42 = 9912$와 10000의 차: $10000 - 9912 = 88$

$236 \times 43 = 10148$과 10000의 차: $10148 - 10000 = 148$

따라서 곱이 10000에 가장 가까운 곱셈식은 236×42이므로 ㉠ $= 4$, ㉡ $= 2$입니다.

답 ㉠ $= 4$, ㉡ $= 2$

4-1 곱이 20000에 가장 가까운 수가 되도록 ☐ 안에 알맞은 수를 써넣으세요.

$$575 \times \boxed{}\,\boxed{}$$

4-2 나눗셈식의 몫이 11이고 나누어지는 수가 가장 클 때, ☐ 안에 알맞은 수를 써넣으세요.

$$9\,\boxed{}\,\boxed{} \div 80$$

4-3 나눗셈식의 몫이 47일 때, ☐ 안에 들어갈 수 있는 수들의 합을 구해 보세요.

$$26\,\boxed{}\,1 \div 56$$

(   )

수 카드로 곱셈식과 나눗셈식 만들기

수 카드 2 , 5 , 8 , 3 , 6 을 한 번씩만 사용하여 곱이 가장 큰 (세 자리 수)
×(두 자리 수)의 식을 만들고 계산해 보세요.

$$\boxed{} \times \boxed{} = \boxed{}$$

● 생각하기　높은 자리에 가장 큰 수부터 써넣어 곱이 가장 큰 식을 만들어 봅니다.

● 해결하기　**1단계** 곱이 크게 되도록 높은 자리에 수 써넣기

곱이 가장 큰 식을 만들기 위해 가장 큰 수 8과 둘째
로 큰 수 6을 써넣는 경우는 오른쪽과 같습니다.

$$\begin{array}{r} 8\,\square\,\square \\ \times\;\;6\,\square \end{array} \qquad \begin{array}{r} 6\,\square\,\square \\ \times\;\;8\,\square \end{array}$$

2단계 곱이 가장 큰 곱셈식과 곱 구하기

나머지 수를 써넣어 식을 만든 다음 곱이 가장 큰 경우를 찾습니다.

　　　　　• 가장 작은 수를 써넣습니다.

$$\begin{array}{r} 8\,5\,2 \\ \times\;\;6\,3 \\ \hline 5\,3\,6\,7\,6 \end{array} \qquad \begin{array}{r} 8\,3\,2 \\ \times\;\;6\,5 \\ \hline 5\,4\,0\,8\,0 \end{array} \qquad \begin{array}{r} 6\,5\,2 \\ \times\;\;8\,3 \\ \hline 5\,4\,1\,1\,6 \end{array} \qquad \begin{array}{r} 6\,3\,2 \\ \times\;\;8\,5 \\ \hline 5\,3\,7\,2\,0 \end{array}$$

따라서 곱이 가장 큰 곱셈식은 $652 \times 83 = 54116$입니다.

답 652, 83, 54116

5-1　수 카드 6 , 1 , 4 , 7 , 5 를 한 번씩만 사용하여 곱이 가장 큰 (세 자리 수)×
(두 자리 수)의 식을 만들고 계산해 보세요.

$$\boxed{} \times \boxed{} = \boxed{}$$

5-2　수 카드를 한 번씩만 사용하여 몫이 가장 큰 (세 자리 수)÷(두 자리 수)의 식을 만들고
계산해 보세요.

7 　 3 　 1 　 2 　 5

$$\boxed{} \div \boxed{} = \boxed{} \cdots \boxed{}$$

5-3　수 카드를 한 번씩만 사용하여 몫이 가장 작은 (세 자리 수)÷(두 자리 수)의 식을 만들었
을 때 몫을 구해 보세요.

9 　 5 　 8 　 3 　 2

(　　　　　　　　)

모양이 나타내는 한 자리 수 구하기

각 모양은 서로 다른 한 자리 수를 나타내고, 같은 모양은 같은 한 자리 수를 나타냅니다. 각 모양이 나타내는 수를 구해 보세요.

● **생각하기** ♥에 1부터 수를 넣어 조건을 만족시키는 곱을 찾아봅니다.

● **해결하기** **1단계** ♥에 1부터 수를 넣어 곱 구하기

♥에 1부터 수를 넣어 계산하면 $11 \times 11 = 121$, $22 \times 22 = 484$, $33 \times 33 = 1089$, ...입니다. ♥가 3인 경우는 곱이 네 자리 수이므로 ♥가 3보다 큰 경우는 생각하지 않습니다. ♥와 ♠는 서로 다른 수이므로 $11 \times 11 = 121$, $22 \times 22 = 484$ 중 알맞은 식은 $22 \times 22 = 484$입니다.

2단계 ♥, ♠, ♣에 알맞은 수 구하기

$22 \times 22 = 484$에서 ♥$=2$, ♠$=4$, ♣$=8$입니다.

답 ♥$=2$, ♠$=4$, ♣$=8$

6-1 각 모양은 서로 다른 한 자리 수를 나타내고, 같은 모양은 같은 한 자리 수를 나타냅니다. 각 모양이 나타내는 수를 구해 보세요.

★ (   ), ● (   )

6-2 각 모양은 서로 다른 한 자리 수를 나타내고, 같은 모양은 같은 한 자리 수를 나타냅니다. ▲이 나타낼 수 있는 수를 모두 구해 보세요.

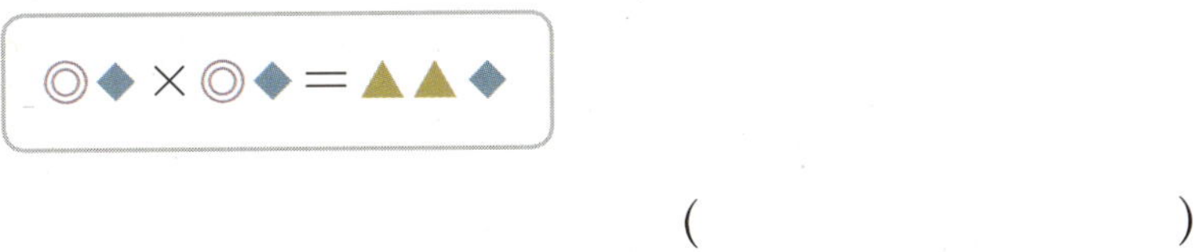

(   )

곱셈식과 나눗셈식 완성하기

㉮, ㉯, ㉰, ㉱, ㉲, ㉳에 알맞은 한 자리 수를 구해 보세요.

$$
\begin{array}{r}
2\,㉮\,1 \\
\times \quad 1\,㉯ \\
\hline
1\,7\,5\,㉰ \\
2\,㉱\,1 \\
\hline
4\,㉲\,6\,㉳
\end{array}
$$

● **생각하기**　곱하는 수의 일의 자리의 곱셈에서 2㉮1×㉯=175㉰이므로 ㉯=㉰입니다.
곱하는 수의 십의 자리의 곱셈에서 2㉮1×1=2㉱1이므로 ㉮=㉱입니다.

● **해결하기**　**1단계** ㉯에 들어갈 수 있는 수 모두 구하기
곱하는 수의 일의 자리의 곱셈에서 2㉮1×㉯=175㉰이므로 ㉯=㉰이고, ㉯는 6, 7,
8 중의 하나입니다.

2단계 ㉯를 이용해서 ㉮에 알맞은 수 구하기
㉯=6인 경우: ㉮×6=□5에서 ㉮에 알맞은 수는 없습니다.
㉯=7인 경우: ㉮×7=□5에서 ㉮=5이고 251×7=1757로 알맞습니다.
㉯=8인 경우: ㉮×8=□5에서 ㉮에 알맞은 수는 없습니다.

3단계 ㉲, ㉳에 알맞은 수 구하기
곱하는 수의 십의 자리의 곱셈에서 2㉮1×1=2㉱1이므로 ㉮=㉱입니다.
㉮=5이므로 ㉱=5입니다.
(일의 자리의 곱)+(십의 자리의 곱)=1757+2510=4267이므로 ㉲=2, ㉳=7입니다.

답 ㉮=5, ㉯=7, ㉰=7, ㉱=5, ㉲=2, ㉳=7

7-1

㉮, ㉯, ㉰, ㉱, ㉲에 알맞은 한 자리 수를 구해 보세요.

(1)
$$
\begin{array}{r}
1\,㉮\,8 \\
\times \quad 2\,㉯ \\
\hline
8\,㉰\,0 \\
3\,㉱\,6 \\
\hline
㉲\,4\,5\,0
\end{array}
$$

㉮ (　　　), ㉯ (　　　), ㉰ (　　　),
㉱ (　　　), ㉲ (　　　)

(2)
$$
\begin{array}{r}
㉮\,㉯ \\
17\,)\,㉰\,3\,4 \\
\hline
㉱\,1 \\
\hline
㉲\,4 \\
1\,7 \\
\hline
7
\end{array}
$$

㉮ (　　　), ㉯ (　　　), ㉰ (　　　),
㉱ (　　　), ㉲ (　　　)

MATH TOPIC

심화유형 8

곱셈과 나눗셈을 활용한 통합 교과유형

수학+과학

친환경 자동차는 대기 오염 물질 배출을 최소화하고, 에너지 효율을 높인 자동차로 전기차, 수소차 등이 있습니다. 친환경 자동차를 1년 동안 이용하면 1대당 *이산화 탄소를 700 kg 줄일 수 있는데 이것은 소나무 106그루를 심는 것과 같다고 합니다. 3개 마을에서 친환경 자동차를 1년 동안 이용하면 소나무를 몇 그루 심는 것과 같은지 구해 보세요.

마을별 친환경 자동차 수

마을	㉮	㉯	㉰
자동차 수(대)	78	97	63

*이산화 탄소: 생물이 호흡하거나 물질이 탈 때 생기는 색깔과 냄새가 없는 기체

● **생각하기** 친환경 자동차 1대와 효과가 같은 소나무 수와 마을별 친환경 자동차 수를 곱해 구해 봅니다.

● **해결하기** **1단계** 식을 세워 마을별 친환경 자동차를 이용하면 소나무 몇 그루를 심는 것과 같은지 구하기

친환경 자동차 1대를 1년 동안 이용하면 소나무 [　　] 그루를 심는 것과 같습니다.

각 마을별 친환경 자동차를 이용할 때 소나무 몇 그루를 심는 것과 같은지 구하면

㉮ 마을: $106 \times$ [　　] $= 8268$(그루), ㉯ 마을: $106 \times$ [　　] $=$ [　　] (그루),

㉰ 마을: $106 \times$ [　　] $=$ [　　] (그루)

2단계 3개 마을에서 친환경 자동차를 이용하면 소나무 몇 그루를 심는 것과 같은지 구하기

3개 마을에서 친환경 자동차를 1년 동안 이용하면 소나무를

$8268 +$ [　　] $+ 6678 =$ [　　] (그루) 심는 것과 같습니다.

답 [　　] 그루

수학+사회

8-1

국가적으로 중요한 일이나 행사가 있을 때 그 일을 기념하기 위해서 *주화를 발행합니다. 어떤 기념주화 한 개를 만드는 데 구리 12 g과 니켈 22 g이 사용된다고 합니다. 구리 260 g과 니켈 360 g을 사용하여 이 기념주화를 최대한 많이 만들었을 때, 구리와 니켈은 각각 몇 g 남는지 구해 보세요.

* 주화: 동전과 같이 금속으로 만든 화폐

구리 (　　　　　　　　　), 니켈 (　　　　　　　　　)

LEVEL UP TEST

1 □ 안에 들어갈 수 있는 자연수 중에서 가장 큰 수를 구해 보세요.

$$34 \times \square < 540$$

(   )

서술형 2 어떤 수에 38을 곱해야 할 것을 잘못하여 38로 나누었더니 몫이 6이고, 나머지가 25였습니다. 바르게 계산했을 때의 값은 얼마인지 풀이 과정을 쓰고 답을 구해 보세요.

풀이

답

3 귤 353개를 학생 32명에게 똑같이 나누어 주려고 합니다. 귤을 남김없이 모두 나누어 주려면 귤은 적어도 몇 개 더 있어야 할까요?

(   )

4 □ 안에 알맞은 수를 써넣으세요.

$$47 \times 158 = 47 \times 157 + \boxed{}$$

$$157 \times 48 = 157 \times 47 + \boxed{}$$

➡ 157×48이 47×158보다 $\boxed{}$ 만큼 더 큽니다.

5 어느 학교의 4학년 학생은 243명이고, 5학년 학생은 4학년 학생보다 40명만큼 더 많습니다. 같은 날 45명이 탈 수 있는 버스로 4학년 학생은 갯벌로, 5학년 학생은 수목원으로 현장 체험 학습을 가려고 합니다. 버스는 모두 몇 대 있어야 할까요?

(   )

6 지우는 채소주스를 하루에 250 mL씩 3번 2주일 동안 마시기로 하였습니다. 그런데 9일째부터는 계획대로 마시지 못하고 하루에 200 mL씩 2번만 마셨습니다. 2주일 동안 마신 채소주스는 모두 몇 mL인지 풀이 과정을 쓰고 답을 구해 보세요.

풀이

답

7 수 카드를 ☐ 안에 한 번씩 써넣어 나눗셈을 하려고 합니다. 나머지가 가장 작은 나눗셈식을 만들고 나머지를 구해 보세요.

2 3 4 5 ➡ ☐7)☐☐☐

(   )

8 조건을 만족시키는 어떤 수를 모두 구해 보세요.

> ㉠ 어떤 수는 세 자리 수입니다.
> ㉡ 어떤 수를 87로 나누었을 때 몫과 나머지는 같습니다.
> ㉢ 어떤 수를 87로 나누었을 때 나머지는 두 자리 수입니다.

(   )

통합 교과 유형

9 해무(HEMU)-430X는 2007년부터 8년에 걸쳐 완성된 우리나라 초고속 열차입니다. 최고 속도가 *시속 420 km이고 좌석 수도 기존 KTX-산천보다 더 많습니다. 해무가 최고 속도로 1시간 15분 동안 달릴 수 있는 거리를 KTX가 최고 속도로 달리면 몇 시간 몇 분이 걸리는지 구해 보세요.

*시속: 1시간 동안 달리는 거리

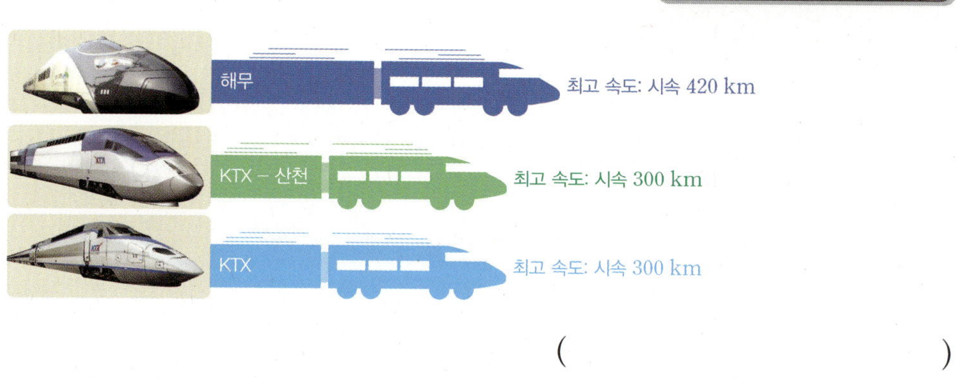

(   )

10 오른쪽 ㉮~㉺에 알맞은 수의 합을 구해 보세요.

(   )

$$
\begin{array}{r}
2\ ㉮\ 9 \\
\times\quad ㉯\ ㉰ \\
\hline
1\ 1\ 5\ 6 \\
1\ ㉱\ ㉲\ 4\ \ \\
\hline
㉳\ ㉴\ ㉵\ 9\ 6 \\
\end{array}
$$

서술형

11 수 카드 7 , 3 , 1 , 8 , 5 를 한 번씩만 사용하여 (세 자리 수)÷(두 자리 수)의 나눗셈식을 만들 때, 몫이 가장 큰 경우와 몫이 가장 작은 경우의 나머지의 차를 구하려고 합니다. 풀이 과정을 쓰고 답을 구해 보세요. (단, 몫이 가장 작은 경우에는 나머지도 가장 작아야 합니다.)

풀이 ____

____

____

____

답 ______________________

12 오른쪽 ㉮, ㉯, ㉰, ㉱, ㉲, ㉳에 알맞은 한 자리 수를 각각 구해 보세요.

㉮ (   ), ㉯ (   ), ㉰ (   )

㉱ (   ), ㉲ (   ), ㉳ (   )

$$
\begin{array}{r}
㉮\ ㉯ \\
27\,\overline{)\,㉰\ 1\ 5} \\
㉱\ 4 \\
\hline
1\ ㉲\ 5 \\
1\ ㉳\ 2 \\
\hline
1\ 3 \\
\end{array}
$$

13 도로의 양쪽에 처음부터 끝까지 50개의 가로등을 18 m 간격으로 설치했습니다. 만약 이 도로의 양쪽에 가로등을 27 m 간격으로 처음부터 끝까지 설치한다면 지금보다 몇 개의 가로등을 절약할 수 있을까요? (단, 가로등의 너비는 생각하지 않습니다.)

( )

14 수 카드 중 3장을 골라 한 번씩만 사용하여 세 자리 수를 만들려고 합니다. 이 수를 23으로 나누었을 때 몫이 28이고, 나머지가 0보다 큰 수는 모두 몇 개일까요?

( )

15 각 문자는 서로 다른 한 자리 수를 나타내고, 같은 문자는 같은 한 자리 수를 나타냅니다. 각 문자가 나타내는 수를 구해 보세요.

$$\begin{array}{r} A\,B\,C\,D \\ \times \qquad 4 \\ \hline D\,C\,B\,A \end{array}$$

A ( ), B ( ), C ( ), D ( )

서술형 1

어떤 세 자리 수를 27로 나누었을 때, 몫과 나머지의 합이 가장 크게 되도록 하려고 합니다. 어떤 세 자리 수는 얼마인지 풀이 과정을 쓰고 답을 구해 보세요.

풀이

답

2

윤아는 68000원이 들어 있는 저금통에 오늘부터 매일 500원씩, 민준이는 22400원이 들어 있는 저금통에 오늘부터 매일 800원씩 저금을 하려고 합니다. 민준이의 저금통에 들어 있는 돈이 윤아보다 처음으로 많아지는 날은 오늘부터 며칠째 되는 날인지 구해 보세요.

(   )

경시 기출 문제 3

그림과 같이 정사각형 모양 3개로 만들어진 공원이 있습니다. 정사각형의 모든 변에 같은 간격으로 나무를 심는데 꼭짓점에는 반드시 나무를 심으려고 합니다. 심을 나무가 130그루보다 적을 때, 정사각형의 한 변에 심을 나무는 최대 몇 그루일까요?

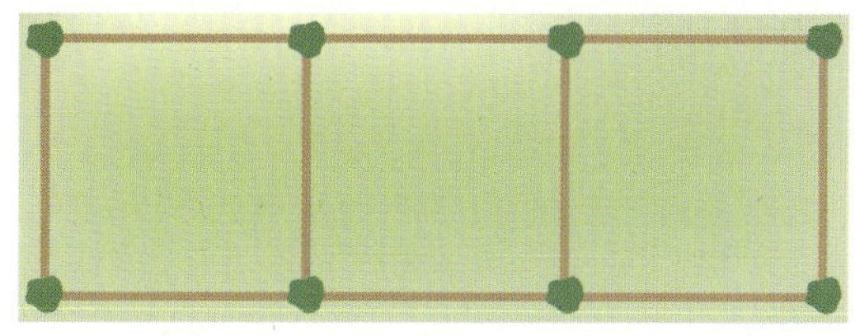

(   )

4 조건을 만족시키는 어떤 수를 모두 구해 보세요.

> ㉠ 어떤 수는 세 자리 수입니다.
>
> ㉡ 어떤 수의 백의 자리 숫자는 3입니다.
>
> ㉢ 어떤 수를 37로 나누었을 때 나머지는 13입니다.

(   )

경시
기출
문제 **5** ㉠, ㉡, ㉢은 1부터 9까지의 서로 다른 수입니다. ㉠, ㉡, ㉢이 모두 짝수일 때, 두 자리 수 ㉠㉡이 ㉢으로 나누어떨어지는 나눗셈식은 모두 몇 개인지 구해 보세요.

(   )

6 보기 는 24와 105를 각각 1보다 큰 자연수 중에서 가능한 한 작은 자연수의 곱으로 나타낸 것입니다. 보기 와 같이 1950을 (세 자리 수)×(두 자리 수)로 나타낼 수 있는 식은 모두 몇 개인지 구해 보세요.

> **보기**
>
> $24 = 2 \times 12 = 2 \times 2 \times 6 = 2 \times 2 \times 2 \times 3$에서 $24 = 2 \times 2 \times 2 \times 3$입니다.
> $105 = 3 \times 35 = 3 \times 5 \times 7$에서 $105 = 3 \times 5 \times 7$입니다.

(   )

경시
기출
문제

7 세 자리 수와 4의 곱이 세 자리 수가 되는 다음 곱셈식에서 가장 큰 세 자리 수 ㉠㉡㉢을 구해 보세요. (단, 곱셈식에 사용된 7개의 수는 모두 다른 수입니다.)

$$
\begin{array}{r}
\square\,\square\,\square \\
\times \qquad 4 \\
\hline
㉠\ ㉡\ ㉢
\end{array}
$$

(   )

화살표 방향을 따라 이동하면 바나나를 먹을 수 있습니다.
원숭이가 바깥쪽 어느 지점에서 시작해야 바나나를 먹을 수 있을까요?

평면도형의 이동

도형 퍼즐

폴리오미노

폴리오미노란 크기가 같은 정사각형을 이어 붙여 만든 도형입니다. 이때 이어 붙인 정사각형의 변과 변이 정확히 맞닿는 도형만을 폴리오미노라고 합니다.

폴리오미노는 이어 붙인 정사각형의 수에 따라 이름을 붙입니다. 1개는 모노미노, 2개는 도미노, 3개는 트리오미노, 4개는 테트로미노, 5개는 펜토미노라고 부릅니다. 이는 고대 그리스어의 수를 나타내는 단위에 '조각' 또는 '덩어리'라는 뜻을 가진 미노(mino)를 붙여 만든 것입니다.

우리가 종종 친구들과 즐기는 도미노 게임은 납작한 정사각형 2개를 이어 붙여 만든 조각(도미노)을 이용한 게임입니다.

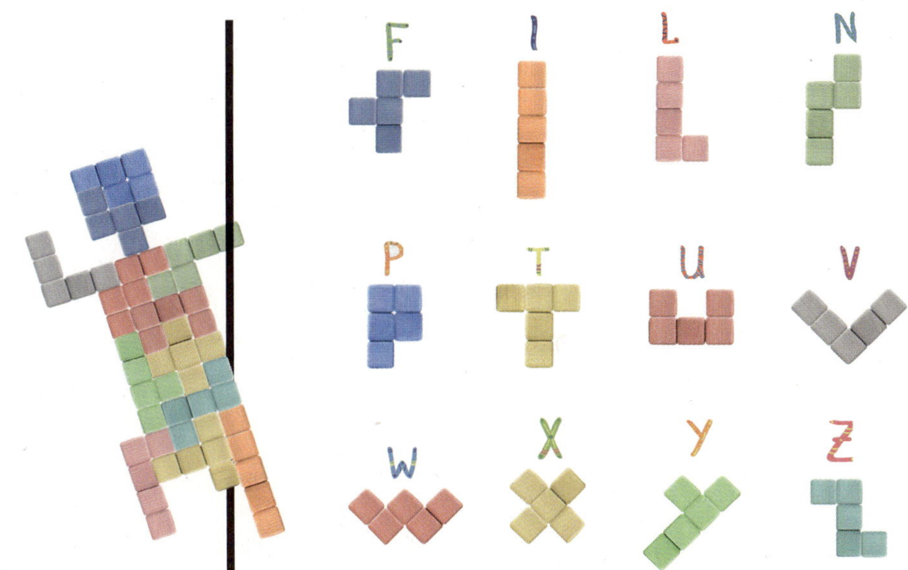

테트리스

테트리스는 정사각형 4개를 이어 붙인 테트로미노를 이용하여 만든 게임입니다. 모스크바 아카데미 연구원이었던 알렉세이 파지트노프에 의해 만들어진 블록 낙하형 퍼즐 게임으로 게임 방법은 간단합니다. 위에서 떨어지는 테트로미노 조각을 밀거나 돌리기를 하여 차곡차곡 쌓아 한 줄을 채우면 그 줄이 없어지면서 점수를 얻는 게임입니다. 누구나 쉽게 즐길 수 있는 테트리스는 전 세계로 급속히 퍼지게 되었고 오랜 시간이 지난 지금도 사랑받고 있습니다.

펜토미노

펜토미노는 정사각형 5개를 이어 붙인 도형을 말합니다. 펜토미노는 20세기 이전에도 많은 사람들에게 흥미로운 퍼즐로 관심을 받았으나 영국의 퍼즐 연구가 헨리 듀드니가 1907년에 쓴 자신의 책에 이 퍼즐을 소개하면서 더욱 널리 알려지게 됩니다. 처음에는 이 퍼즐을 부르는 정확한 이름이 없었는데 1953년 미국의 솔로몬 골룸 박사가 하버드 대학에서 강의 도중 최초로 펜토미노라는 용어를 사용하면서 오늘날까지 펜토미노라고 불리게 되었습니다.

펜토미노 조각은 위와 같이 12가지가 있는데 각 조각은 알파벳 모양과 비슷하여 알파벳으로 이름을 붙일 수 있습니다. 이 조각들을 밀거나 돌리기를 하여 다양한 모양을 만들 수 있습니다.

1 점의 이동, 평면도형 밀기

① 점의 이동

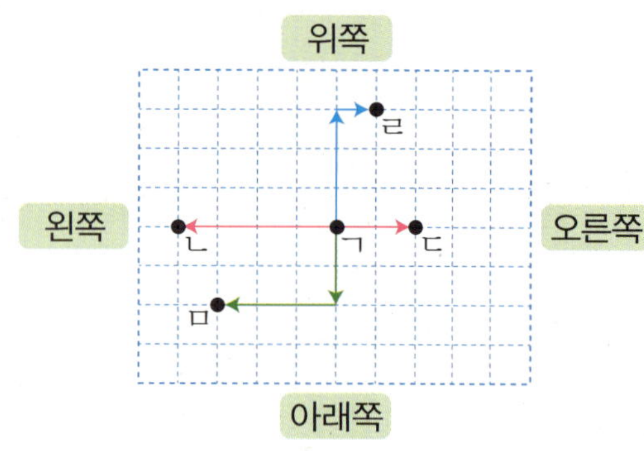

① 점 ㄱ을 왼쪽으로 4칸 이동한 위치에 점 ㄴ이 있습니다.

② 점 ㄱ을 오른쪽으로 2칸 이동한 위치에 점 ㄷ이 있습니다.

③ 점 ㄱ을 위쪽으로 3칸, 오른쪽으로 1칸 이동한 위치에 점 ㄹ이 있습니다.

④ 점 ㄱ을 아래쪽으로 2칸, 왼쪽으로 3칸 이동한 위치에 점 ㅁ이 있습니다.

② 평면도형 밀기

도형을 어느 방향으로 밀어도 모양은 변하지 않고, 위치만 바뀝니다.

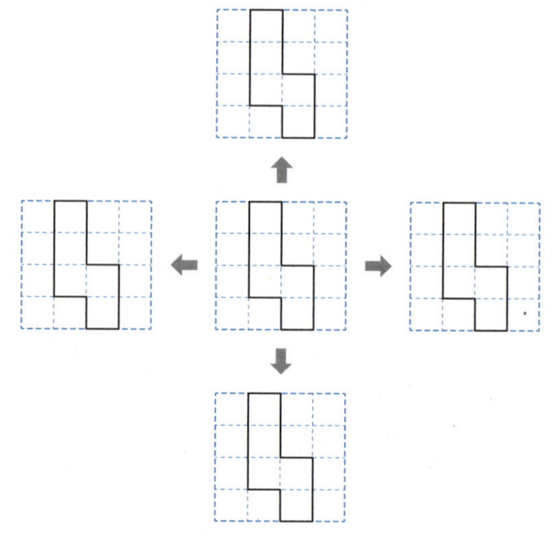

사고력 개념

① 특정한 장소를 지나가는 방법 알아보기

선을 따라 이동할 때 집에서 편의점과 문구점을 지나 학교까지 이동하는 방법 알아보기

① 집에서 편의점까지: 오른쪽으로 2칸, 위쪽으로 1칸 이동하기

② 편의점에서 문구점까지: 위쪽으로 2칸, 오른쪽으로 1칸 이동하기

③ 문구점에서 학교까지: 오른쪽으로 1칸, 위쪽으로 2칸 이동하기

이외에도 여러 가지 방법이 있습니다.

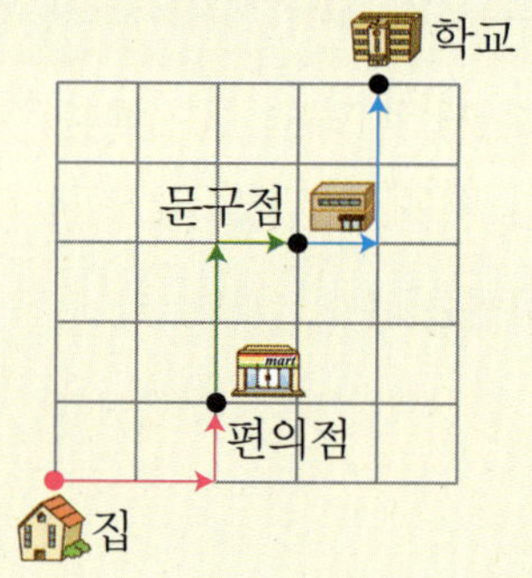

연결 개념

합동과 대칭

① 도형의 합동과 그 성질

• 합동: 모양과 크기가 같아서 포개었을 때 완전히 겹치는 두 도형

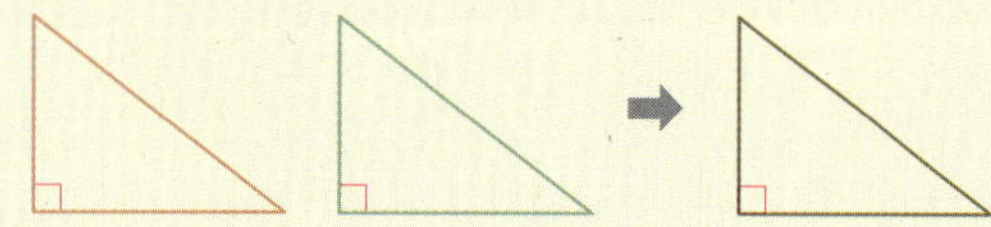

• 합동인 도형의 성질
서로 합동인 두 도형에서 각각의 대응되는 변의 길이는 서로 같고, 각각의 대응되는 각의 크기는 서로 같습니다.

BASIC TEST

1 점 ㄱ을 아래쪽으로 3칸, 오른쪽으로 5칸 이동한 위치에 점 ㄴ으로 표시해 보세요.

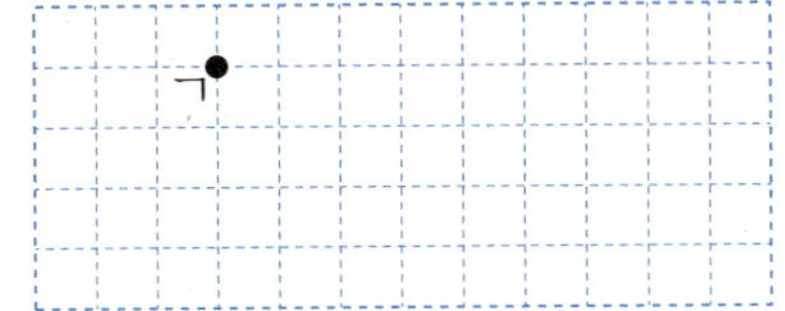

2 점을 차례로 이동하여 도착한 곳의 기호를 써 보세요.

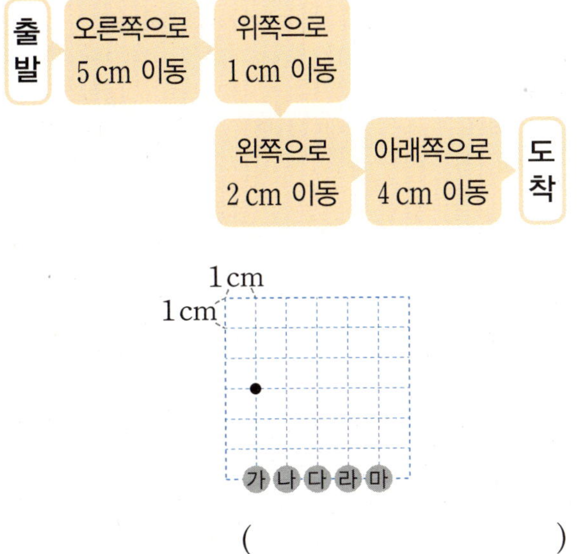

( )

3 도형을 왼쪽으로 9 cm, 위쪽으로 2 cm 밀었을 때의 도형을 그려 보세요.

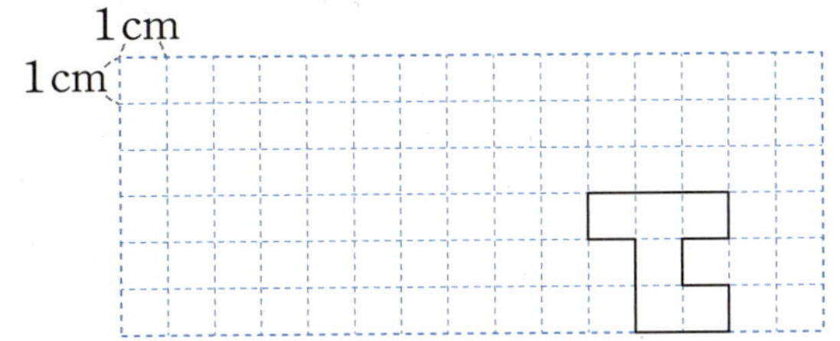

4 다음은 어떤 도형을 왼쪽으로 6칸 밀었을 때의 도형입니다. 처음 도형을 그려 보세요.

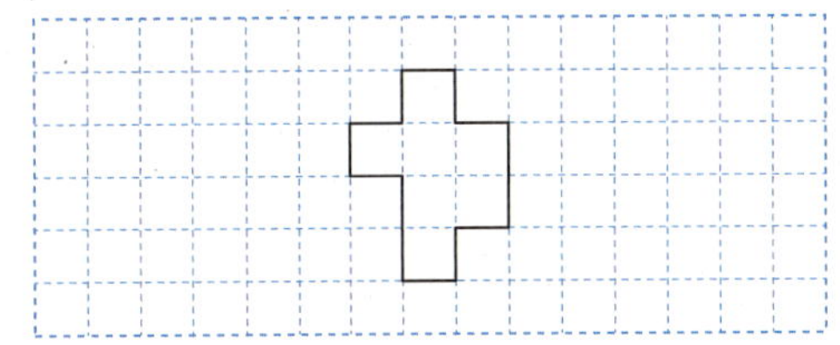

5 어떻게 이동한 도형인지 써 보세요.

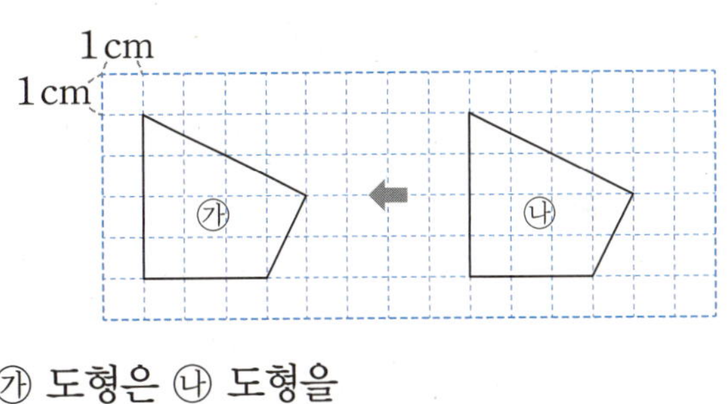

㉮ 도형은 ㉯ 도형을 ____________

6 설명에 따라 점을 이동한 후 이동한 점끼리 차례로 선분으로 이어서 그림을 완성해 보세요.

① 점 ㄱ을 오른쪽으로 10칸 이동하기
② ①의 점을 아래쪽으로 3칸 이동하기
③ ②의 점을 왼쪽으로 8칸 이동하기

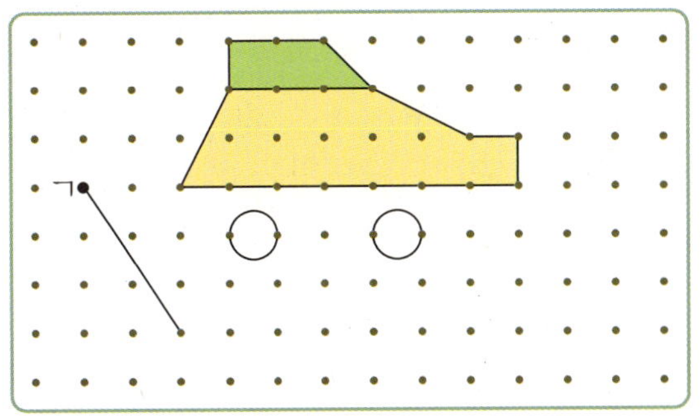

2 평면도형 뒤집기, 평면도형 돌리기

❶ 평면도형 뒤집기

- 도형을 위쪽이나 아래쪽으로 뒤집으면 도형의 위쪽과 아래쪽이 서로 바뀝니다.
- 도형을 왼쪽이나 오른쪽으로 뒤집으면 도형의 왼쪽과 오른쪽이 서로 바뀝니다.

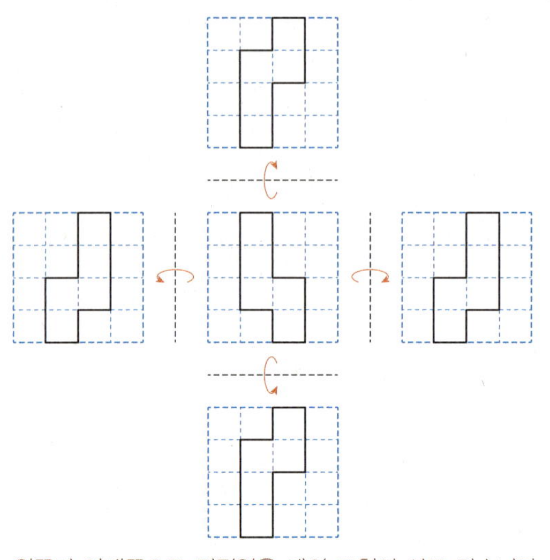

위쪽과 아래쪽으로 뒤집었을 때의 도형이 서로 같습니다.
왼쪽과 오른쪽으로 뒤집었을 때의 도형이 서로 같습니다.

❷ 평면도형 돌리기

- 돌리는 각도에 따라 방향이 바뀝니다.

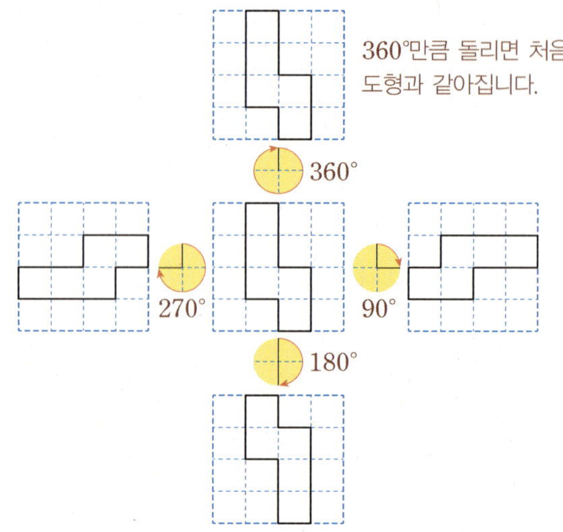

- 화살표 끝이 가리키는 곳이 서로 같으면 돌린 도형도 같습니다.

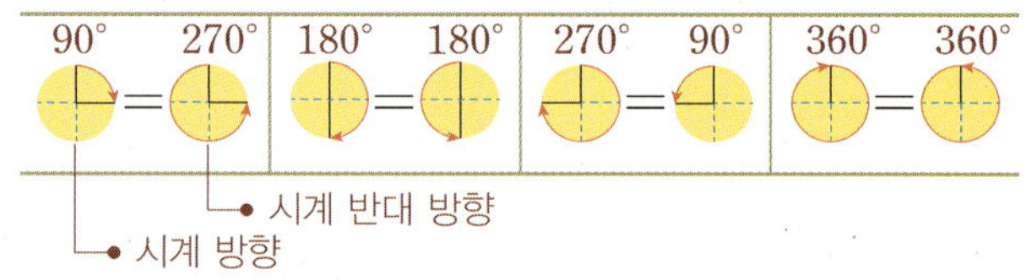

사고력 개념

❶ 뒤집은 도형과 돌린 도형이 같은 것

도형의 왼쪽과 오른쪽, 위쪽과 아래쪽이 모두 같으면 뒤집기 한 도형과 돌리기 한 도형이 처음 도형과 같습니다.

(예) 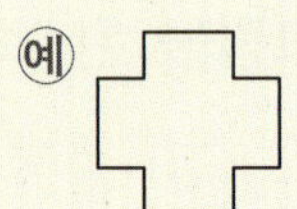 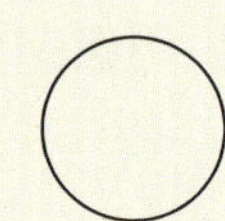 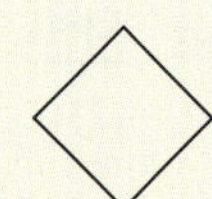 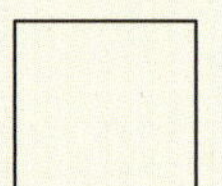

연결 개념

합동과 대칭

❶ 선대칭도형과 점대칭도형

- 선대칭도형: 한 직선을 따라 접었을 때 완전히 겹치는 도형을 말하며, 이때 그 직선을 대칭축이라 합니다.

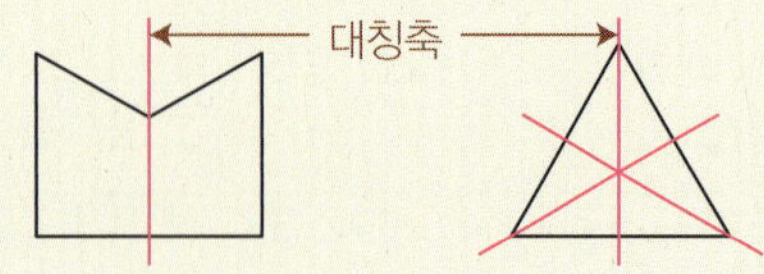

- 점대칭도형: 한 도형을 어떤 점을 중심으로 180° 돌렸을 때 처음 도형과 완전히 겹치는 도형을 말하며, 이때 그 점을 대칭의 중심이라고 합니다.

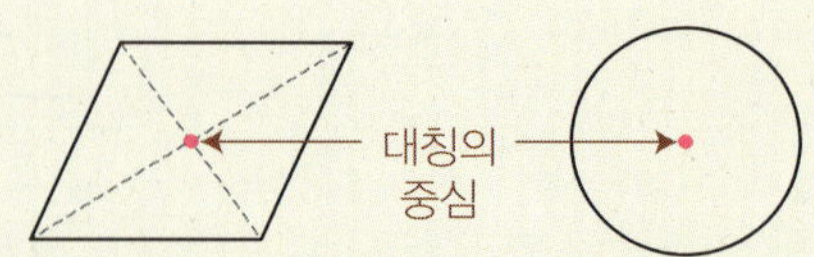

BASIC TEST

1 도형을 오른쪽으로 뒤집고 위쪽으로 뒤집었을 때의 도형을 차례로 그려 보세요.

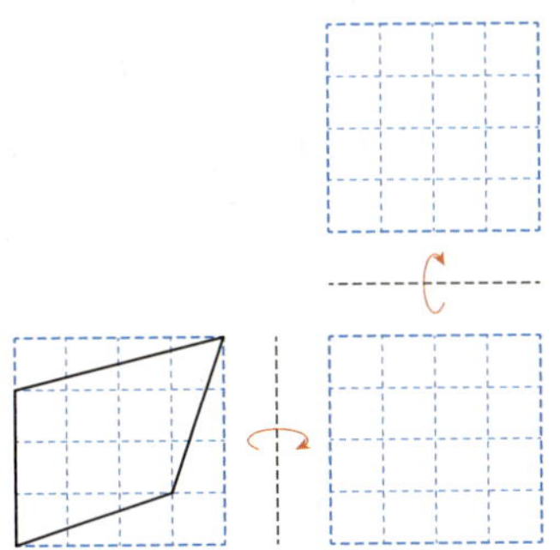

2 모양 조각을 시계 방향으로 $270°$만큼 돌렸습니다. 알맞은 것은 어느 것일까요?

( )

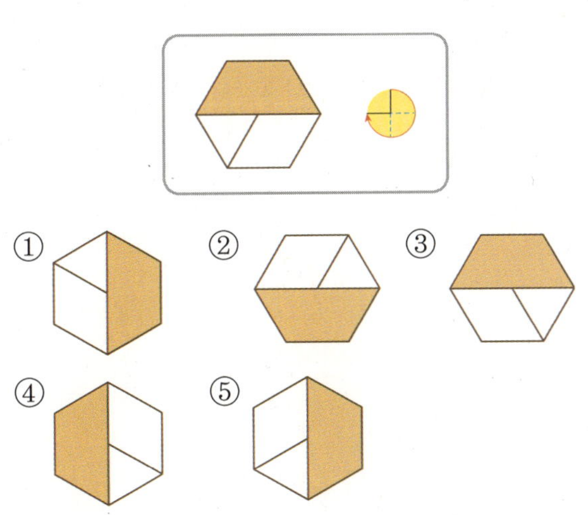

3 도형을 위쪽, 아래쪽, 왼쪽, 오른쪽으로 뒤집었을 때의 도형이 처음 도형과 항상 같은 것을 모두 고르세요. ( )

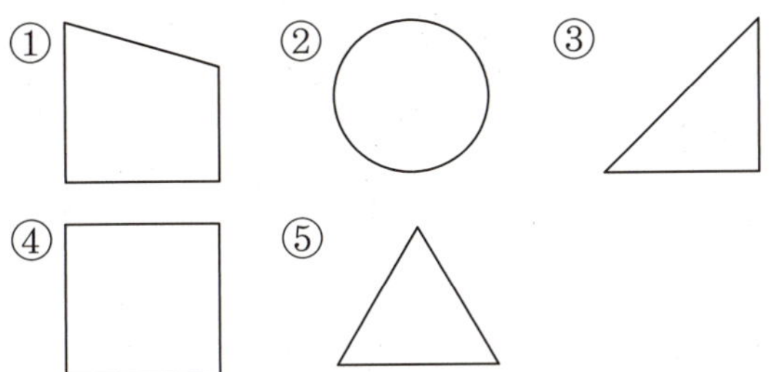

4 도형 돌리기에 대한 설명으로 옳지 않은 것을 모두 고르세요. ( )

① 만큼 돌린 도형은 만큼 돌린 도형과 같습니다.

② 만큼 돌리면 처음 도형과 같습니다.

③ 만큼 돌린 도형은 만큼 4번 돌린 도형과 같습니다.

④ 만큼 돌린 도형은 만큼 돌린 도형과 같습니다.

⑤ 만큼 돌린 도형은 만큼 8번 돌린 도형과 같습니다.

5 도형을 일정한 규칙으로 뒤집기 한 것입니다. 어떤 규칙으로 뒤집었는지 써 보세요.

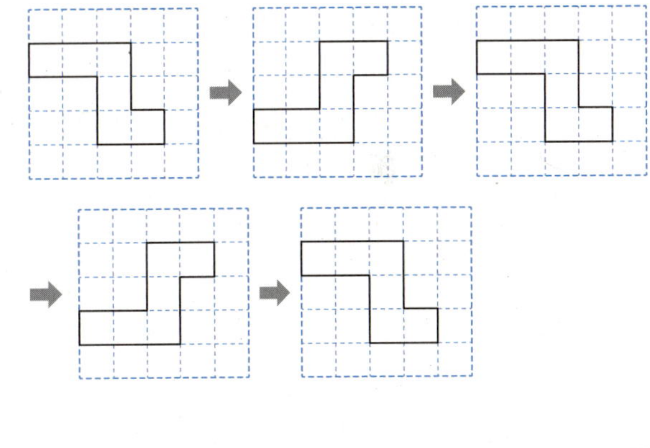

6 세 자리 수가 적힌 카드를 시계 방향으로 $180°$만큼 돌렸을 때의 수와 처음 수의 차는 얼마일까요?

( )

3 평면도형 뒤집고 돌리기, 무늬 꾸미기

① 평면도형 뒤집고 돌리기

• 뒤집고 돌리기   • 돌리고 뒤집기

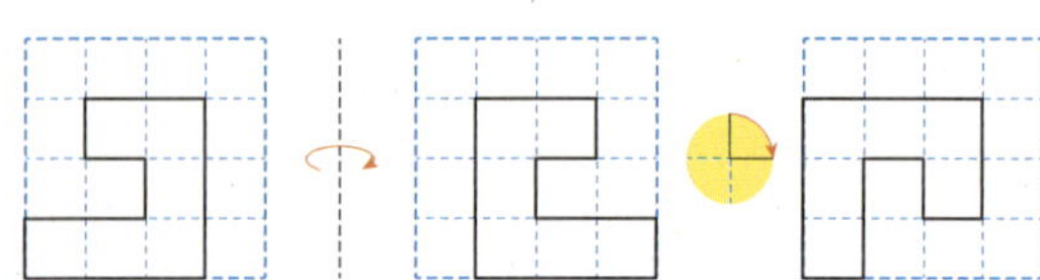 

➡ 도형을 움직인 방법이 같더라도 순서가 다르면 도형의 방향이 다를 수 있습니다.

② 무늬 꾸미기

• 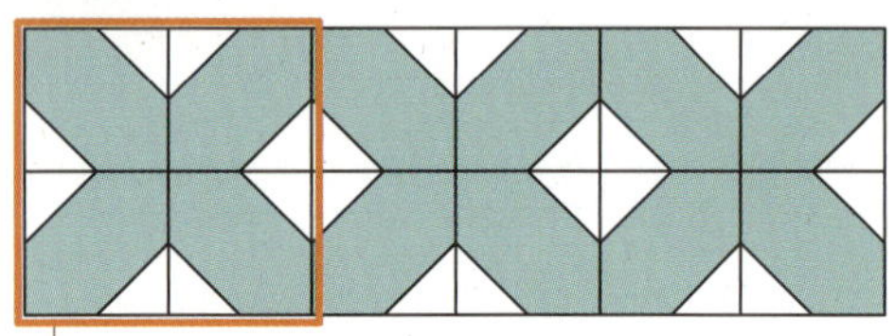 모양으로 밀기, 뒤집기, 돌리기를 이용하여 규칙적인 무늬를 만들 수 있습니다.

 모양을 시계 방향으로 90°만큼 돌리는 것을 반복해서 모양을 만들고, 그 모양을 오른쪽으로 밀어서 무늬를 만들었습니다.

• 시계 방향으로 90°만큼 돌리는 것을 반복합니다.

사고력 개념

① 처음 도형과 같아지는 도형의 이동

밀기	어떤 방향으로 여러 번 밀어도 처음 도형과 같습니다.
뒤집기	같은 방향으로 짝수 번(2번, 4번, 6번, …) 뒤집으면 처음 도형과 같습니다.
돌리기	같은 방향으로 90°의 4배만큼(한 바퀴) 돌리면 처음 도형과 같습니다.

• 360°

실전 개념

① 거울에 비친 모양 알아보기

• 모양을 거울에 비치면 거울이 있는 쪽으로 뒤집은 모양과 같습니다.
• 오른쪽에 거울을 놓았을 때 거울에 비친 모양은 모양을 오른쪽으로 뒤집은 모양과 같습니다.

② 도장 찍기

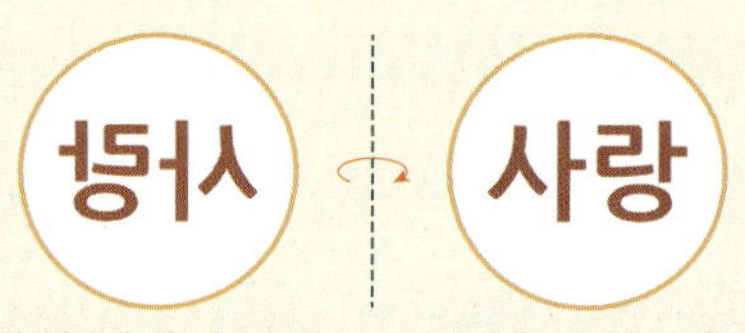

도장에 새겨진 모양   도장을 찍은 모양

도장에 새겨진 모양을 찍으면 찍힌 모양은 새겨진 모양의 왼쪽과 오른쪽이 서로 바뀝니다.

③ 0부터 9까지의 수 중 뒤집거나 돌려도 숫자가 되는 수 → 위쪽 또는 오른쪽으로 뒤집거나 180°만큼 돌려도 같은 숫자는 0, 1, 8입니다.

위쪽으로 뒤집어도 숫자가 되는 수	오른쪽으로 뒤집어도 숫자가 되는 수	180°만큼 돌려도 숫자가 되는 수
012358 → 015328	01258 → 01528	0125689 → 0125986

BASIC TEST

1 도형을 왼쪽으로 뒤집고 시계 방향으로 180°만큼 돌렸을 때의 도형을 차례로 그려 보세요.

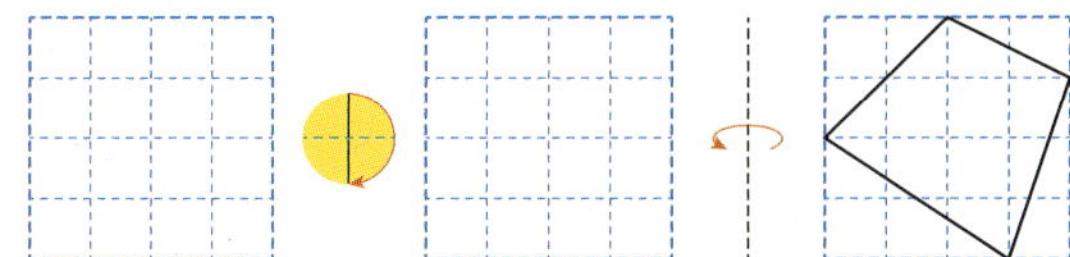

2 무늬를 보고 알맞은 것에 ○표 하세요.

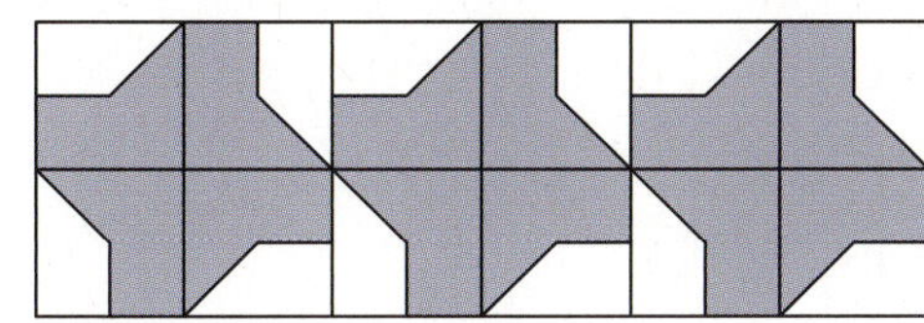

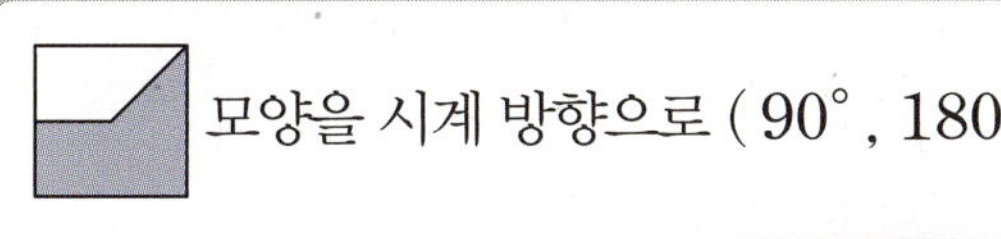 모양을 시계 방향으로 (90° , 180°)

만큼 돌리는 것을 반복해서 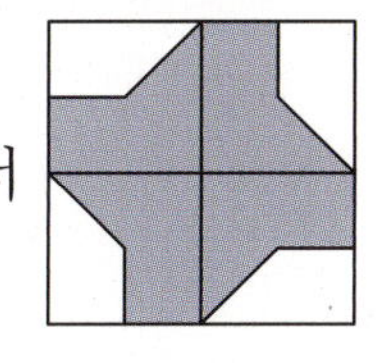

모양을 만들고, 그 모양을 오른쪽으로
(밀어서 , 뒤집어서) 무늬를 만들었습니다.

3 오른쪽 알파벳을 움직여서 처음과 같은 모양을 만들 수 있는 방법이 아닌 것은 어느 것일까요? (   )

① 오른쪽으로 3번 밀기
② 왼쪽으로 3번 뒤집기
③ 위쪽으로 4번 뒤집기
④ 시계 반대 방향으로 90°만큼 2번 돌리기
⑤ 시계 방향으로 180°만큼 2번 돌리기

4 도형을 위쪽으로 3번 뒤집고 시계 반대 방향으로 90°만큼 5번 돌린 도형을 그려 보세요.

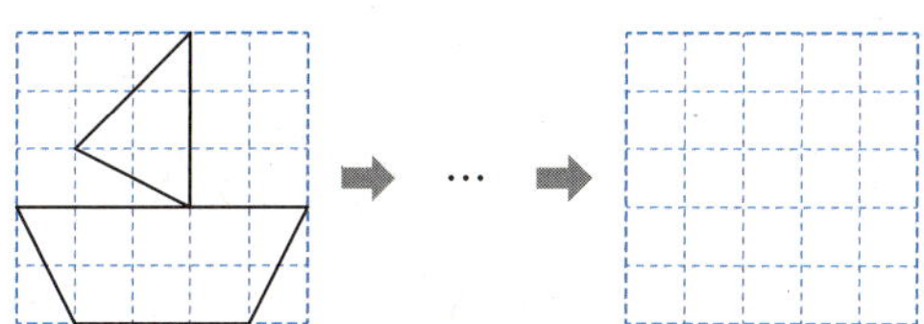

5 도연이는 도장에 자신의 이름을 새겨서 찍힌 모양이 '도연'이 되게 하고 싶습니다. 도장에 새겨야 할 모양을 그려 보세요.

6 다음 한글 자음을 시계 반대 방향으로 180°만큼 돌리고 오른쪽으로 뒤집었을 때 처음 모양과 같은 것을 모두 찾아 써 보세요.

ㄱ	ㄴ	ㄷ	ㄹ	ㅁ	ㅂ	ㅅ
ㅇ	ㅈ	ㅊ	ㅋ	ㅌ	ㅍ	ㅎ

(   )

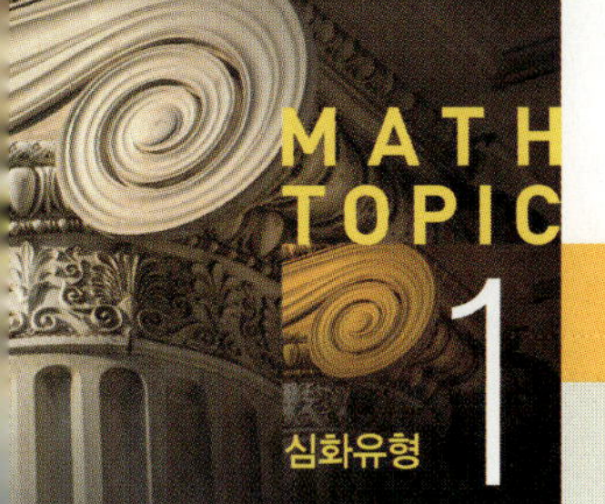

한 가지 방법으로 여러 번 이동하기

왼쪽 도형을 시계 방향으로 90°만큼 10번 돌렸을 때의 도형을 찾아 기호를 써 보세요.

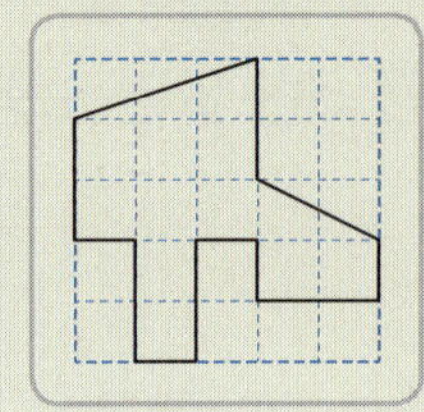 ㉠ 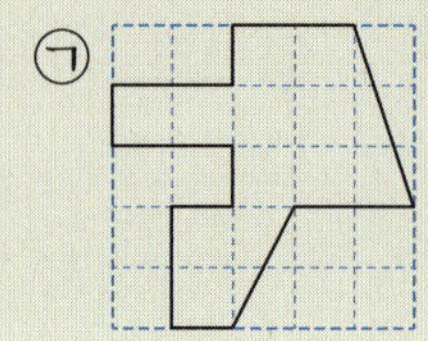 ㉡ 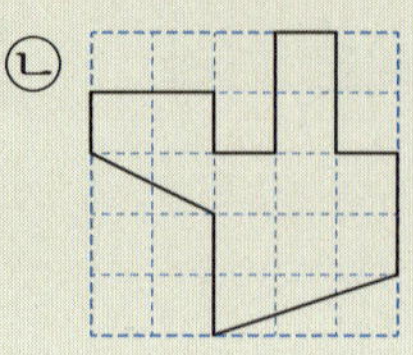 ㉢ 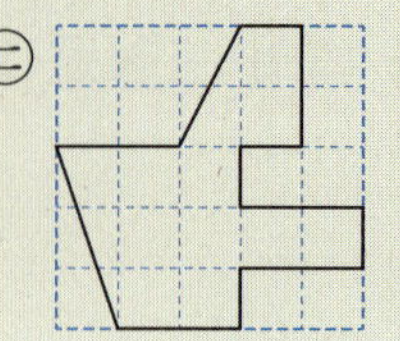 ㉣ 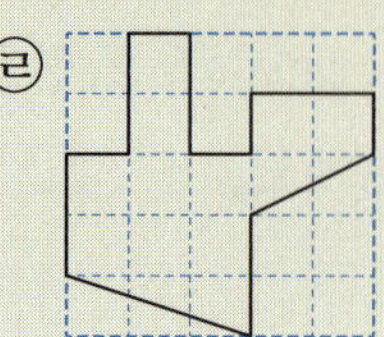

● 생각하기　시계 방향으로 90°만큼 4번, 8번, ... 돌리면 처음 도형과 같습니다.

● 해결하기　**1단계** 시계 방향으로 90°만큼 10번 돌린 도형 알아보기

　90°만큼 4번, 8번 돌리면 처음 도형과 같습니다.

시계 방향으로 90°만큼 10번 돌리는 것은 시계 방향으로 90°만큼 8번 돌리고 2번을 더 돌리는 것이므로 처음 도형을 시계 방향으로 90°만큼 2번 돌린 도형과 같습니다.

2단계 시계 방향으로 90°만큼 2번 돌린 도형 알아보기

시계 방향으로 90°만큼 2번 돌린 도형은 시계 방향으로 180°만큼 돌린 도형과 같으므로 처음 도형의 위쪽이 아래쪽으로, 오른쪽이 왼쪽으로 이동합니다.

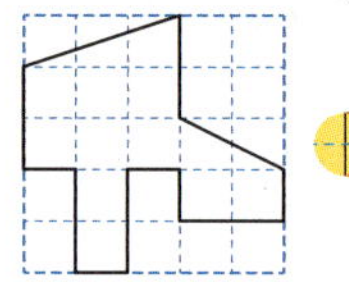 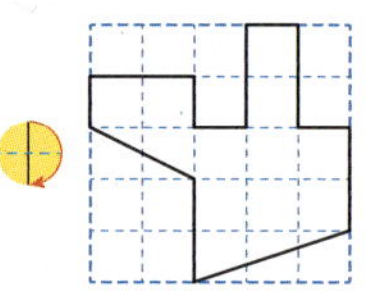

답 ㉡

1-1　도형을 시계 반대 방향으로 90°만큼 7번 돌렸을 때의 도형을 그려 보세요.

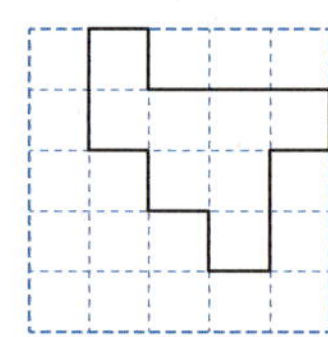  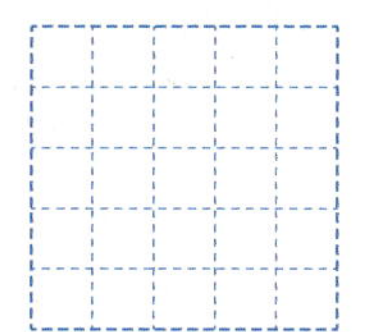

1-2　도형을 아래쪽으로 5번 뒤집었을 때의 도형을 그려 보세요.

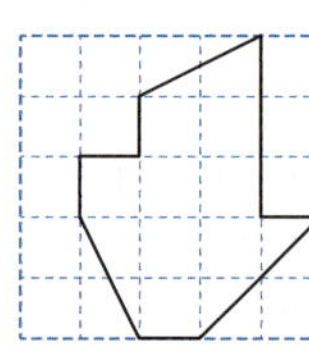  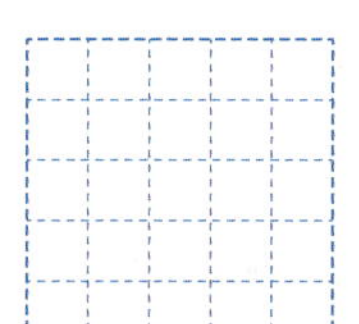

1-3　도형을 시계 방향으로 90°만큼 13번 돌린 도형을 가운데에 그리고, 가운데 도형을 다시 시계 반대 방향으로 180°만큼 돌렸을 때의 도형을 오른쪽에 그려 보세요.

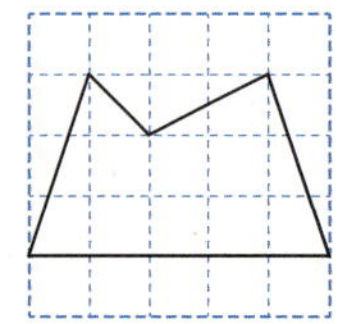  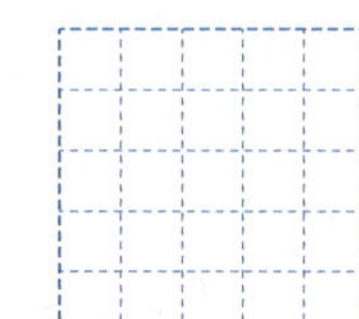  

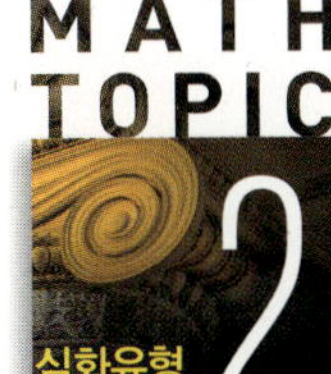

MATH TOPIC 2

심화유형

여러 가지 방법으로 이동하기

오른쪽 도형을 시계 방향으로 90°만큼 5번 돌리고 오른쪽으로 3번 뒤집었을 때의 도형을 그려 보세요.

● **생각하기** 같은 방향으로 90°만큼 4번 돌리면 처음 도형과 같습니다.

● **해결하기** **1단계** 시계 방향으로 90°만큼 5번 돌린 도형 알아보기

시계 방향으로 90°만큼 4번 돌리면 처음 도형과 같으므로 시계 방향으로 90°만큼 5번 돌린 도형은 시계 방향으로 90°만큼 1번 돌린 도형과 같습니다.

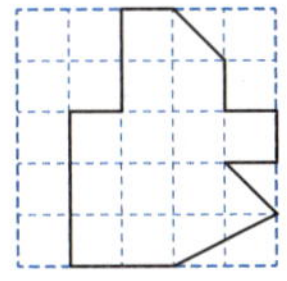

2단계 돌린 도형을 오른쪽으로 3번 뒤집은 도형 알아보기

오른쪽으로 3번 뒤집은 도형은 오른쪽으로 1번 뒤집은 도형과 같습니다.

답

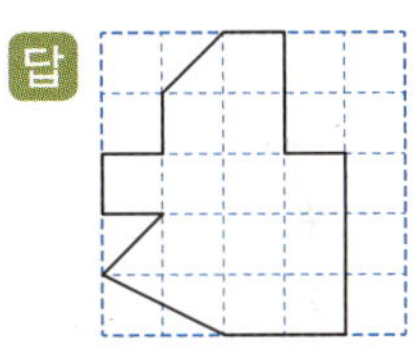

2-1 도형을 아래쪽으로 7번 뒤집고 오른쪽으로 밀었을 때의 도형을 그려 보세요.

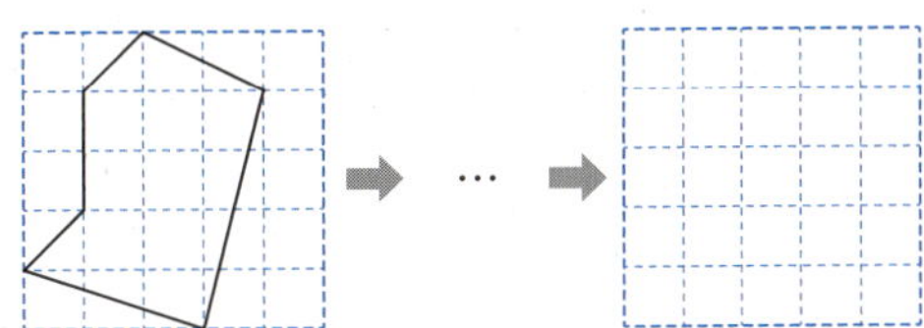

2-2 도형을 시계 반대 방향으로 270°만큼 돌리고 오른쪽으로 3번 뒤집었을 때의 도형을 그려 보세요.

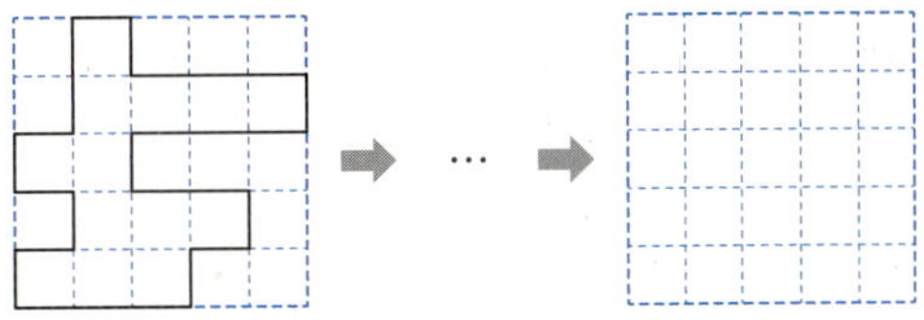

2-3 어떤 도형을 왼쪽으로 뒤집고 시계 방향으로 270°만큼 2번 돌렸더니 오른쪽 도형이 되었습니다. 처음 도형을 왼쪽에 그려 보세요.

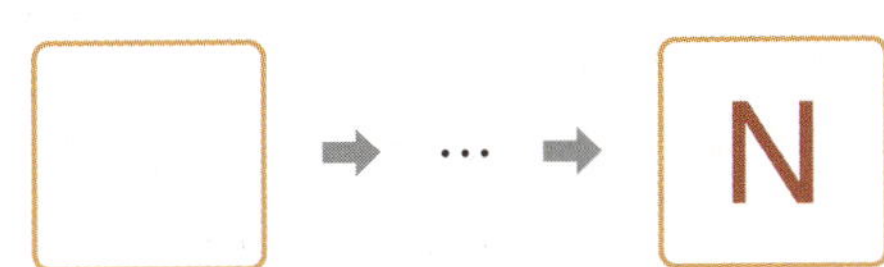

명령어에 따라 반복하여 점 이동하기

개미가 다음 명령어에 따라 4번 반복하여 이동하였을 때 도착한 위치에 점으로 표시해 보세요.

〈명령어〉

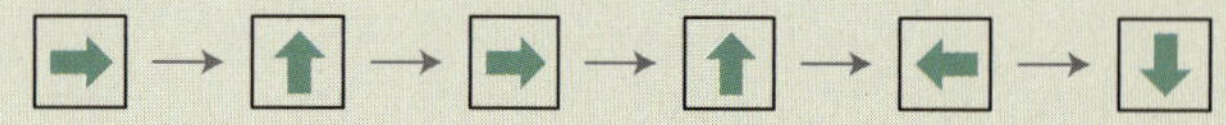

┌───┐
│ ↑ : 위쪽으로 한 칸 이동   ↓ : 아래쪽으로 한 칸 이동 │
│ ← : 왼쪽으로 한 칸 이동   ➡ : 오른쪽으로 한 칸 이동 │
└───┘

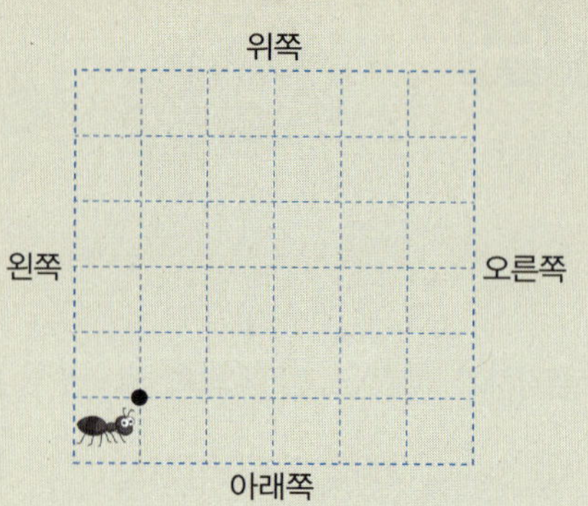

● 생각하기   명령어에 따라 이동하는 방법을 한 번으로 간단히 한 후 4번 반복하여 점의 위치를 찾습니다.

● 해결하기   **1단계** 명령어에 따라 한 번 이동하는 방법 알아보기

왼쪽과 오른쪽은 반대 방향이므로 ➡ → ➡ → ← : 오른쪽으로 1칸 이동

위쪽과 아래쪽은 반대 방향이므로 ↑ → ↑ → ↓ : 위쪽으로 1칸 이동

즉, 명령어에 따라 한 번 이동하면 ➡ → ↑ 으로 이동한 것과 같습니다.

2단계 명령어에 따라 4번 반복하여 이동하기

답 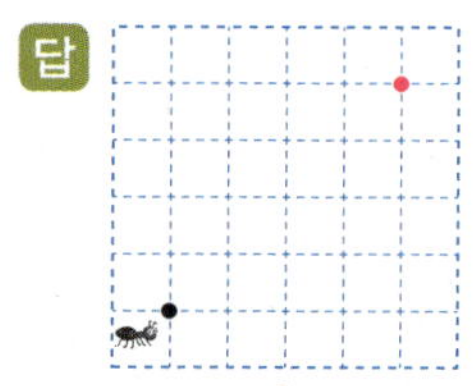

➡ → ↑ 을 4번 반복하여 이동하였을 때 도착한 위치를 찾아봅니다.

3-1 로봇 청소기가 다음 명령어에 따라 3번 반복하여 이동하였을 때 도착한 위치에 점으로 표시해 보세요. (단, ↑, ↓, ←, ➡의 움직이는 방법은 **3**과 같습니다.)

〈명령어〉

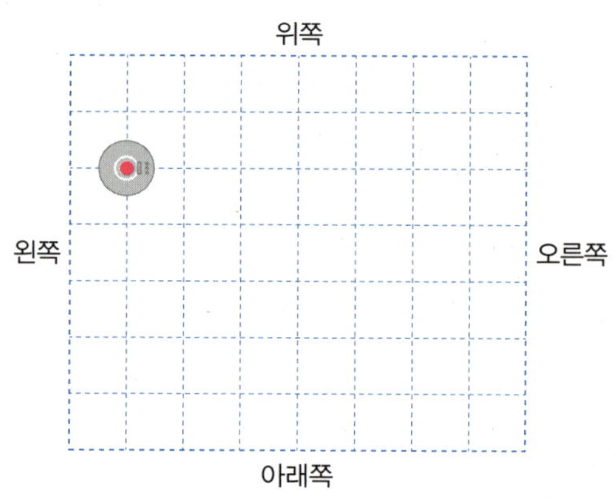

3-2 로봇이 다음 명령어에 따라 2번 반복하여 이동한 후 '차'가 쓰인 칸에 도착했습니다. 빈칸에 알맞게 그려 넣어 명령어를 완성해 보세요. (단, ↑, ↓, ←, ➡의 움직이는 방법은 **3**과 같습니다.)

〈명령어〉

가	나		다	라
마	바	사	아	자
차	카	타	파	하

MATH TOPIC 4

심화유형

무늬 꾸미기 활용

 모양을 이용하여 오른쪽과 같은 무늬의 포장지를 만들었습니다. 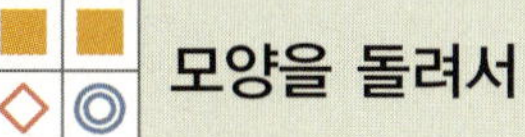 모양을 돌려서 만든 모양은 모두 몇 개일까요?

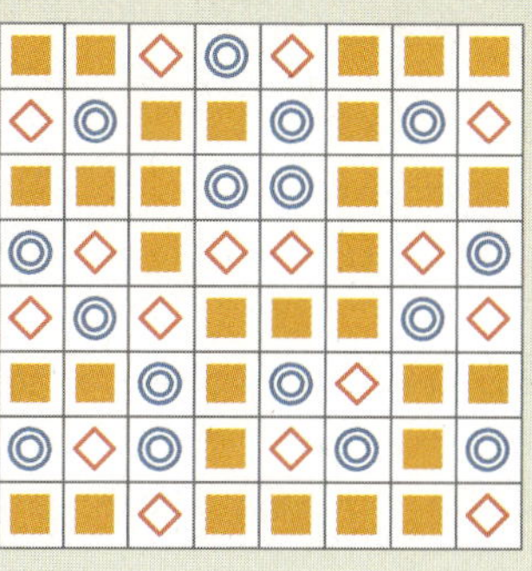

● 생각하기 돌리기 방법으로 만들 수 있는 모양을 모두 그려 본 후 같은 모양을 찾아봅니다.

● 해결하기 **1단계** 모양을 돌렸을 때의 모양 알아보기

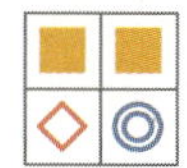 모양을 돌렸을 때의 모양은 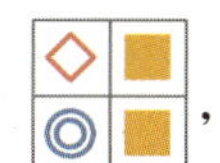, , 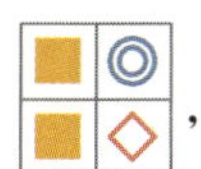, 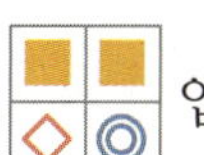 입니다.

2단계 포장지에서 알맞은 모양 찾기

돌려서 만든 모양을 찾으면 모두 8개입니다.

답 8개

4-1 알파벳 R를 이용하여 오른쪽과 같은 무늬를 만들었습니다. 알파벳 R를 돌려서 만든 모양은 모두 몇 개일까요?

(   )

4-2 오른쪽 무늬는 어떤 도형을 규칙적으로 움직여서 만들었습니다. 처음 도형을 그려 보세요.

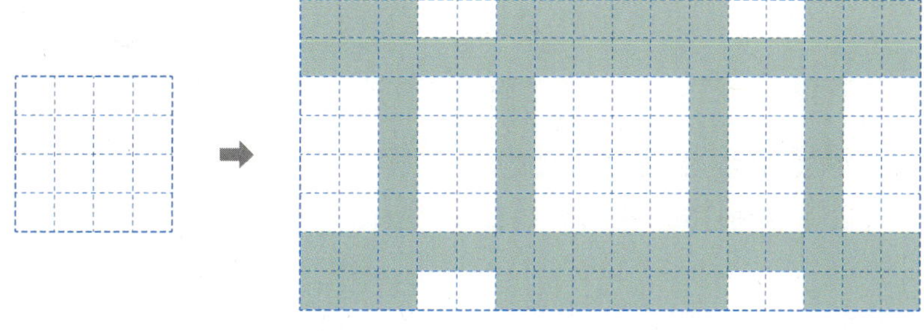

다른 방법으로 이동하여 같은 도형 만들기

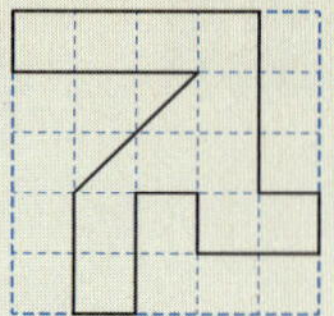

오른쪽 도형을 왼쪽으로 3번 뒤집고 아래쪽으로 1번 뒤집은 도형은 오른쪽 도형을 어떤 방법으로 1번 움직인 도형과 같을까요?

● 생각하기　왼쪽으로 3번 뒤집은 도형은 왼쪽으로 1번 뒤집은 도형과 같습니다.

● 해결하기　**1단계** 도형을 움직였을 때 만들어지는 도형 알아보기

왼쪽으로 3번 뒤집기는 왼쪽으로 1번 뒤집기와 같습니다.

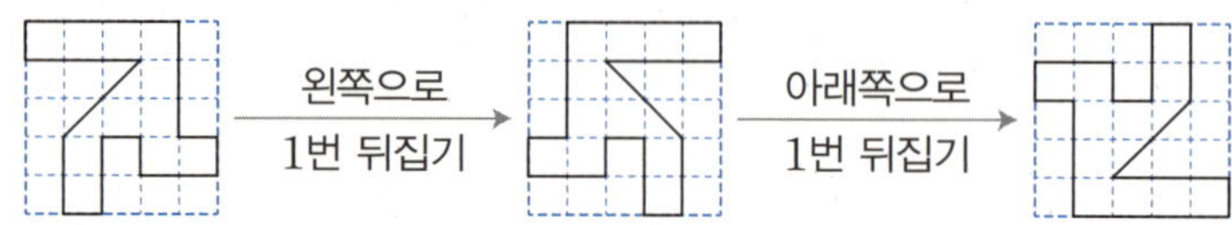

2단계 어떤 방법으로 1번 움직인 도형과 같은지 알아보기

처음 도형을 시계 방향(시계 반대 방향)으로 180°만큼 돌린 도형과 같습니다.

답 시계 방향으로 180°만큼 돌리기 또는 시계 반대 방향으로 180°만큼 돌리기

5-1 오른쪽 도형을 위쪽으로 5번 뒤집고 오른쪽으로 2번 밀었을 때의 도형은 오른쪽 도형을 어떤 방법으로 1번 움직인 도형과 같을까요?

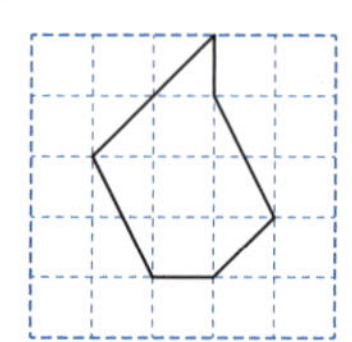

(　　　　　　　　　　　　)

5-2 오른쪽 도형을 시계 반대 방향으로 90°만큼 7번 돌린 도형은 다음 중 어떤 방법으로 움직인 것과 같을까요? (　　　)

① 오른쪽으로 뒤집고 시계 방향으로 90°만큼 돌리기
② 시계 방향으로 180°만큼 돌리고 아래쪽으로 밀기
③ 위쪽으로 뒤집고 시계 방향으로 90°만큼 돌리기
④ 시계 반대 방향으로 180°만큼 돌리고 왼쪽으로 뒤집기
⑤ 시계 방향으로 90°만큼 7번 돌리기

5-3 오른쪽 도형을 위쪽으로 9번 뒤집은 도형은 다음과 같이 움직인 도형과 같을 때 ☐ 안에 들어갈 수 있는 수 중에서 가장 작은 수를 써넣으세요.

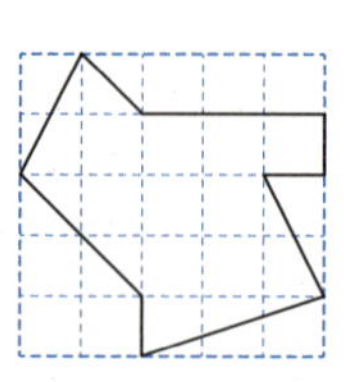

오른쪽으로 뒤집고 시계 방향으로 90°만큼 ☐번 돌리기

MATH TOPIC 6

심화유형

도형을 이동한 규칙 찾기

일정한 규칙으로 글자를 뒤집은 것입니다. 빈칸에 알맞은 모양을 그려 보세요.

● **생각하기** 글자를 뒤집은 규칙을 찾아봅니다.

● **해결하기** **1단계** 글자를 뒤집은 규칙 찾기

위쪽(아래쪽)으로 뒤집기, 왼쪽(오른쪽)으로 뒤집기를 번갈아 가며 움직이는 규칙입니다.

2단계 빈칸에 알맞은 모양 알아보기

 모양을 왼쪽이나 오른쪽으로 뒤집은 모양이므로  모양입니다.

답 별

6-1 일정한 규칙으로 도형을 돌린 것입니다. 빈칸에 알맞은 도형을 그려 보세요.

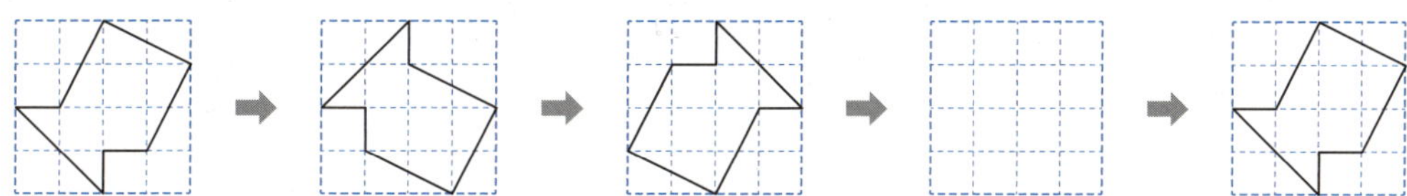

6-2 일정한 규칙으로 도형을 움직인 것입니다. 빈칸에 알맞은 도형을 그려 보세요.

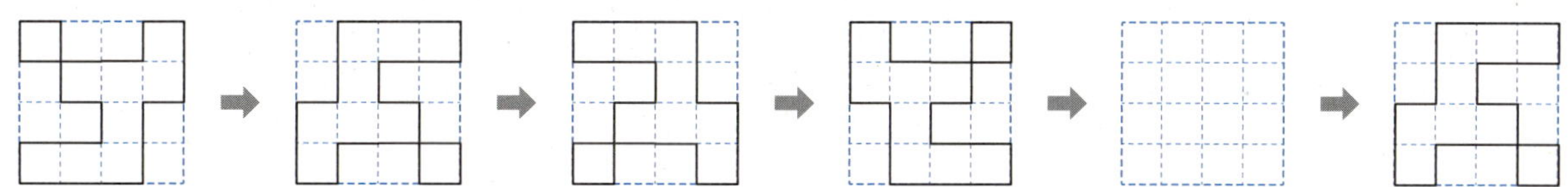

6-3 보기 와 같은 방법으로 수 카드를 움직였을 때의 모양을 빈칸에 알맞게 그려 보세요.

수 카드 이동하기

다음 수 카드 중에서 오른쪽과 위쪽으로 뒤집었을 때 모두 숫자가 되는 것을 모두 써 보세요.

| 0 | 1 | 2 | 3 | 4 | 5 | 6 | 7 | 8 | 9 |

● 생각하기　오른쪽과 위쪽으로 뒤집었을 때 모두 숫자가 되어야 합니다.

● 해결하기　**1단계** 수 카드의 숫자를 오른쪽과 위쪽으로 뒤집어 보기

2단계 오른쪽과 위쪽으로 뒤집었을 때 모두 숫자가 되는 것 구하기

오른쪽과 위쪽으로 뒤집었을 때 모두 숫자가 되는 것은 0, 1, 2, 5, 8 입니다.

답 0, 1, 2, 5, 8

7-1

다음 수 카드 중에서 시계 방향으로 $180°$만큼 돌렸을 때 숫자가 되는 것은 모두 몇 개일까요?

| 0 | 1 | 2 | 3 | 4 | 5 | 6 | 7 | 8 | 9 |

(　　　　　)

7-2

선미는 9장의 수 카드 중에서 오른쪽으로 뒤집었을 때 같은 숫자가 되는 수 카드의 수를 모두 한 번씩 사용하여 가장 큰 수를 만들고, 위쪽으로 뒤집었을 때 같은 숫자가 되는 수 카드의 수를 모두 한 번씩 사용하여 가장 작은 수를 만들었습니다. 만든 두 수의 합을 구해 보세요.

| 1 | 2 | 3 | 4 | 5 | 6 | 7 | 8 | 9 |

(　　　　　)

MATH TOPIC 8

심화유형

평면도형의 이동을 활용한 통합 교과유형

수학+미술

평면도는 집의 내부를 위쪽에서 내려다본 그림으로 방의 위치나 크기 등을 나타낸 것입니다. 은지네 아파트에서 바로 옆에 있는 두 집의 구조는 한 집의 구조를 오른쪽으로 뒤집기 한 것과 같습니다. 다음은 301호인 은지네 집의 평면도와 은지의 방을 나타낸 것입니다. 은지네 집의 바로 옆집인 302호의 평면도를 그리고 302호에서 은지의 방과 같은 방을 찾아 색칠해 보세요.

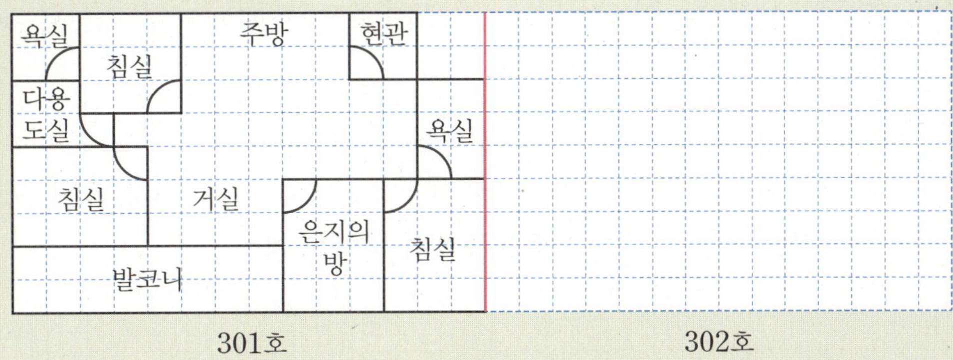

● **생각하기**   도형을 왼쪽이나 오른쪽으로 뒤집으면 도형의 왼쪽과 오른쪽이 서로 바뀝니다.

● **해결하기**   **1단계** 302호의 평면도를 그리기

301호를 오른쪽으로 뒤집기 한 모양을 그립니다.

2단계 302호에서 은지의 방과 같은 방의 위치 찾기

302호에서 은지의 방과 같은 방의 위치는 가로는 왼쪽 벽에서 모눈 4칸부터 ☐ 칸까지이고, 세로는 아래쪽에서부터 모눈 ☐ 칸까지입니다.

8-1

수학+국어

한글은 1443년(세종 25년)에 세종 대왕과 집현전 학자들에 의해 만들어졌으며 한글의 처음 이름은 '훈민정음'으로 '백성을 가르치는 바른 소리'라는 뜻을 가지고 있습니다. 자음과 모음이 만나 하나의 글자를 만드는데 자음 'ㄱ'과 모음 'ㅑ'가 만나 '갸'를 만들 수 있습니다. 다음 자음과 모음 자석 중에서 한 개씩 선택하여 만든 글자를 오른쪽으로 뒤집었을 때 처음 글자와 같은 글자가 되는 것은 모두 몇 개일까요?

자음 자석	ㄱ ㄴ ㄷ ㄹ ㅁ ㅂ ㅅ ㅇ ㅈ ㅊ ㅋ ㅌ ㅍ ㅎ
모음 자석	ㅏ ㅑ ㅓ ㅕ ㅗ ㅛ ㅜ ㅠ ㅡ ㅣ

(   )

1 오른쪽과 같이 화살표가 그려진 종이가 있습니다. 이 종이를 시계 방향으로 90°만큼 10번 돌렸을 때 화살표가 가리키는 번호를 써 보세요.

( )

2 어떤 도형을 아래쪽으로 뒤집었더니 왼쪽 도형이 되었습니다. 처음 도형을 시계 방향으로 270°만큼 돌렸을 때의 도형을 오른쪽에 그려 보세요.

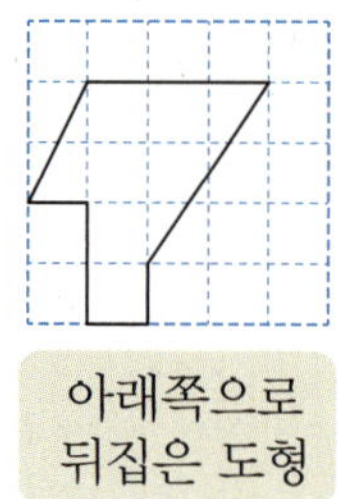

아래쪽으로 뒤집은 도형

시계 방향으로 270°만큼 돌린 도형

3 왼쪽 도형을 이용하여 오른쪽 무늬를 만들었습니다. 도형을 돌려서 만든 도형은 모두 몇 개일까요?

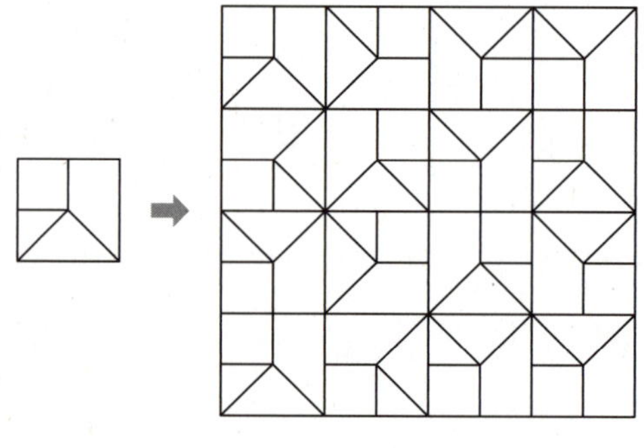

( )

서술형 4  보기 와 같은 방법으로 왼쪽 도형을 움직인 도형을 알아보려고 합니다. 움직인 방법을 설명하고, 빈칸에 알맞은 도형을 그려 보세요.

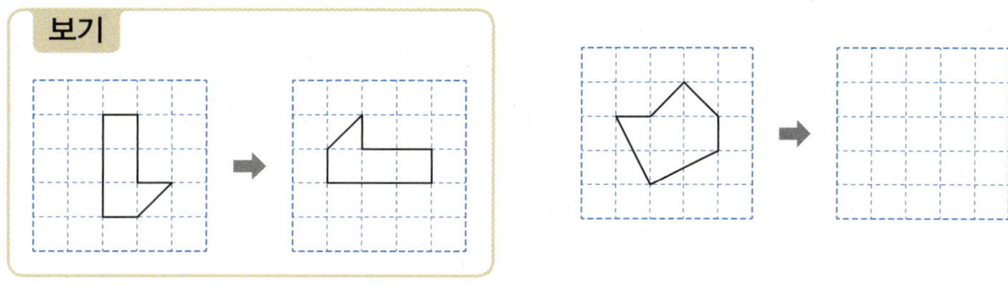

방법 ____

____

5 수 카드 8 , 9 , 0 을 한 번씩만 사용하여 가장 작은 세 자리 수를 만든 다음, 시계 방향으로 180°만큼 돌려서 만들어지는 수와 처음 수의 차를 구해 보세요.

( )

6 다음은 어떤 도형을 왼쪽으로 뒤집고 시계 방향으로 270°만큼 돌린 도형을 그려야 할 것을 잘못하여 오른쪽으로 뒤집고 시계 방향으로 270°만큼 돌린 도형을 그린 것입니다. 바르게 움직였을 때의 도형을 그려 보세요.

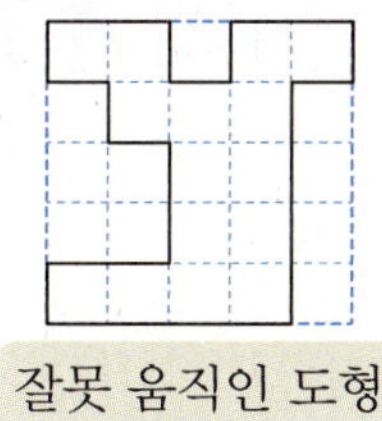

잘못 움직인 도형

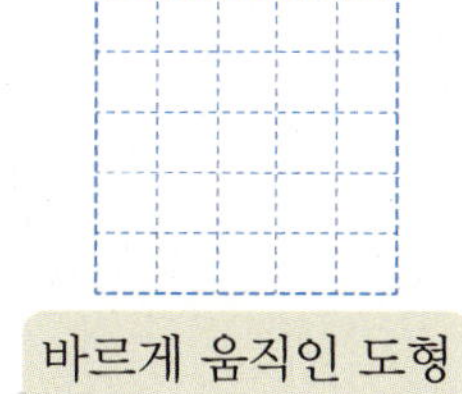

바르게 움직인 도형

7 어떤 도형을 왼쪽으로 101번 뒤집고 위쪽으로 3번 뒤집었더니 오른쪽 도형이 되었습니다. 처음 도형을 왼쪽에 그려 보세요.

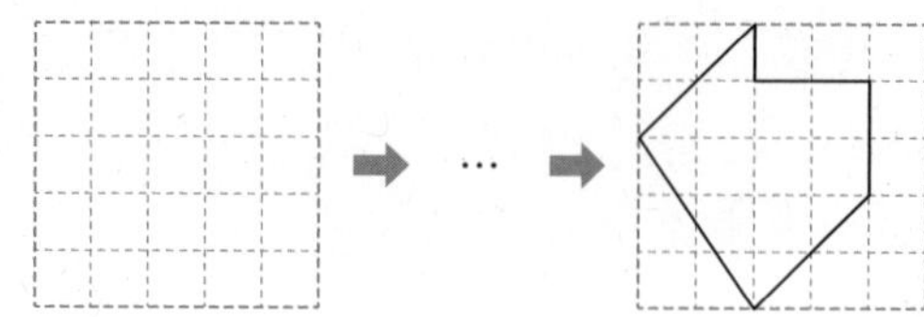

8 도형을 시계 반대 방향으로 $270°$만큼 돌린 다음 아래쪽으로 뒤집고 시계 방향으로 $180°$만큼 돌렸을 때의 도형을 오른쪽에 그리려고 합니다. ㉢에 알맞은 도형의 부분을 그려 보세요.

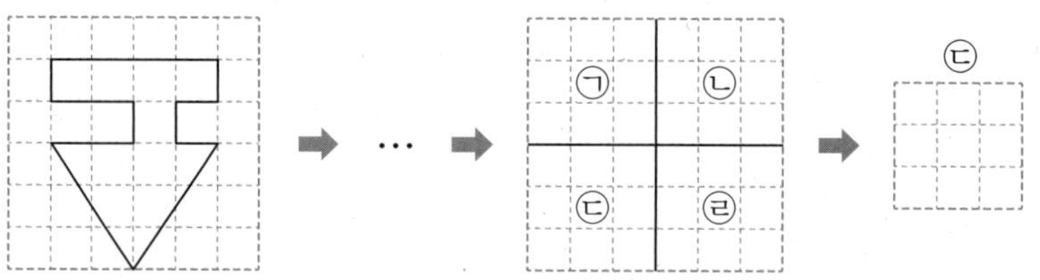

9 가를 오른쪽으로 ㉠번 뒤집고 시계 방향으로 $90°$만큼 ㉡번 돌렸더니 나가 되었습니다. 두 자리 수 ㉠㉡이 될 수 있는 수 중에서 가장 작은 수를 구해 보세요.

R → ⋯ → ㄸ

가　　　　　나

(　　　　　　　　　)

수학+생활

10 폴리오미노(Polyomino)는 크기가 같은 정사각형들을 변과 변이 맞닿게 이어 붙여서 만든 도형을 말합니다. 뒤집기나 돌리기를 하였을 때 같은 모양이 나오면 두 도형을 같은 것으로 생각할 때 폴리오미노는 정사각형의 수에 따라서 다음과 같이 종류를 나누고 종류에 따라 만들어지는 도형의 수가 달라집니다. 테트로미노의 만들어지는 도형을 모두 그리고 ☐ 안에 알맞은 수를 써넣으세요.

종류	정사각형 수	만들어지는 도형과 도형의 수
모노미노 (monomino)	1개	➡ 1가지
도미노 (domino)	2개	➡ 1가지
트리오미노 (triomino)	3개	➡ 2가지
테트로미노 (tetromino)	4개	➡ ☐가지
펜토미노 (pentomino)	5개	➡ 12가지

11 정민이는 오른쪽 수 카드가 나타내는 수에서 어떤 수를 빼야 할 것을 잘못하여 수 카드를 시계 반대 방향으로 180°만큼 돌려서 만들어지는 수에서 어떤 수를 뺐더니 17이 되었습니다. 바르게 계산하면 얼마일까요?

82

(   )

12 시작 칸에서 출발하여 알고리즘대로 이동하며 칸을 색칠하였을 때 나타나는 수를 써 보세요.

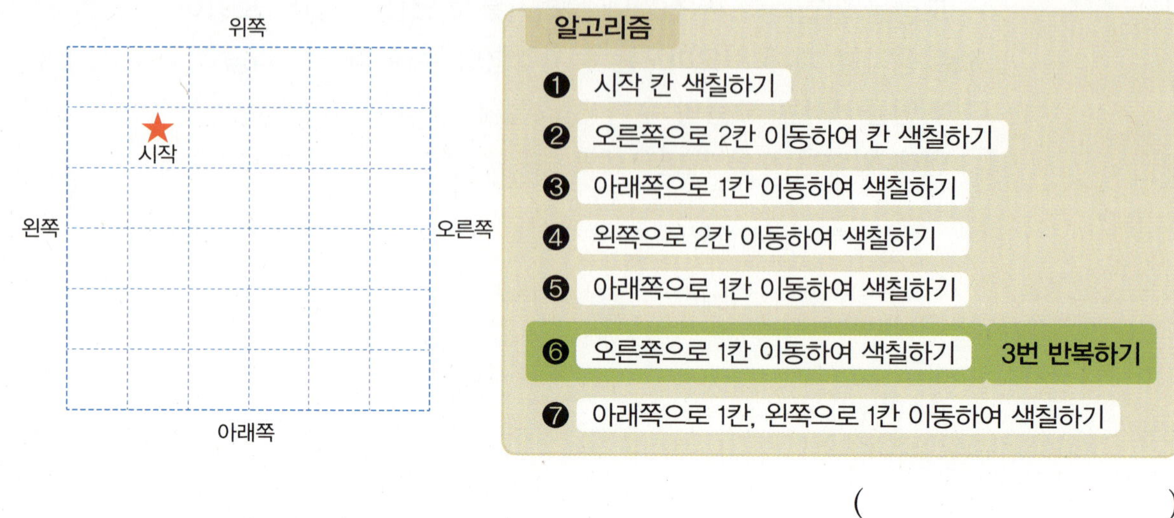

(   )

13 보기 의 도형을 밀기, 뒤집기, 돌리기를 하였을 때 나올 수 없는 도형을 모두 찾아 기호를 써 보세요. (단, 뒤집고 돌리기를 하거나 돌리고 뒤집기를 하여도 됩니다.)

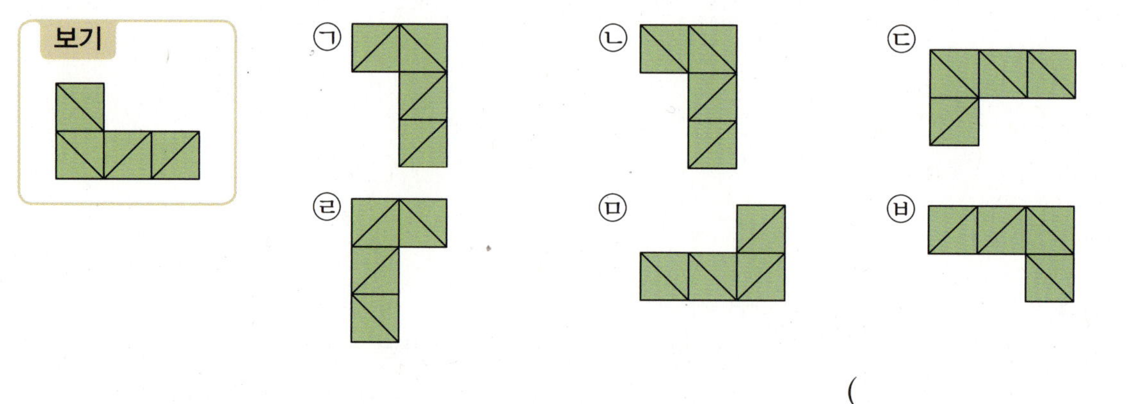

(   )

14 일정한 규칙으로 도형을 돌린 것입니다. 20째에 알맞은 도형을 그려 보세요.

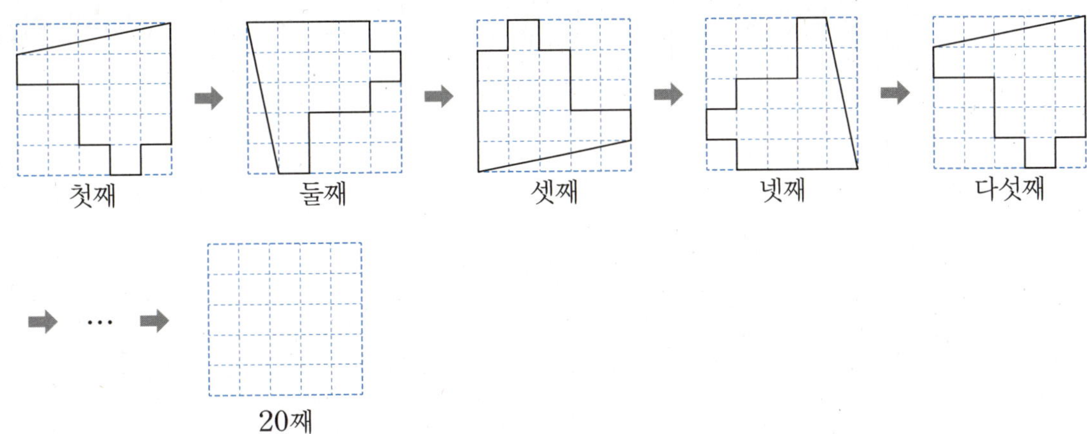

첫째 → 둘째 → 셋째 → 넷째 → 다섯째

→ … → 20째

15 명령어에 따라 이동하면서 만나는 병을 줍는 로봇이 있습니다. 3대의 로봇에게 동시에 명령어를 입력하여 각각 병을 한 개씩 줍게 하려고 합니다. 명령어를 가장 적게 사용하여 세 로봇이 서로 다른 색깔의 병을 줍도록 할 때 알맞은 명령어를 보기 에서 찾아 순서대로 기호를 써 보세요. (단, 같은 명령어를 여러 번 사용해도 됩니다.)

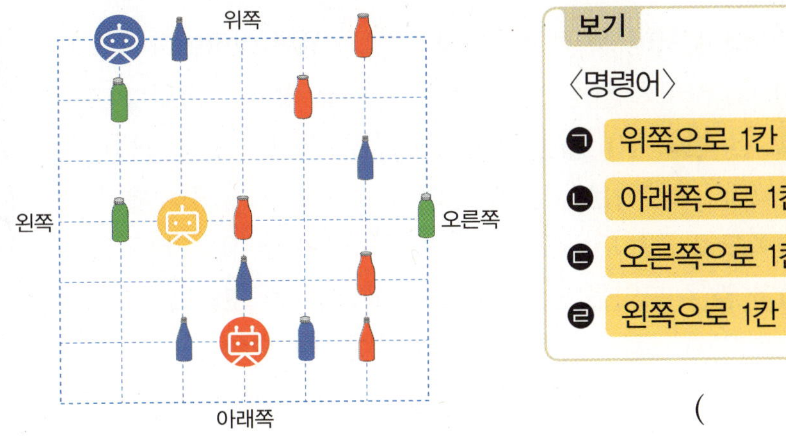

( )

경시 기출 문제 16

투명한 모눈종이에 ㉮와 같이 색칠되어 있습니다. 이것을 다음과 같이 2번 뒤집기를 하여 ㉯를 만들었습니다. ㉮와 ㉯를 완전히 포개었을 때, 색칠된 칸끼리 겹치는 칸은 모두 몇 칸일까요?

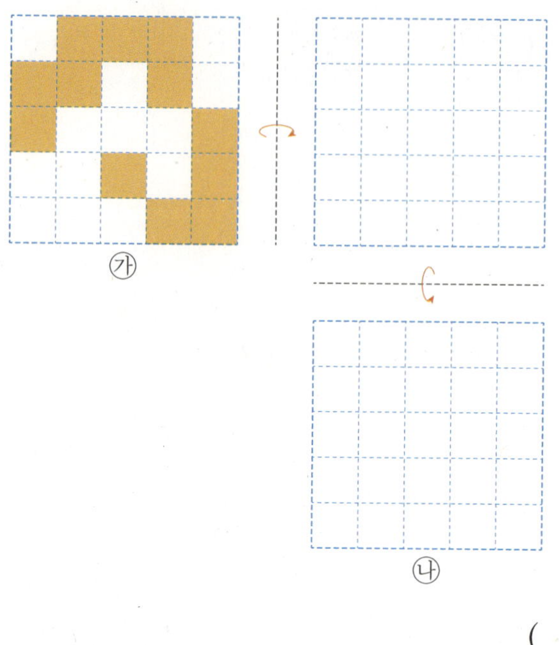

(   )

통합 교과 유형 17

국새는 국가의 문서에 사용되는 도장입니다. 현재 대한민국 국새는 2011년 10월부터 사용 중인 것으로 봉황 한 쌍과 무궁화를 조각해 넣었고, 한 변이 10 cm쯤 되는 정사각형 안에 '대한민국'이 새겨져 있습니다. 오른쪽은 국새에 새겨진 모양입니다. 국새를 찍은 모양을 왼쪽으로 5번 뒤집고 시계 반대 방향으로 90°만큼 13번 돌린 모양과 같은 모양을 만들려면 국새에 새겨진 모양을 시계 반대 방향으로 270°만큼 적어도 몇 번 돌려야 할까요?

(   )

1 전광판에 불을 켜서 왼쪽과 같은 알파벳을 만들었습니다. 이 모양을 시계 방향으로 $180°$ 만큼 11번 돌리고 위쪽으로 뒤집은 모양을 만들 때, 불을 켜야 하는 전구의 번호를 모두 더하면 얼마일까요?

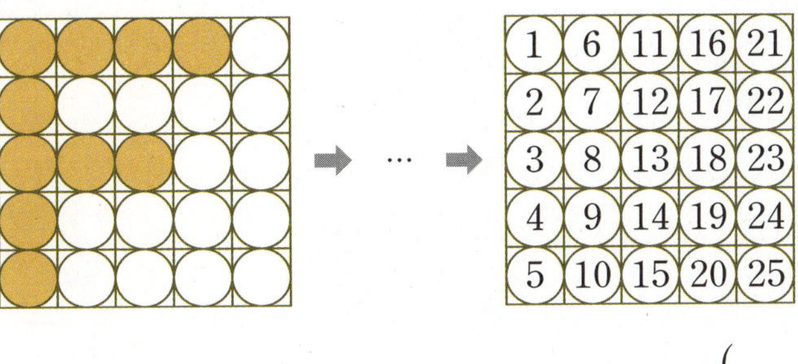

( )

2 보기 와 같이 도형을 시계 반대 방향으로 $90°$만큼 계속 돌렸을 때, 색칠된 칸이 지나간 칸을 모두 표시하면 오른쪽과 같습니다. 보기 와 같은 방법으로 주어진 도형을 돌려서 색칠된 칸이 지나간 칸을 모두 표시했을 때 색칠되지 않은 칸은 몇 칸인지 구해 보세요.

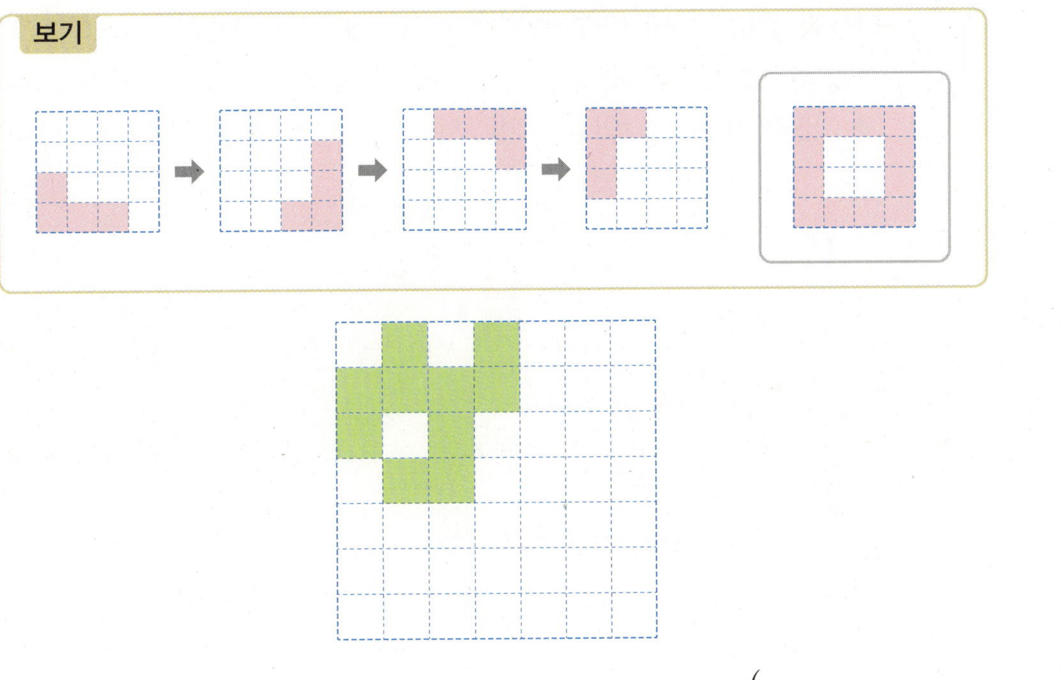

( )

3 보기 의 도형을 뒤집기, 돌리기를 하였을 때 나올 수 없는 도형을 모두 찾아 기호를 써 보세요. (단, 뒤집고 돌리기를 하거나 돌리고 뒤집기를 하여도 됩니다.)

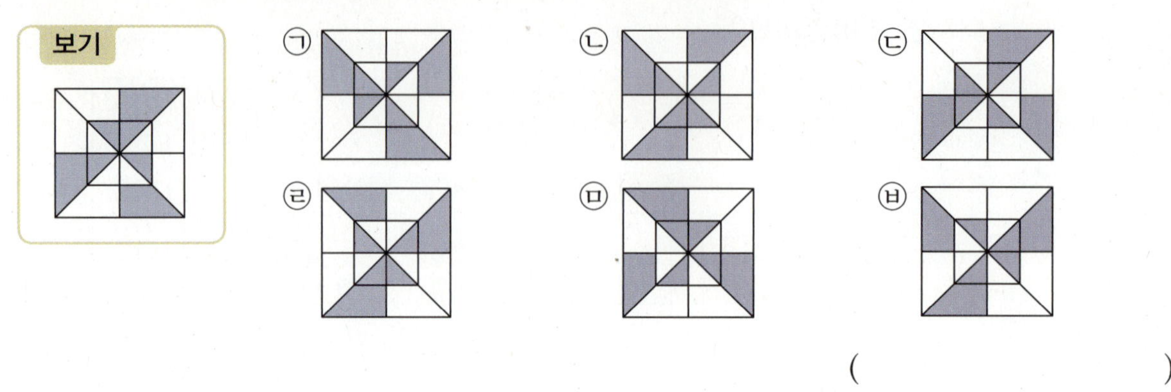

(   )

4 다음과 같이 눈금만 있고 숫자는 적혀 있지 않은 시계가 있습니다. 이 시계를 거울에 비쳐 보았더니 실제 시각과 거울에 비친 시각의 차이는 2시간(또는 10시간)입니다. 실제 시각과 거울에 비친 시각의 차이가 3시간(또는 9시간)일 때의 실제 시각을 모두 구해 보세요.

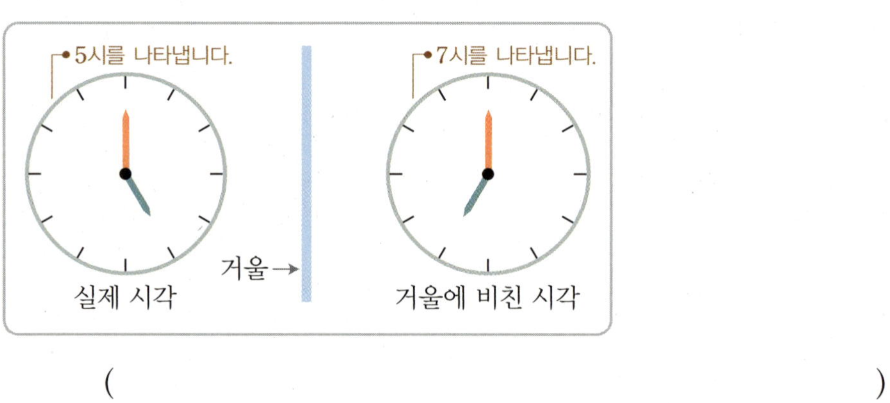

(   )

경시 기출 문제 5

오른쪽은 도형을 오른쪽으로 뒤집기(㉠)와 시계 반대 방향으로 90°만큼 돌리기(㉡)를 한 것입니다. 다음은 ㉠ 또는 ㉡을 이용하여 모두 4번 이동하여 처음과 같은 도형이 나온 것입니다. 중간에는 처음과 같은 도형이 나오지 않을 때, 도형을 이동하는 서로 다른 방법은 모두 몇 가지일까요?

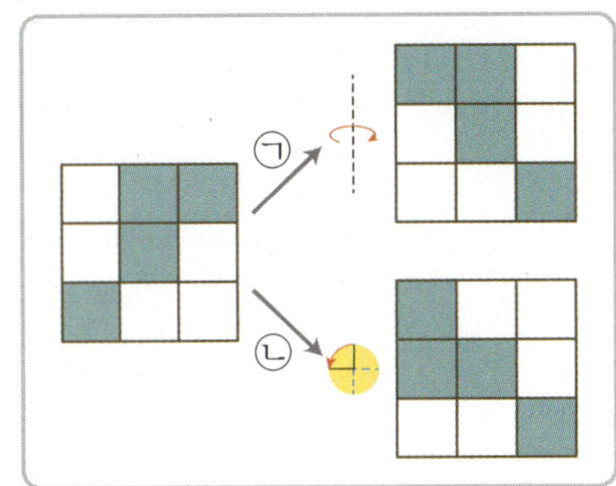

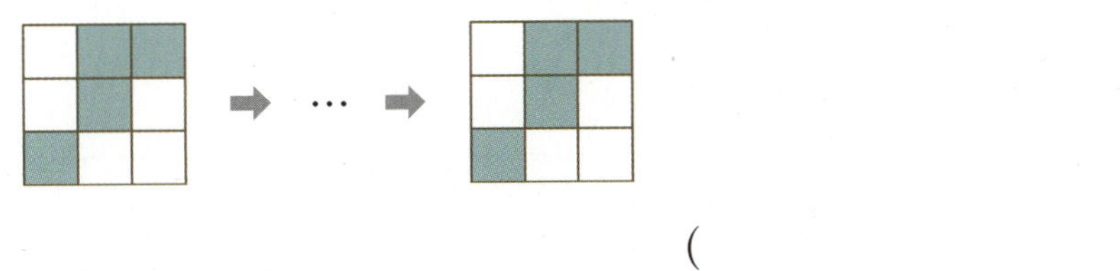

(   )

경시 기출 문제 6

보기 의 3가지 방법만으로 거북을 이동하여 ㈎ 도형을 그리려고 합니다. 처음에 거북은 위를 향하고 있고, ㈎의 짧은 선분은 모두 10 cm입니다. ㈎ 도형을 그릴 때 사용하는 보기 의 방법의 최소 횟수는 몇 번일까요? (단, 거북은 지나간 길을 다시 지나갈 수 있고 방법1 , 방법2 , 방법3 중 하나를 선택합니다.)

> **보기**
>
> 방법1 앞으로 10 cm만큼 선을 그리며 나갑니다.
>
> 방법2 시계 반대 방향으로 90°만큼 머리 방향을 돌립니다.
>
> 방법3 방법1 ― 방법2 를 4번 반복합니다. 그러면 오른쪽과 같이 한 변이 10 cm인 정사각형이 그려지고, 거북은 처음 위치로 옵니다.
>
> 

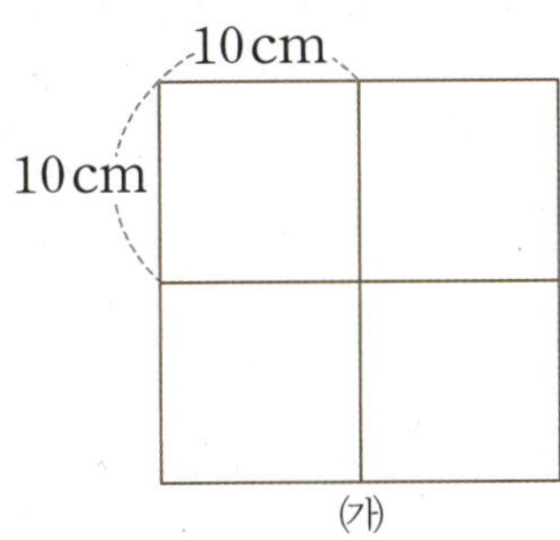

(   )

가로와 세로의 곱을 사각형 안에 쓸 때,
초록색 사각형 안에 들어갈 수는 얼마일까요?

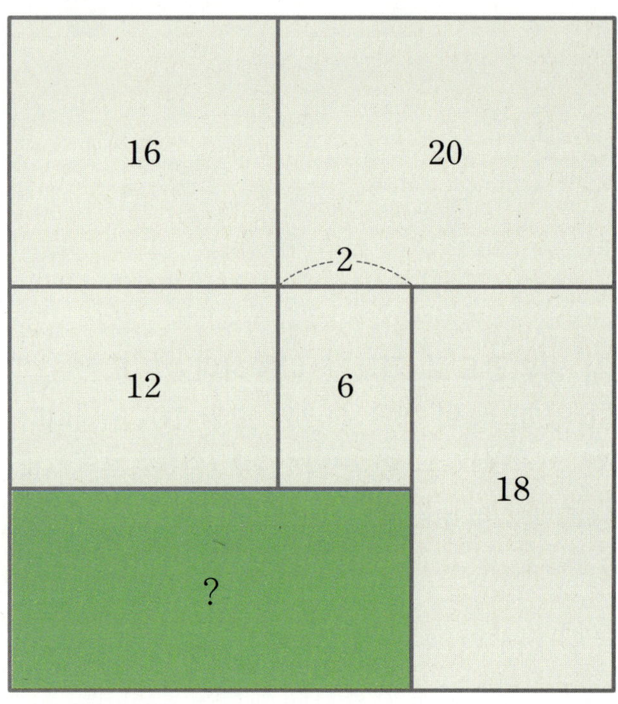

막대그래프

통계와 그래프

통계와 우리 생활

통계란 어떤 현상을 한눈에 알아보기 쉽게 일정한 규칙에 따라 수로 나타낸 것을 말합니다. 우리나라 정부는 전체 인구수, 시도별 인구수, 출산율과 사망률 등 인구 자료에 대한 모든 것을 통계화하여 세금을 정하고 예산을 세우며 각종 정책을 마련하곤 합니다. 또한 지역의 강수량을 조사하여 통계 자료로 만들어 두면 수해의 위험이 있는 지역을 알 수 있어 대비책을 마련할 수 있고, 일조량 등의 통계를 활용하여 재배할 수 있는 과일을 예측할 수도 있습니다.
또 기업에서는 제품을 생산할 때 연령대별 선호도를 조사하여 이를 바탕으로 제품 판매에 대한 전략을 세울 수도 있습니다.

그래프란?

그래프란 여러 가지 자료를 분석하여 그 변화를 한 눈에 알아볼 수 있도록 직선이나 곡선 등으로 나타낸 것을 말합니다. 그래프에는 각각의 도수(크기를 나타내는 수)를 나타내는 도수그래프와 전체를 100으로 하여 전체에 대한 부분의 비율을 나타내는 비율그래프가 있습니다. 도수그래프에는 그림그래프, 막대그래프, 꺾은선그래프, 히스토그램 등이 있습니다.

막대그래프와 히스토그램

막대그래프는 조사한 자료의 수량을 막대 모양으로 나타낸 그래프입니다. 따라서 막대그래프는 막대의 길이를 비교하여 수량의 많고 적음을 한눈에 비교할 수 있습니다. 그런데 자료의 값이 연속적인 경우에는 자료를 구간으로 나누어 막대그래프를 그릴 수 있습니다. 이렇게 각 구간에 속하는 자료의 수를 조사하여 막대로 표시한 그래프를 히스토그램이라고 합니다.

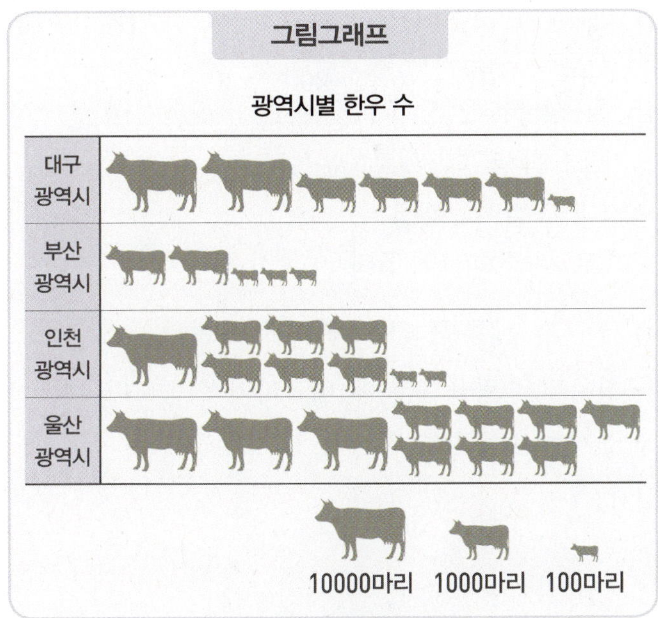

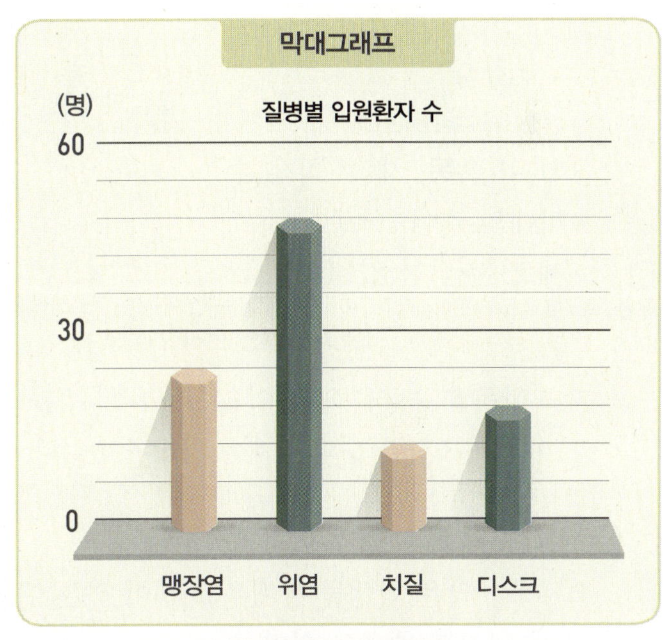

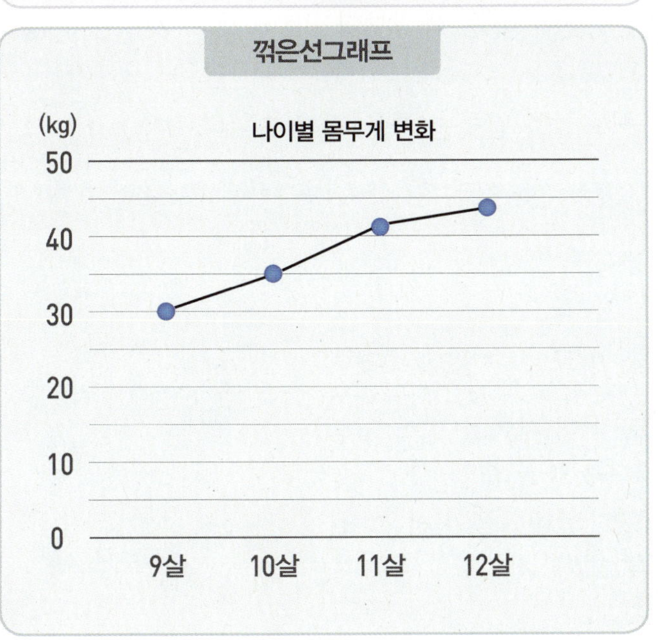

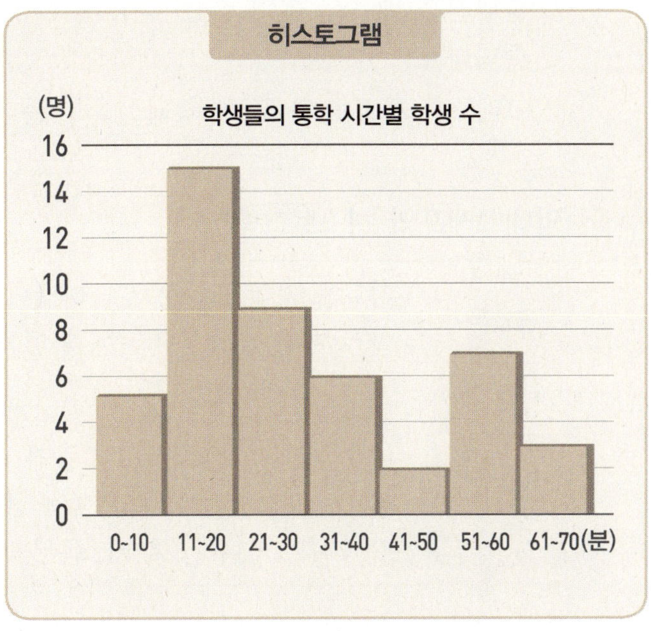

1 막대그래프

❶ 막대그래프 알아보기

• 막대그래프: 조사한 자료의 수량을 막대 모양으로 나타낸 그래프

배우고 싶어 하는 운동별 학생 수

운동	축구	수영	농구	줄넘기	배드민턴	합계
학생 수(명)	40	25	20	30	10	125

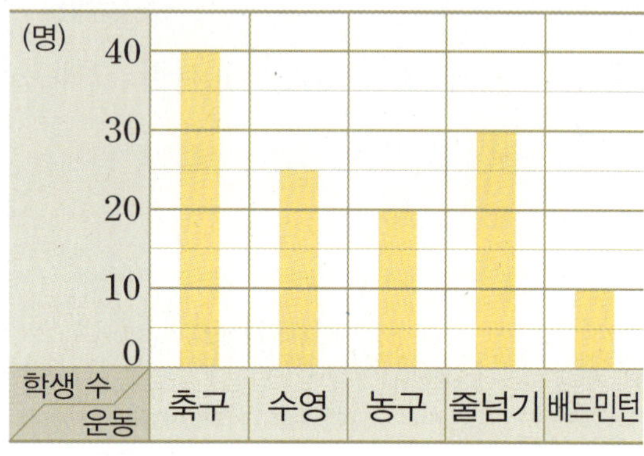

• 그래프의 가로와 세로를 바꾸어 막대를 가로로 나타낼 수 있습니다.

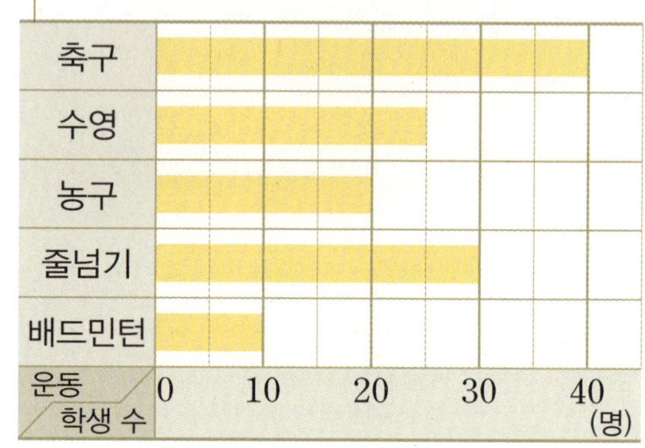

• 가로: 운동, 세로: 학생 수
• 막대의 길이: 학생 수
• 세로 눈금 한 칸: 5명

• 가로: 학생 수, 세로: 운동
• 막대의 길이: 학생 수
• 가로 눈금 한 칸: 5명

표로 나타내면 편리한 점	그래프로 나타내면 편리한 점
• 항목별 수량을 알기 쉽습니다.	• 항목별 수량을 한눈에 비교하기 쉽습니다.
• 전체 조사한 수의 합계를 알기 쉽습니다.	• 전체적인 경향을 한눈에 알기 쉽습니다.

❷ 막대그래프 내용 알아보기

① 가장 많은 학생들이 배우고 싶어 하는 운동은 축구입니다.

② 줄넘기를 배우고 싶어 하는 학생은 수영을 배우고 싶어 하는 학생보다 $30-25=5$(명) 더 많습니다.

③ 그래프를 보고 방과 후 체육 교실을 만든다면 축구 교실을 만들면 좋을 것 같습니다.

사고력 개념

• 자료의 값이 연속적인 경우의 막대그래프

❶ 막대그래프와 히스토그램

공통점	• 자료를 막대 모양으로 나타냅니다. • 각 자료의 상대적인 크기를 한눈에 쉽게 비교할 수 있습니다.
차이점	• 막대그래프: 자료의 값이 떨어진 경우로, 막대 사이를 떨어뜨려 그립니다. ⑳ 물건 수, 사람 수, 동물 수 등 • 히스토그램: 자료의 값이 연속적인 경우로, 막대를 붙여서 그립니다. ⑳ 키, 몸무게, 시간의 변화 등

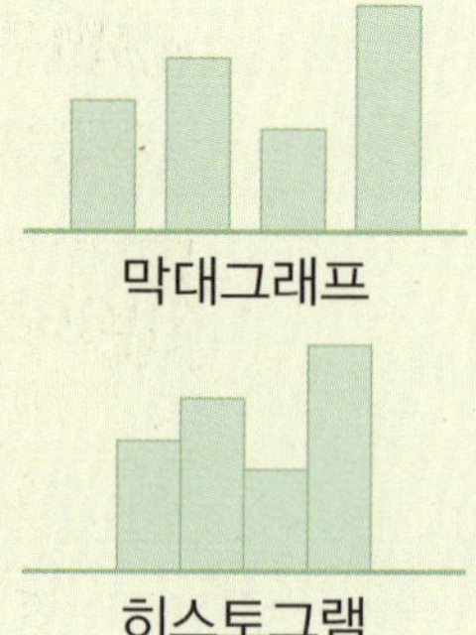

BASIC TEST

[1~3] 소망 초등학교 4학년 학생들 중 반별로 감기에 걸린 학생 수를 조사하여 나타낸 표와 막대그래프입니다. 물음에 답하세요.

반별 감기에 걸린 학생 수

반	1반	2반	3반	4반	5반	합계
학생 수(명)	11	6	8	9	12	46

반별 감기에 걸린 학생 수

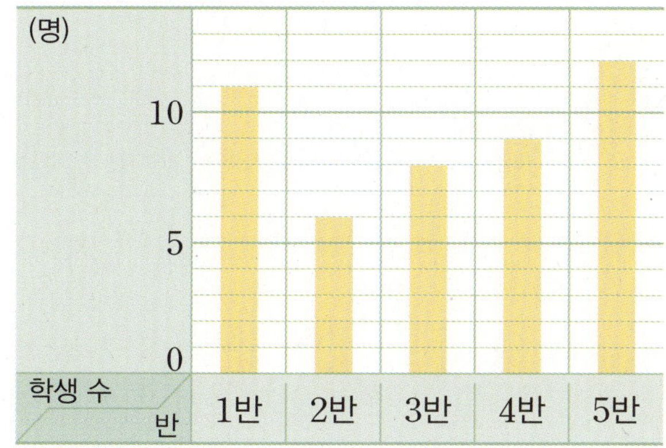

1 막대그래프의 가로와 세로는 각각 무엇을 나타낼까요?

가로 (   )

세로 (   )

2 감기에 걸린 학생이 가장 많은 반을 한눈에 알아보기에 더 편리한 것은 표와 막대그래프 중 어느 것일까요?

(   )

3 감기에 걸린 학생이 가장 많은 반은 가장 적은 반보다 몇 명 더 많을까요?

(   )

[4~6] 준서네 학교 학생 300명이 읽고 싶어 하는 책을 조사하여 나타낸 막대그래프입니다. 물음에 답하세요.

읽고 싶어 하는 책별 학생 수

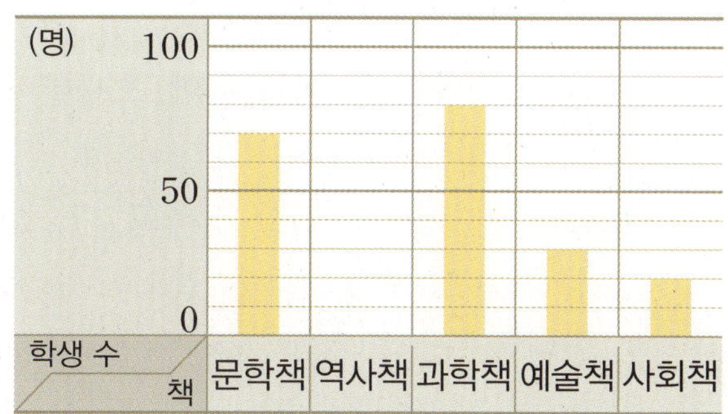

4 역사책을 읽고 싶어 하는 학생은 몇 명일까요?

(   )

5 역사책을 읽고 싶어 하는 학생은 예술책을 읽고 싶어 하는 학생보다 몇 명 더 많을까요?

(   )

6 준서네 학교 옆에 어린이 도서관이 생긴다면 어느 책을 가장 많이 준비하면 좋을지 쓰고, 그 까닭을 써 보세요.

(   )

까닭

2 막대그래프 그리기

❶ 막대그래프 그리기

일주일 동안 재활용품별 수거량

재활용품	고철	플라스틱	종이	비닐	합계
수거량(kg)	4	6	10	2	22

• 막대그래프 그리는 방법

① 가로와 세로 중 어느 쪽에 조사한 수를 나타낼
   것인가를 정합니다. → 가로: 재활용품, 세로: 수거량
② 눈금 한 칸의 크기를 정하고, 조사한 수 중 가
   장 큰 수를 나타낼 수 있도록 눈금의 수를 정
   합니다. → 종이가 10 kg으로 가장 많으므로
      세로 눈금이 10까지는 있어야 합니다.
③ 조사한 수에 맞게 막대로 나타냅니다.
④ 막대그래프에 알맞은 제목을 씁니다.
   └ 제목을 가장 먼저 써도 됩니다.

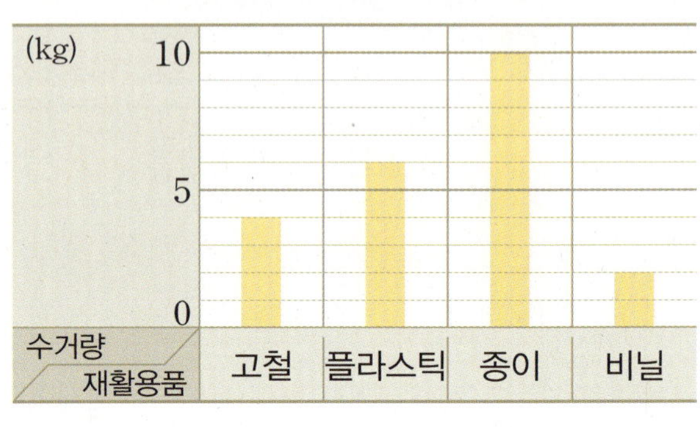

일주일 동안 재활용품별 수거량

세로 눈금 한 칸을 1 kg으로 할 때
고철: 4칸, 플라스틱: 6칸, 종이: 10칸, 비닐: 2칸

❷ 자료를 조사하여 막대그래프 그리기

① 조사할 내용 및 조사 항목을 정합니다.
② 조사 방법(손 들기, 붙임딱지 붙이기, 인터넷 설문하기 등) 및 조사 대상과 조사 시기를 정하
   여 조사표를 작성합니다.
③ 자료를 수집하여 조사한 자료를 표로 정리하고 막대그래프로 나타냅니다.

실전개념

❶ 여러 가지 방법으로 막대그래프 그리기

방법 1 그래프의 세로 눈금 한 칸을 2 kg으로 하
여 나타내기

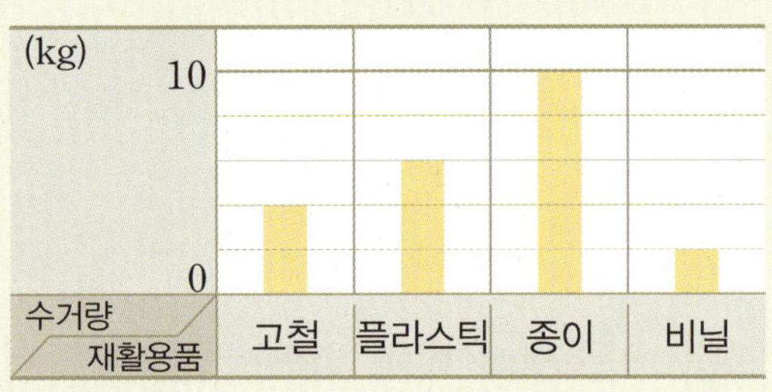

일주일 동안 재활용품별 수거량

방법 2 그래프의 가로와 세로를 바꾸어 나타내기

일주일 동안 재활용품별 수거량

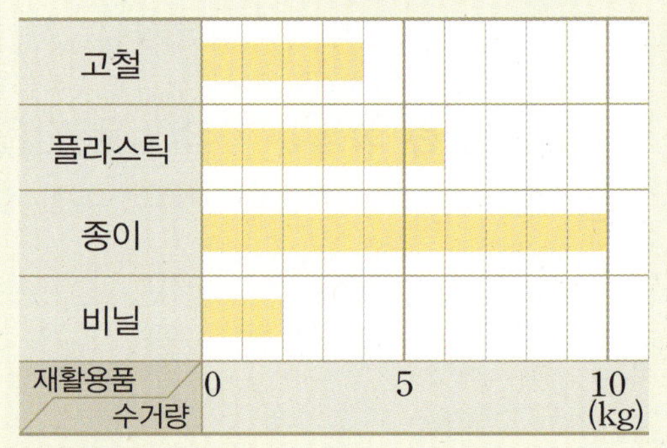

연결개념

꺾은선그래프

❶ 꺾은선그래프

연속적으로 변화하는 양을 점(•)으로 표시하
고, 그 점들을 선분으로 이어 그린 그래프로 크
기 비교보다는 시간에 따른 변화를 나타내기에
적합합니다.
㉠ 시간별 온도의 변화, 연도별 몸무게의 변화 등

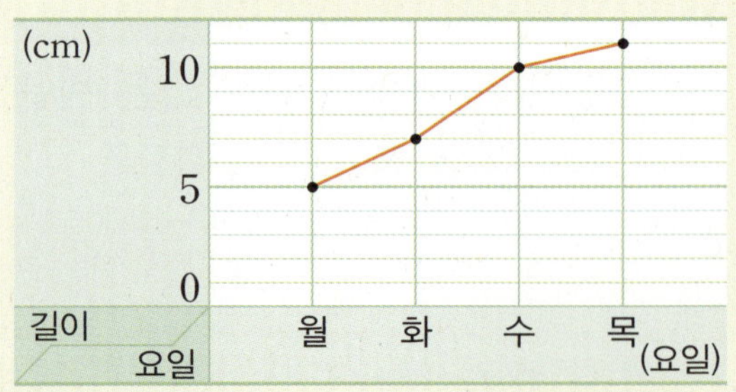

요일별 강낭콩 줄기의 길이

BASIC TEST

[1~4] 은지네 반 학생들이 좋아하는 과일을 조사하여 나타낸 표입니다. 물음에 답하세요.

좋아하는 과일별 학생 수

과일	포도	자두	사과	귤	배	합계
학생 수(명)	6	4	3		2	24

1 귤을 좋아하는 학생은 몇 명일까요?

( )

2 표를 보고 막대그래프를 완성해 보세요.

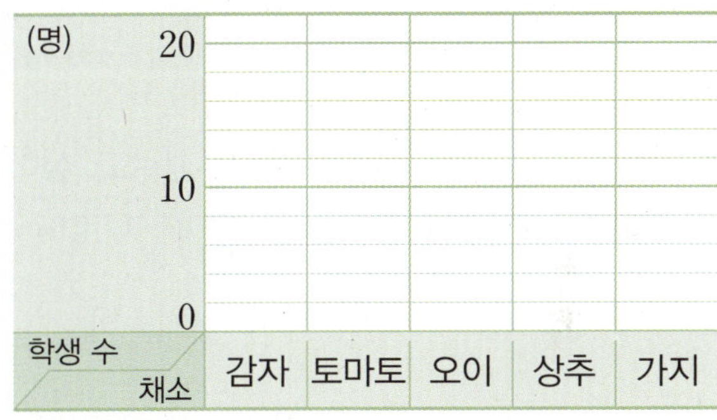

3 가장 적은 학생들이 좋아하는 과일은 무엇일까요?

( )

4 포도를 좋아하는 학생 수는 사과를 좋아하는 학생 수의 몇 배일까요?

( )

[5~7] 유호네 학교 4학년 학생들이 학교 텃밭에 심고 싶어 하는 채소를 조사하여 나타낸 표를 보고 막대그래프로 나타내려고 합니다. 물음에 답하세요.

학교 텃밭에 심고 싶어 하는 채소별 학생 수

채소	감자	토마토	오이	상추	가지	합계
학생 수(명)	12	16	18	10	2	58

5 막대그래프의 세로 눈금 한 칸이 학생 2명을 나타낸다면 오이를 심고 싶어 하는 학생 수는 세로 눈금 몇 칸으로 나타내야 할까요?

( )

6 표를 보고 막대그래프를 완성해 보세요.

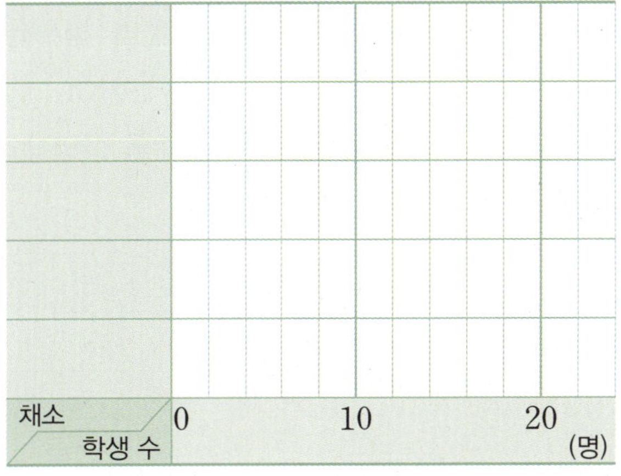

7 표를 보고 학생 수가 적은 채소부터 차례로 막대그래프를 완성해 보세요.

학교 텃밭에 심고 싶어 하는 채소별 학생 수

막대그래프의 세로 눈금의 수 구하기

서현이네 반 학생들이 관심 있는 환경 문제를 조사하여 나타낸 표입니다. 표를 보고 막대그래프로 나타낼 때 세로에 학생 수를 나타내려면 세로 눈금은 적어도 몇 명까지 나타낼 수 있어야 할까요?

관심 있는 환경 문제별 학생 수

환경 문제	방사능 오염	플라스틱 오염	공기 오염	숲 파괴	흙 오염	물 오염	합계
학생 수(명)	5	2	6	4	3		28

● 생각하기 가장 많은 학생들이 관심 있는 환경 문제를 찾아 세로 눈금의 수를 정합니다.

● 해결하기 **1단계** 물 오염에 관심 있는 학생 수 구하기

물 오염에 관심 있는 학생은 $28-(5+2+6+4+3)=28-20=8$(명)입니다.

2단계 세로 눈금은 몇 명까지 나타낼 수 있어야 하는지 구하기

가장 많은 학생들이 관심 있는 환경 문제는 물 오염으로 학생 수는 8명입니다.
따라서 세로 눈금은 적어도 8명까지 나타낼 수 있어야 합니다.

답 8명

1-1 승우와 친구들이 기르고 싶어 하는 반려동물을 조사하여 나타낸 표입니다. 표를 보고 막대그래프로 나타낼 때 세로에 학생 수를 나타내려면 세로 눈금은 적어도 몇 명까지 나타낼 수 있어야 할까요?

기르고 싶어 하는 반려동물별 학생 수

반려동물	새	강아지	고양이	물고기	햄스터	합계
학생 수(명)	4		7	9	5	36

(   )

1-2 지훈이네 학교 4학년 학생들 중 반별로 안경을 쓴 학생 수를 조사하여 나타낸 표입니다. 안경을 쓴 학생은 3반이 5반보다 5명 더 많다고 합니다. 표를 보고 막대그래프로 나타낼 때 세로에 학생 수를 나타내려면 세로 눈금은 적어도 몇 명까지 나타낼 수 있어야 할까요?

반별 안경을 쓴 학생 수

반	1반	2반	3반	4반	5반	6반	합계
학생 수(명)	9			7	5	6	45

(   )

MATH TOPIC 2

심화유형

찢어진 막대그래프 완성하기

지원이네 반 학생들이 태어난 계절을 조사하여 나타낸 막대그래프의 일부분이 오른쪽과 같이 찢어졌습니다. 겨울에 태어난 학생 수가 여름에 태어난 학생 수의 2배일 때, 지원이네 반 학생은 모두 몇 명일까요?

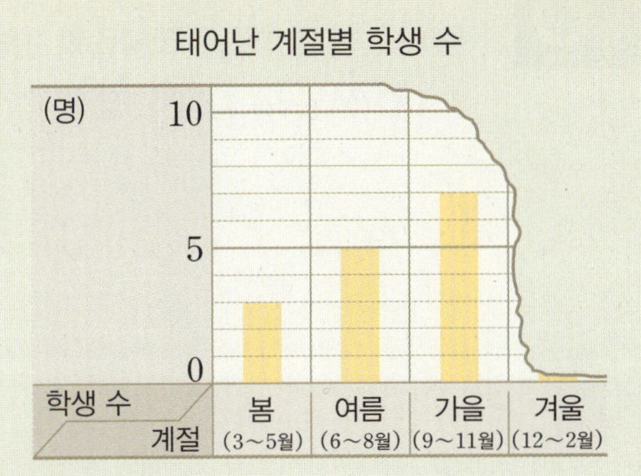

● 생각하기　겨울에 태어난 학생 수를 구하여 지원이네 반 학생 수를 구합니다.

● 해결하기

1단계 겨울에 태어난 학생 수 구하기

여름에 태어난 학생이 5명이므로 겨울에 태어난 학생은 $5 \times 2 = 10$(명)입니다.

2단계 지원이네 반 학생 수 구하기

지원이네 반 학생은 모두 $3 + 5 + 7 + 10 = 25$(명)입니다.

답　25명

2-1 정아네 반 학생들이 여행하고 싶어 하는 나라를 조사하여 나타낸 막대그래프의 일부분이 오른쪽과 같이 찢어졌습니다. 미국을 여행하고 싶어 하는 학생이 일본을 여행하고 싶어 하는 학생보다 4명 더 많을 때, 정아네 반 학생은 모두 몇 명일까요?

(　　　　　　　)

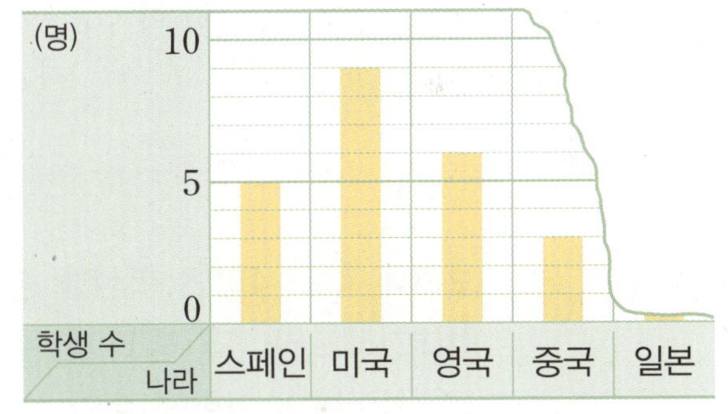

2-2 연우네 반 학생 24명이 좋아하는 민속놀이를 조사하여 나타낸 막대그래프의 일부분이 오른쪽과 같이 찢어졌습니다. 팽이치기를 좋아하는 학생이 윷놀이를 좋아하는 학생보다 4명 더 많습니다. 가장 많은 학생들이 좋아하는 민속놀이의 학생 수를 구해 보세요.

(　　　　　　　)

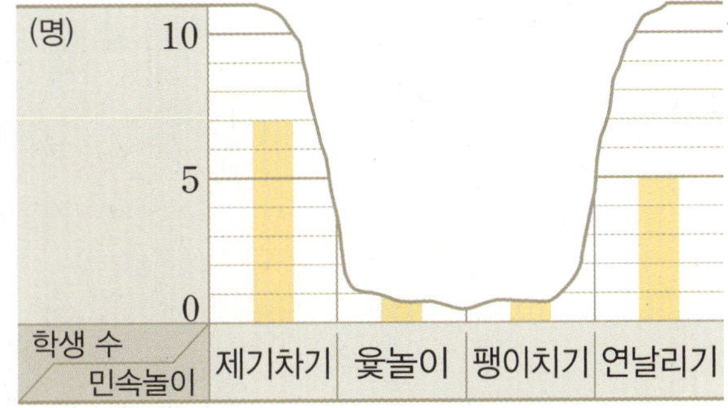

두 가지 자료를 나타낸 막대그래프

현아네 학교 4학년 학생들의 장래 희망을 조사하여 나타낸 막대그래프입니다. 남학생 수와 여학생 수의 차가 가장 큰 장래 희망은 무엇일까요?

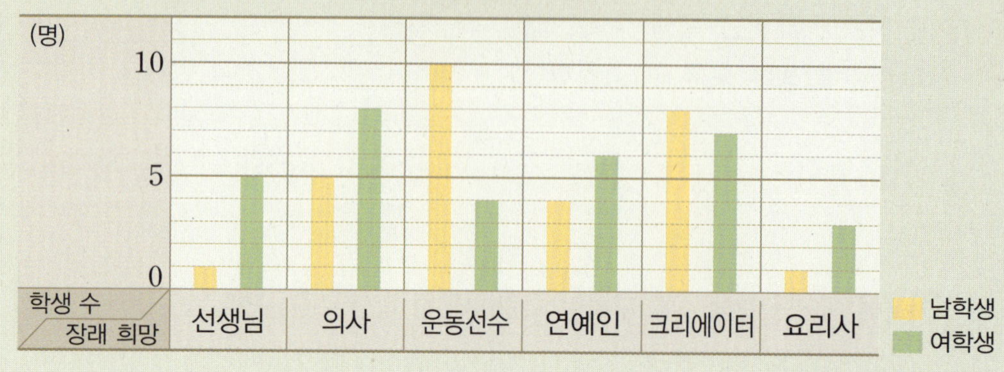

● **생각하기** 남학생 수를 나타내는 막대와 여학생 수를 나타내는 막대의 칸 수의 차를 알아봅니다.

● **해결하기** **1단계** 장래 희망별로 남학생 수와 여학생 수를 나타내는 막대의 칸 수의 차 구하기

남학생 수와 여학생 수를 나타내는 막대의 칸 수의 차가 선생님은 4칸, 의사는 3칸, 운동선수는 6칸, 연예인은 2칸, 크리에이터는 1칸, 요리사는 2칸입니다.

2단계 남학생 수와 여학생 수의 차가 가장 큰 장래 희망 구하기

남학생 수와 여학생 수를 나타내는 막대의 칸 수의 차가 가장 큰 장래 희망은 운동선수이므로 남학생 수와 여학생 수의 차가 가장 큰 장래 희망은 운동선수입니다.

답 운동선수

3-1 보라네 학교 4학년 학생들 중 반별로 방과 후 수업을 신청한 학생 수를 조사하여 나타낸 막대그래프입니다. 방과 후 수업을 신청한 남학생 수와 여학생 수의 차가 가장 큰 반과 가장 작은 반의 여학생 수의 차는 몇 명일까요?

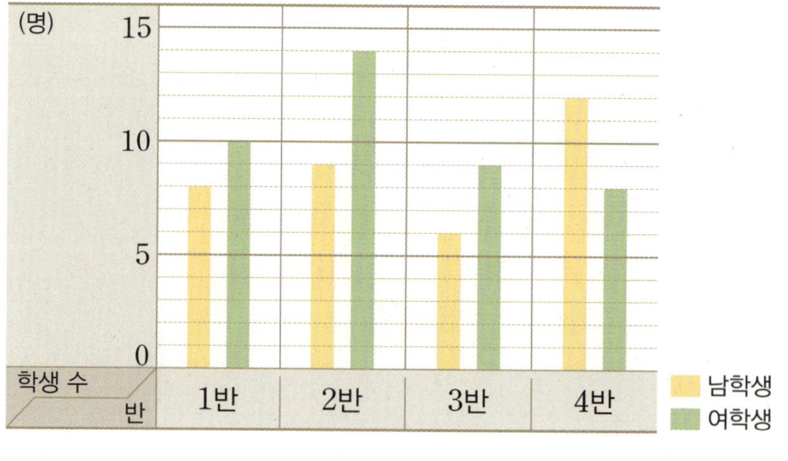

(　　　　　)

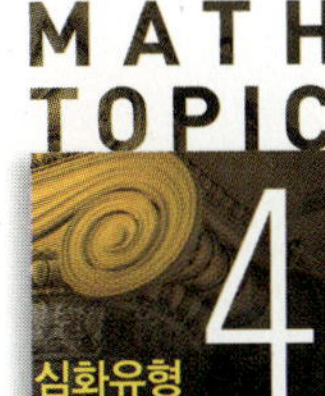

MATH TOPIC 4

심화유형

표와 막대그래프 완성하기

연희네 반 학생들의 혈액형을 조사하여 나타낸 표와 막대그래프입니다. 혈액형이 B형인 학생 수가 AB형인 학생 수의 4배일 때, A형인 학생은 몇 명일까요?

혈액형별 학생 수

혈액형	A형	B형	O형	AB형	합계
학생 수(명)			4		24

혈액형별 학생 수

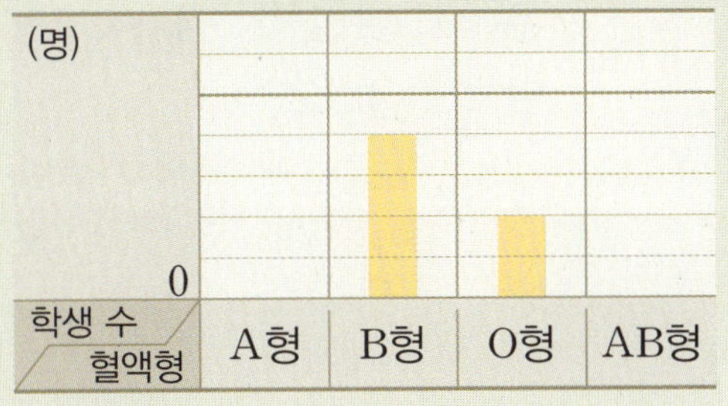

● 생각하기 세로 눈금 한 칸의 크기를 구하여 혈액형이 B형, AB형, A형인 학생 수를 차례로 구합니다.

● 해결하기 **1단계** 세로 눈금 한 칸의 크기 구하기

표에서 O형인 학생은 4명인데 막대그래프에서 O형의 막대가 세로 눈금 2칸입니다.
세로 눈금 2칸이 4명을 나타내므로 세로 눈금 한 칸은 $4 \div 2 = 2$(명)을 나타냅니다.

2단계 혈액형이 B형인 학생 수와 AB형인 학생 수 구하기

막대그래프에서 B형의 막대가 세로 눈금 4칸이므로 B형인 학생은 $2 \times 4 = 8$(명)입니다.
B형인 학생 수가 AB형인 학생 수의 4배이므로 AB형인 학생은 $8 \div 4 = 2$(명)입니다.

3단계 혈액형이 A형인 학생 수 구하기

전체 학생 수에서 B형, O형, AB형인 학생 수를 뺍니다.
(A형인 학생 수)$=24-(8+4+2)=24-14=10$(명)

답 10명

4-1 행복 슈퍼마켓에서 하루 동안 팔린 음료수를 조사하여 나타낸 표와 막대그래프입니다. 커피의 판매량이 주스 판매량의 2배일 때, 표와 막대그래프를 완성해 보세요.

음료수별 하루 판매량

음료수	탄산음료	주스	이온음료	커피	에너지음료	합계
판매량(개)	10				6	50

음료수별 하루 판매량

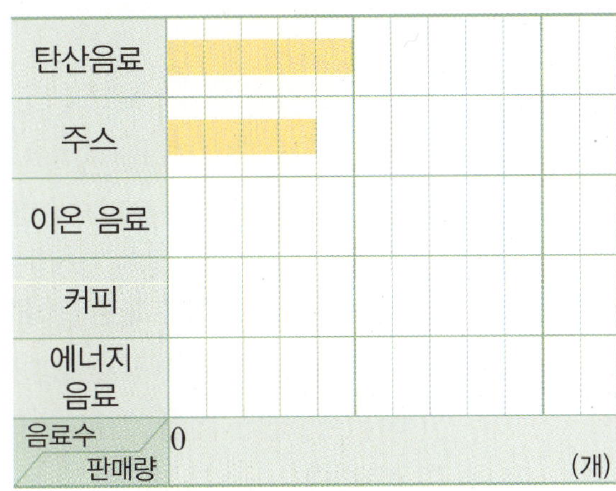

눈금의 크기를 모르는 막대그래프에서 자료의 수량 알아보기

어느 식당에서 점심 식사 시간에 팔린 음식을 조사하여 나타낸 막대그래프입니다. 점심 식사 시간에 팔린 음식이 모두 81그릇일 때, 김치찌개의 판매량은 몇 그릇일까요?

점심 식사 시간에 팔린 음식별 판매량

● 생각하기   세로 눈금 한 칸의 크기를 구하여 김치찌개의 판매량을 구해 봅니다.

● 해결하기   **1단계** 세로 눈금 한 칸의 크기 구하기

막대그래프에서 막대의 세로 눈금이 김치찌개는 9칸, 된장찌개는 7칸, 제육볶음은 5칸, 비빔밥은 6칸이므로 모두 $9+7+5+6=27$(칸)입니다. 세로 눈금 27칸이 81그릇을 나타내므로 세로 눈금 한 칸은 $81\div27=3$(그릇)을 나타냅니다.

2단계 김치찌개의 판매량은 몇 그릇인지 구하기

김치찌개의 막대는 세로 눈금 9칸이므로 김치찌개의 판매량은 $3\times9=27$(그릇)입니다.

답 27그릇

5-1 성은이네 학교 4학년 학생 48명의 취미를 조사하여 나타낸 막대그래프입니다. 취미가 독서인 학생은 몇 명일까요?

(   )

취미별 학생 수

5-2 민재네 집과 각 장소 사이의 거리를 조사하여 나타낸 막대그래프입니다. 민재네 집과 캠핑장 사이의 거리가 24 km라면 수영장에서 민재네 집을 거쳐 놀이공원까지의 거리는 몇 km일까요?

(   )

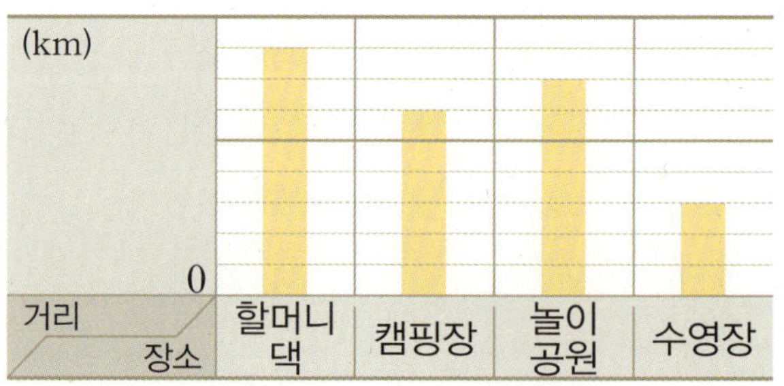
장소별 민재네 집과의 거리

MATH TOPIC

심화유형 6

조건에 맞게 막대그래프 완성하기

진우네 학교 4학년의 반별 현장 체험 학습에 참가한 학생 수를 조사하여 막대그래프로 나타내려고 합니다. 조건 에 맞도록 막대그래프를 완성할 때, 1반, 3반, 4반 막대의 세로 눈금은 각각 몇 칸인지 구해 보세요.

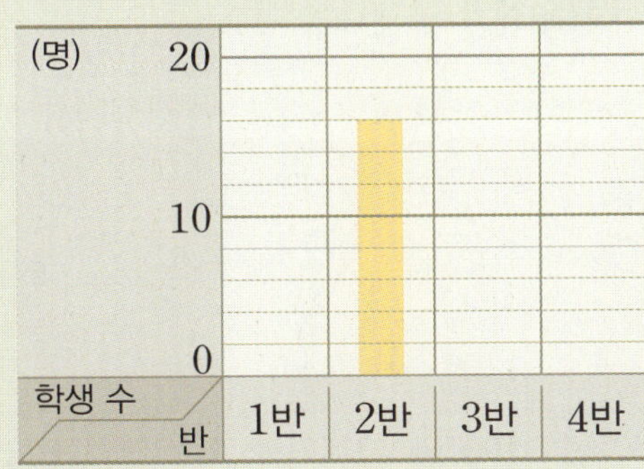

반별 현장 체험 학습에 참가한 학생 수

조건
- ㉠ 1반에서 현장 체험 학습에 참가한 학생은 20명입니다.
- ㉡ 2반에서 현장 체험 학습에 참가한 학생 수는 3반의 2배입니다.
- ㉢ 현장 체험 학습에 참가한 학생은 모두 54명입니다.

● **생각하기** 세로 눈금 한 칸의 크기를 구하여 막대그래프를 완성합니다.

● **해결하기**

1단계 ㉠을 이용하여 1반의 막대 그리기

세로 눈금 5칸이 10명을 나타내므로 세로 눈금 한 칸은 $10 \div 5 = 2$(명)을 나타냅니다.
따라서 1반은 세로 눈금이 $20 \div 2 = 10$(칸)인 막대를 그립니다.

2단계 ㉡을 이용하여 3반의 막대 그리기 → 2반의 막대는 세로 눈금 8칸이므로 3반은 세로 눈금 $8 \div 2 = 4$(칸)인 막대를 그립니다.

2반에서 현장 체험 학습에 참가한 학생은 16명이므로 3반에서 현장 체험 학습에 참가한 학생은 $16 \div 2 = 8$(명)입니다.
따라서 3반은 세로 눈금이 $8 \div 2 = 4$(칸)인 막대를 그립니다.

3단계 ㉢을 이용하여 4반의 막대 그리기

4반에서 현장 체험 학습에 참가한 학생은 $54 - (20 + 16 + 8) = 10$(명)이므로 세로 눈금이 $10 \div 2 = 5$(칸)인 막대를 그립니다.

답 1반: 10칸, 3반: 4칸, 4반: 5칸

6-1

어느 가게의 월별 *새활용 가방 판매량을 조사하여 막대그래프로 나타내려고 합니다. 조건 에 맞도록 막대그래프를 완성해 보세요.

*새활용: 재활용할 수 있는 옷 따위에 디자인과 활용성을 더하여 가치를 높이는 일

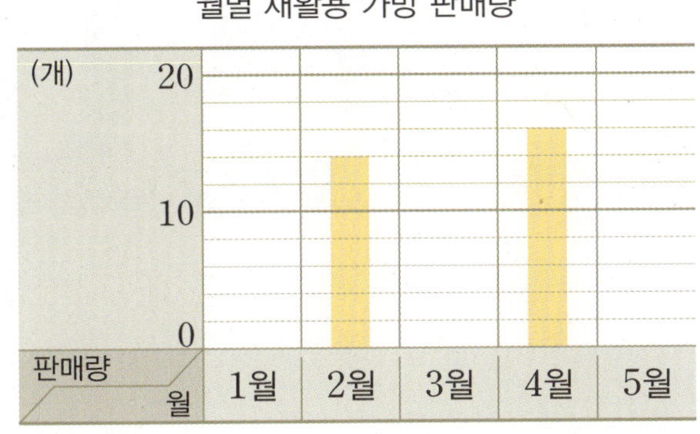

월별 새활용 가방 판매량

조건
- ㉠ 1월의 판매량은 18개입니다.
- ㉡ 1월의 판매량은 3월의 판매량의 3배입니다.
- ㉢ 1월부터 5월까지의 판매량은 모두 74개입니다.

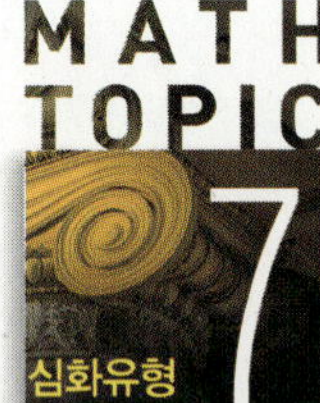

MATH TOPIC 7

심화유형

막대그래프를 활용한 통합 교과유형

수학+사회

우리나라는 예부터 쌀을 생산하고 주식으로 삼아왔지만 생활 환경 등의 변화로 인해 쌀 소비량에 변화가 일어나고 있습니다. 막대그래프를 보고 우리나라 사람들의 1인당 연간 쌀 소비량이 5년 전에 비해 가장 많이 줄어든 해는 언제인지 구해 보세요.

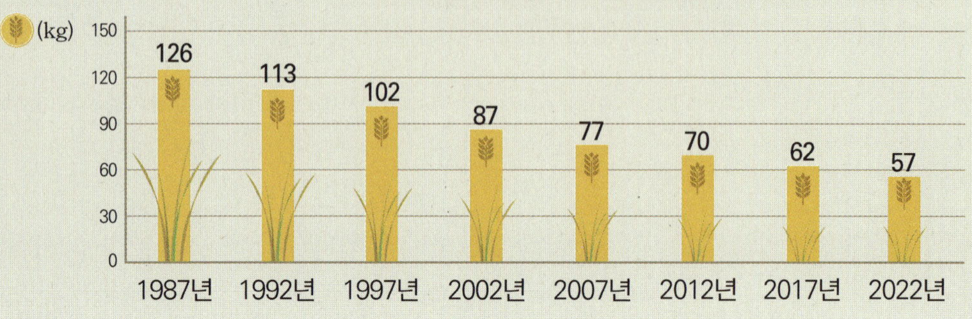

● 생각하기 5년 전에 비해 쌀 소비량이 얼마나 줄었는지 알아봅니다.

● 해결하기 **1단계** 5년 전에 비해 줄어든 쌀 소비량 구하기

5년 전에 비해 1992년은 $126-113=13\,(\text{kg})$, 1997년은 $113-102=$ ☐ (kg),

2002년은 $102-87=$ ☐ (kg), 2007년은 $87-77=10\,(\text{kg})$,

2012년은 $77-70=7\,(\text{kg})$, 2017년은 $70-62=8\,(\text{kg})$,

2022년은 $62-57=$ ☐ (kg) 줄었습니다.

2단계 1인당 연간 쌀 소비량이 5년 전에 비해 가장 많이 줄어든 해 알아보기

1인당 연간 쌀 소비량이 5년 전에 비해 가장 많이 줄어든 해는 ☐ 년입니다.

답 ☐ 년

7-1

수학+사회

기대 수명이란 출생자가 앞으로 생존할 것으로 기대되는 평균 생존 연수를 말합니다. 오른쪽은 1980년부터 2020년까지 우리나라 사람들의 기대 수명을 나타낸 막대그래프입니다. 우리나라 사람들의 2030년의 기대 수명을 예상해 보고, 그 까닭을 써 보세요.

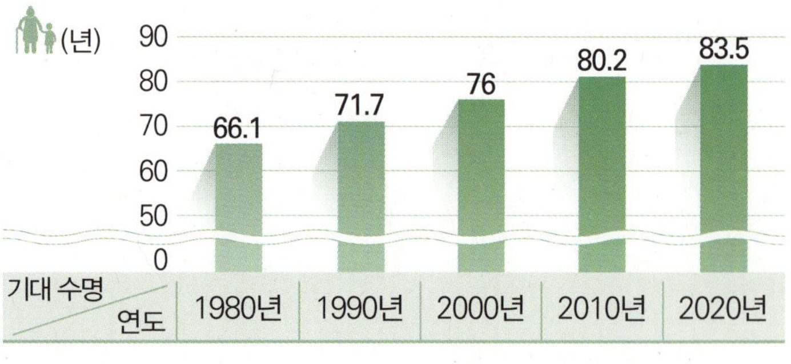

( )

까닭

1 민아네 반 학생 28명이 좋아하는 동물을 조사하여 나타낸 막대그래프입니다. 강아지를 좋아하는 학생은 사자를 좋아하는 학생보다 몇 명 더 많을까요?

(   )

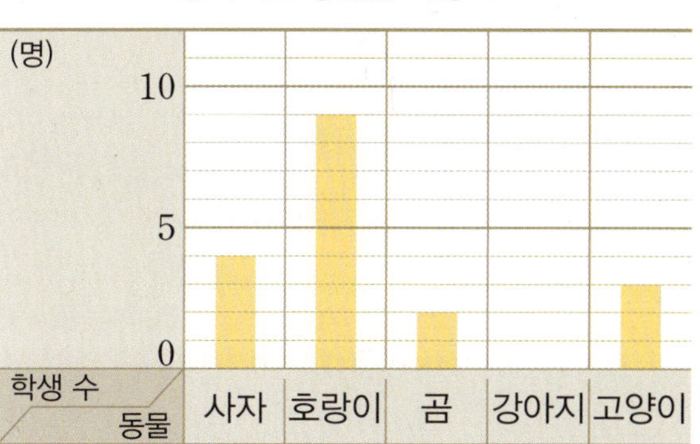

[2~3] 성우네 반 학생들이 좋아하는 운동 경기를 조사하여 나타낸 표입니다. 물음에 답하세요.

좋아하는 운동 경기별 학생 수

운동 경기	야구	축구	배구	농구	수영	합계
학생 수(명)	11	5	3	2		27

2 표를 보고 막대그래프로 나타내 보세요.

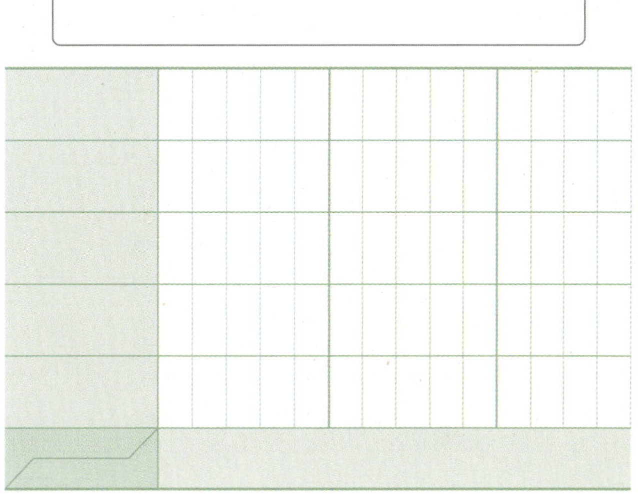

서술형 **3** 성우네 반 학생들이 함께 운동 경기를 관람하러 간다면 어떤 운동 경기를 관람하는 것이 가장 좋을지 쓰고, 그 까닭을 써 보세요.

(   )

까닭 ....

통합 교과 유형 **4**

지역 신문을 읽고 가 지역의 2022년 취업자가 3500명이라면 2020년 취업자는 몇 명인지 구해 보세요.

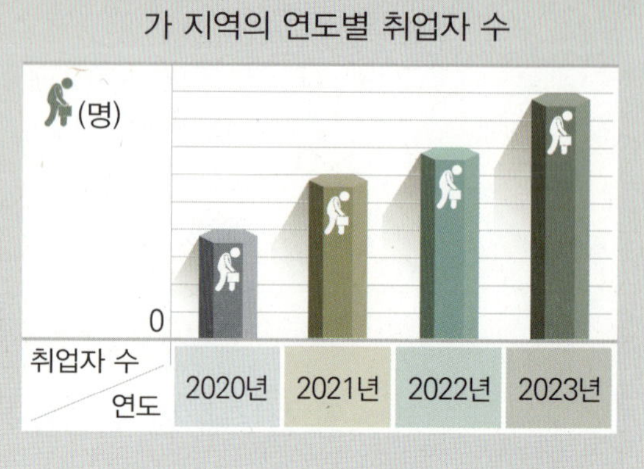

(   )

[**5~6**] 윤서네 학교 4학년 학생들이 가고 싶어 하는 박물관을 조사하여 나타낸 막대그래프입니다. 물음에 답하세요.

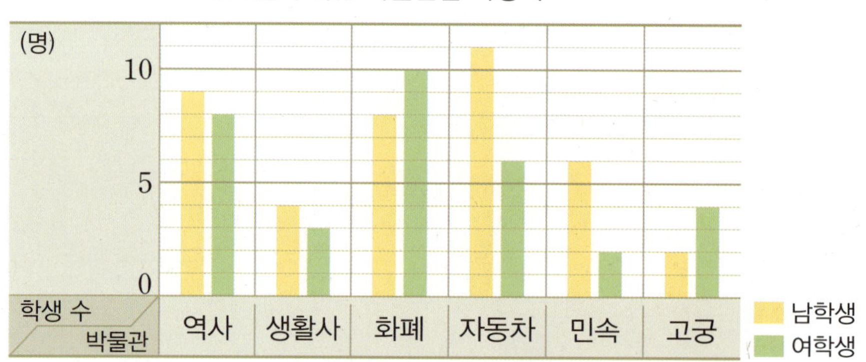

5 가고 싶어 하는 학생 수가 같은 박물관은 어느 박물관인지 모두 써 보세요.

(   )

6 조사한 남학생 수와 여학생 수의 차는 몇 명일까요?

(   )

7

수학+미술

김홍도, 신윤복, 정선, 안견은 한국 미술사에서 중요한 역할을 한 조선 시대의 대표적인 화가들입니다. 이들 각각의 화가는 독특한 화풍과 작품으로 한국 전통 미술에 큰 영향을 미쳤습니다. 방과 후 미술 반 학생들이 수업 시간에 이 화가들에 대해 조사하여 나타낸 막대그래프입니다. 정선을 조사한 학생은 김홍도를 조사한 학생보다 2명 더 많고, 안견을 조사한 학생은 신윤복을 조사한 학생보다 8명 더 적습니다. 조사한 전체 학생은 몇 명일까요?

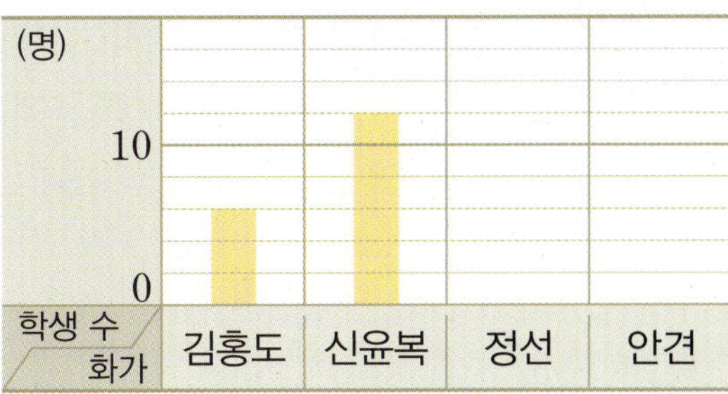

(   )

[8~9] 어느 놀이공원의 놀이기구별 한 칸에 탈 수 있는 사람 수를 조사하여 나타낸 막대그래프입니다. 물음에 답하세요.

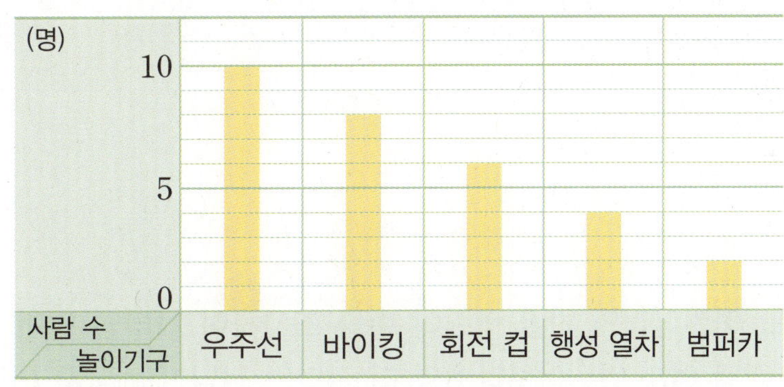

8 행성 열차를 한 번 운행할 때 32명까지 탈 수 있습니다. 행성 열차는 모두 몇 칸일까요?

(   )

9 회전 컵 8칸에 빈자리 없이 다 채워 탄 사람들이 모두 바이킹을 한 번에 타려고 합니다. 바이킹은 적어도 몇 칸 있어야 할까요?

(   )

10 하은이네 학교 학생 144명이 사는 마을을 조사하여 나타낸 막대그래프입니다. C 마을에 사는 학생은 D 마을에 사는 학생보다 몇 명 더 많을까요?

(   )

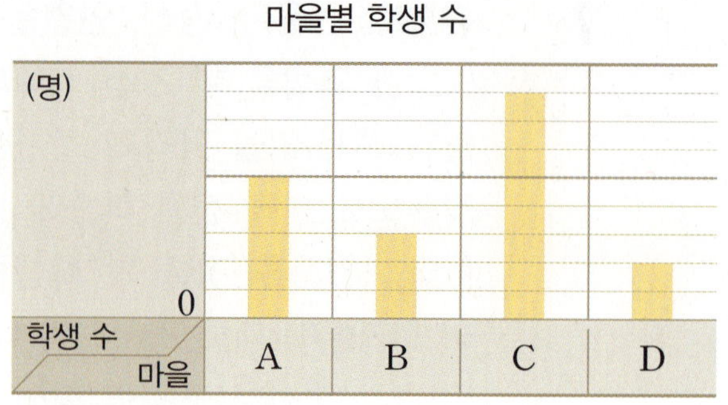

11 정우가 편의점에서 산 간식의 가격을 조사하여 나타낸 막대그래프입니다. 정우가 간식을 사고 10000원을 냈다면 거스름돈으로 얼마를 받아야 할까요?

(   )

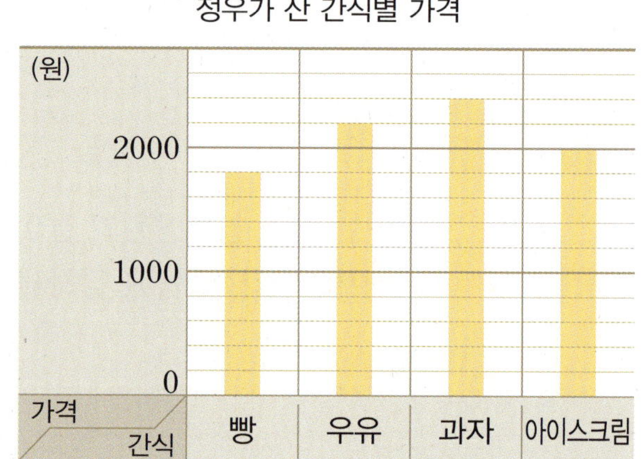

12 어느 어린이집의 반별 어린이 수를 조사하여 나타낸 막대그래프입니다. 전체 남자 어린이가 전체 여자 어린이보다 8명 더 많다면 달님반의 남자 어린이는 몇 명일까요?

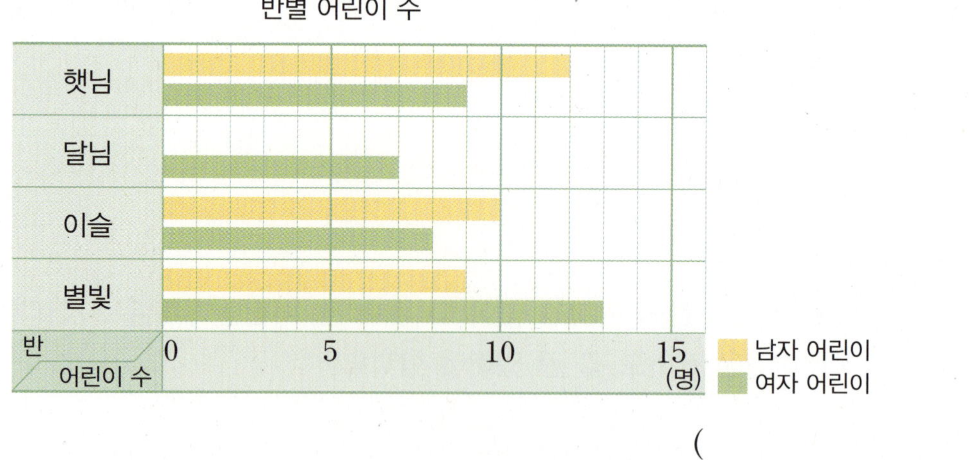

(   )

1 승현이가 요일별 독서를 한 시간을 조사하여 나타낸 막대그래프입니다. 5일 동안 독서를 한 시간이 172분이고, 월요일에 독서를 한 시간이 40분입니다. 수요일에 독서를 한 시간은 몇 분일까요?

(   )

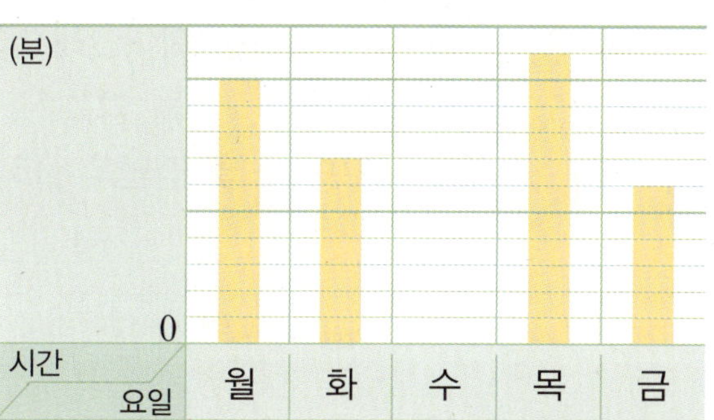

2 소율이네 반 학생 26명이 좋아하는 곤충을 조사하여 나타낸 막대그래프입니다. 잠자리를 좋아하는 학생은 장수풍뎅이를 좋아하는 학생보다 3명 더 많습니다. 가장 많은 학생들이 좋아하는 곤충과 가장 적은 학생들이 좋아하는 곤충의 학생 수의 차는 몇 명일까요?

(   )

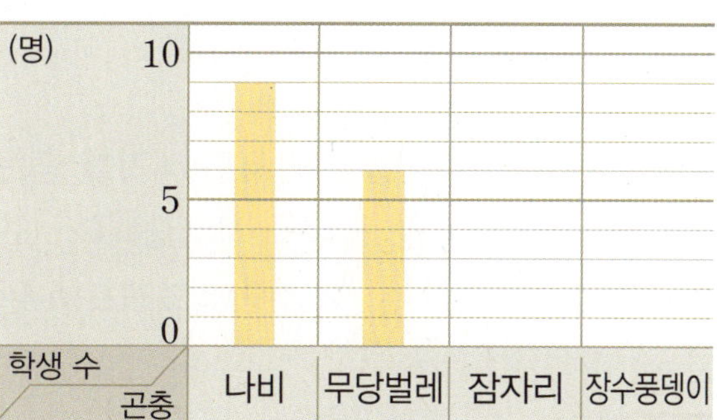

서술형 3

수아네 모둠 학생들이 각각 10개의 고리를 던졌을 때 걸린 고리의 수와 걸리지 않은 고리의 수를 나타낸 막대그래프입니다. 기본 점수 30점에서 시작하여 고리를 한 개씩 던져서 걸릴 때마다 7점을 얻고, 걸리지 않을 때마다 3점이 감점됩니다. 점수가 가장 높은 학생은 누구이고, 몇 점인지 풀이 과정을 쓰고 답을 구해 보세요.

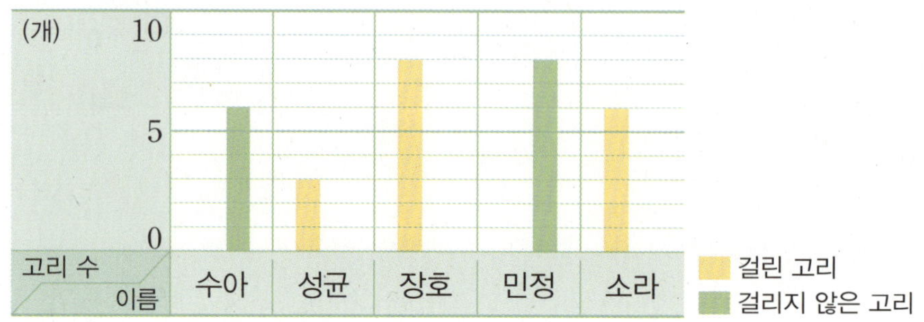

풀이 ....

....

....

....

답 ....,......................................

4

조깅을 하면서 쓰레기를 줍는 것을 줍깅이라고 합니다. 한강 공원에서 자원 봉사자들이 4일 동안 줍깅을 하였습니다. 2일에 주운 쓰레기양은 3일에 주운 쓰레기양보다 15 kg 더 많을 때, 표와 막대그래프를 완성해 보세요.

날짜별 주운 쓰레기양

날짜	1일	2일	3일	4일	합계
쓰레기양(kg)	45			65	205

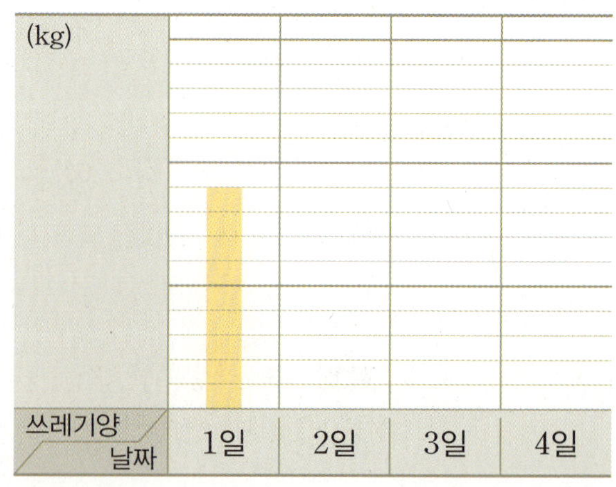

5 민지의 저금통에 들어 있는 동전의 종류별 수를 조사하여 나타낸 막대그래프입니다. 민지가 가지고 있는 동전은 모두 24개이고, 금액의 합은 5520원입니다. 막대그래프를 완성해 보세요.

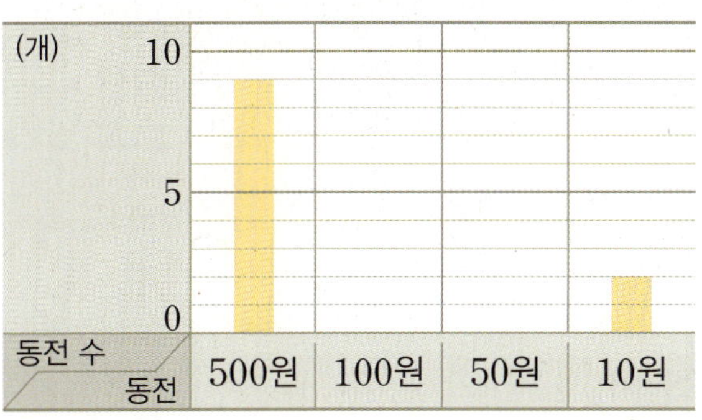

6 왼쪽은 선우네 반 학생 11명이 4개의 윷가락을 던져서 나온 모양을 조사하여 나타낸 막대그래프입니다. 오른쪽은 11명이 윷가락을 던진 다음 3명의 학생이 이어서 윷가락을 던졌을 때의 결과입니다. 도는 1점, 개는 2점, 걸은 3점, 윷은 4점, 모는 5점일 때, 학생 14명의 점수의 합을 구해 보세요.

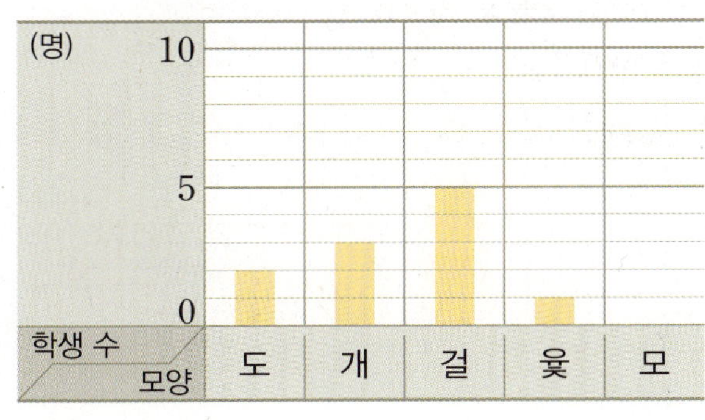

㉠ 14명이 윷가락을 던져서 나온 모양별 학생 수는 모두 다릅니다.
㉡ '걸'이 나온 학생은 6명입니다.
㉢ 나중에 던진 3명이 윷가락을 던져서 나온 모양은 서로 다릅니다.

(   )

연필 없이 생각 톡

보기 와 같은 도형이 되도록 주어진 선분을 이용하여 그림을 완성해 보세요.
(단, 보기 의 도형과 방향이 다를 수 있습니다.)

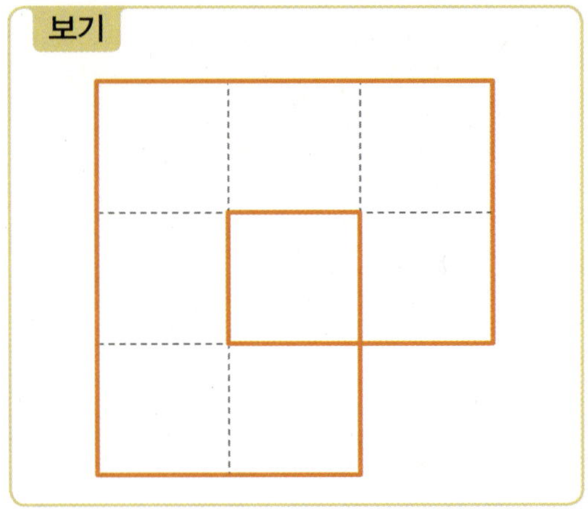

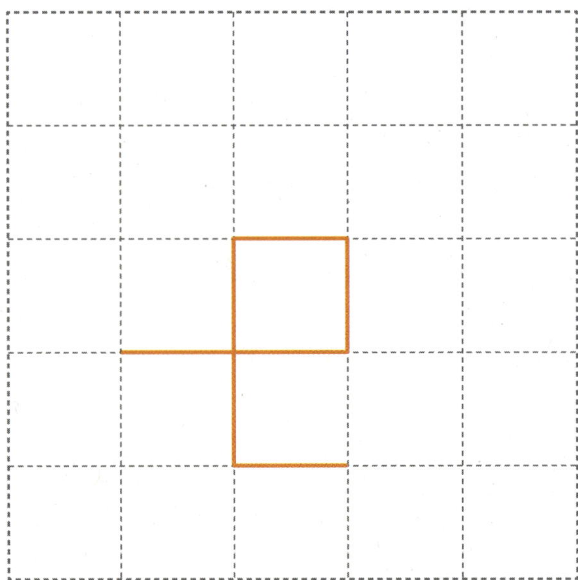

규칙 찾기

자연 속 피보나치 수열

이탈리아 피사의 수학자 피보나치

레오나르도 피보나치는 이탈리아의 유명한 수학자로 인도-아라비아 숫자를 유럽에 소개한 인물입니다. 그는 인도-아라비아 숫자를 널리 알리기 위해 1202년 '산반서'라는 책을 썼습니다. 이 책에는 인도-아라비아 숫자를 사용하여 덧셈, 뺄셈, 곱셈, 나눗셈까지 쉽게 할 수 있다고 소개되어 있습니다. 또한 분수의 표기법을 비롯한 몇 가지 흥미로운 수학 내용이 담겨 있는데 대표적으로 '피보나치 수열'을 꼽을 수 있습니다. 피보나치 수열은 토끼의 번식 이야기에서 출발합니다.

> 어떤 농부가 갓 태어난 토끼 암수 한 쌍을 가지고 있었다. 이 한 쌍의 토끼는 한 달이 지나면 어른 토끼가 되고, 이 한 쌍의 토끼가 생후 2개월이 되는 달부터 매달 암수 한 쌍의 토끼를 낳는다. 태어난 모든 한 쌍의 토끼도 생후 2개월이 지나면 암수 한 쌍의 토끼를 낳고, 그 뒤에도 매달 암수 한 쌍의 토끼를 낳는다. 물론 토끼는 죽지 않는 것으로 한다. 이때 갓 태어난 한 쌍의 토끼는 일 년 후에 모두 몇 쌍이 될까?

피보나치 수열

갓 태어난 토끼 한 쌍은 2개월이 지나면 토끼 한 쌍을 낳습니다. 이후 원래 있던 어른 토끼도 매달 토끼 한 쌍을 낳습니다. 반면 새로 태어난 아기 토끼 한 쌍은 1개월 후에 어른이 되고, 2개월 후부터 매달 토끼 한 쌍을 낳습니다. 이렇게 매달 토끼의 쌍을 세어 보면 1, 1, 2, 3, 5, 8, 13, 21, 34, 55, …가 됩니다. 이 수들의 배열을 살펴보면 앞의 두 수를 더하면 그 다음 수가 된다는 흥미로운 사실을 알 수 있습니다.

피보나치 수열에 따른 꽃잎의 수

길가에 핀 꽃에서도 피보나치 수열을 찾을 수 있습니다. 꽃들은 종류에 따라 꽃잎의 수가 정해져 있는데 이 꽃잎의 수를 나열하면 피보나치 수열이 됩니다. 예를 들어 붓꽃의 꽃잎 3장, 진달래의 꽃잎 5장, 코스모스의 꽃잎 8장, 시네라리아의 꽃잎 13장, 치커리의 꽃잎 21장, 데이지의 꽃잎 34장, 쑥부쟁이의 꽃잎 55장을 순서대로 나열하면 3, 5, 8, 13, 21, 34, 55, …로 피보나치 수열이 됩니다. 그 이유는 꽃잎의 수가 피보나치 수열일 때 꽃잎을 가장 효율적으로 겹칠 수 있기 때문입니다.

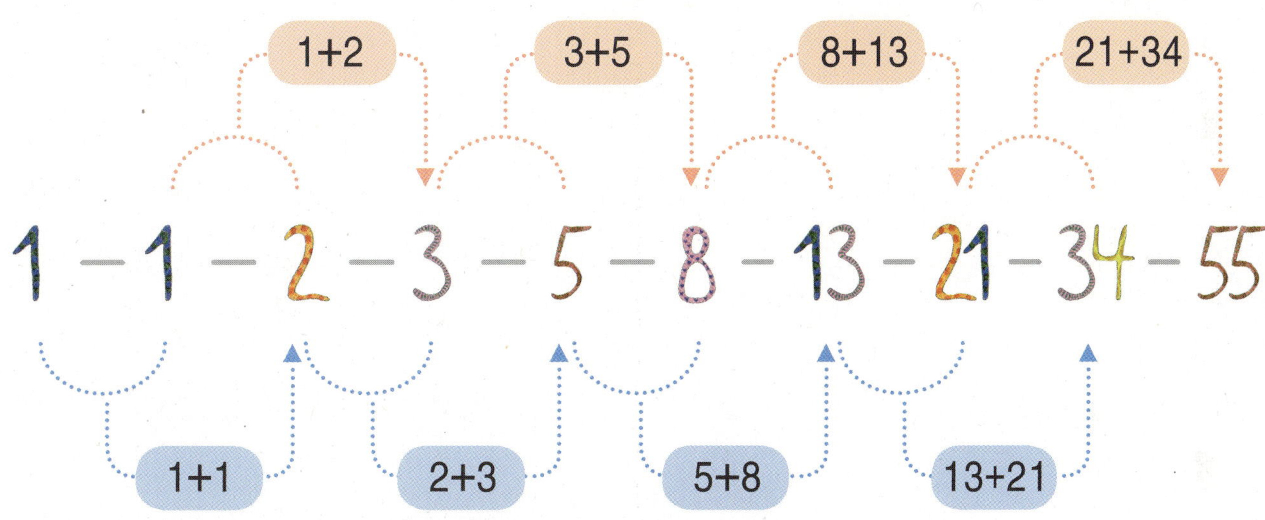

‘산반서’를 본 수학자들은 피보나치 수열을 매우 흥미로워 했습니다. 그리고 이후 많은 사람들이 토끼의 쌍을 구하는 문제에서 시작한 이 수열이 자연 곳곳에 적용되어 있다는 사실을 찾아냈습니다.

1 수의 배열에서 규칙 찾기

① 수 배열표에서 규칙 찾기

20001	21002	22003	23004	24005
30001	31002	32003	33004	34005
40001	41002	42003	43004	44005
50001	51002	52003	53004	54005
60001	61002	62003	63004	64005

- 오른쪽으로 1001씩 커집니다.
- 아래쪽으로 10000씩 커집니다.
- ↘ 방향으로 11001씩 커집니다.
- ↗ 방향으로 8999씩 작아집니다.

② 곱셈표에서 규칙 찾기

×	201	202	203	204	205	206	207
11	1	2	3	4	5	6	7
12	2	4	6	8	0	2	4
13	3	6	9	2	5	8	1
14	4	8	2	6	0	4	8
15	5	0	5	0	5	0	5

- 두 수의 곱의 일의 자리 숫자를 쓰는 규칙입니다.
- 1부터 시작하는 가로줄(세로줄)은 1씩 커집니다.
- 2부터 시작하는 가로줄(세로줄)은 2, 4, 6, 8, 0이 반복됩니다.

실전개념

① 손가락에 놓이는 수가 일정하게 반복되는 수의 배열

- 그림과 같이 손가락으로 수를 셀 때, 50은 어느 손가락으로 세는지 구하기

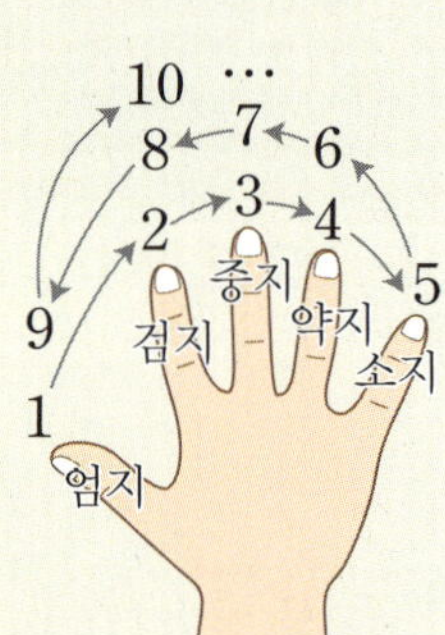

반복되는 구간 찾기	50을 반복되는 구간으로 나누어 위치 찾기
엄지부터 수를 세어 다시 엄지에 오기 전까지 8개의 수가 반복됩니다.	50을 8로 나누어 나머지를 구합니다. ➡ $50 \div 8 = 6 \cdots 2$ 나머지가 2이므로 50은 검지로 셉니다.

② 수 배열표에서 규칙 찾기

	1열	2열	3열	4열	5열	…
1행	1	4	9	16	25	
2행	2	3	8	15	24	
3행	5	6	7	14	23	…
4행	10	11	12	13	22	
5행	17	18	19	20	21	

- → : 1씩 커지는 같은 수의 곱을 쓰는 규칙

  1   4   9   16   25 …

  1×1 2×2 3×3 4×4 5×5

- ↓ : 1, 3, 5, 7, …만큼 커지는 규칙

  1   2   5   10   17 …

  $+1$ $+3$ $+5$ $+7$

- ↘ : 2, 4, 6, 8, …만큼 커지는 규칙

  1   3   7   13   21 …

  $+2$ $+4$ $+6$ $+8$

BASIC TEST

1 규칙적인 수의 배열에서 ◎에 알맞은 수를 구해 보세요.

21105	22130	◎	24180

(   )

[2~3] 찢어진 수 배열표를 보고 물음에 답하세요.

45280	45390	45500
55281	55391	55501
65282	65392	65502
75283	75393	75503
85284	85394	85504

2 조건 을 만족시키는 규칙적인 수의 배열을 찾아 색칠해 보세요.

> **조건**
> • 가장 큰 수는 85284입니다.
> • 다음 수는 앞의 수보다 9891씩 작습니다.

3 규칙에 맞게 ◆에 알맞은 수를 구해 보세요.

(   )

4 수 배열표의 일부분이 찢어졌습니다. 규칙에 맞게 ■에 알맞은 수를 구해 보세요.

31	34			43
	144	147		
	254			
			■	

(   )

5 곱셈표에서 ■와 ●에 공통으로 알맞은 수를 구해 보세요.

×	301	302	303	304	305
13	3	6	9	2	5
14	4	8	2	6	0
15	5	0	5	0	5
16	6	2	8	■	0
17	7	●	1	8	5

(   )

6 규칙적인 수의 배열에서 ㉠, ㉡에 알맞은 수의 합을 구해 보세요.

1620	540	㉠	60
	21600	7200	㉡	800

(   )

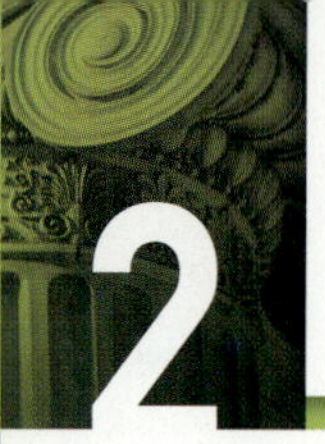

2 모양의 배열에서 규칙 찾기

❶ 모양의 배열에서 규칙 찾기

- 늘어놓은 사각형 모양에서 규칙 찾기
  └ 사각수라고도 합니다.

첫째	둘째	셋째	넷째
	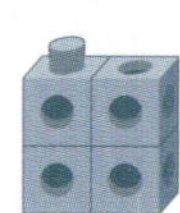	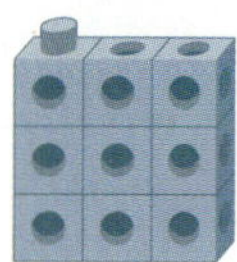	

- 모양의 규칙: 가로와 세로가 각각 1줄씩 늘어나 정사각형 모양이 됩니다.
- 수의 규칙: 모형의 수가 3개, 5개, 7개, … 늘어납니다.
- 모형의 수는 1개, $2 \times 2 = 4$(개), $3 \times 3 = 9$(개), $4 \times 4 = 16$(개), …입니다.

- 변하는 것이 두 가지인 모양에서 규칙 찾기

첫째	둘째	셋째	넷째
			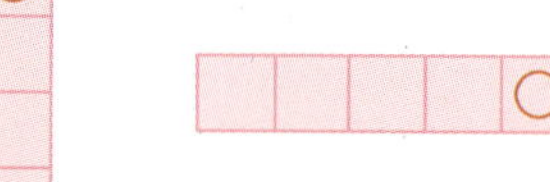

- 모양의 규칙: ○ 표시된 사각형을 중심으로 시계 방향으로 90°씩 돌리기 합니다.
- 수의 규칙: 사각형의 수가 2개, 3개, 4개, 5개, …로 1개씩 늘어납니다.

❶ 삼각수, 오각수 알아보기

└ 삼각형 모양으로 나타낼 수 있는 수

└ 5개의 변으로 둘러싸인 도형 모양으로 나타낼 수 있는 수

└ 오각수는 삼각수와 사각수의 합으로 나타낼 수 있습니다.

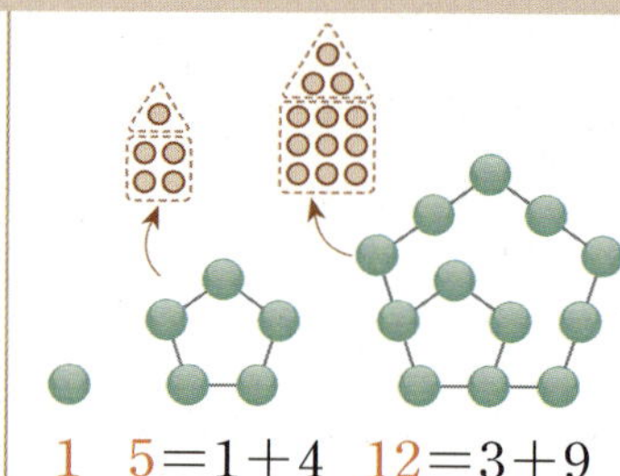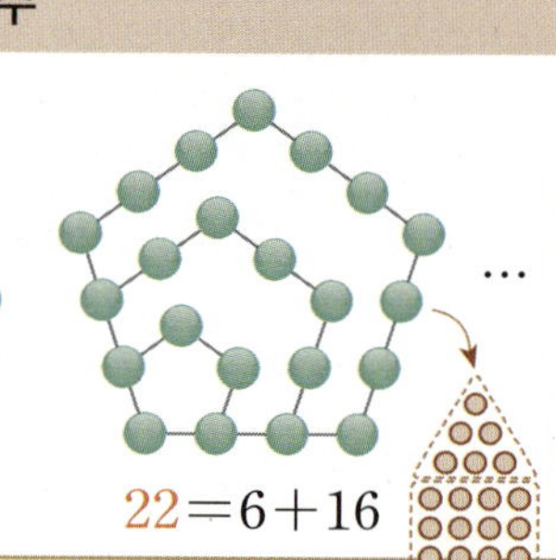

삼각수	오각수
1　　 $3=1+2$　　 $6=1+2+3$　　 $10=1+2+3+4$	1　　 $5=1+4$　　 $12=3+9$　　 $22=6+16$

❷ 사각수를 이용하여 연속하는 수들의 합 구하기

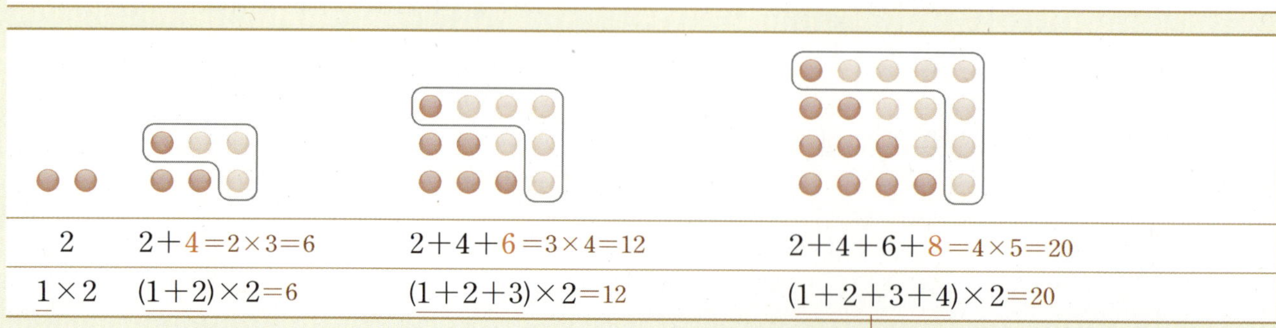

계산 결과는 덧셈식의 가운데 수를 두 번 곱한 것과 같습니다.

1	$1+2+1=2 \times 2=4$	$1+2+3+2+1=3 \times 3=9$	$1+2+3+4+3+2+1=4 \times 4=16$
1	$1+3=2 \times 2=4$	$1+3+5=3 \times 3=9$	$1+3+5+7=4 \times 4=16$

2	$2+4=2 \times 3=6$	$2+4+6=3 \times 4=12$	$2+4+6+8=4 \times 5=20$
1×2	$(1+2) \times 2=6$	$(1+2+3) \times 2=12$	$(1+2+3+4) \times 2=20$

└ 삼각수와 같습니다.

BASIC TEST

1 규칙에 따라 빈칸에 알맞은 모양을 그리고 색칠해 보세요.

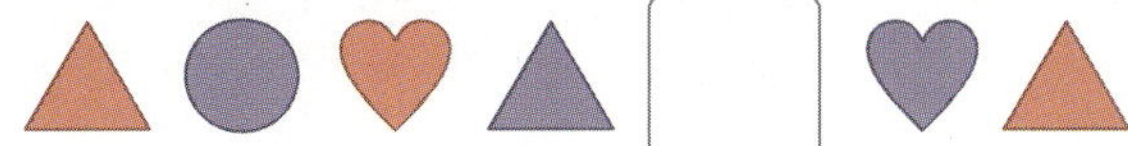

2 사각형으로 만든 모양의 배열을 보고 여섯째에 알맞은 모양을 그려 보세요.

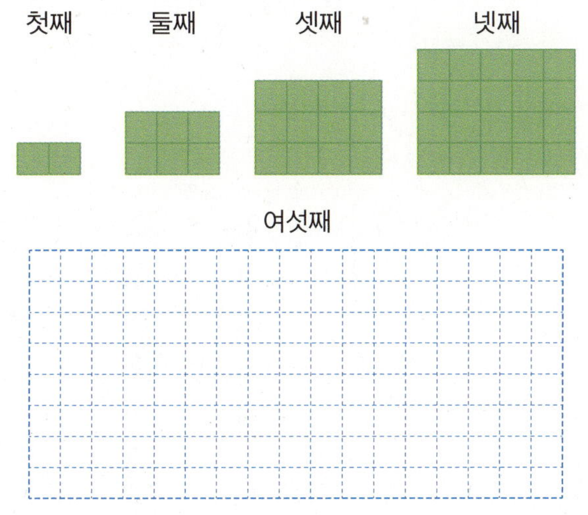

3 모형으로 만든 모양의 배열을 보고, 일곱째 모양을 만드는 데 필요한 모형은 몇 개인지 구해 보세요.

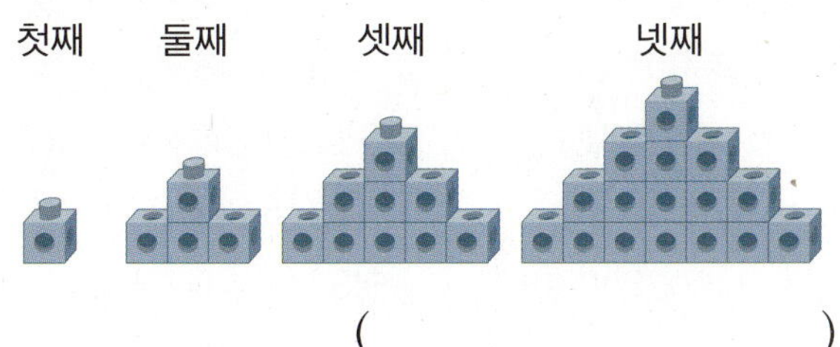

( )

4 사각형으로 만든 모양의 배열을 보고 규칙을 찾아 써 보세요.

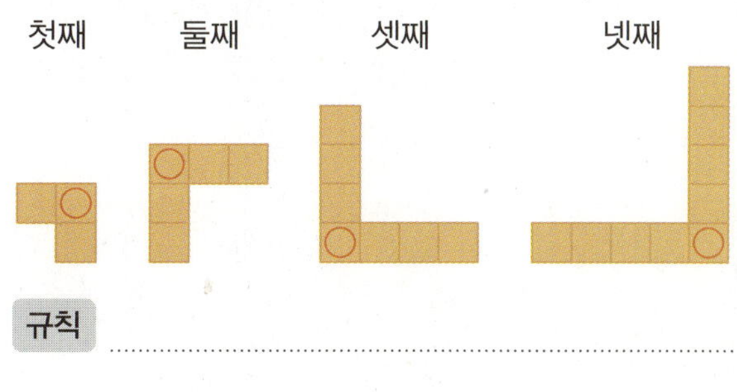

규칙

5 바둑돌로 만든 모양의 배열을 보고 여덟째 모양을 만드는 데 필요한 바둑돌은 몇 개인지 구해 보세요.

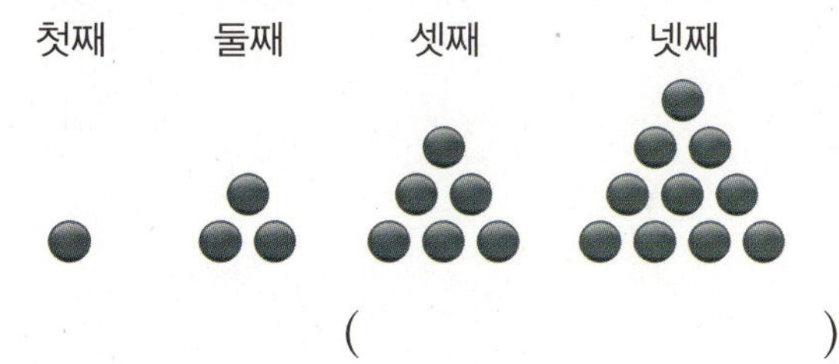

( )

6 면봉으로 다음과 같은 정사각형을 한 줄로 붙여서 만들었습니다. 작은 정사각형을 8개 만드는 데 필요한 면봉은 몇 개일까요?

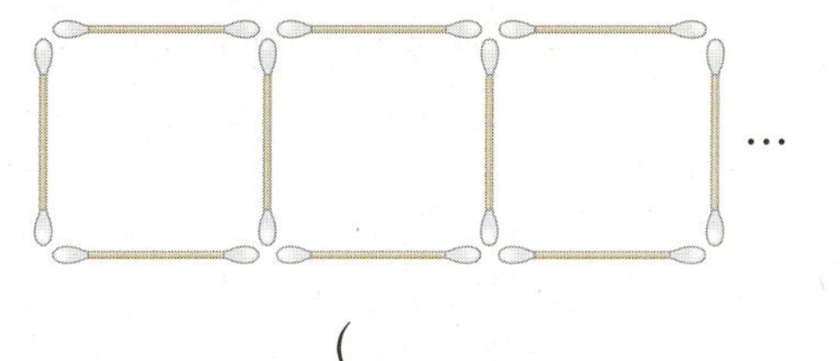

( )

3 계산식의 배열에서 규칙 찾기

❶ 덧셈식, 뺄셈식의 배열에서 규칙 찾기

• 덧셈식의 배열에서 규칙 찾기

$$123 + 236 = 359$$
$$223 + 256 = 479$$
$$323 + 276 = 599$$
$$423 + 296 = 719$$
$$523 + 316 = 839$$

100씩 커집니다. 20씩 커집니다. 120씩 커집니다.

규칙 더해지는 수가 100씩 커지고, 더하는 수가 20씩 커지므로 합은 120씩 커집니다.

• 뺄셈식의 배열에서 규칙 찾기

$$325 - 104 = 221$$
$$425 - 204 = 221$$
$$525 - 304 = 221$$
$$625 - 404 = 221$$
$$725 - 504 = 221$$

100씩 커집니다. 100씩 커집니다. 계산 결과가 같습니다.

규칙 빼지는 수와 빼는 수가 모두 100씩 커지므로 차가 같습니다.

❷ 곱셈식, 나눗셈식의 배열에서 규칙 찾기

• 곱셈식의 배열에서 규칙 찾기

$$10 \times 11 = 110$$
$$20 \times 11 = 220$$
$$30 \times 11 = 330$$
$$40 \times 11 = 440$$
$$50 \times 11 = 550$$

10씩 커집니다. 110씩 커집니다.

규칙 10씩 커지는 수에 11을 곱하므로 계산 결과는 $10 \times 11 = 110$씩 커집니다.

• 나눗셈식의 배열에서 규칙 찾기

$$1000 \div 20 = 50$$
$$1200 \div 20 = 60$$
$$1400 \div 20 = 70$$
$$1600 \div 20 = 80$$
$$1800 \div 20 = 90$$

200씩 커집니다. 10씩 커집니다.

규칙 200씩 커지는 수를 20으로 나누므로 계산 결과는 $200 \div 20 = 10$씩 커집니다.

사고력 개념 ❶ 여러 가지 계산식에서 규칙 찾기

$1+11=12$	$9 \times 9 = 81$	$1 \times 8 + 1 = 9$
$12+111=123$	$99 \times 99 = 9801$	$12 \times 8 + 2 = 98$
$123+1111=1234$	$999 \times 999 = 998001$	$123 \times 8 + 3 = 987$
$1234+11111=12345$	$9999 \times 9999 = 99980001$	$1234 \times 8 + 4 = 9876$
$12345+111111=123456$	$99999 \times 99999 = 9999800001$	$12345 \times 8 + 5 = 98765$
$123456+1111111=1234567$	$999999 \times 999999 = 999998000001$	$123456 \times 8 + 6 = 987654$

1부터 1씩 커지는 수가 하나씩 늘어납니다.

$9 \times 9 = 81$에서 8과 1은 각각 1번씩 나오고 9와 0은 곱하는 9의 수보다 1개 더 적게 나옵니다.

9부터 1씩 작아지는 수가 하나씩 늘어납니다.

BASIC TEST

1 계산식의 배열에서 규칙을 찾아 계산 결과가 2600이 되는 계산식을 써 보세요.

순서	계산식
첫째	$1500+700-300=1900$
둘째	$1600+800-400=2000$
셋째	$1700+900-500=2100$
넷째	$1800+1000-600=2200$

식 ________________________

2 덧셈식의 배열에서 규칙을 찾아 $44444445+55555556$의 계산 결과를 구해 보세요.

$$45+56=101$$
$$445+556=1001$$
$$4445+5556=10001$$
$$44445+55556=100001$$
$$\vdots$$

(   )

3 곱셈식의 배열에서 규칙을 찾아 ㉠에 알맞은 수를 구해 보세요.

$$1\times1=1$$
$$11\times11=121$$
$$111\times111=12321$$
$$1111\times1111=1234321$$
$$\vdots$$
$$111111111\times111111111=\boxed{㉠}$$

(   )

4 나눗셈식의 배열에서 규칙을 찾아 ㉠에 알맞은 식을 구해 보세요.

$$6000\div200=30$$
$$6400\div200=32$$
$$6800\div200=34$$
$$\boxed{㉠}$$
$$7600\div200=38$$

식 ________________________

[5~6] 곱셈식의 배열을 보고 물음에 답하세요.

순서	곱셈식
첫째	$37037037\times3=111111111$
둘째	$37037037\times6=222222222$
셋째	$37037037\times9=333333333$
넷째	$37037037\times12=444444444$

5 곱셈식의 배열에서 규칙을 찾아 써 보세요.

규칙 ________________________

____

6 곱셈식의 배열에서 규칙을 찾아 37037037×21의 계산 결과를 구해 보세요.

(   )

4 등호(=)를 사용한 식

❶ 등호(=)를 사용한 식 알아보기

크기가 같은 두 양을 등호(=)를 사용한 식으로 나타낼 수 있습니다.

| $12+23$ $=35$ | $10+20+5$ $=35$ | | 15×4 $=60$ | 5×12 $=60$ |

➡ $12+23=10+20+5$ 　　　　➡ $15\times4=5\times12$

| $24-8$ $=16$ | $16-0$ $=16$ | | $60\div5$ $=12$ | $24\div2$ $=12$ |

➡ $24-8=16-0$ 　　　　➡ $60\div5=24\div2$

❷ 등호(=)를 사용한 식이 옳은지 알아보기

두 양의 크기가 같다는 것을 계산하지 않아도 알 수 있습니다.

2만큼 더 큰 수
$$11+23=13+21$$
2만큼 더 작은 수

2배 한 수
$$6\times4=12\times2$$
2로 나눈 몫

10만큼 더 큰 수
$$13-11=23-21$$
10만큼 더 큰 수

7배 한 수
$$12\div3=84\div21$$
7배 한 수

사고력 개념

❶ 연속하는 자연수의 합

연속하는 자연수가 홀수 개일 때 (연속하는 자연수의 합)=(한가운데 수)×(수의 개수)입니다.

1만큼 더 큰 수
$$11+12+13=12+12+12=12\times3$$
1만큼 더 작은 수

3만큼 더 큰 수
$$7+8+9+10+11+12+13=10+10+10+10+10+10+10=10\times7$$
3만큼 더 작은 수

실전 개념

❶ 달력에서 등호를 사용한 식으로 나타내기

일	월	화	수	목	금	토
1	2	3	4	5	6	7
8	9	10	11	12	13	14
15	16	17	18	19	20	21
22	23	24	25	26	27	28
29	30	31				

- ☐ 안의 수에서 $1+9=2+8$로 나타낼 수 있습니다.
- ☐ 안의 수에서 $23+24+25=24\times3$으로 나타낼 수 있습니다.
- ☐ 안의 9개 수의 합은 (한가운데 수)×9와 같으므로 $5+6+7+12+13+14+19+20+21=13\times9$로 나타낼 수 있습니다.

BASIC TEST

1 □ 안에 알맞은 수를 써넣고, 그렇게 생각한 까닭을 써 보세요.

$$43-25=\boxed{}-15$$

까닭 ....

....

....

2 등호(=)를 사용하여 크기가 같은 두 양을 하나의 식으로 나타내 보세요.

$51+20-1$	14×5	$30-2$
$9+19$	4×7	5×14

식 ....

식 ....

식 ....

식 ....

3 등호(=)가 있는 식을 완성하려고 합니다. ●와 ■의 차를 구해 보세요.

$$\bigcirc\ 27\div9=135\div\bullet$$
$$\bigcirc\!\!\bigcirc\ 11\times60=\blacksquare\times20$$

( )

4 □ 안에 알맞은 수를 써넣으세요.

(1) $23+24+25=24\times\boxed{}$

(2) $13+15+17+19+21=\boxed{}\times5$

5 등호(=)가 있는 식을 완성하여 암호를 풀려고 합니다. 각 기호에 알맞은 수를 찾아 글자로 단어를 만들어 보세요.

수	1	2	3	4	5	6	7
글자	래	리	회	고	정	진	감

$64=30+30+\bigcirc$	$42-8=40-\bigcirc\!\!\bigcirc$
$51\times7=\bigcirc\!\!\bigcirc\times51$	$69+2=70+\bigcirc\!\!\bigcirc$

$\bigcirc$	$\bigcirc\!\!\bigcirc$	$\bigcirc\!\!\bigcirc$	$\bigcirc\!\!\bigcirc$

6 사물함 번호의 배열을 보고 보기 와 같은 규칙적인 계산식을 찾아 써 보세요.

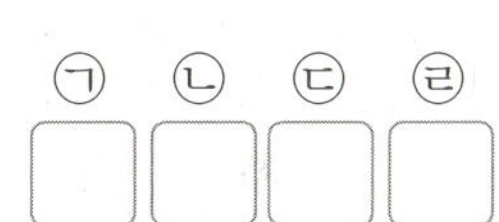

보기

$$510+420+330=530+420+310$$

계산식 ....

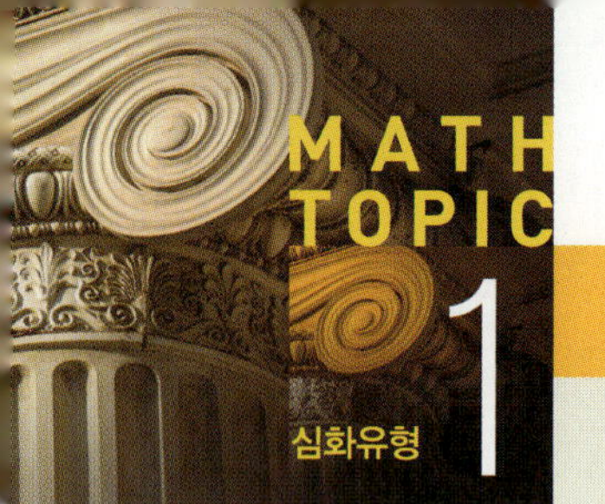

늘어놓은 물건에서 규칙 찾기

바둑돌로 만든 모양의 배열을 보고 아홉째 모양을 만드는 데 필요한 바둑돌은 몇 개인지 구해 보세요.

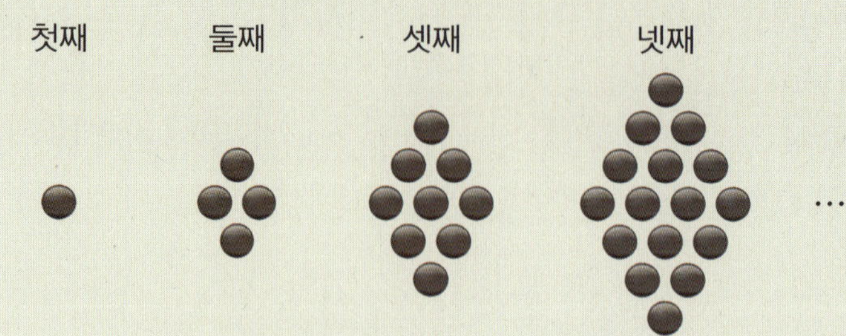

● 생각하기　바둑돌 수가 늘어나는 규칙을 찾아봅니다.

● 해결하기　**1단계** 바둑돌 수의 규칙 찾기

순서	첫째	둘째	셋째	넷째
바둑돌 수(개)	1	4	9	16
식	1	1+2+1	1+2+3+2+1	1+2+3+4+3+2+1
	1	2×2	3×3	4×4

└ 모양을 다음과 같이 바꾸어 생각해 봅니다.

2단계 아홉째 모양을 만드는 데 필요한 바둑돌 수 구하기

아홉째 모양을 만드는 데 필요한 바둑돌은
$$1+2+3+4+5+6+7+8+9+8+7+6+5+4+3+2+1$$
$$=9\times9=81(개)입니다.$$

답 81개

1-1 구슬로 만든 모양의 배열을 보고 10째 모양을 만드는 데 필요한 구슬은 몇 개인지 구해 보세요.

(　　　　　　　　)

1-2 타일로 만든 모양의 배열을 보고 12째 모양을 만드는 데 필요한 타일은 몇 장인지 구해 보세요.

(　　　　　　　　)

MATH TOPIC 2

심화유형

수 배열표에서 ■에 알맞은 수 구하기

수 배열표의 일부분이 찢어졌습니다. 규칙에 맞게 ■에 알맞은 수를 구해 보세요.

30102	30203				
	40203	40304			
				50506	
					■

● **생각하기** 가로와 세로의 규칙을 찾아봅니다.

● **해결하기**

1단계 ㉠에 알맞은 수 구하기

오른쪽으로 101씩 커지므로 40304부터
101씩 뛰어 세어 보면
40304 − 40405 − 40506 − 40607에서
㉠은 40607입니다.

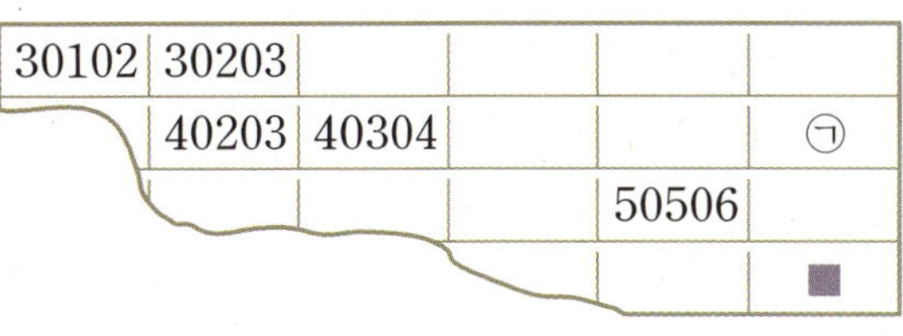

2단계 ■에 알맞은 수 구하기

아래쪽으로 10000씩 커지므로 ㉠ 40607부터 10000씩 뛰어 세어 보면
40607 − 50607 − 60607에서 ■에 알맞은 수는 60607입니다.

답 60607

2-1

수 배열표의 일부분이 찢어졌습니다. 규칙에 맞게 ■에 알맞은 수를 구해 보세요.

24903	25023				
	36023				36503
			47263		
				■	

(   )

2-2

수 배열표의 일부분이 찢어졌습니다. 규칙에 맞게 ■에 알맞은 수를 구해 보세요.

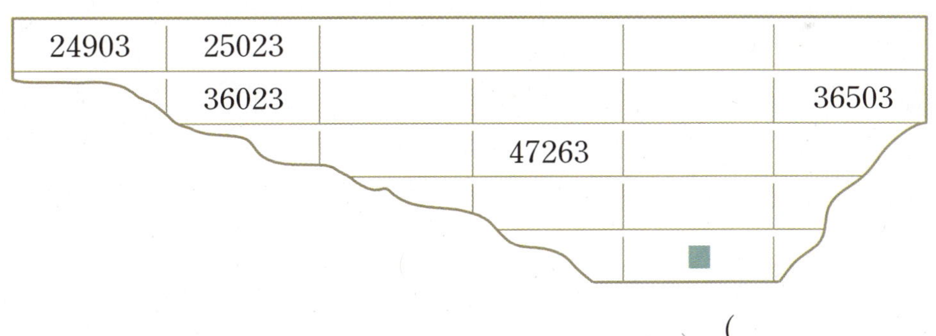

	205530	205830		
	406530		407130	
			608130	
				■

(   )

합을 이용하여 규칙 찾기

오른쪽 달력의 ▭ 안에 있는 9개의 수의 합은 90입니다. 같은 모양으로 9개의 수를 더했을 때, 207이 되는 9개의 수 중 가장 큰 수를 구해 보세요.

일	월	화	수	목	금	토
			1	2	3	4
5	6	7	8	9	10	11
12	13	14	15	16	17	18
19	20	21	22	23	24	25
26	27	28	29	30	31	

● 생각하기　9개의 수 중 한가운데 수를 ▭라 하여 식을 만들어 봅니다.

● 해결하기

1단계 ▭를 사용하여 식 만들기

9개의 수 중 한가운데 수를 ▭라 하여 식을 만들면

▭−8	▭−7	▭−6
▭−1	▭	▭+1
▭+6	▭+7	▭+8

$(▭-8)+(▭-7)+(▭-6)+(▭-1)+▭$
$+(▭+1)+(▭+6)+(▭+7)+(▭+8)$
$=▭+▭+▭+▭+▭+▭+▭+▭+▭$
$=▭\times9=207$

2단계 ▭를 구하여 가장 큰 수 구하기

$▭\times9=207$, $▭=207\div9=23$

따라서 합이 207이 되는 9개의 수 중 가장 큰 수는 $23+8=31$입니다.

답 31

3-1　오른쪽 달력의 ▭ 안에 있는 9개의 수의 합은 81입니다. 같은 모양으로 9개의 수를 더했을 때, 171이 되는 9개의 수 중 가장 작은 수를 구해 보세요.

(　　　　　　　)

일	월	화	수	목	금	토
	1	2	3	4	5	6
7	8	9	10	11	12	13
14	15	16	17	18	19	20
21	22	23	24	25	26	27
28	29	30				

3-2　오른쪽 수 배열표에서 색칠한 세 수의 합은 24입니다. 같은 모양(＼ 방향)으로 놓인 세 수의 합이 150일 때, 세 수 중 가장 작은 수를 구해 보세요.

(　　　　　　　)

1	7	13	19	25	31	…
2	8	14	20	26	32	…
3	9	15	21	27	33	…
4	10	16	22	28	34	…
5	11	17	23	29	35	…
6	12	18	24	30	36	…

MATH TOPIC 4

심화유형

저울에서 등호(=)를 사용한 식의 활용

같은 모양인 모형의 무게는 같습니다. 그림을 보고 나 저울의 오른쪽에 ●을 몇 개 올려놓아야 하는지 구해 보세요.

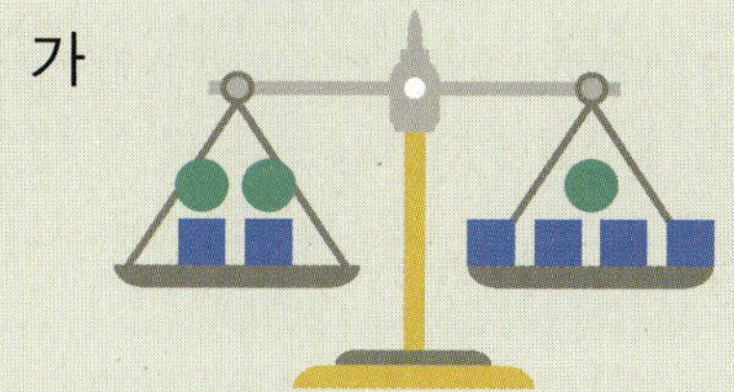

● **생각하기**   저울 양쪽의 무게가 같음을 식으로 나타내 봅니다.

● **해결하기**

1단계 저울의 양쪽에서 같은 모형 덜어 내기

가 저울의 양쪽에서 ■ 2개와 ● 1개를 덜어 냅니다.

저울 양쪽의 무게가 같으므로 식으로 나타내면

●＝■＋■입니다.

2단계 나 저울에서 식을 바꾸어 나타내기

나 저울의 왼쪽에 올려놓은 ●＋■＋■에서 ■＋■ 대신에 ●을 넣어 식으로 나타내면

●＋■＋■＝●＋●입니다.

따라서 나 저울의 오른쪽에 ●을 2개 올려놓아야 합니다.

답 2개

4-1 같은 모양인 모형의 무게는 같습니다. 그림을 보고 다 저울의 오른쪽에 ◆를 몇 개 올려놓아야 하는지 구해 보세요.

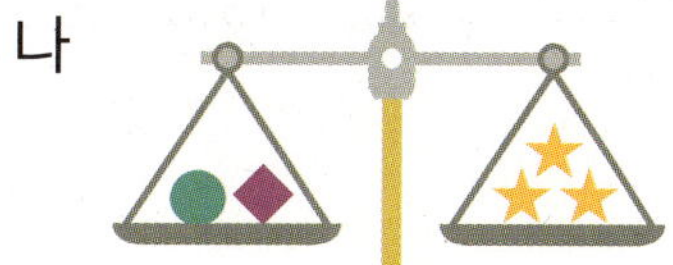

(   )

4-2 같은 모양인 모형의 무게는 같습니다. 그림을 보고 다 저울의 오른쪽에 ▲를 몇 개 올려놓아야 하는지 구해 보세요.

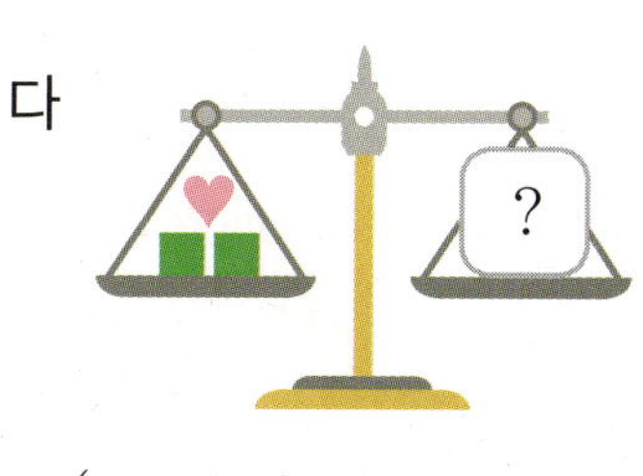

(   )

생활에서 규칙 찾기

다음과 같은 규칙으로 도화지를 벽에 붙이려고 합니다. 도화지를 9장 붙일 때 필요한 누름 못은 몇 개일까요?

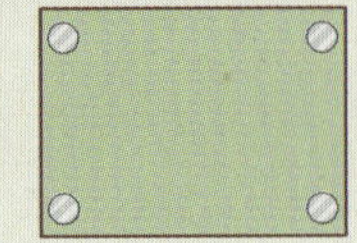

도화지 1장인 경우   도화지 2장인 경우   도화지 3장인 경우

● 생각하기   도화지의 수가 늘어날 때마다 누름 못 수의 규칙을 찾아봅니다.

● 해결하기   **1단계** 도화지의 수와 누름 못의 수 사이의 규칙 찾기

도화지 수(장)	1	2	3	4
누름 못 수(개)	4	6	8	10

$4+2=6$ $4+2+2=8$ $4+2+2+2=10$

도화지가 한 장씩 늘어날 때마다 누름 못은 2개씩 늘어납니다.

2단계 도화지를 9장 붙일 때 필요한 누름 못의 수 구하기

도화지를 9장 붙일 때 필요한 누름 못은 $4+2\times8=4+16=20$(개)입니다.

답 20개

5-1   다음과 같은 규칙으로 탁자에 의자를 놓으려고 합니다. 탁자를 10개 이어 붙일 때 의자는 몇 개 필요할까요?

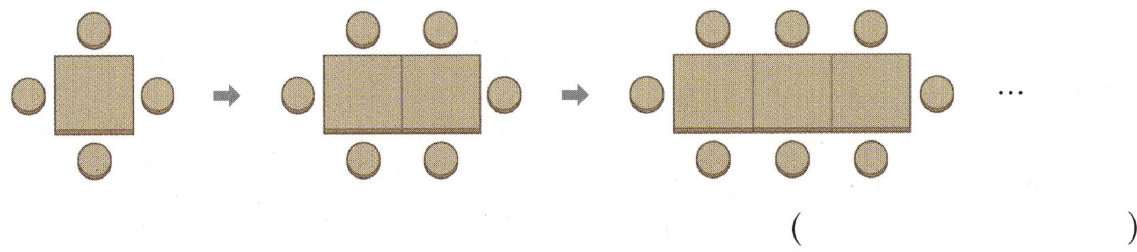

(   )

5-2   긴 끈을 반으로 자르고, 나누어진 두 도막의 끈을 겹쳐서 다시 반으로 자르고, 나누어진 4도막의 끈을 다시 겹쳐서 반으로 자르는 것을 반복하였습니다. 잘린 끈이 256도막이 되게 하려면 끈을 몇 번 잘라야 할까요?

(   )

5-3   두께가 2 mm인 종이가 1장 있습니다. 이 종이를 반으로 계속 접을 때 접은 종이의 두께가 10 m를 넘으려면 적어도 몇 번 접어야 할까요?

(   )

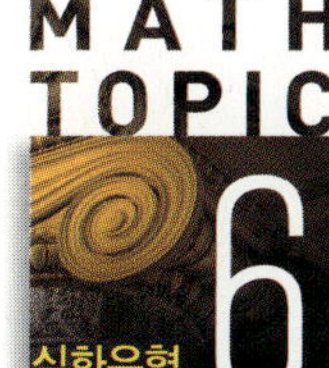

MATH TOPIC 6
심화유형

곱셈식의 배열에서 규칙 찾기

곱셈식의 배열에서 규칙을 찾아 8713526×9999999를 계산해 보세요.

$$6 \times 9 = 54$$
$$26 \times 99 = 2574$$
$$526 \times 999 = 525474$$
$$3526 \times 9999 = 35256474$$
$$\vdots$$

● **생각하기** 곱하는 두 수와 계산 결과의 규칙을 찾아봅니다.

● **해결하기**

1단계 계산 결과를 두 부분으로 나누어 앞부분의 규칙 찾기

계산 결과를 숫자의 수가 같도록 두 부분으로 나누면 앞부분의 수는 곱해지는 수보다 항상 1만큼 더 작습니다.

$6 \times 9 = 5\,4$, $26 \times 99 = 25\,74$, $526 \times 999 = 525\,474$, $3526 \times 9999 = 3525\,6474$

1만큼 더 작은 수

2단계 계산 결과를 두 부분으로 나누어 뒷부분의 규칙 찾기

계산 결과의 앞부분의 수와 뒷부분의 수를 더하면 곱하는 수가 됩니다.

$5\,4 \Rightarrow 5+4=9$ $25\,74 \Rightarrow 25+74=99$,

$525\,474 \Rightarrow 525+474=999$ $3525\,6474 \Rightarrow 3525+6474=9999$

3단계 8713526×9999999 계산하기

곱해지는 수보다 1만큼 더 작은 수는 8713525이고, 이 수와 더해서 9999999가 되는 수는 $9999999 - 8713525 = 1286474$입니다.

따라서 계산 결과는 $8713525\,1286474$입니다.

답 87135251286474

6-1

곱셈식의 배열에서 규칙을 찾아 14675328×99999999를 계산해 보세요.

$$8 \times 9 = 72$$
$$28 \times 99 = 2772$$
$$328 \times 999 = 327672$$
$$5328 \times 9999 = 53274672$$
$$\vdots$$

(   )

MATH TOPIC 7

심화유형

바둑돌 수의 차 구하기

바둑돌로 만든 모양의 배열을 보고 12째 모양을 만드는 데 필요한 바둑돌은 흰색 바둑돌과 검은색 바둑돌 중 어느 바둑돌이 몇 개 더 많은지 구해 보세요.

● **생각하기** 늘어나는 흰색 바둑돌과 검은색 바둑돌 수의 규칙을 찾아봅니다.

● **해결하기**

1단계 흰색 바둑돌과 검은색 바둑돌 수의 규칙 찾기

순서	첫째	둘째	셋째	넷째	다섯째	여섯째
흰색 바둑돌 수(개)	1	1	1+3=4	1+3=4	1+3+5=9	1+3+5=9
검은색 바둑돌 수(개)	0	2	2	2+4=6	2+4=6	2+4+6=12
수의 차(개)	1	1	2	2	3	3

2단계 흰색 바둑돌과 검은색 바둑돌 수의 차에서 규칙 찾기

흰색 바둑돌과 검은색 바둑돌 수의 차는 차례대로 1, 1, 2, 2, 3, 3, 4, 4, 5, 5, 6, 6, ...이고 홀수째는 흰색 바둑돌의 수가, 짝수째는 검은색 바둑돌의 수가 더 많습니다.
└•12째

3단계 12째 모양을 만드는 데 필요한 바둑돌은 어느 바둑돌이 몇 개 더 많은지 구하기

12째는 짝수째이므로 검은색 바둑돌이 6개 더 많습니다.

답 검은색 바둑돌, 6개

7-1 바둑돌로 만든 모양의 배열을 보고 흰색 바둑돌이 검은색 바둑돌보다 많아지는 것은 몇째부터인지 구해 보세요.

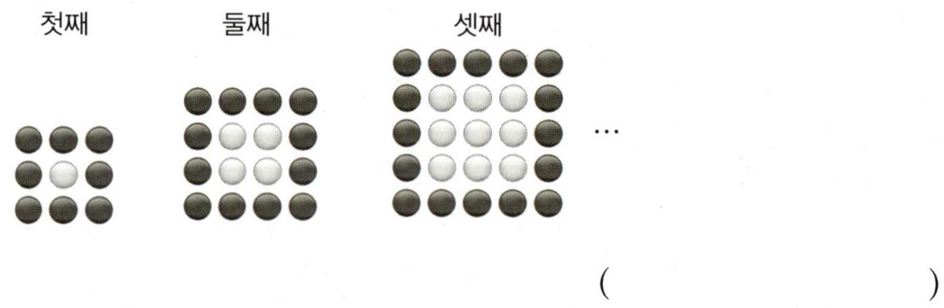

( )

7-2 바둑돌로 만든 모양의 배열을 보고 검은색 바둑돌이 81개일 때 흰색 바둑돌은 몇 개인지 구해 보세요.

( )

MATH TOPIC 8

심화유형

수 배열에서 규칙 찾기

오른쪽과 같은 규칙으로 수를 늘어놓았습니다. 이 표에서 2행 4열의 수는 15입니다. 5행 7열의 수를 구해 보세요.

	1열	2열	3열	4열	⋯
1행	1	4	9	16	
2행	2	3	8	15	⋯
3행	5	6	7	14	
4행	10	11	12	13	
⋮			⋮		

● 생각하기   수가 배열된 규칙을 찾아봅니다.

● 해결하기   **1단계** 가로 방향의 규칙을 찾아 7열의 첫째 수 구하기

5행 7열의 수는 7열의 다섯째 수입니다.

	1열	2열	3열	4열
1행	1	4	9	16
2행	2	3	8	15
3행	5	6	7	14
4행	10	11	12	13

각 열의 첫째 수들은
1, $2 \times 2 = 4$, $3 \times 3 = 9$, $4 \times 4 = 16$, ⋯입니다.
따라서 7열의 첫째 수는 $7 \times 7 = 49$입니다.

2단계 7열의 다섯째 수 구하기

7열은 7행까지 아래쪽으로 수가 1씩 작아지므로 7열의 다섯째 수는 49, 48, 47, 46, 45에서 45입니다. 따라서 5행 7열의 수는 45입니다.

답 45

8-1

오른쪽과 같은 규칙으로 수를 늘어놓았습니다. 8행 8열의 수를 구해 보세요.

(   )

	1열	2열	3열	4열	⋯
1행	1	2	5	10	
2행	4	3	6	11	⋯
3행	9	8	7	12	
4행	16	15	14	13	
⋮			⋮		

8-2

오른쪽과 같은 규칙으로 수를 늘어놓았습니다. 75는 몇 행 몇 열의 수일까요?

(   )

	1열	2열	3열	4열	5열	⋯
1행	1	2	9	10	25	
2행	4	3	8	11	24	
3행	5	6	7	12	23	⋯
4행	16	15	14	13	22	
5행	17	18	19	20	21	
⋮			⋮			

MATH TOPIC 9

심화유형

규칙 찾기를 활용한 통합 교과유형

수학+역사

파스칼 삼각형은 프랑스의 수학자인 파스칼이 연구한 것으로 자연수를 규칙에 따라 삼각형 모양으로 배열한 것입니다. 파스칼 삼각형이라 불리는 수 삼각형은 이보다 300년 전에 이미 중국 원나라 때 〈사원옥감〉이라는 책에 실려 있었습니다. 하지만 파스칼에 의해 일반화되었기 때문에 파스칼 삼각형이라 부르게 되었습니다. 다음 파스칼 삼각형의 규칙을 찾아 일곱째 줄에 있는 수들의 합을 구해 보세요.

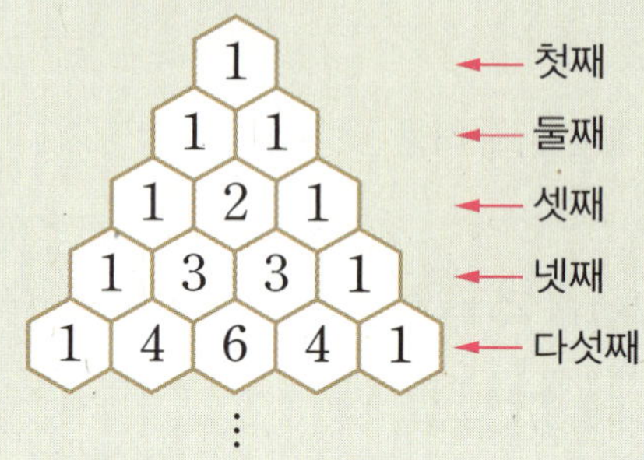

● 생각하기　파스칼 삼각형의 수의 규칙을 찾아봅니다.

● 해결하기

1단계 배열된 수의 규칙 찾기

첫째 줄에는 1을 쓰고, 둘째 줄부터 처음과 끝에 1을 쓰고 가운데 수는 바로 위의 왼쪽 수와 오른쪽 수를 더하여 쓰는 규칙입니다.

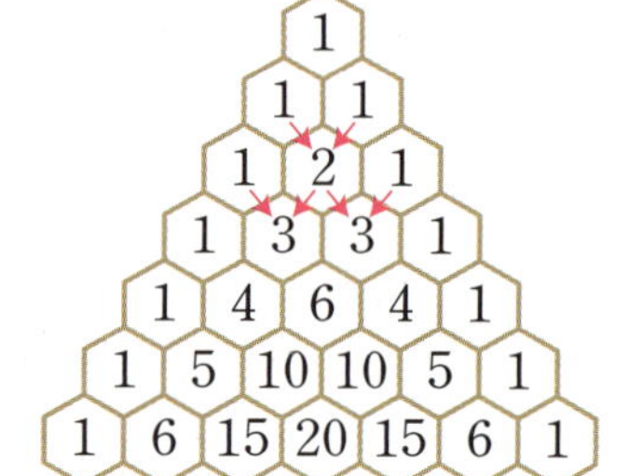

2단계 각 줄의 수의 합의 규칙 찾기

순서	첫째 줄	둘째 줄	셋째 줄	넷째 줄	다섯째 줄	여섯째 줄
수들의 합	1	2	4	8	16	32

×2　×2　×2　×□　×□

3단계 일곱째 줄에 있는 수들의 합 구하기

일곱째 줄에 있는 수들의 합은 $32 \times \boxed{} = \boxed{}$ 입니다.
└ 여섯째 줄의 수들의 합

답 $\boxed{}$

9-1

수학+미술

파스칼 삼각형에서 규칙을 찾아 색칠하여 미술 작품을 만들었습니다. 분홍색 칸의 수 중에서 이웃하지 않은 세 수를 연결하여 곱해 보면 곱한 결과가 서로 같습니다. ($1 \times 6 \times 10 = 60$이고, $1 \times 4 \times 15 = 60$입니다.) 이 밖에도 많은 규칙이 있는데 초록색으로 색칠한 수들을 이용하여 규칙을 찾을 수 있습니다. 초록색 칸의 수 사이의 규칙을 찾아보세요.

규칙 ....

1 오른쪽 달력의 ☐ 안에 있는 4개의 수의 합은 56입니다. 같은 모양으로 4개의 수를 더했을 때, 92가 되는 4개의 수 중 가장 큰 수를 구해 보세요.

( )

일	월	화	수	목	금	토
					1	2
3	4	5	6	7	8	9
10	11	12	13	14	15	16
17	18	19	20	21	22	23
24	25	26	27	28	29	30

2 보기 는 63182부터 시작하여 어떤 수를 더하거나 빼는 규칙으로 수를 나열한 것입니다. 40957부터 시작하여 보기 와 같은 방법으로 수를 나열할 때 마지막 수를 구해 보세요.

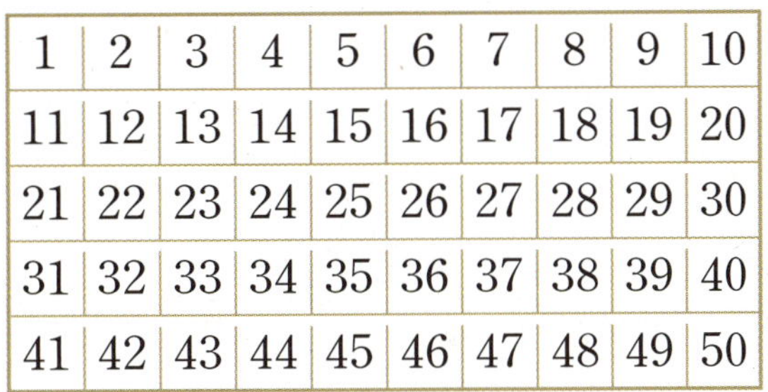

보기

63182 ➡ 63185 ➡ 63155 ➡ 63455 ➡ 60455 ➡ 90455

( )

3 수 배열표에서 오른쪽 조각을 놓아 가려진 수들의 합이 85가 되도록 하려고 합니다. 조각을 어떻게 놓아야 하는지 표시해 보세요.

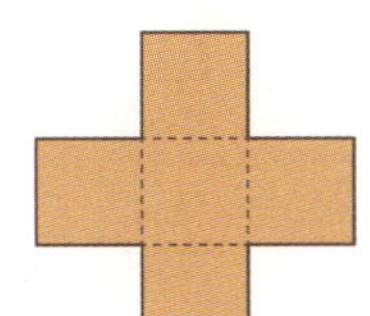

1	2	3	4	5	6	7	8	9	10
11	12	13	14	15	16	17	18	19	20
21	22	23	24	25	26	27	28	29	30
31	32	33	34	35	36	37	38	39	40
41	42	43	44	45	46	47	48	49	50

서술형 4

곱셈식의 배열에서 3을 30번 곱했을 때 곱의 일의 자리 숫자는 얼마인지 풀이 과정을 쓰고 답을 구해 보세요.

$$3 \times 3 = 9$$
$$3 \times 3 \times 3 = 27$$
$$3 \times 3 \times 3 \times 3 = 81$$
$$3 \times 3 \times 3 \times 3 \times 3 = 243$$
$$3 \times 3 \times 3 \times 3 \times 3 \times 3 = 729$$
$$\vdots$$

풀이

답

5

다음과 같은 규칙으로 50개의 바둑돌을 늘어놓았을 때, 검은색 바둑돌은 모두 몇 개일까요?

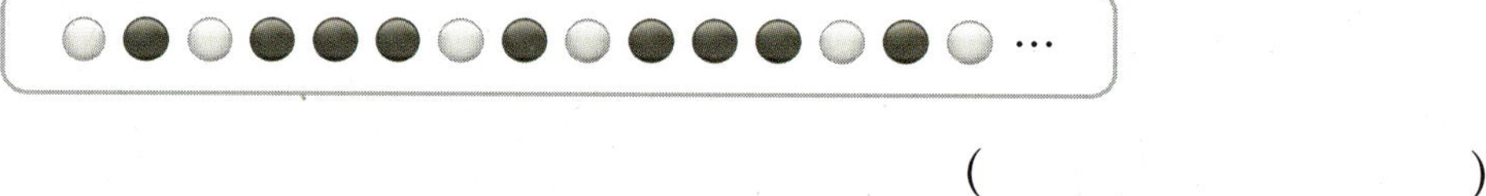

( )

6

오른쪽 그림은 각 층이 정사각형 모양이 되도록 똑같은 공을 피라미드 모양으로 쌓는 것을 위에서 본 모양입니다. 공을 6층으로 쌓았을 때 쌓은 공은 모두 몇 개일까요?

( )

수학+역사

7 마방진은 약 3000년 전 중국 하나라의 우왕때 강의 공사를 하던 중 거북의 등에 있는 무늬를 보고 처음 생각해 냈다고 합니다. 그 후 마방진은 인도와 페르시아, 아라비아 상인들에 의해 아시아, 유럽으로 전해졌다고 합니다. 마방진은 정사각형 안에 수를 겹치지 않게 써넣어 →, ↓, ↘, ↗ 방향에 놓인 수들의 합이 모두 같게 만든 수의 배열입니다. 오른쪽의 마방진을 완성해 보세요.

19	12	
		18
15	20	

8 곱셈식의 배열에서 규칙을 찾아 999999×444444를 계산해 보세요.

$$9 \times 4 = 36$$
$$99 \times 44 = 4356$$
$$999 \times 444 = 443556$$
$$9999 \times 4444 = 44435556$$
$$\vdots$$

(   )

서술형

9 보기 는 35를 연속하는 7개 수의 합으로 나타낸 것입니다. 보기 와 같이 126을 연속하는 7개 수의 합으로 나타낼 때, 가장 큰 수는 얼마인지 풀이 과정을 쓰고 답을 구해 보세요.

보기

$$2 + 3 + 4 + 5 + 6 + 7 + 8 = 35$$

풀이 ....

....

....

답 ....

10 다음과 같은 순서로 피아노 건반을 치려고 합니다. 130째에 치게 되는 건반의 계이름을 써 보세요.

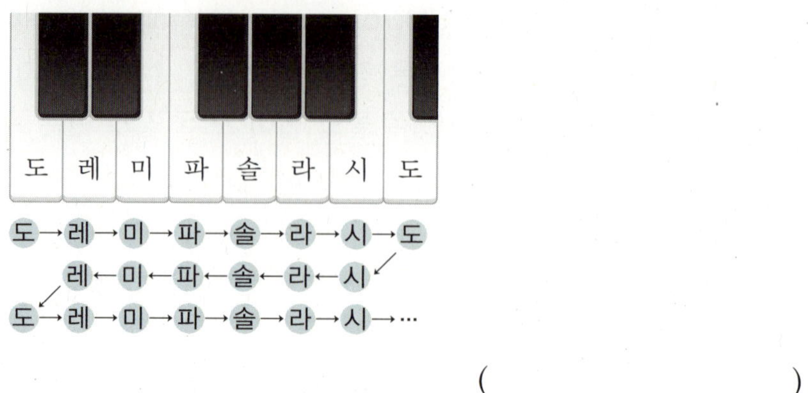

(   )

11 면봉으로 오른쪽과 같이 변이 6개인 도형을 한 줄로 붙여서 만들고 있습니다. 면봉 100개로 만들 수 있는 변이 6개인 도형은 몇 개일까요?

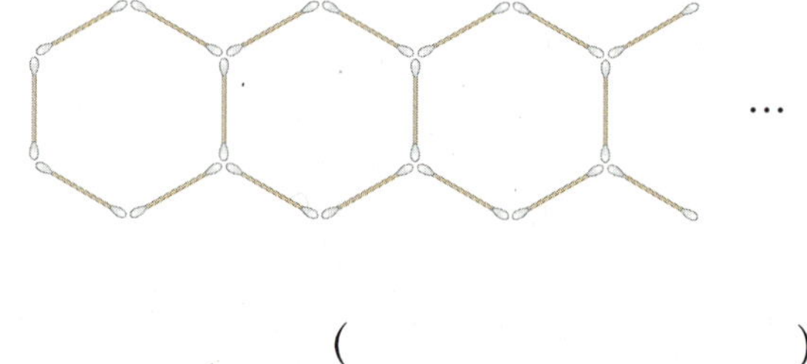

(   )

12 무게가 서로 다른 구슬 ㉠, ㉡, ㉢, ㉣이 있습니다. 구슬 ㉣의 무게를 구해 보세요.

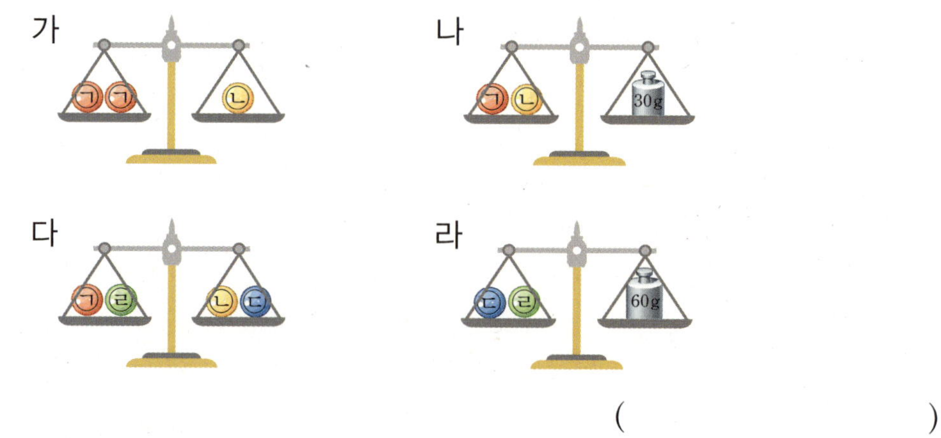

(   )

13 다음과 같은 규칙으로 수를 늘어놓았습니다. 12째 줄의 왼쪽에서부터 일곱째 수를 구해 보세요.

$$
\begin{array}{ccccc}
 & & 1 & & \leftarrow \text{첫째 줄} \\
 & 2 & 3 & & \leftarrow \text{둘째 줄} \\
 4 & 5 & 6 & & \leftarrow \text{셋째 줄} \\
 7 & 8 & 9 & 10 & \leftarrow \text{넷째 줄} \\
 11 & 12 & 13 & 14 \quad 15 & \leftarrow \text{다섯째 줄} \\
 & & \vdots & &
\end{array}
$$

(   )

14 바둑돌로 만든 모양의 배열을 보고 아홉째 모양을 만드는 데 필요한 바둑돌은 몇 개인지 구해 보세요.

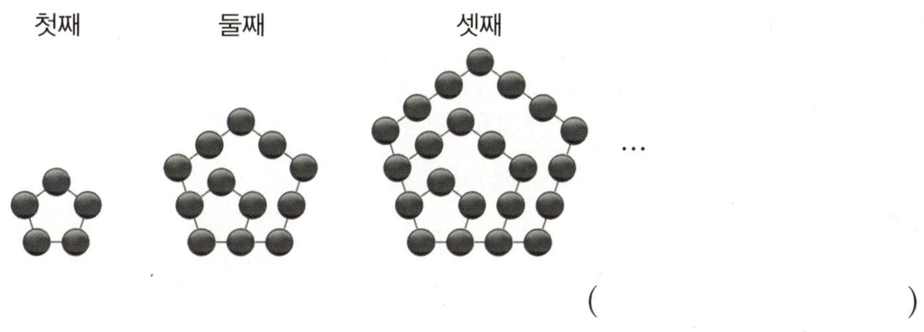

(   )

15 규칙에 따라 수를 늘어놓았습니다. 20째에 놓이는 수를 구해 보세요.

2 3 4 5 8 9 16 15 32 23 …

(   )

16 바둑돌로 만든 모양의 배열입니다. 아홉째 모양을 만드는 데 필요한 검은색 바둑돌이 ■개, 열째 모양을 만드는 데 필요한 흰색 바둑돌이 ●개일 때, ■＋●의 값은 얼마일까요?

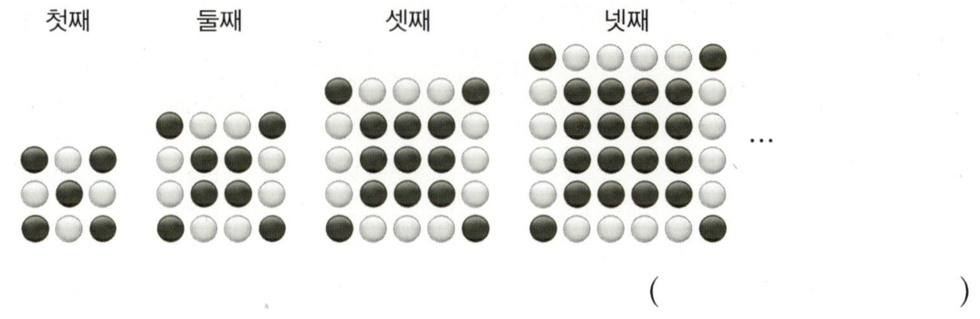

(   )

경시 기출 문제 17 다음과 같은 규칙으로 수를 늘어놓았습니다. 이 표에서 3행 3열의 수는 11입니다. 2행 45열의 수를 구해 보세요.

	1열	2열	3열	4열	5열	6열	…
1행	1	8	9	16	17	24	
2행	2	7	10	15	18	23	…
3행	3	6	11	14	19	22	
4행	4	5	12	13	20	21	

(   )

1 3장의 종이를 다음과 같이 겹치게 포개어 놓은 후 반으로 접어 맨 앞에서부터 끝까지 차례대로 쪽 번호를 매기면 12쪽까지 나옵니다. 같은 방법으로 8장의 종이를 겹치게 포개어 놓은 후 반으로 접어 쪽 번호를 매길 때, 23쪽이 적힌 종이에 적힌 다른 세 개의 쪽 번호는 몇 쪽인지 모두 써 보세요.

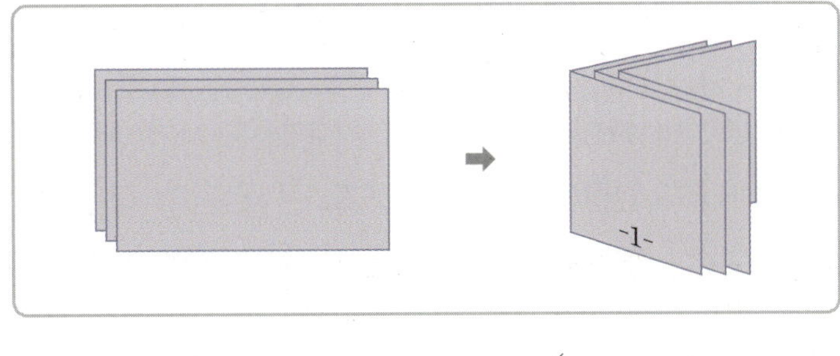

(   )

2 곱셈식의 배열에서 규칙을 찾아 ㉠에 알맞은 수를 구해 보세요.

$$142857 \times 1 = 142857$$
$$142857 \times 2 = 285714$$
$$142857 \times 3 = 428571$$
$$142857 \times 4 = 571428$$
$$142857 \times 5 = 714285$$
$$142857 \times 6 = \boxed{㉠}$$

(   )

수학+역사

하노이 탑은 프랑스의 수학자 루카스에 의해 만들어진 퍼즐입니다. 이 퍼즐에는 다음과 같은 이야기가 전해져 내려옵니다.

> 고대 인도 베나레스의 사원에는 세 개의 기둥이 있는데 그중 한 기둥에는 64개의 원판이 끼워져 있습니다. 이 64개의 원판을 다른 하나의 기둥으로 모두 옮기면 탑이 무너지고 세상이 멸망한다고 합니다.

다음과 같은 세 개의 기둥 중 한 기둥에 크기가 서로 다른 원판 4개가 끼워져 있습니다. 한 번에 하나의 원판만 옮길 수 있고, 큰 원판이 작은 원판 위에 있을 수 없습니다. 이 4개의 원판을 다른 하나의 기둥으로 모두 옮기려면 원판을 적어도 몇 번 옮겨야 할까요?

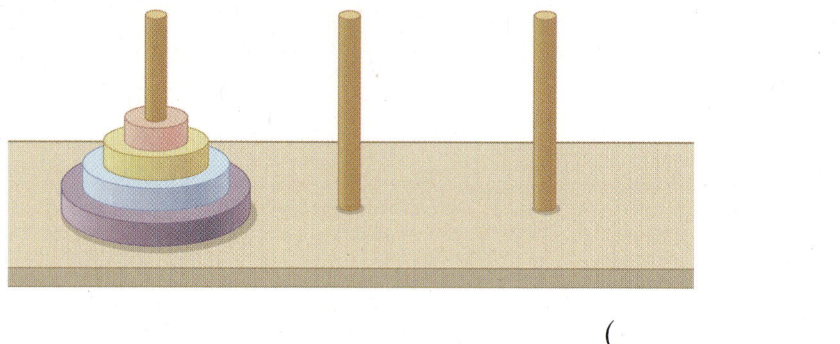

(   )

일정한 규칙으로 벽돌을 놓았습니다. 15째까지 놓인 갈색 벽돌과 회색 벽돌 중 어느 벽돌이 몇 개 더 많은지 구해 보세요.

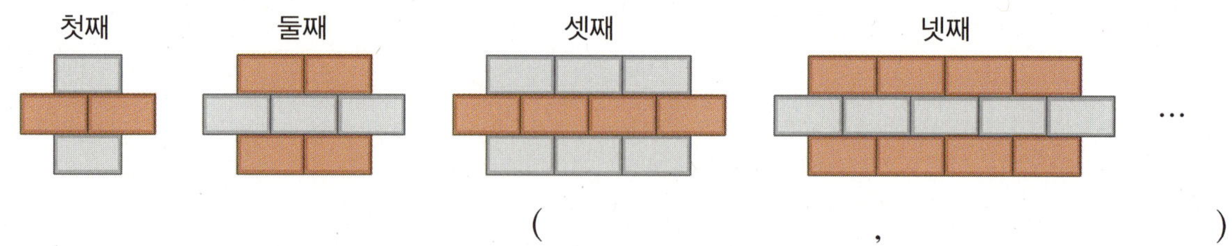

(,   )

5 <u>보기</u> 는 어떤 규칙에 따라 두 수를 하나의 수로 나타낸 것입니다. ㉠에 알맞은 수를 구해 보세요.

> **보기**
>
> (8, 5) ➡ 13
> (15, 5) ➡ 30
> (25, 6) ➡ 41
> (32, 8) ➡ 40
> (40, 8) ➡ 50
> (42, 9) ➡ ㉠

(   )

6 <u>경시 기출 문제</u> 정사각형 모양의 칸에 다음 <u>규칙</u> 으로 1부터 100까지의 수를 써넣으려고 합니다. 100이 포함된 세로줄에 써놓은 수들의 합을 구해 보세요.

> **규칙**
>
> ① 정사각형 모양의 네 칸에 시계 방향으로 1부터 4까지의 수를 씁니다.
> ② 1의 왼쪽 칸부터 시작하여 시계 방향으로 5부터 16까지의 수를 씁니다.
> ③ 5의 왼쪽 칸부터 시작하여 시계 방향으로 17부터 36까지의 수를 씁니다.
> ④ 같은 방법으로 100까지 수를 씁니다.

첫째

1	2
4	3

둘째

6	7	8	9
5	1	2	10
16	4	3	11
15	14	13	12

셋째

19	20	21	22	23	24
18	6	7	8	9	25
17	5	1	2	10	26
36	16	4	3	11	27
35	15	14	13	12	28
34	33	32	31	30	29

(   )

가로와 세로의 곱을 사각형 안에 쓸 때,
분홍색 사각형 안에 들어갈 수는 얼마일까요?

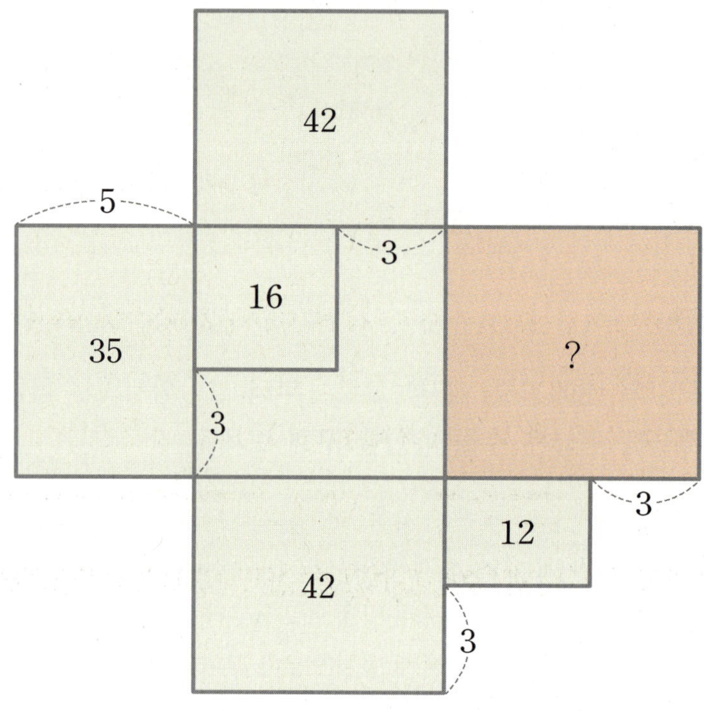

01 10조가 39개, 100억이 294개, 1000만이 395개인 수의 천억의 자리 숫자를 써 보세요.

(　　　　　　　　　)

02 수직선을 보고 ㉮와 ㉯에 알맞은 수를 각각 구해 보세요.

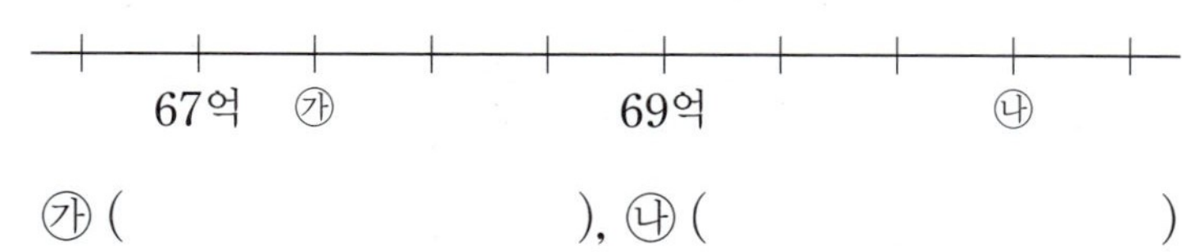

㉮ (　　　　　　　　), ㉯ (　　　　　　　　)

03 보기 와 같이 주어진 글자 카드 중 세 장을 골라 0이 가장 많은 수를 만들려고 합니다. 만든 수의 0은 모두 몇 개인지 구해 보세요.

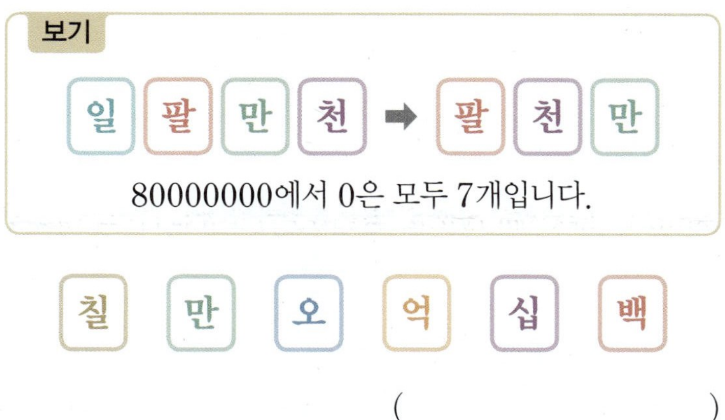

보기

일 팔 만 천 ➡ 팔 천 만

80000000에서 0은 모두 7개입니다.

칠　만　오　억　십　백

(　　　　　　　　　)

04 □ 안에는 0부터 9까지 어느 수를 넣어도 됩니다. 큰 수부터 차례로 기호를 써 보세요.

> ㉠ 650□8027□219
> ㉡ 64□728947□90
> ㉢ 65007□648031

(　　　　　　　　　)

05 어떤 수에서 650억씩 4번 뛰어 세기를 하였더니 5조 7300억이 되었습니다. 어떤 수는 얼마일까요?

(　　　　　　　　　)

06 100만 명이 매달 각자 20000원씩 저금하여 2조 원을 모으려고 합니다. 몇 년 몇 개월 동안 모아야 하는지 구해 보세요. (단, 이자는 생각하지 않습니다.)

(　　　　　　　　　)

07 빛이 일 년 동안에 갈 수 있는 거리를 1광년이라고 합니다. 1광년은 약 9조 4600억 km입니다. 1000광년을 km로 나타낼 때, 4가 나타내는 값은 얼마일까요?

(　　　　　　　　　)

08 다음은 태양과 각 행성 사이의 거리를 나타낸 표입니다. 태양에서 가까운 행성부터 차례로 써 보세요.

행성	태양과의 거리(km)	행성	태양과의 거리(km)
지구	149600000	수성	5791만
목성	7억 7834만	토성	1426670000
해왕성	4498400000	천왕성	28억 7066만
화성	2억 2794만	금성	108210000

(　　　　　　　　　)

09 0부터 5까지의 수를 각각 두 번씩 사용하여 만들 수 있는 12자리 수 중 셋째로 작은 수를 구해 보세요.

(　　　　　　　　　)

10 은행에서 17200000원을 100만 원짜리 수표와 10만 원짜리 수표로 바꾸었더니 모두 55장이었습니다. 은행에서 바꾼 10만 원짜리 수표는 몇 장일까요?

(　　　　　　　　　)

11 10000원짜리 지폐 1000장의 두께는 약 10 cm입니다. 10000원짜리 지폐로 5억 원을 쌓으면 높이는 약 몇 cm가 될까요?

(　　　　　　　)

12 어느 전자 회사의 2013년에 1000만 달러였던 수출액이 매년 일정하게 증가하여 2023년에 7500만 달러가 되었습니다. 이 회사의 수출액이 앞으로도 해마다 같은 금액씩 증가한다면 수출액이 처음으로 1억 달러를 넘는 해는 몇 년일까요?

(　　　　　　　)

13 수 카드를 모두 한 번씩 사용하여 만들 수 있는 6자리 수 중에서 103865보다 작은 수는 모두 몇 개일까요?

| 3 | 1 | 5 | 0 | 8 | 6 |

(　　　　　　　)

14 9자리 수 □□4792107의 억의 자리 숫자와 천만의 자리 숫자를 바꾸어 썼더니 처음 수보다 3억 6000만이 더 작아졌습니다. 억의 자리 숫자와 천만의 자리 숫자의 합이 12일 때, 처음 수를 구해 보세요.

(　　　　　　　)

15 조건을 모두 만족시키는 수 중에서 가장 큰 수를 구해 보세요.

> ㉠ 0부터 9까지의 수를 모두 한 번씩 사용한 10자리 수입니다.
> ㉡ 백만의 자리 숫자는 십억의 자리 숫자의 2배입니다.
> ㉢ 억의 자리 숫자는 만의 자리 숫자의 3배입니다.
> ㉣ 백만의 자리 숫자와 천만의 자리 숫자의 합은 10입니다.

(　　　　　　　)

16 서로 다른 수가 적힌 3장의 수 카드가 있습니다. 각 수 카드를 최대 3번까지 사용하여 일곱 자리 수를 만들었을 때, 가장 큰 수와 가장 작은 수의 차가 1775993입니다. ㉠에 알맞은 수를 구해 보세요.

| ㉠ | 0 | 6 |

(　　　　　　　)

17 0부터 9까지의 수 중에서 ㉠과 ㉡에 들어갈 수 있는 수는 모두 몇 쌍인지 구해 보세요.

$$69㉠5172㉡460 < 69351726384$$

(　　　　　　　)

18 다음 식의 계산 결과에서 천의 자리 숫자는 얼마일까요?

$$5+55+555+5555+\cdots+5555555555$$

(　　　　　　　)

19 [서술형] 0부터 8까지의 수를 모두 한 번씩 사용하여 한가운데 0이 들어가는 9자리 수를 만들었습니다. 만들 수 있는 가장 큰 수에서 숫자 7이 나타내는 값은 만들 수 있는 가장 작은 수에서 숫자 7이 나타내는 값의 몇 배인지 풀이 과정을 쓰고 답을 구해 보세요.

풀이

답

20 [서술형] 0부터 9까지의 수 중에서 □ 안에 들어갈 수 있는 수를 모두 한 번씩 사용하여 가장 큰 수를 만들고, △ 안에 들어갈 수 있는 수를 모두 한 번씩 사용하여 가장 작은 수를 만들었습니다. 만든 두 수의 차는 얼마인지 풀이 과정을 쓰고 답을 구해 보세요.

$$450318628 > 450□51937$$
$$816903783 < 816903△92$$

풀이

답

교내 경시 2단원 ^{각도}

01 설명이 옳지 않은 것을 모두 찾아 기호를 써 보세요.

> ㉠ 예각은 각도가 0°보다 크고 90°보다 작은 각입니다.
> ㉡ 190°는 둔각입니다.
> ㉢ 크기가 큰 사각형의 네 각의 크기의 합은 크기가 작은 사각형의 네 각의 크기의 합보다 큽니다.
> ㉣ 변이 5개인 도형의 다섯 각의 크기의 합은 540°입니다.

(　　　　　　　　)

02 그림에서 찾을 수 있는 크고 작은 예각은 모두 몇 개일까요?

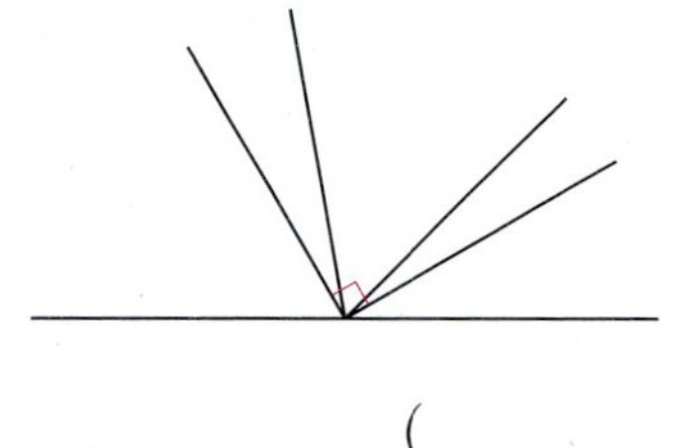

(　　　　　　　　)

03 그림과 같이 각각 전체를 똑같이 나눈 2개의 피자가 있습니다. 표시된 ㉮와 ㉯의 각도의 차를 구해 보세요.

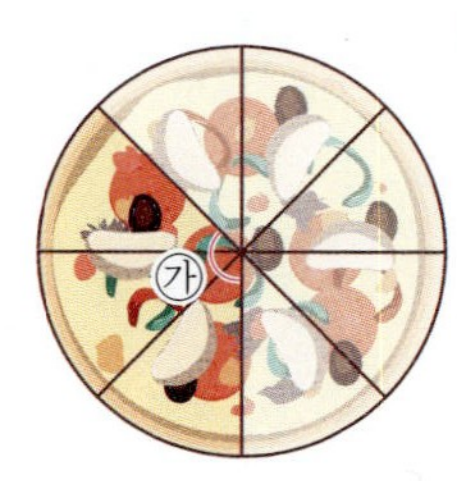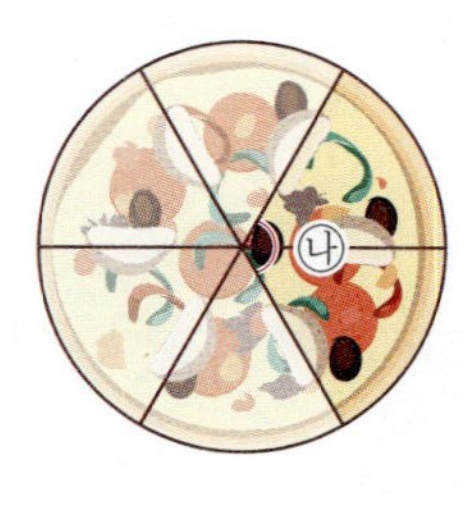

(　　　　　　　　)

04 모든 각의 크기가 예각인 삼각형의 두 각의 크기는 48°와 ★°입니다. ★이 될 수 있는 자연수 중에서 가장 작은 수를 구해 보세요.

(　　　　　　　　)

05 도형의 안에 있는 6개의 각의 크기가 모두 같습니다. ㉠의 각도를 구해 보세요.

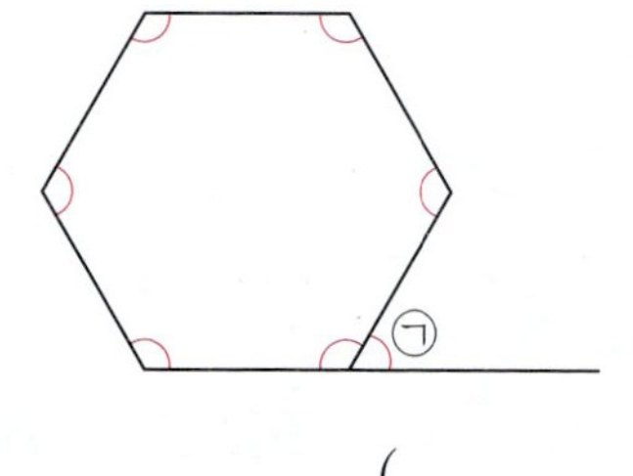

(　　　　　　　　)

06 두 삼각자를 이어 붙여서 만들 수 있는 각도 중 셋째로 큰 각도를 구해 보세요. (단, 만들 수 있는 각도는 180°보다 작습니다.)

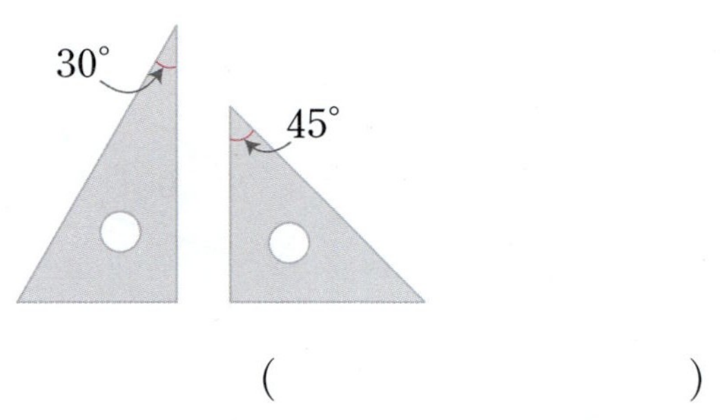

(　　　　　　　　)

07 어떤 삼각형의 세 각 ㉠, ㉡, ㉢ 사이에 다음과 같은 관계가 있습니다. ㉠, ㉡, ㉢의 각도를 각각 구해 보세요.

> • ㉠은 ㉡보다 46°만큼 더 큽니다.
> • ㉢은 ㉡보다 14°만큼 더 큽니다.

㉠ (　　　　　), ㉡ (　　　　　), ㉢ (　　　　　)

08 오른쪽 그림에서 ㉮와 ㉯의 각도의 차를 구해 보세요.

(　　　　　　　　)

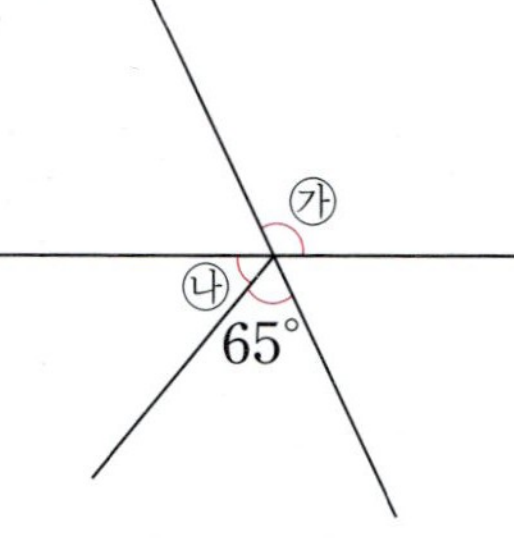

09 도형에서 ㉠, ㉡, ㉢의 각도의 합을 구해 보세요.

(　　　　　　　　)

10 오른쪽 그림에서 ㉠의 각도를 구해 보세요.

(　　　　　　　　)

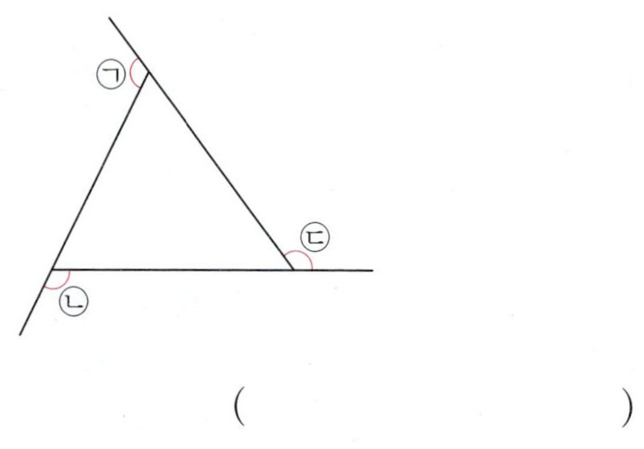

11 오른쪽 도형에서 ㉮의 각도를 구해 보세요.

(   )

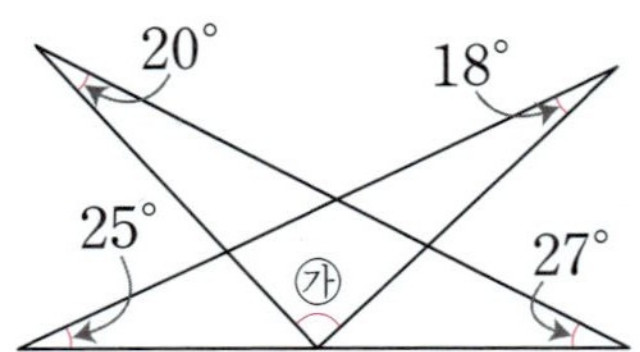

17 오른쪽 도형에서 ㉠, ㉡, ㉢의 각도의 합을 구해 보세요.

(   )

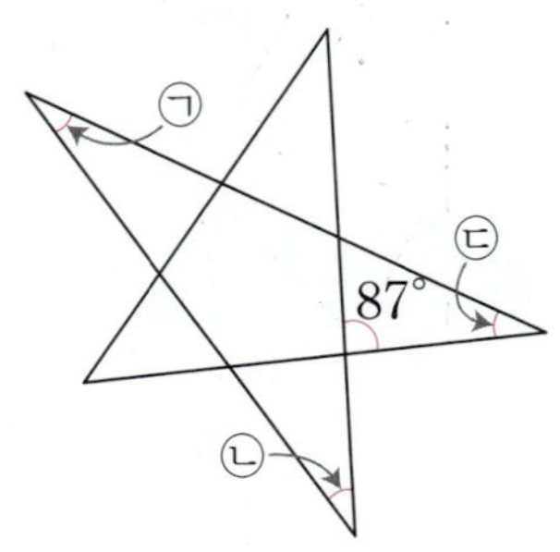

12 오른쪽 시계가 1시 50분을 가리킬 때, 긴바늘과 짧은바늘이 이루는 작은 쪽의 각도를 구해 보세요.

(   )

18 크기가 같은 정사각형 모양의 종이 3장을 다음과 같이 겹쳐 놓았을 때, ㉮의 각도를 구해 보세요.

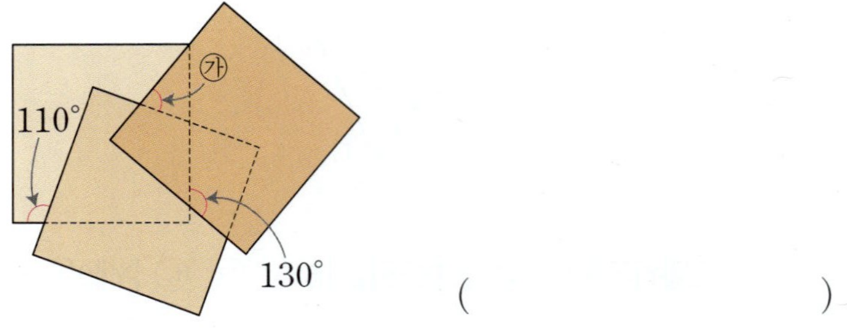

(   )

13 삼각형 모양의 종이를 오른쪽과 같이 접었습니다. 각 ㄱㅂㄹ의 크기를 구해 보세요.

(   )

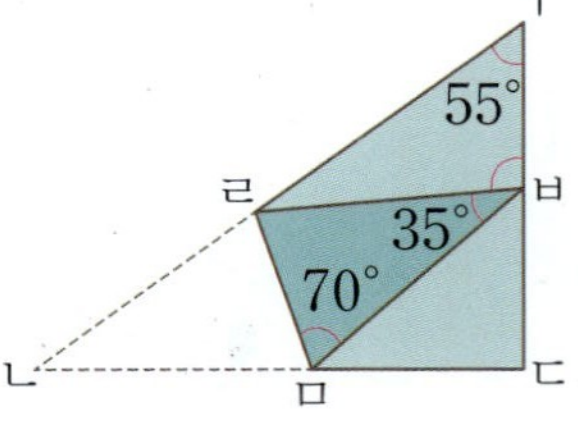

19 서술형 직사각형 모양의 종이를 다음과 같이 접었을 때 각 ㅁㅂㅅ의 크기를 구하려고 합니다. 풀이 과정을 쓰고 답을 구해 보세요.

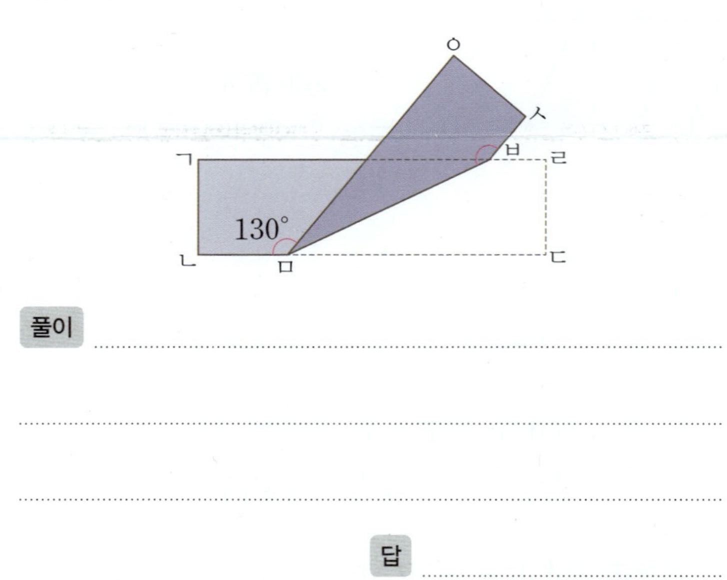

풀이 ____________________

____

____

답 ____________________

14 승현이는 시계가 5시 50분을 가리킬 때 그림 그리기를 시작하여 시계가 7시 10분을 가리킬 때 그림 그리기를 끝냈습니다. 승현이가 그림 그리기를 하는 동안 짧은바늘이 움직인 각도를 구해 보세요.

(   )

15 삼각자의 점 ㄱ을 중심으로 시계 방향으로 50°만큼 회전시켰습니다. ㉮의 각도를 구해 보세요.

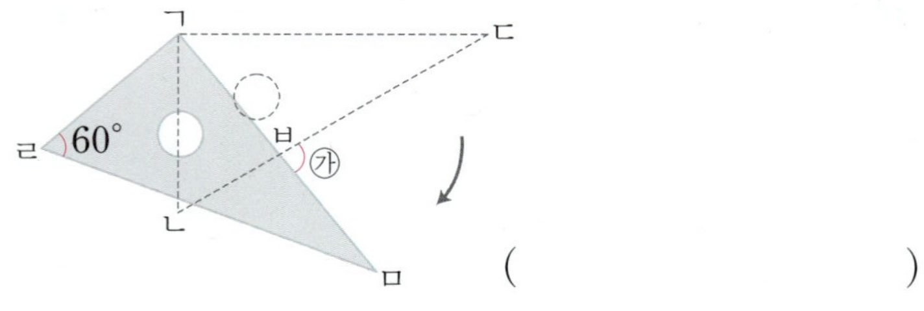

(   )

20 서술형 사각형 ㄱㄴㄷㄹ에서 각 ㄱㄴㄷ과 각 ㄱㄹㄷ의 크기를 각각 반으로 나누는 선을 그었더니 점 ㅁ에서 만났습니다. 각 ㄴㅁㄹ의 크기는 몇 도인지 풀이 과정을 쓰고 답을 구해 보세요.

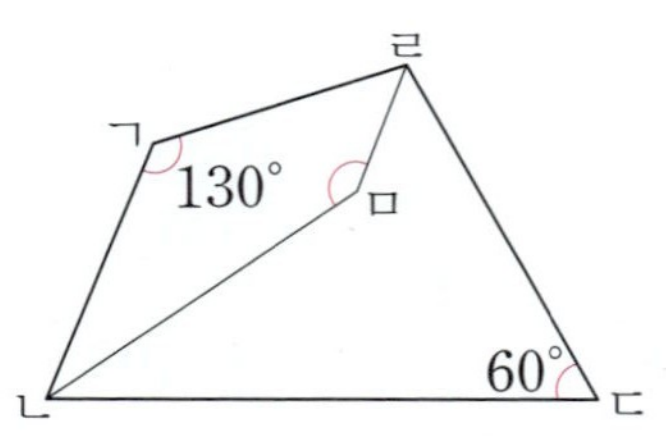

풀이 ____________________

____

답 ____________________

16 왼쪽의 직사각형 모양의 종이를 접어서 오른쪽 모양을 만들었습니다. ㉠의 각도를 구해 보세요.

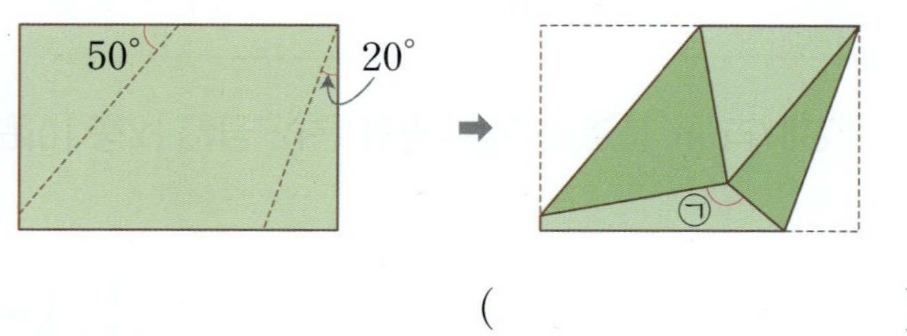

(   )

교내 경시 3단원 곱셈과 나눗셈

이름   점수

01 승연이는 355쪽인 소설책 한 권을 읽으려고 합니다. 이 소설책을 하루에 40쪽씩 읽는다면 다 읽는 데 며칠이 걸릴까요?

(   )

02 □ 안에 들어갈 수 있는 자연수는 모두 몇 개일까요?

$$193 \times 35 < \square < 529 \times 14$$

(   )

03 나눗셈식의 일부분이 얼룩져 보이지 않습니다. 보이지 않는 부분의 수를 구해 보세요.

$$250 \div \quad = 17 \cdots 12$$

(   )

04 5월 1일부터 8월 31일까지는 모두 몇 시간일까요?

(   )

05 어느 마트에서 원가가 3245원인 쟁반을 4000원에 팝니다. 이 쟁반을 36개 팔았다면 이익은 얼마일까요?

(   )

06 지우개 283개를 30명의 학생들에게 똑같이 나누어 주려고 합니다. 지우개를 남김없이 모두 나누어 주려면 지우개는 적어도 몇 개 더 필요할까요?

(   )

07 다음 수 카드를 한 번씩만 사용하여 (세 자리 수)÷(두 자리 수)의 몫과 나머지의 합이 가장 작은 수가 되도록 나눗셈식을 만들 때, 몫과 나머지를 각각 구해 보세요.

4   **6**   **3**   **5**   **8**

몫 (   ), 나머지 (   )

08 길이가 875 m인 도로의 양쪽에 나무를 25 m 간격으로 일정하게 심으려고 합니다. 도로의 처음부터 끝까지 심는다면 필요한 나무는 모두 몇 그루일까요? (단, 나무의 두께는 생각하지 않습니다.)

(   )

09 서울에 있는 잠실대교의 길이는 1280 m입니다. 이 다리 위를 길이가 8 m인 트럭이 1초에 14 m를 가는 빠르기로 달린다면 이 다리에 진입해서 완전히 건너는 데 걸리는 시간은 몇 분 몇 초일까요?

(   )

10 곱이 20000에 가장 가까운 수가 되도록 □ 안에 알맞은 수를 구해 보세요.

$$365 \times \square$$

(   )

11 길이가 1 m 25 cm인 색 테이프 13장을 5 cm씩 겹쳐서 한 줄로 길게 이어 붙였습니다. 이어 붙인 색 테이프의 전체 길이는 몇 cm일까요?

(   )

12 다음 수 카드를 한 번씩만 사용하여 (세 자리 수)×(두 자리 수)의 계산 결과가 가장 크게 될 때의 곱을 구해 보세요.

$$\boxed{7} \quad \boxed{2} \quad \boxed{5} \quad \boxed{8} \quad \boxed{1}$$

(   )

13 어떤 수에 53을 곱한 값에서 어떤 수에 35를 곱한 값을 빼면 432가 됩니다. 어떤 수는 얼마일까요?

(   )

14 다음 나눗셈식의 몫이 9일 때 0부터 9까지의 수 중에서 □ 안에 들어갈 수 있는 수를 모두 구해 보세요.

$$2\square5 \div 28$$

(   )

15 조건을 모두 만족시키는 수를 구해 보세요.

> • 400보다 작은 세 자리 수입니다.
> • 93으로 나누었을 때, 몫과 나머지가 같습니다.
> • 각 자리 숫자의 합이 12입니다.

(   )

16 다음 나눗셈식에서 나머지를 구해 보세요.

$$3\square)\overline{4\ 7\ 5}$$

(   )

17 6부터 9까지의 수 중에서 세 수를 골라 한 번씩만 사용하여 세 자리 수를 만들었습니다. 이 수를 32로 나누었을 때 몫이 27이 되고, 나머지가 있는 세 자리 수는 모두 몇 개일까요? (단, 나머지는 0이 될 수 없습니다.)

(   )

18 조건을 모두 만족시키는 세 자리 수를 구해 보세요.

> • 각 자리 숫자의 합이 9입니다.
> • 20으로 나누면 나머지가 13입니다.
> • 백의 자리 숫자는 십의 자리 숫자보다 큽니다.

(   )

19 서술형 100과 200 사이의 수 중에서 43으로 나누었을 때 나머지가 7인 수를 모두 구하려고 합니다. 풀이 과정을 쓰고 답을 구해 보세요.

풀이 ________________________________

____

답 ________________

20 서술형 어떤 수에 34를 곱해야 할 것을 잘못하여 34로 나누었더니 몫이 26이고, 나머지가 9가 되었습니다. 바르게 계산하면 얼마인지 풀이 과정을 쓰고 답을 구해 보세요.

풀이 ________________________________

____

답 ________________

교내 경시 4단원 평면도형의 이동

이름　　　　　점수

---

01 네 점을 이었을 때 정사각형이 되도록 네 점 ㄱ~ㄹ 중 두 점을 이동하여 그려 보세요.

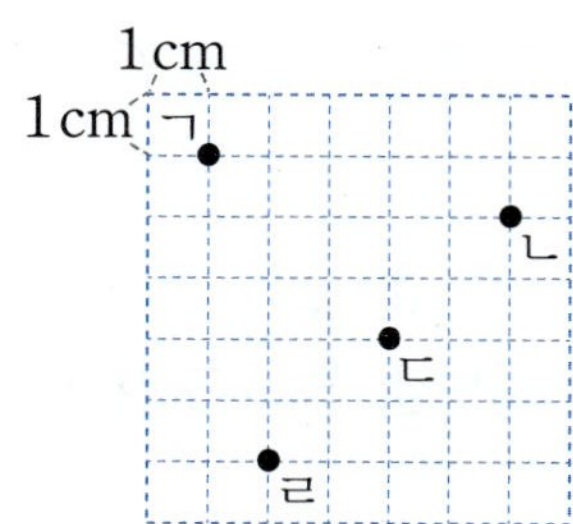

02 오른쪽과 같이 손가락이 그려진 종이가 있습니다. 이 종이를 시계 방향으로 90°만큼 101번 돌렸을 때 손가락은 몇 번을 가리킬까요?

(　　　　　　　)

03 도형을 시계 반대 방향으로 90°만큼 11번 돌렸을 때의 도형을 그려 보세요.

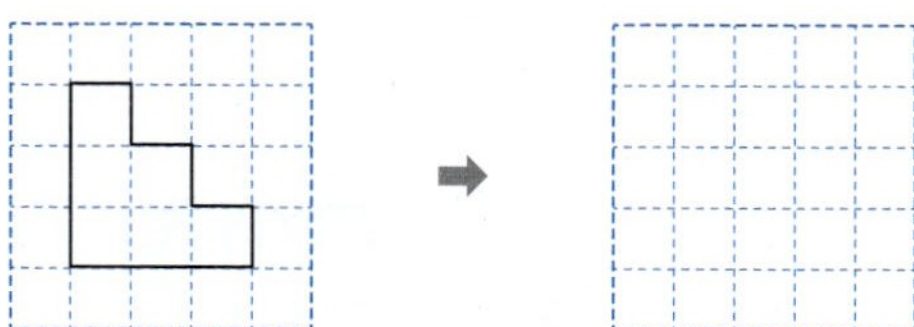

04 일정한 규칙으로 도형을 돌린 것입니다. 빈칸에 알맞은 도형을 그려 보세요.

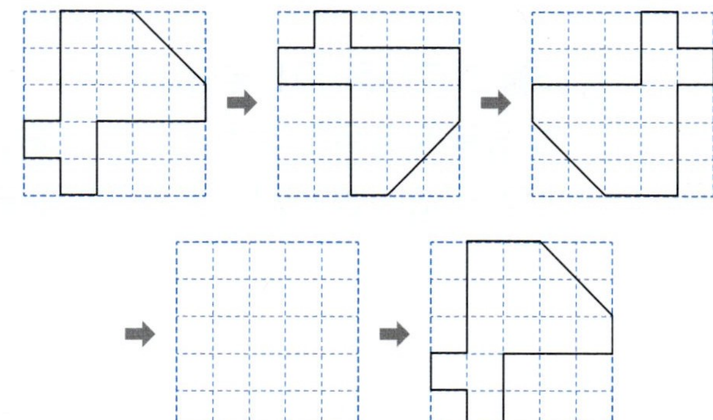

05 수 카드를 오른쪽으로 뒤집었을 때 만들어지는 수와 처음 수의 차는 얼마일까요?

(　　　　　　　)

---

06 오른쪽 도형을 왼쪽으로 4번 밀고, 아래쪽으로 5번 뒤집은 도형은 다음과 같이 움직인 도형과 같을 때 □ 안에 들어갈 수 있는 가장 작은 수를 써넣으세요.

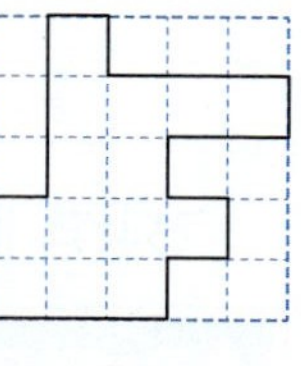

왼쪽으로 뒤집고, 시계 방향으로 90°만큼 [　] 번 돌리기

07 다음 수 카드 중에서 아래쪽으로 뒤집어도 같은 숫자가 되는 카드를 모두 한 번씩 사용하여 가장 큰 수를 만들고, 왼쪽으로 뒤집어도 같은 숫자가 되는 카드를 모두 한 번씩 사용하여 가장 작은 수를 만들었습니다. 두 수의 차를 구해 보세요.

(　　　　　　　)

08 혜리, 준우, 민지가 차례로 점 ㄱ을 이동하였습니다. 먼저 혜리가 점을 오른쪽으로 3칸, 아래쪽으로 2칸 이동한 다음 이어서 준우가 점을 왼쪽으로 2칸, 위쪽으로 1칸 이동하였습니다. 마지막으로 민지가 점을 오른쪽으로 1칸, 아래쪽으로 2칸 이동한 위치에 점 ㄴ으로 표시해 보세요.

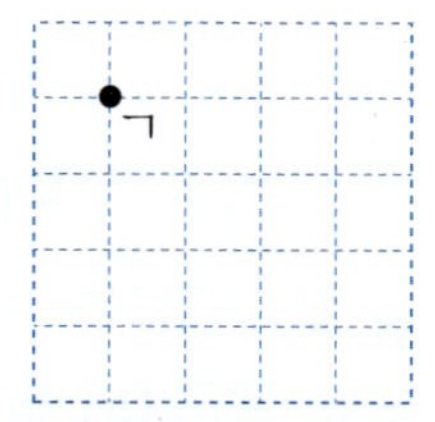

09 숫자 6을 이용하여 오른쪽과 같은 무늬를 만들었습니다. 숫자를 돌려서 만든 모양은 모두 몇 개일까요?

(　　　　　　　)

10 오른쪽 그림은 눈금만 있고 숫자가 없는 벽시계가 오른쪽의 유리에 비친 모습입니다. 실제 시각은 몇 시 몇 분일까요?

(　　　　　　　)

---

11 어떤 도형을 시계 반대 방향으로 90°만큼 돌렸을 때의 도형이 왼쪽과 같습니다. 처음 도형을 시계 방향으로 180°만큼 돌렸을 때의 도형을 오른쪽에 그려 보세요.

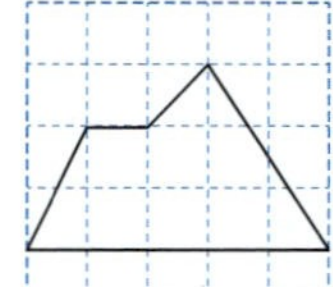 

12 오른쪽 도형을 아래쪽으로 7번 뒤집고 위쪽으로 밀었을 때의 도형은 오른쪽 도형을 어떤 방법으로 1번 움직인 도형과 같을까요?

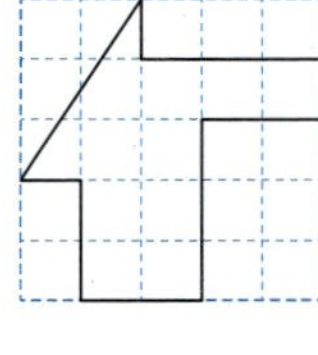

(   )

13 어떤 도형을 오른쪽으로 5번 뒤집고 시계 방향으로 90°만큼 3번 돌렸더니 오른쪽 도형이 되었습니다. 처음 도형을 왼쪽에 그려 보세요.

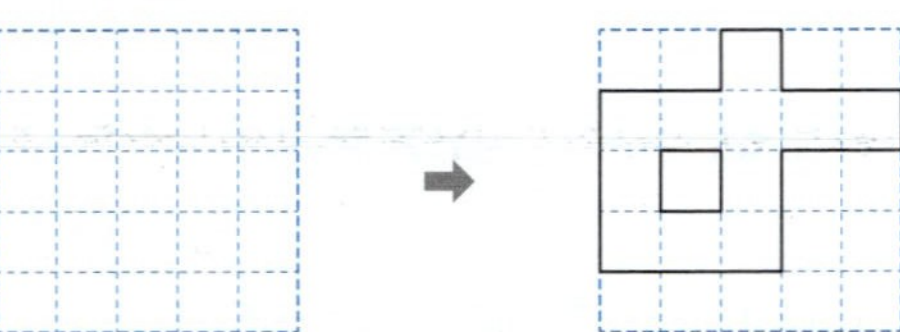

14 어떤 도형을 오른쪽으로 뒤집고 시계 방향으로 90°만큼 3번 돌린 도형을 그리려다 잘못하여 왼쪽으로 뒤집고 시계 방향으로 90°만큼 3번 돌렸을 때의 도형을 그렸습니다. 바르게 움직였을 때의 도형을 그려 보세요.

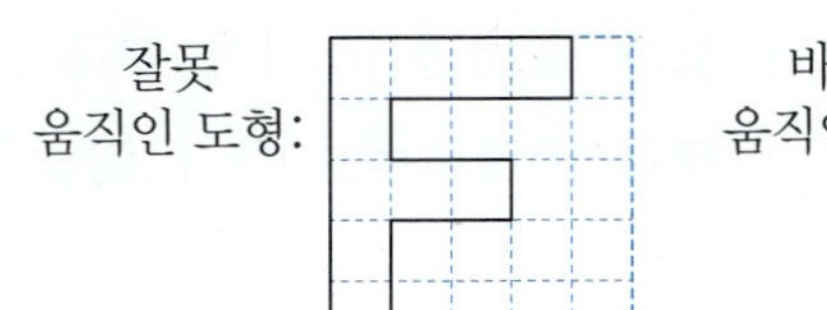 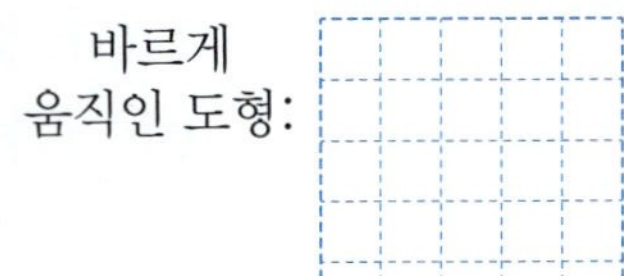

15 왼쪽 도형을 움직여서 오른쪽 무늬를 만들었습니다. 도형을 돌려서 만든 도형은 모두 몇 개일까요?

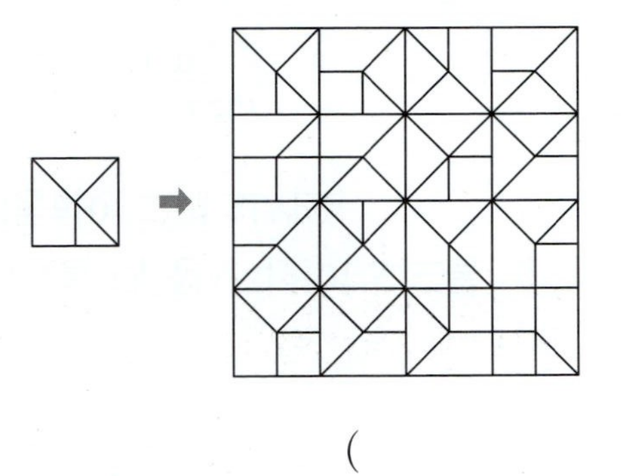

(   )

16 오른쪽으로 뒤집고 시계 반대 방향으로 180°만큼 돌렸을 때의 모양이 처음과 같은 알파벳은 모두 몇 개일까요?

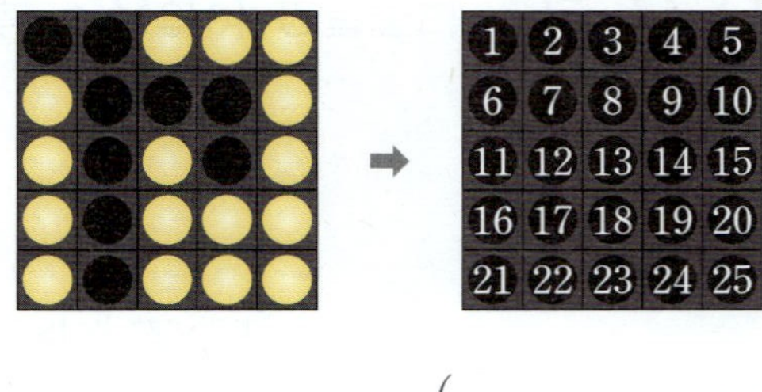

(   )

17 전광판에 불을 켜서 왼쪽과 같은 모양을 만들었습니다. 이 모양을 시계 방향으로 180°만큼 15번 돌리고 위쪽으로 뒤집은 모양을 만들 때, 불이 켜진 전구의 번호를 모두 더하면 얼마일까요?

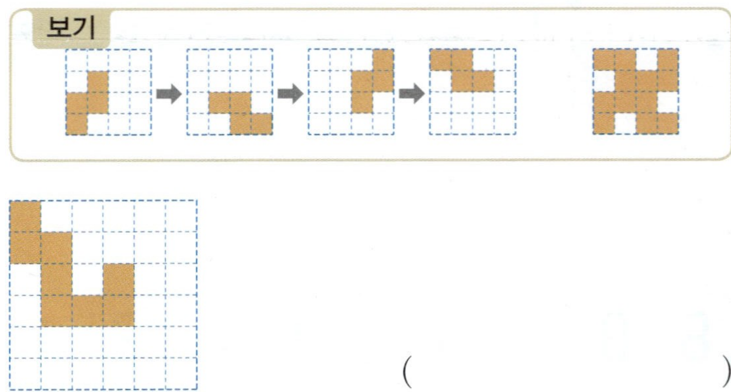

(   )

18 보기 와 같이 도형을 시계 반대 방향으로 90°만큼 계속 돌렸을 때, 색칠된 칸이 지나간 칸을 모두 색칠하려고 합니다. 색칠되지 않은 칸은 모두 몇 칸인지 구해 보세요.

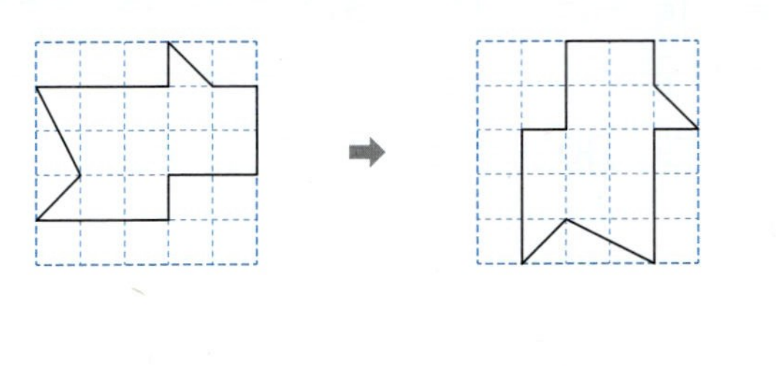

(   )

19 서술형

왼쪽 도형을 뒤집거나 돌려서 오른쪽 도형을 만들었습니다. 어떻게 움직였는지 설명해 보세요.

설명

20 서술형

오른쪽은 민호가 철봉에 거꾸로 매달려서 벽시계를 본 것입니다. 5분 후 시각은 몇 시 몇 분인지 풀이 과정을 쓰고 답을 구해 보세요.

풀이

답

교내 경시 6단원 규칙 찾기

이름　　　　　점수

01 나눗셈식의 배열에서 규칙을 찾아 ㉠에 알맞은 식을 구해 보세요.

$$6000 \div 300 = 20$$
$$6900 \div 300 = 23$$
$$7800 \div 300 = 26$$
$$\boxed{\qquad ㉠ \qquad}$$
$$9600 \div 300 = 32$$

식 ....

02 계산식의 배열에서 규칙을 찾아 여덟째에 식을 써 보세요.

첫째　$2 = 2 \times 1$

둘째　$2 + 4 + 2 = 4 \times 2$

셋째　$2 + 4 + 6 + 4 + 2 = 6 \times 3$

넷째　$2 + 4 + 6 + 8 + 6 + 4 + 2 = 8 \times 4$

다섯째　$2 + 4 + 6 + 8 + 10 + 8 + 6 + 4 + 2 = 10 \times 5$

$\vdots$

여덟째 ....

03 규칙에 따라 다섯째 모양을 알맞게 색칠해 보세요.

첫째　　둘째　　셋째　　넷째　　다섯째

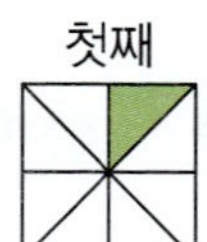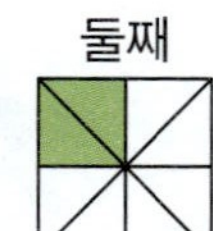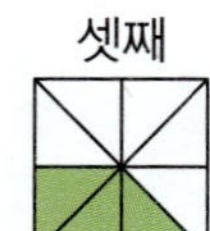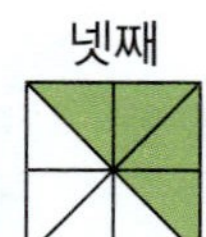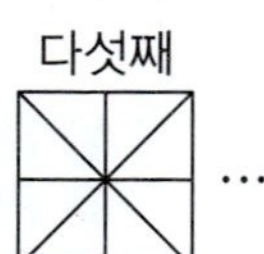 ...

04 1부터 9까지의 수 중에서 ㉠과 ㉡에 알맞은 수는 모두 몇 쌍인지 구해 보세요.

$$22 + ㉠ = 19 + ㉡$$

(　　　　　　　)

05 ◯의 이웃한 ◯에 적힌 수의 곱을 안쪽의 ◯에 적었습니다. ㉠, ㉡, ㉢, ㉣, ㉤에 알맞은 자연수를 구해 보세요.

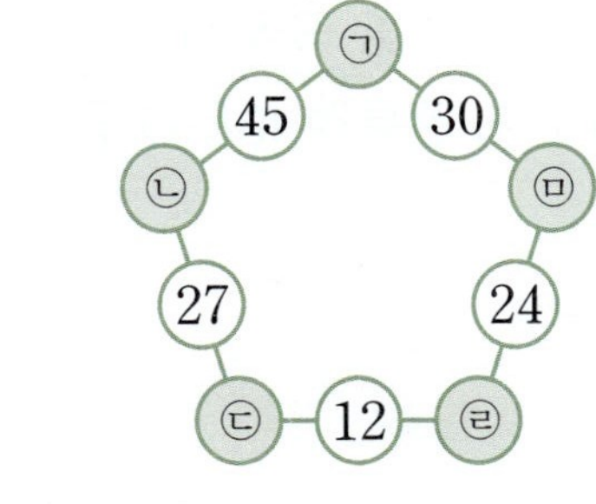

㉠ (　　　　), ㉡ (　　　　), ㉢ (　　　　),
㉣ (　　　　), ㉤ (　　　　)

06 삼각형의 4개의 칸에 일정한 규칙으로 수를 써넣은 것입니다. ㉠에 알맞은 수를 구해 보세요.

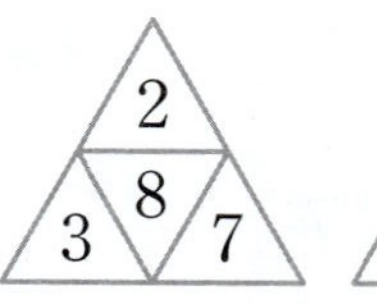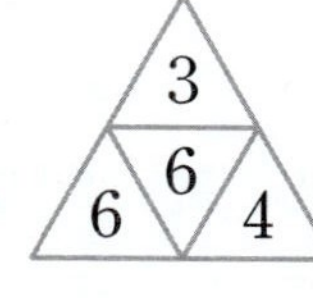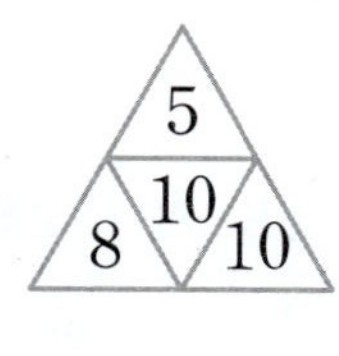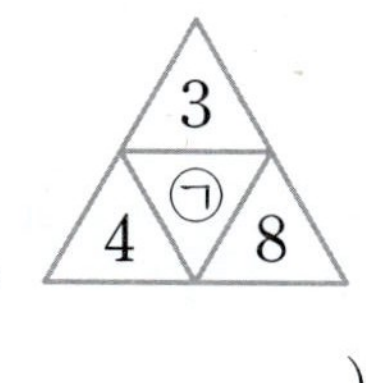

(　　　　　　　)

07 어느 해 각 나라의 시각을 나타낸 것입니다. 현재 대한민국의 시각이 8월 20일 오전 5시일 때, 체코와 뉴질랜드의 날짜와 시각을 각각 구해 보세요.

체코　　　　대한민국　　　　뉴질랜드
(7월 8일 오후)　(7월 8일 오후)　(7월 9일 오전)

체코 (　　　　　　　)

뉴질랜드 (　　　　　　　)

[08~09] 다음과 같은 방법으로 끈을 자르려고 합니다. 물음에 답하세요.

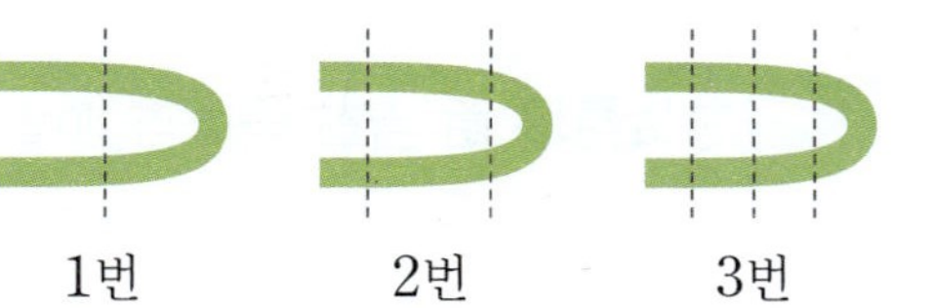 ...

1번　　2번　　3번

08 10번 자르면 끈은 몇 개가 될까요?

(　　　　　　　)

09 잘린 끈이 57개가 되려면 끈을 몇 번 잘라야 할까요?

(　　　　　　　)

10 다음과 같이 6개의 변이 있는 도형으로 점을 그리려고 합니다. 여덟째에는 점이 몇 개일까요?

첫째　둘째　　셋째　　　넷째

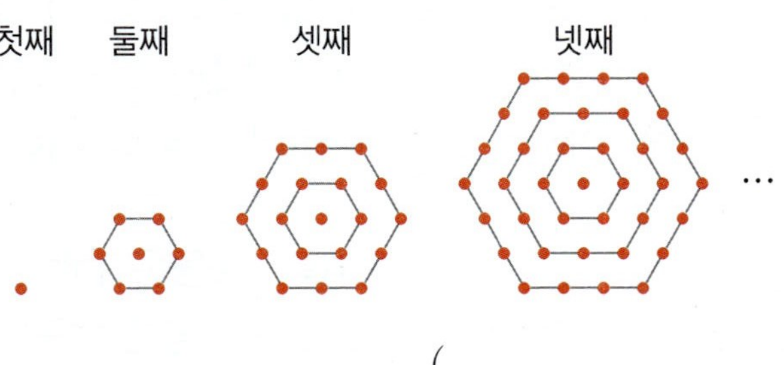 ...

(　　　　　　　)

11 →, ↓, ↘, ↗ 방향으로 놓인 세 수의 합이 모두 같도록 빈칸에 알맞은 수를 써넣으세요.

7	17	
	9	13
15		

12 쌓기나무로 쌓은 모양의 배열을 보고 여섯째 모양을 만드는 데 필요한 쌓기나무는 몇 개인지 구해 보세요.

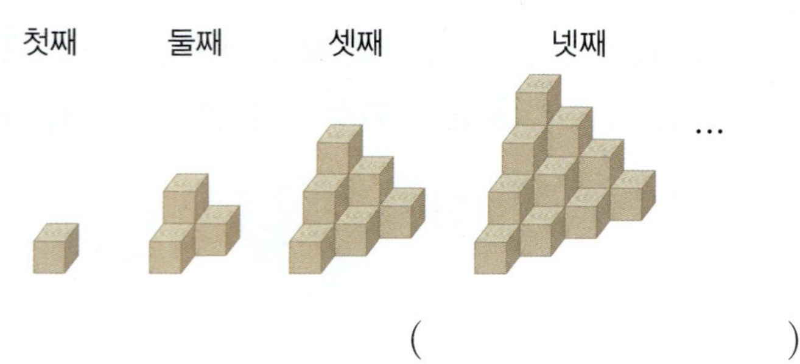

(   )

13 바둑돌로 만든 모양의 배열에서 12째에는 어느 색 바둑돌이 몇 개 더 많을까요?

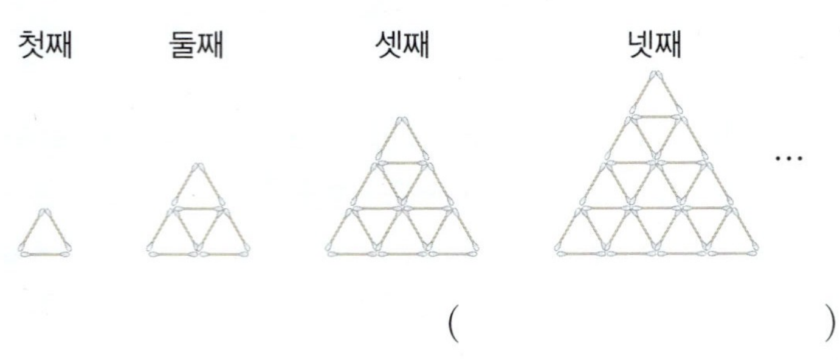

(,   )

14 면봉으로 만든 모양의 배열을 보고 10째 모양을 만드는 데 필요한 면봉은 몇 개인지 구해 보세요.

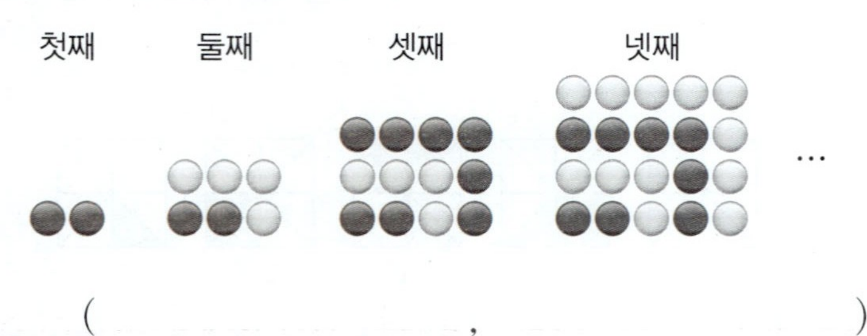

(   )

15 오른쪽과 같은 규칙으로 수를 쓸 때, 수를 쓴 방향이 바뀌는 수는 2, 3, 5, 7, 10, …입니다. 20째로 방향이 바뀌는 수를 구해 보세요.

$$7 \rightarrow 8 \rightarrow 9 \rightarrow 10$$
$$6 \quad 1 \rightarrow 2 \quad 11$$
$$5 \leftarrow 4 \leftarrow 3 \quad 12$$
$$17 \leftarrow 16 \leftarrow 15 \leftarrow 14 \leftarrow 13$$

(   )

16 다음과 같은 규칙으로 수를 썼습니다. 계산 결과에서 가장 낮은 자리부터 네 자리 수를 구해 보세요.

$$1+11+111+ \cdots +\underbrace{111 \cdots 111}_{1000개}$$

(   )

[17~18] 다음과 같은 규칙으로 아기 토끼를 낳는 토끼가 있습니다. 물음에 답하세요.

> 갓 태어난 한 쌍의 토끼가 있는데 한 달 후 어른 토끼가 되고, 한 쌍의 어른 토끼는 매달 한 쌍의 아기 토끼를 낳습니다. 태어난 한 쌍의 아기 토끼는 한 달이 지나면 어른 토끼가 되어 역시 매달 한 쌍의 아기 토끼를 낳습니다. (단, 토끼는 죽지 않습니다.)

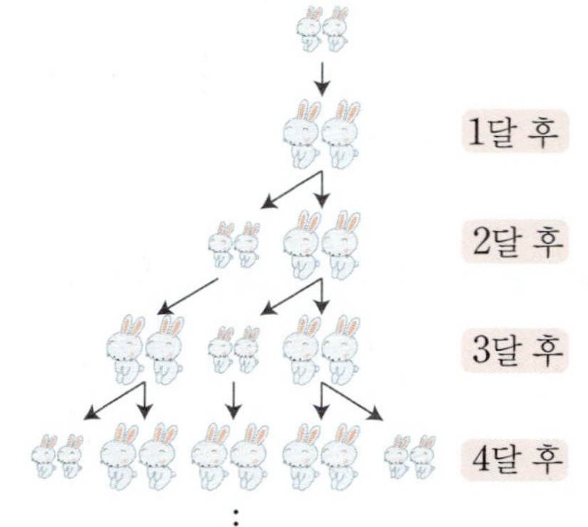

17 5달 후에 토끼는 모두 몇 쌍일까요?

(   )

18 1년 후에 토끼는 모두 몇 쌍일까요?

(   )

19
서술형

오른쪽과 같은 순서로 손가락으로 수를 세려고 합니다. 130은 어느 손가락으로 세는지 풀이 과정을 쓰고 답을 구해 보세요.

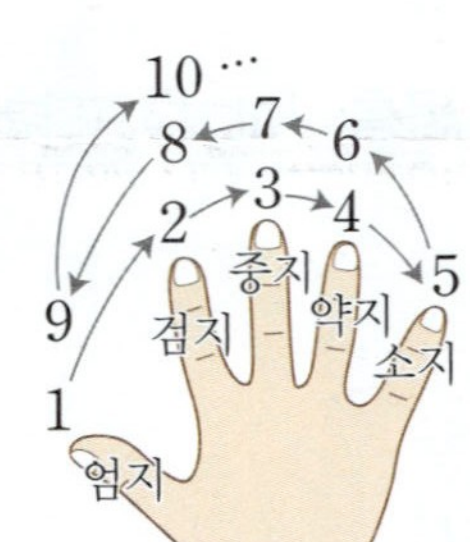

풀이

답

20
서술형

수 배열표에서 색칠한 네 수의 합은 28입니다. 같은 모양으로 놓인 네 수의 합이 140일 때, 네 수 중 가장 작은 수는 얼마인지 풀이 과정을 쓰고 답을 구해 보세요.

1	2	3	4	5	6	7	8
9	10	11	12	13	14	15	16
17	18	19	20	21	22	23	24
25	26	27	28	29	30	31	32
33	34	35	36	37	38	39	40

풀이

답

점수
이름

01 다음 중 백만의 자리 숫자가 가장 큰 것은 어느 것일까요? (   )

① 43801726   ② 8504917   ③ 146905623
④ 290583714   ⑤ 67490154

02 오른쪽 도형은 왼쪽 도형을 시계 방향으로 180°만큼 돌린 도형입니다. ㉠의 각도를 구해 보세요.

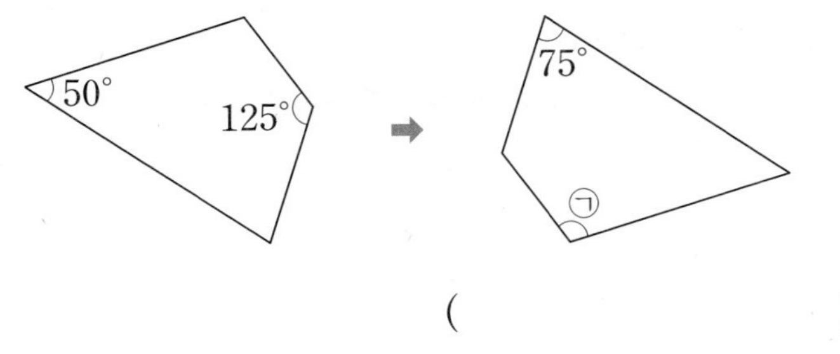

(   )

03 시계의 긴바늘과 짧은바늘이 이루는 작은 쪽의 각이 둔각인 시각을 모두 찾아 기호를 써 보세요.

> ㉠ 2시 20분   ㉡ 9시 30분
> ㉢ 5시 40분   ㉣ 10시 10분

(   )

04 조건을 모두 만족시키는 수 중 가장 큰 수를 구해 보세요.

> ㉠ 여덟 자리 수입니다.
> ㉡ 천만의 자리 숫자는 일의 자리 숫자의 3배입니다.
> ㉢ 각 자리의 숫자는 모두 다릅니다.

(   )

[05~06] 어느 학교 4학년 학생들의 혈액형을 조사하여 나타낸 막대그래프입니다. 물음에 답하세요.

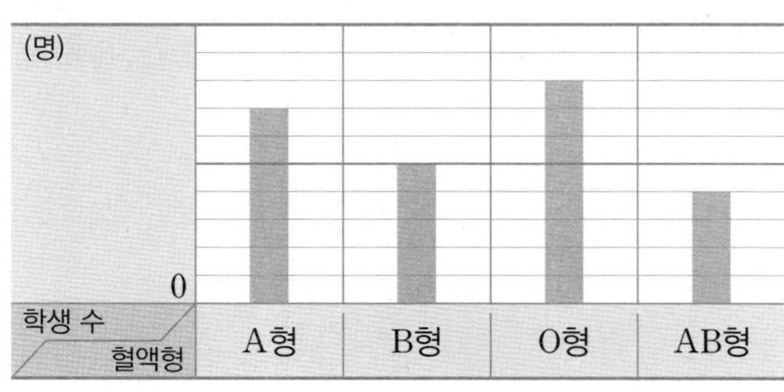

05 A형인 학생은 AB형인 학생보다 12명 더 많다고 합니다. AB형인 학생은 몇 명일까요?

(   )

06 조사한 학생은 모두 몇 명일까요?

(   )

07 바둑돌로 만든 모양의 배열을 보고 10째 모양을 만드는 데 필요한 바둑돌은 몇 개인지 구해 보세요.

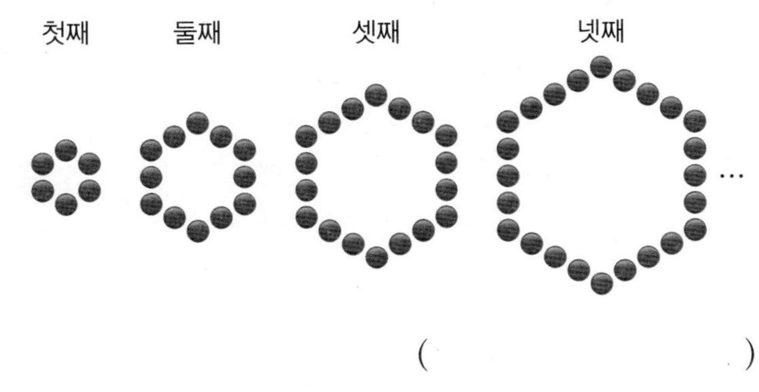

(   )

08 공책을 한 권씩 사면 800원이고, 같은 공책을 2권씩 묶음으로 사면 한 묶음에 1300원입니다. 공책 100권을 살 때 가장 비싸게 사는 금액과 가장 싸게 사는 금액의 차는 얼마일까요?

(   )

09 다음 나눗셈의 몫이 15일 때, 0부터 9까지의 수 중에서 ☐ 안에 들어갈 수 있는 수를 모두 구해 보세요.

> 2☐8÷17

(   )

10 오른쪽 그림에서 각 ㄱㄴㄷ은 115°이고, 각 ㄱㄴㄷ을 시계 방향으로 90°만큼 돌려서 각 ㄹㄴㅁ을 그렸습니다. ㉠의 각도를 구해 보세요.

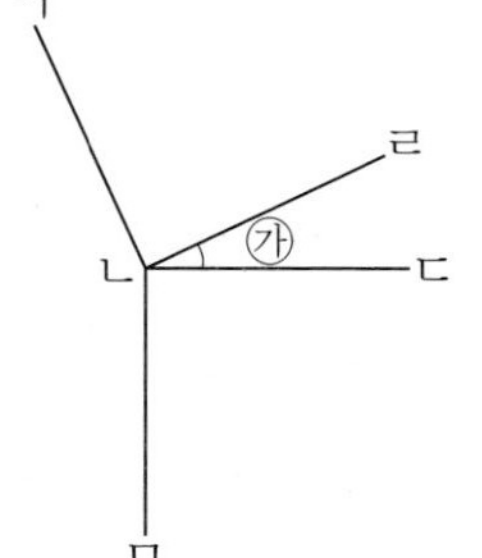

(   )

11 길이가 1 m 30 cm인 색 테이프 15장을 10 cm씩 겹쳐서 길게 이어 붙였습니다. 이어 붙인 색 테이프의 전체 길이는 몇 m 몇 cm일까요?

(　　　　　　　　　)

12 일정한 규칙으로 도형을 움직인 것입니다. 빈칸에 알맞은 도형을 그려 보세요.

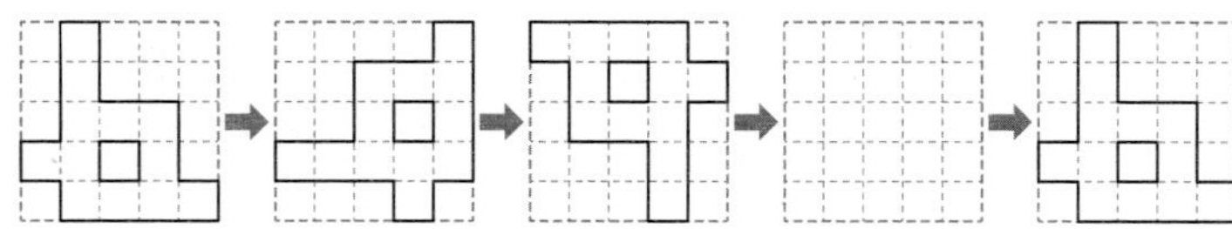

[13~14] 민하네 집과 각 장소 사이의 거리를 조사하여 나타낸 막대그래프입니다. 물음에 답하세요.

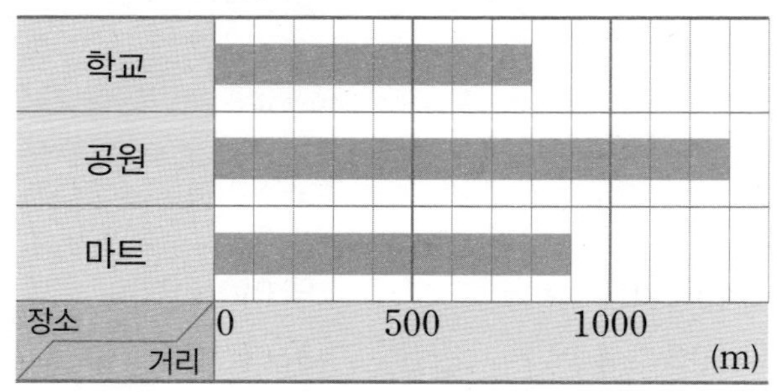

민하네 집과 각 장소 사이의 거리

13 민하가 5분에 400 m씩 일정하게 걷는다면 집에서 학교까지 가는 데 걸리는 시간은 몇 분일까요?

(　　　　　　　　　)

14 민하가 2분에 130 m씩 일정하게 걷는다면 집에서 가장 먼 장소에 도착하는 데 걸리는 시간은 몇 분일까요?

(　　　　　　　　　)

15 다음 수 카드를 한 번씩만 사용하여 (세 자리 수)×(두 자리 수)의 계산 결과가 가장 크게 될 때의 곱을 구해 보세요.

| 3 | 5 | 8 | 4 | 6 |

(　　　　　　　　　)

16 준영이가 오전에 독서를 시작한 시각과 끝낸 시각을 나타내는 시계가 거울에 비친 모습입니다. 준영이가 독서를 한 시간을 구해 보세요.

25:80　　　　3E:01
독서를 시작한 시각　　　독서를 끝낸 시각

(　　　　　　　　　)

17 은행에 예금한 돈 32500000원을 100만 원짜리 수표와 10만 원짜리 수표로만 찾았더니 64장이었습니다. 은행에서 찾은 10만 원짜리 수표는 몇 장일까요?

(　　　　　　　　　)

18 다음과 같은 규칙으로 수를 늘어놓습니다. 14는 5행 둘째 수입니다. 64는 몇 행 몇 째 수인지 구해 보세요.
(단, 순서는 왼쪽에서부터 셉니다.)

```
                1           … 1행
             3    2         … 2행
          6    5    4        … 3행
       10   9    8    7      … 4행
    15  14  13  12  11       … 5행
                ⋮
```

(　　　　　　　　　)

19 서술형　도형을 삼각형으로 나누는 방법으로 변이 20개인 도형의 각의 크기의 합을 구하려고 합니다. 풀이 과정을 쓰고 답을 구해 보세요.

풀이

답

20 서술형　어떤 수에 37을 곱해야 할 것을 잘못하여 37로 나누었더니 몫이 23이고 나머지가 8이 되었습니다. 바르게 계산하면 얼마인지 풀이 과정을 쓰고 답을 구해 보세요.

풀이

답

수능형 사고력을 기르는 1학기 TEST · 2회

점수

이름

01 □ 안에 들어갈 수 있는 자연수 중에서 가장 큰 수를 구해 보세요.

$$36 \times \square < 760$$

(   )

02 다음 도형에서 색칠된 각의 크기의 합을 구해 보세요.

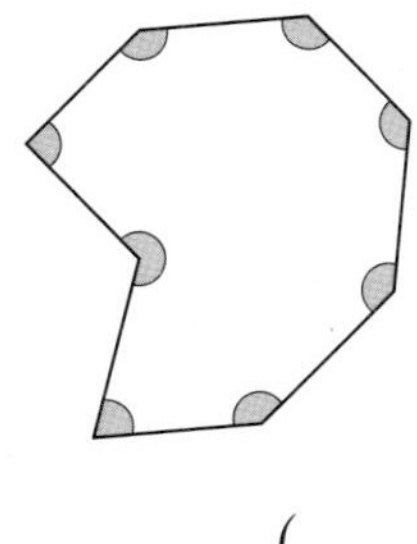

(   )

03 100원짜리 동전을 100개 쌓으면 높이는 약 18 cm가 된다고 합니다. 100원짜리 동전으로 3억 원을 쌓으면 높이는 약 몇 cm가 될까요?

(   )

04 오른쪽 그림은 눈금만 있고 숫자가 없는 시계가 아래쪽에 있는 거울에 비친 모습입니다. 실제 시각은 몇 시 몇 분일까요?

(   )

05 심박수는 일정한 시간 동안 심장이 뛰는 횟수를 말합니다. 일반적으로 1분에 몇 번 뛰는지를 계산하는데 민수의 심박수는 60~80회라고 합니다. 민수의 하루 동안 뛰는 심박수의 범위를 구해 보세요.

(   )

06 오른쪽 시계가 8시 20분을 가리킬 때, 긴바늘과 짧은바늘이 이루는 작은 쪽의 각도를 구해 보세요.

(   )

07 민정이네 학교 4학년 반별로 형제가 있는 학생 수를 조사하여 막대그래프로 나타내려고 합니다. **조건** 에 맞도록 막대그래프를 완성해 보세요.

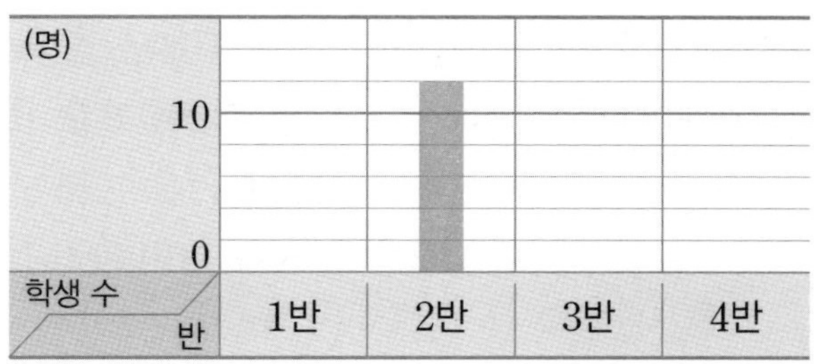

반별 형제가 있는 학생 수

조건

㉠ 4반에서 형제가 있는 학생은 14명입니다.

㉡ 2반에서 형제가 있는 학생은 3반의 3배입니다.

㉢ 형제가 있는 학생은 모두 40명입니다.

08 소윤이네 학교 4학년 반별 학생 수를 조사하여 나타낸 막대그래프입니다. 4학년 전체 여학생이 전체 남학생보다 5명 더 적다면 3반의 여학생은 몇 명일까요?

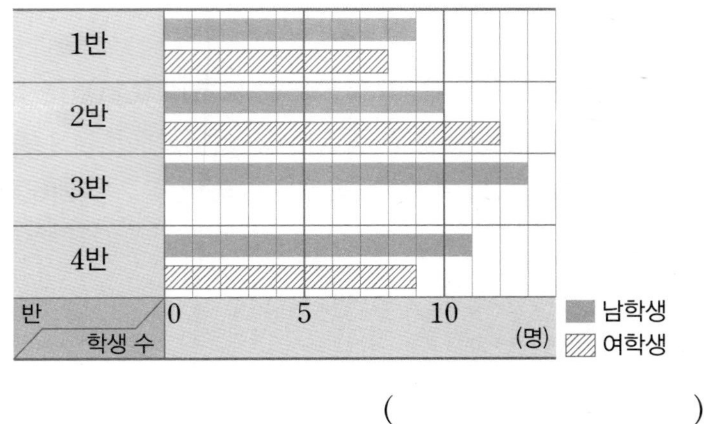

4학년 반별 학생 수

(   )

09 왼쪽 도형을 오른쪽으로 9번 뒤집고 시계 반대 방향으로 90°만큼 3번 돌렸더니 오른쪽 도형이 되었습니다. 처음 도형을 그려 보세요.

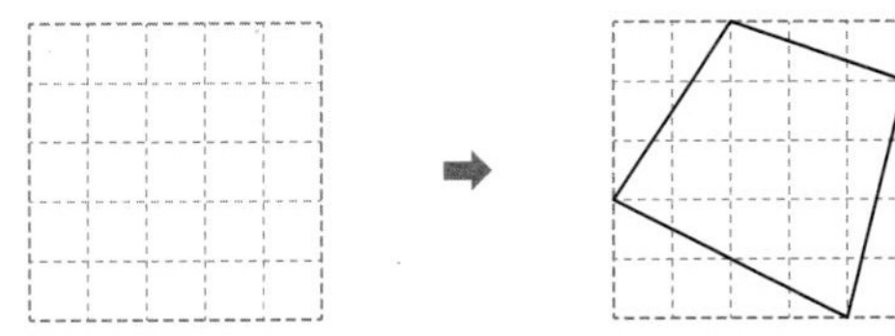

10 다음과 같이 수를 나타낼 때 주어진 모양이 나타내는 수를 □ 안에 써넣으세요.

11 수 카드를 모두 두 번씩 사용하여 만든 10자리 수 중에서 70억에 가장 가까운 수를 구해 보세요.

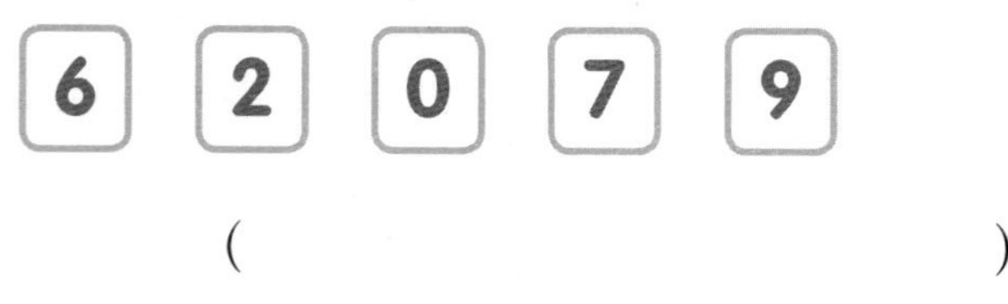

( )

12 보기 와 같이 105를 연속하는 7개 수의 합으로 나타낼 때, 가장 작은 수를 구해 보세요.

보기
$$3+4+5+6+7+8+9=42$$
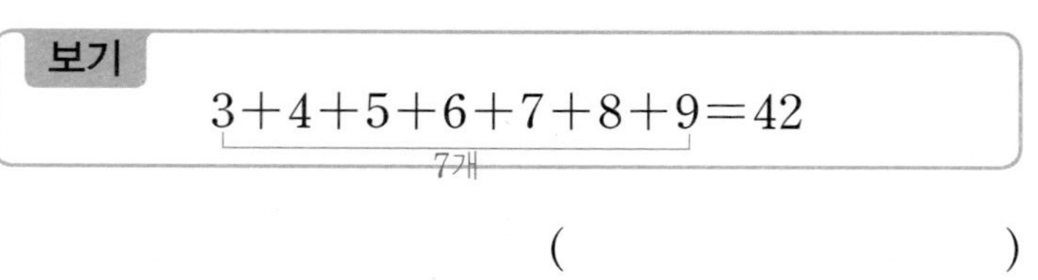

( )

13 9장의 수 카드 중에서 아래쪽으로 뒤집어도 수가 되는 카드를 모두 한 번씩 사용하여 가장 작은 수를 만들고, 시계 방향으로 180°만큼 돌려도 수가 되는 카드를 모두 한 번씩 사용하여 가장 큰 수를 만들었습니다. 두 수의 차를 구해 보세요.

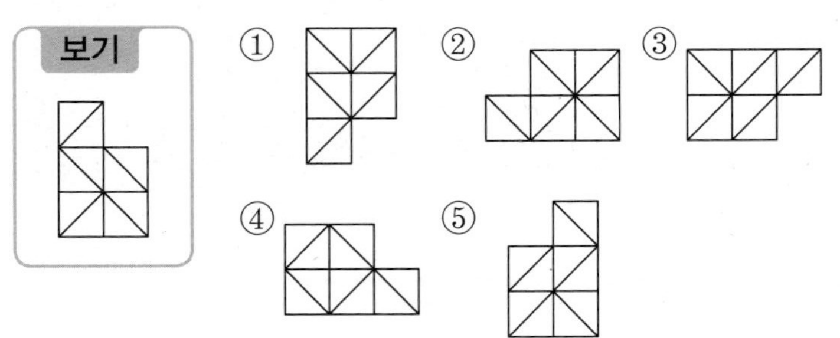

( )

14 지우는 다음과 같이 10개의 숫자가 적힌 키보드를 왼쪽에서부터 시작하여 오른쪽으로 누른 후, 다시 왼쪽으로 한 번씩 연속해서 누르고 있습니다. 200째에 누르게 되는 키보드 숫자는 얼마일까요?

| 0 | 1 | 2 | 3 | 4 | 5 | 6 | 7 | 8 | 9 |

( )

15 다음 중 보기 와 같은 도형은 어느 것일까요? ( )

보기

① ② ③

④ ⑤

16 직사각형 모양의 종이를 다음과 같이 접었을 때, ㉮의 각도를 구해 보세요.

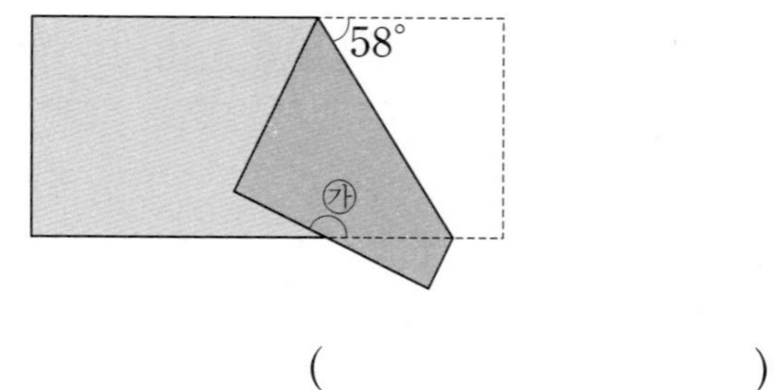

( )

17 조건 을 만족시키는 어떤 수를 모두 구해 보세요.

조건
㉠ 어떤 수는 세 자리 수입니다.
㉡ 어떤 수를 73으로 나누었을 때 몫과 나머지는 같습니다.
㉢ 어떤 수를 73으로 나누었을 때 나머지는 두 자리 수입니다.

( )

18 길이가 52 m인 열차가 1분에 3 km씩 달립니다. 이 열차가 터널에 진입하여 터널을 완전히 통과하는 데 20초가 걸렸다면 터널의 길이는 몇 m인지 구해 보세요.

( )

19 서술형 어떤 수에서 350억씩 5번 뛰어 세었더니 6조 1200억이 되었습니다. 어떤 수는 얼마인지 풀이 과정을 쓰고 답을 구해 보세요.

풀이

답

20 서술형 길이가 990 m인 도로의 양쪽에 22 m 간격으로 가로수를 심으려고 합니다. 도로의 시작과 끝에도 가로수를 심는다면 필요한 가로수는 모두 몇 그루인지 풀이 과정을 쓰고 답을 구해 보세요. (단, 가로수의 두께는 생각하지 않습니다.)

풀이

답

상위권을 위한 사고력

사고력

생각하는 방법도 최상위!

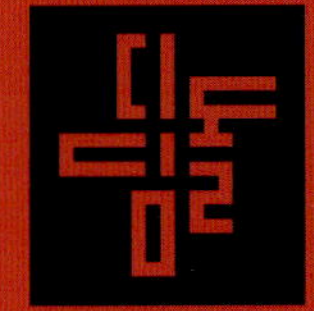

정답과 풀이

초등 4·1

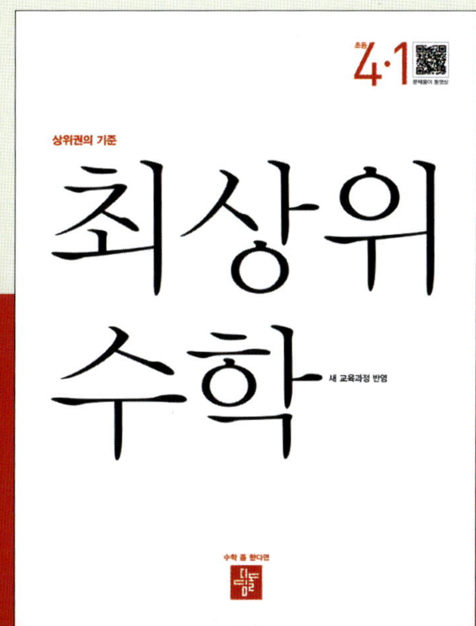

SPEED 정답 체크

1 큰 수

◉ BASIC TEST

1 만, 억, 조　　　　　　　　　　　　　　11쪽

1 (1) 306025 또는 30만 6025　(2) 육십사억 칠천사십칠만
　(3) 751004212692613 또는 751조 42억 1269만 2613
　/ 칠백오십일조 사십이억 천이백육십구만 이천육백십삼

2 3066760　　**3** 10000배 또는 1만 배

4 (1) 24　(2) 37　**5** 800000000장 또는 8억 장

6 ④

2 뛰어 세기　　　　　　　　　　　　　　13쪽

1 (위에서부터) 6208만, 620억 8000만, 1000

2 110조　　**3** 1조 1600억　**4** (1) 4　(2) 7

5 369000000000000원 또는 369조 원

6 84억 5000만　**7** 5개월 후

3 큰 수의 크기 비교　　　　　　　　　　15쪽

1 (1) >　(2) <　(3) <　　　　　**2** ㉢, ㉡, ㉠

3
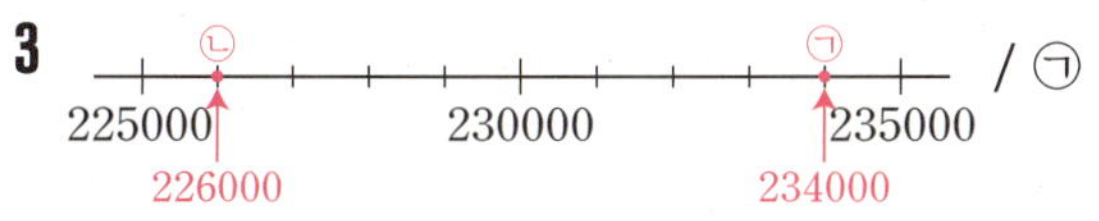
/ ㉠

4 (1) 8, 9　(2) 6, 7, 8, 9

5 (1) 천왕성　(2) 금성

6 2002335588, 이십억 이백삼십삼만 오천오백팔십팔

◻ MATH TOPIC　　　　　　　　　16~22쪽

1-1 173433007400500원
　　　또는 173조 4330억 740만 500원

1-2 9672장　　　　　**1-3** 110장

2-1 520억 5000만, 523억 5000만

2-2 2조 7200억　　　**2-3** 134억 4000만 달러

3-1 9876543201, 1023456798

3-2 4개　　　　　　**3-3** 5개

4-1 ⑩ 368, 3404, 39743　**4-2** 7

5-1 <　　　　　　　**5-2** ㉡, ㉠, ㉢

6-1 20011　　　　　**6-2** 7924135

심화7 4000만 / 5억 8500만, 6억 2500만, 2028 / 2028

7-1 5, 6

◣ LEVEL UP TEST　　　　　　　23~27쪽

1 삼엽충　　　　　**2** 1000000000배 또는 10억 배

3 350000명 또는 35만 명　　　**4** 764장

5 4004575799

6 30000000000000달러 또는 30조 달러

7 7259997, 7259998, 7259999　　**8** 11개

9 약 200만 년 전　**10** 2, 3 / 0, 1, 2, 3

11 약 180000 cm 또는 약 18만 cm　**12** 3, 4, 5

13 6개　　　　　**14** 13쌍　　　**15** 1302456987

16 4290장

◤ HIGH LEVEL　　　　　　　　28~30쪽

1 399886644300　　　　　**2** 7, 2

3 40억 3400만, 75억 3400만　**4** 4

5 201021　　**6** 8604235791　**7** 63

8 631895472 또는 274598136

2 각도

◉ BASIC TEST

1 각도의 이해　　　　　　　　　　　　35쪽

1 ㉠, ㉡, ㉺ / ㉢, ㉫, ㉼　　　　　**2** 50

3 120°　　　**4** ㉢　　　**5** 75°

6 　15°　(25°)　(40°)　75°　135°　150°

2 삼각형과 사각형의 각의 크기의 합　　37쪽

1 35　　　**2** 55°　　　**3** 15°

4 70°　　　**5** 122°　　　**6** 130°

3 여러 가지 도형의 각의 크기의 합 39쪽

1 95° **2** 900° **3** 215°
4 270° **5** 280° **6** 720°

MATH TOPIC 40~47쪽

1-1 (1) 50 (2) 120 **1-2** 50°, 28°
2-1 15° **2-2** 91° **2-3** 136°
3-1 218° **3-2** 110° **3-3** 162°
4-1 105° **4-2** 135° **4-3** 75°
5-1 8개, 4개 **5-2** 11개 **5-3** 8개
6-1 70° **6-2** 79° **6-3** 124°
7-1 150° **7-2** 160° **7-3** 50°
심화8 6, 120 / 120, 360, 정오각형 / 정오각형
8-1 150°

LEVEL UP TEST 48~51쪽

1 45° **2** 85°, 42°, 53° **3** 100°
4 65° **5** 125° **6** 5개
7 86° **8** 165° **9** 170°
10 78° **11** 85° **12** 99°
13 360°

HIGH LEVEL 52~54쪽

1 110° **2** 74° **3** 330°
4 6개 **5** 10개 **6** 69°
7 9 **8** 26°

3 곱셈과 나눗셈

BASIC TEST

1 (세 자리 수) × (두 자리 수) 59쪽

1 (왼쪽에서부터) 1311, 13110 / 10
2 (1) 3, 369, 3690 (2) 10, 1028, 10, 10280
3 (1) 5, 6160, 1540, 7700 (2) 46, 3400, 782, 4182

4
$$
\begin{array}{r}
3\,6\,7 \\
\times \quad 5\,4 \\
\hline
1\,4\,6\,8 \\
1\,8\,3\,5 \quad\; \\
\hline
1\,9\,8\,1\,8
\end{array}
$$
5 51000원 **6** 140
7 255개

2 곱셈의 활용, 몇십으로 나누기 61쪽

1 8, 8 **2** >
3 ( ) ( ) (○) **4** 412개
5 12.6 L **6** 390 **7** 16상자

3 몇십몇으로 나누기 63쪽

1 442
2 예 몫을 9로 어림하면 나누는 수와 몫을 곱한 값이 나누어지는 수보다 크므로 뺄 수 없습니다. /
$$
\begin{array}{r}
8 \\
21\overline{)184} \\
168 \\
\hline
16
\end{array}
$$
3 9상자 **4** 545 **5** 48
6 (위에서부터) 3, 9

MATH TOPIC 64~71쪽

1-1 40500원 **1-2** 23730원 **1-3** A 마트
2-1 28 **2-2** 369 **2-3** 27
3-1 13일 **3-2** 58그루 **3-3** 13쪽
4-1 3, 5 **4-2** 5, 9 **4-3** 30
5-1 651, 74, 48174 **5-2** 753, 12, 62, 9
5-3 2
6-1 1, 2 **6-2** 2, 4
7-1 (1) 7, 5, 9, 5, 4 (2) 3, 1, 5, 5, 2
심화8 106, 78, 97, 10282, 63, 6678 / 10282, 25228 / 25228
8-1 68 g, 8 g

LEVEL UP TEST 72~76쪽

1 15 **2** 9614 **3** 31개
4 47, 157, 110 **5** 13대 **6** 8400 mL
7 4 7)2 3 5 (또는 5 7)3 4 2) / 0
8 880, 968 **9** 1시간 45분 **10** 41
11 44 **12** 2, 6, 7, 5, 7, 6 **13** 16개
14 3개 **15** 2, 1, 7, 8

1 998　　**2** 153일째　　**3** 14그루

4 309, 346, 383　　**5** 14개　　**6** 3개

7 876

---

2 90°, 밀어서에 ○표　　**3** ④

4 　　**5** 굳은　　**6** ㄷ, ㅁ, ㅇ, ㅌ, ㅍ

4 평면도형의 이동

BASIC TEST

1 점의 이동, 평면도형 밀기　　85쪽

1 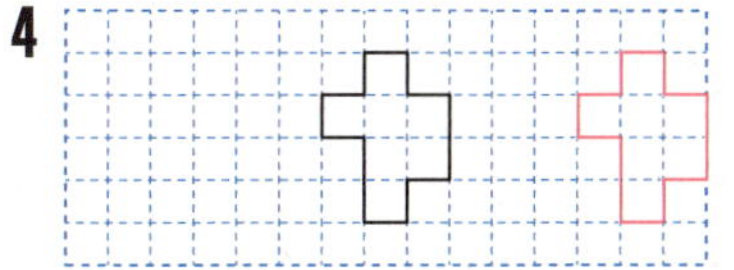　　**2** 라

3 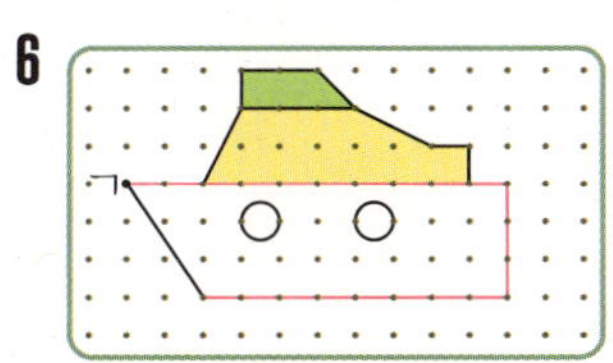

4 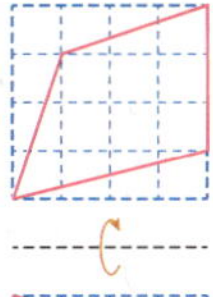

5 예) 왼쪽으로 8 cm 밀어서 이동한 도형입니다.

6 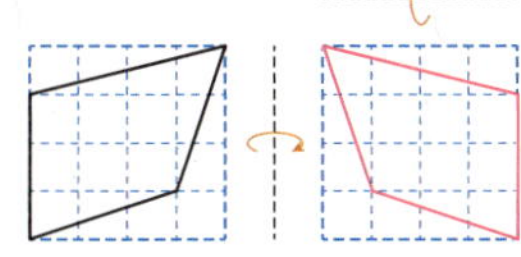

2 평면도형 뒤집기, 평면도형 돌리기　　87쪽

1　　**2** ④
3 ②, ④
4 ④, ⑤

5 예) 도형을 위쪽(또는 아래쪽)으로 뒤집기 한 규칙입니다.

6 696

3 평면도형 뒤집고 돌리기, 무늬 꾸미기　　89쪽

1 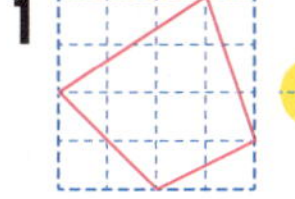 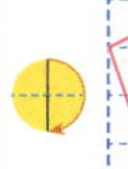 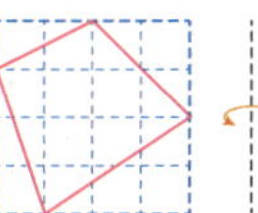 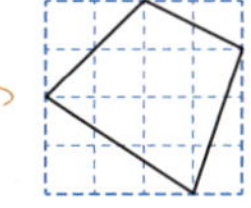

1-1 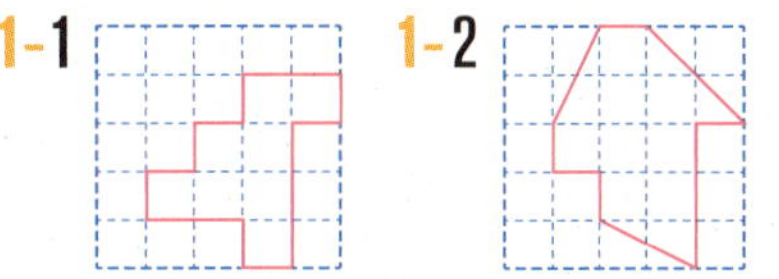　　**1-2**

1-3 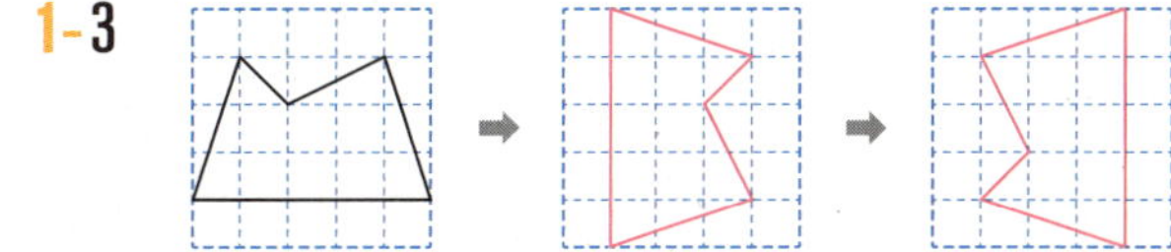

2-1 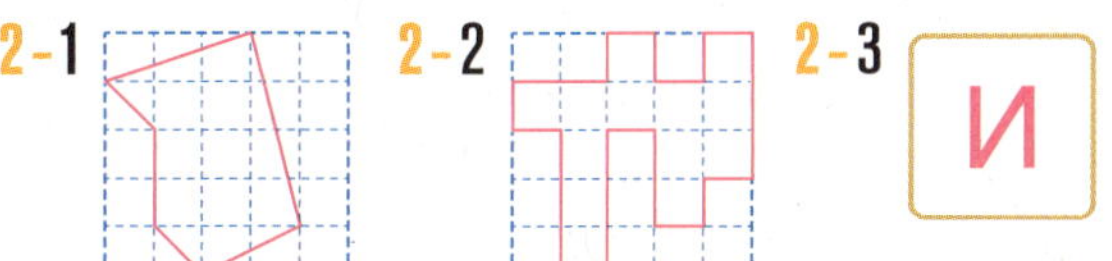　　**2-2**　　**2-3** ⋈

3-1 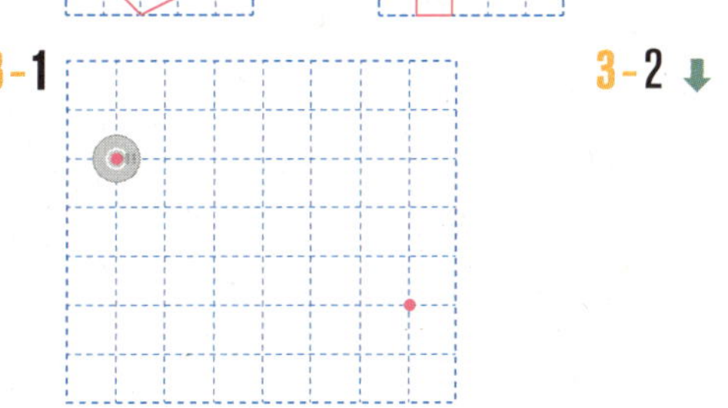　　**3-2** ↓

4-1 8개　　**4-2** 예) 

5-1 위쪽으로 뒤집기 또는 아래쪽으로 뒤집기

5-2 ③　　**5-3** 2

6-1　　**6-2**　　**6-3** ㄷ

7-1 7개　　**7-2** 219

심화 8 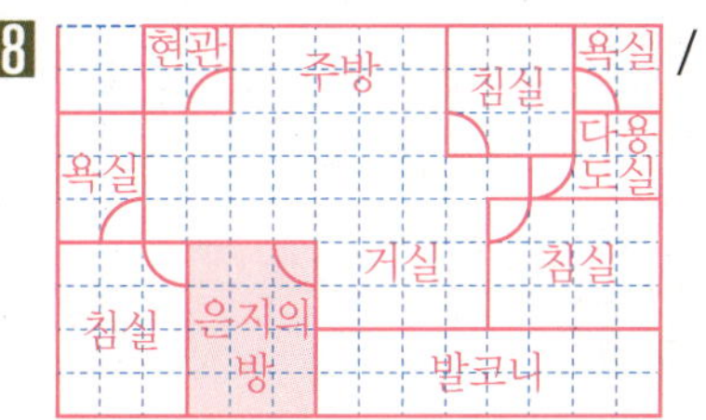 / 6, 4

8-1 40개

LEVEL UP TEST　　98~104쪽

1 ②　　**2** 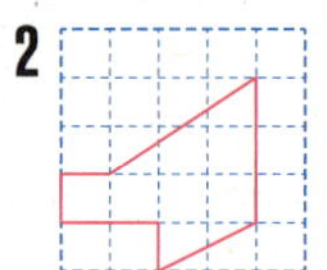　　**3** 9개

4 예 보기 의 방법은 처음 도형을 시계 반대 방향으로 90°만큼 돌리고 오른쪽(왼쪽)으로 뒤집은 것입니다. / 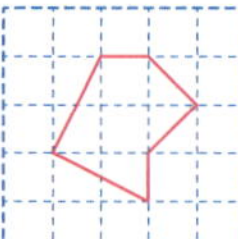

5 201　　**6** 　　**7** 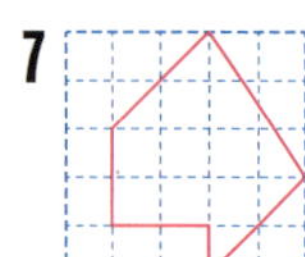

8　　**9** 13

10 예 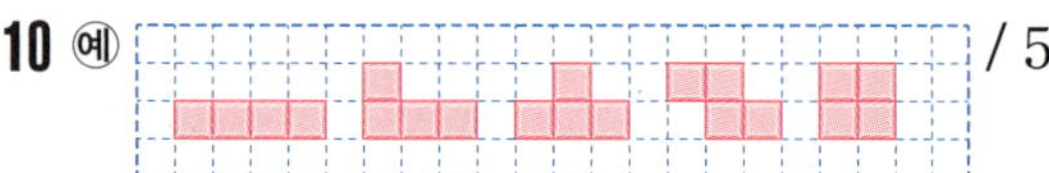 / 5

11 71　　**12** 4　　**13** ㉠, ㉢, ㉣

14　　**15** ㉡, ㉢, ㉤, ㉠　　**16** 6칸

17 3번

HIGH LEVEL　　105~107쪽

1 179　　**2** 13칸　　**3** ㉡, ㉢

4 1시 30분, 4시 30분, 7시 30분, 10시 30분

5 3가지　　**6** 7번

5 막대그래프

BASIC TEST

1 막대그래프　　113쪽

1 반, 학생 수　　**2** 막대그래프　　**3** 6명

4 100명　　**5** 70명

6 예 역사책 / 예 가장 많은 학생들이 읽고 싶어 하는 책이 역사책이기 때문입니다.

2 막대그래프 그리기　　115쪽

1 9명

2 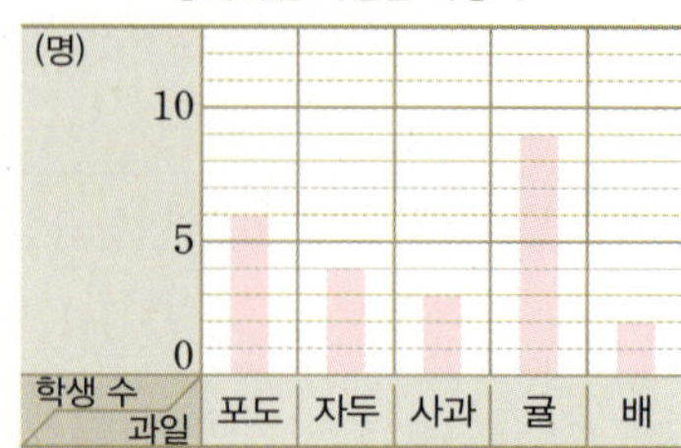

3 배　　**4** 2배　　**5** 9칸

6 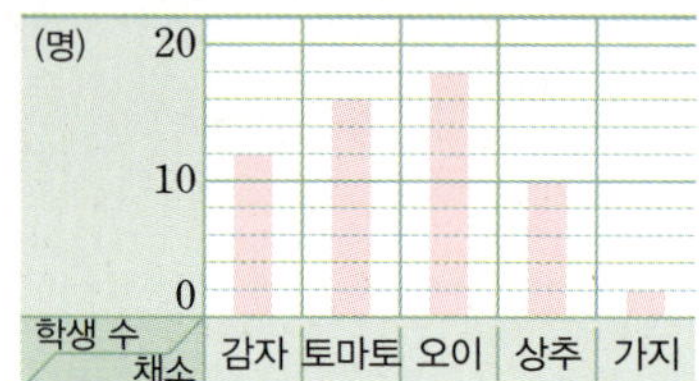

7 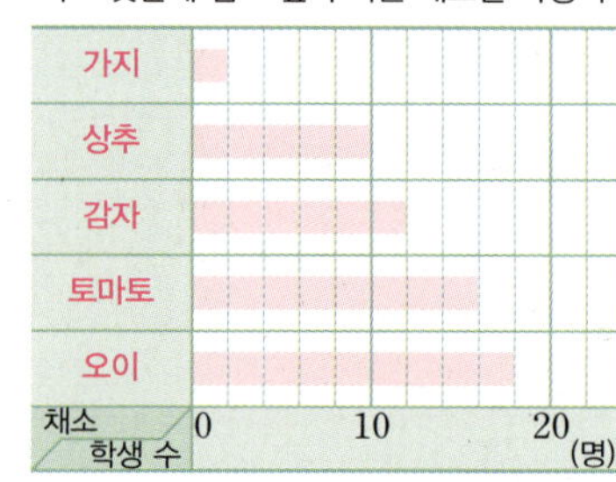

MATH TOPIC　　116~122쪽

1-1 11명　　**1-2** 10명

2-1 28명　　**2-2** 8명

3-1 4명

4-1 8, 10, 16 /

5-1 8명　　**5-2** 40 km

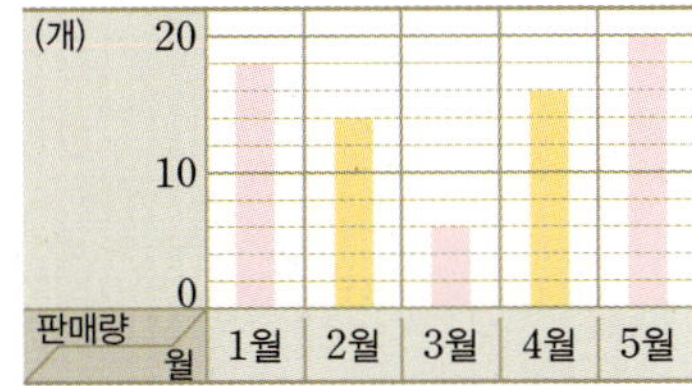

심화7 11, 15, 5 / 2002 / 2002

7-1 ㉮ 87년일 것 같습니다. / ㉮ 10년마다 기대 수명이 약 4년씩 늘어나고 있기 때문입니다.

⬔ LEVEL UP TEST　　　123~126쪽

1 6명

2 ㉮

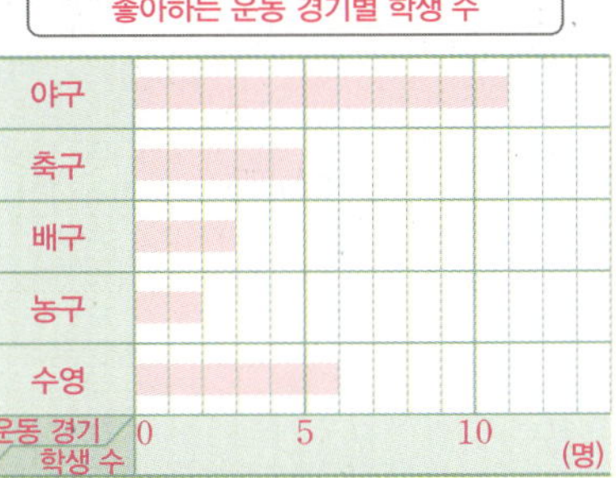

3 ㉮ 야구 / ㉮ 가장 많은 학생들이 좋아하는 운동 경기가 야구이기 때문입니다.

4 2000명　　　**5** 역사 박물관, 자동차 박물관

6 7명　　　**7** 30명　　　**8** 8칸

9 6칸　　　**10** 48명　　　**11** 1600원

12 14명

⬔ HIGH LEVEL　　　127~129쪽

1 36분　　　**2** 5명　　　**3** 장호, 80점

4 55, 40 /

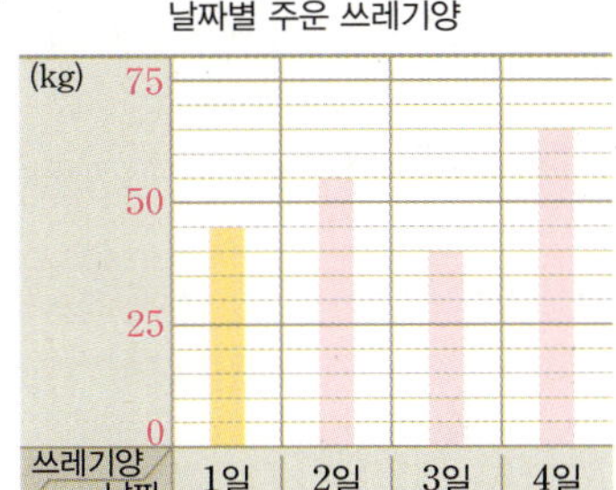

5

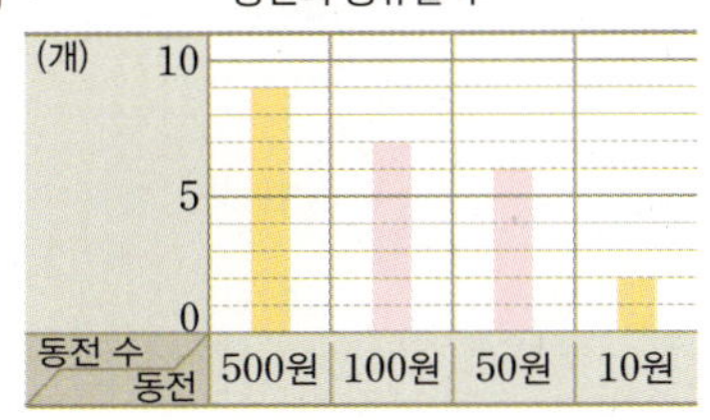

6 33점

---

6 규칙 찾기

1 수의 배열에서 규칙 찾기　　　135쪽

1 23155　　　**2** 65502, 75393, 85284에 색칠

3 35609　　　**4** 370　　　**5** 4

6 2580

2 모양의 배열에서 규칙 찾기　　　137쪽

1 

2 ㉮

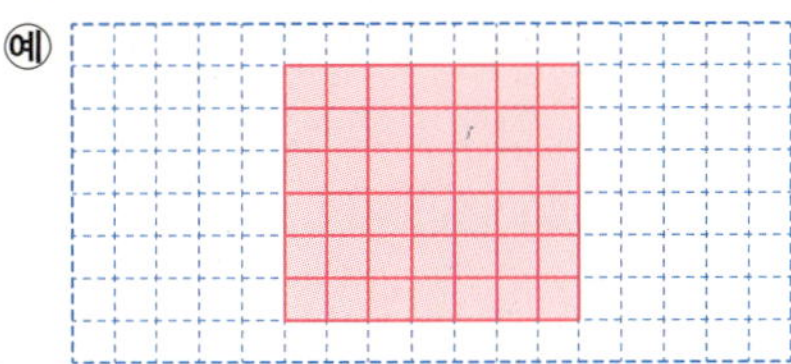

3 49개

4 ㉮ 시계 반대 방향으로 90°씩 돌리기 하면서 ○ 표시된 사각형 양쪽에 사각형이 각각 1개씩 늘어납니다.

5 36개　　　**6** 25개

3 계산식의 배열에서 규칙 찾기　　　139쪽

1 $2200+1400-1000=2600$

2 100000001　　　**3** 12345678987654321

4 $7200÷200=36$

5 ㉮ 37037037에 3을 ■배 한 수를 곱하면 계산 결과는 ■가 9개인 수 ■■■■■■■■■가 됩니다.

6 777777777

4 등호(＝)를 사용한 식　　　141쪽

1 33 / ㉮ 15는 25보다 10만큼 더 작은 수이므로 □ 안에 알맞은 수는 43보다 10만큼 더 작은 수인 33입니다.

2 ㉮ $51+20-1=14×5$, ㉮ $14×5=5×14$, ㉮ $30-2=9+19$, ㉮ $30-2=4×7$

3 12　　　**4** ⑴ 3　⑵ 17

5 ㉠ 고　㉡ 진　㉢ 감　㉣ 래

6 ㉮ $520+430+340=540+430+320$

MATH TOPIC
142~150쪽

1-1 110개 **1-2** 48장

2-1 69383 **2-2** 1010430

3-1 11 **3-2** 43

4-1 1개 **4-2** 5개

5-1 22개 **5-2** 8번 **5-3** 13번

6-1 1467532785324672

7-1 다섯째 **7-2** 72개

8-1 57 **8-2** 7행 9열

심화9 2, 2 / 2, 64 / 64

9-1 ⑩ 직선으로 연결된 수들의 합(1＋2＋3＋4＋5)은 비스듬히 꺾어진 곳의 수(15)와 같습니다.

LEVEL UP TEST
151~156쪽

1 27 **2** 68230

3

1	2	3	4	5	6	7	8	9	10
11	12	13	14	15	16	17	18	19	20
21	22	23	24	25	26	27	28	29	30
31	32	33	34	35	36	37	38	39	40
41	42	43	44	45	46	47	48	49	50

4 9 **5** 33개 **6** 91개

7

19	12	17
14	16	18
15	20	13

8 444443555556 **9** 21

10 파 **11** 19개 **12** 35 g

13 73 **14** 145개 **15** 93

16 125 **17** 178

HIGH LEVEL
157~159쪽

1 9쪽, 10쪽, 24쪽 **2** 857142 **3** 15번

4 회색 벽돌, 7개 **5** 46 **6** 825

교내 경시 문제

1. 큰 수
1~2쪽

01 9 **02** 67억 5000만, 70억 5000만

03 10개 **04** ㉠, ㉢, ㉡

05 5조 4700억 **06** 8년 4개월

07 400000000000000 또는 400조

08 수성, 금성, 지구, 화성, 목성, 토성, 천왕성, 해왕성

09 100122334554 **10** 42장

11 약 500 cm **12** 2027년 **13** 5개

14 844792107 **15** 4928736510 **16** 7

17 36쌍 **18** 9

19 1000000배 또는 100만 배 **20** 579

2. 각도
3~4쪽

01 ㉡, ㉢ **02** 9개 **03** 15°

04 43 **05** 60° **06** 120°

07 86°, 40°, 54° **08** 65° **09** 360°

10 75° **11** 90° **12** 115°

13 95° **14** 40° **15** 80°

16 130° **17** 93° **18** 70°

19 155° **20** 145°

3. 곱셈과 나눗셈
5~6쪽

01 9일 **02** 650개 **03** 14

04 2952시간 **05** 27180원 **06** 17개

07 4, 1 **08** 72그루 **09** 1분 32초

10 55 **11** 1565 cm **12** 61582

13 24 **14** 5, 6, 7 **15** 282

16 27 **17** 4개 **18** 513

19 136, 179 **20** 30362

01 예 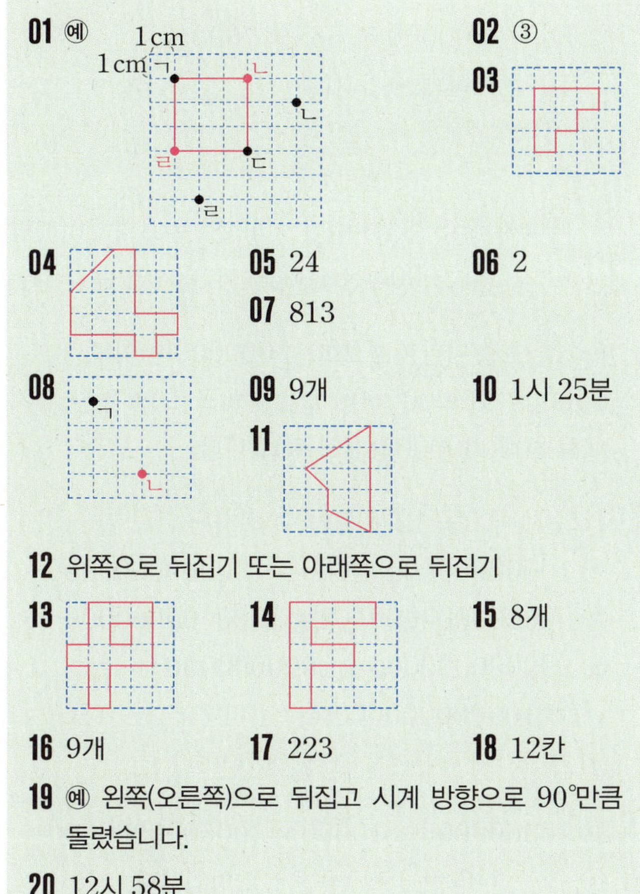

02 ③

03

04

05 24

06 2

07 813

08

09 9개

10 1시 25분

11

12 위쪽으로 뒤집기 또는 아래쪽으로 뒤집기

13

14

15 8개

16 9개

17 223

18 12칸

19 예 왼쪽(오른쪽)으로 뒤집고 시계 방향으로 90°만큼 돌렸습니다.

20 12시 58분

01 11, 6, 26 / 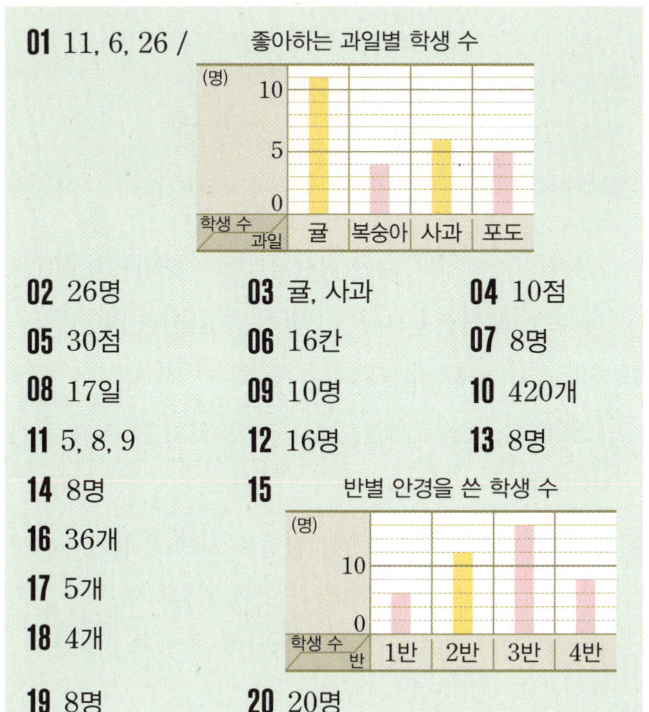

02 26명

03 귤, 사과

04 10점

05 30점

06 16칸

07 8명

08 17일

09 10명

10 420개

11 5, 8, 9

12 16명

13 8명

14 8명

15

16 36개

17 5개

18 4개

19 8명

20 20명

01 $8700 \div 300 = 29$

02 $2+4+6+8+10+12+14+16+14+12+10+8+6+4+2 = 16 \times 8$

03

04 6쌍

05 5, 9, 3, 4, 6

06 12

07 8월 19일 오후 10시, 8월 20일 오전 8시

08 21개

09 28번

10 169개

11

7	17	3
5	9	13
15	1	11

12 56개

13 흰색 바둑돌, 12개

14 165개

15 111

16 7790

17 8쌍

18 233쌍

19 검지

20 31

수능형 사고력을 기르는 1학기 TEST

01 ②

02 110°

03 ㉡, ㉣

04 98765423

05 16명

06 96명

07 60개

08 15000원

09 5, 6

10 25°

11 18 m 10 cm

12

13 10분

14 20분

15 54852

16 2시간 11분

17 35장

18 11행 셋째

19 3240°

20 31783

01 21

02 1080°

03 약 540000 cm

04 2시 35분

05 86400~115200회

06 130°

07 반별 형제가 있는 학생 수

08 9명

09

10 23

11 6997762200

12 12

13 974163

14 1

15 ⑤

16 154°

17 740, 814, 888, 962

18 948 m

19 5조 9450억

20 92그루

1 큰 수

⊙ BASIC TEST

1 만, 억, 조　　11쪽

1 (1) 306025 또는 30만 6025
　(2) 육십사억 칠천사십칠만
　(3) 751004212692613
　　또는 751조 42억 1269만 2613 /
　　칠백오십일조 사십이억 천이백육십구만 이천육백십삼
2 3066760　　**3** 10000배 또는 1만 배
4 (1) 24　(2) 37　**5** 800000000장 또는 8억 장
6 ④

1 (1) 삼십만 육천이십오 ➡ 306025
　(2) 6470470000 ➡ 육십사억 칠천사십칠만
　(3) 751조 42억 1269만 2613
　　➡ 751004212692613
　　➡ 칠백오십일조 사십이억 천이백육십구만 이천
　　육백십삼

> **해결 전략**
> 수를 읽을 때에는 일의 자리부터 네 자리씩 끊어서 읽고,
> 자리의 숫자가 0인 경우는 읽지 않습니다.

2　10000이 305개 ➡ 3050000
　　　1000이 　12개 ➡ 　　12000
　　　100이 　47개 ➡ 　　　4700
　　　10이 　6개 ➡ 　　　　60
　　　　　　　　　　　　3066760

3 ㉠은 천만의 자리 숫자이므로 10000000을 나타내
고, ㉡은 천의 자리 숫자이므로 1000을 나타냅니다.
　　1000 ──10000배──➡ 10000000
　따라서 ㉠이 나타내는 값은 ㉡이 나타내는 값의
　10000배(1만 배)입니다.

4 (1) 100000이 　1개 ➡ 100000
　　　1000이 38개 ➡ 　38000
　　　　　　　　　　　138000
　따라서 378000−138000＝240000이고,
　240000은 10000이 24개인 수입니다.

(2) 56570000000 ➡ 565억 7000만
　　10억이 54개 ➡ 540억
　　1억이 22개 ➡ 　22억
　　　　　　　　　562억
　따라서 565억 7000만−562억＝3억 7000만
　이고, 3억 7000만은 1000만이 37개인 수입니다.

5 8조를 수로 나타내면 8000000000000이고
10000이 800000000개인 수이므로 만 원짜리 지
폐로 800000000장(8억 장)입니다.

6 1조는 1에 0을 12개 붙인 수입니다.
① 10000000000×100＝1000000000000
② 500000000000×2＝1000000000000
③ 999000000000＋1000000000
　＝1000000000000
④ 계산기에 누른 수: 10000000000
　　　　　　　　　1번　　10번
⑤ 100000000×10000＝1000000000000
①, ②, ③, ⑤는 1조, ④는 100억입니다.

2 뛰어 세기　　13쪽

1 (위에서부터) 6208만, 620억 8000만, 1000
2 110조　　**3** 1조 1600억　　**4** (1) 4　(2) 7
5 369000000000000000원 또는 369조 원
6 84억 5000만　**7** 5개월 후

1 62만 800 ──100배──➡ 6208만 ──1000배──➡ 620억 8000만
62조 800억은 620억 8000만의 1000배입니다.

2 3450조 ➡ 3560조에서
3560조−3450조＝110조이므로 110조씩 뛰어
세었습니다.

3 7600억 ➡ 8600억에서 천억의 자리 숫자가 1만큼
더 커졌으므로 1000억씩 뛰어 세었습니다.
7600억 − 8600억 − 9600억 − 1조 600억
　− 1조 1600억
　　　　㉠

4 (1) 40507의 100만 배인 수

  ➡ $40507 \times 1000000 = 40507000000$

  405억 700만이므로 백억의 자리 숫자는 4입니다.

  (2) 57023000의 1만 배인 수

  ➡ $57023000 \times 10000 = 570230000000$

  5702억 3000만이므로 백억의 자리 숫자는 7입니다.

5 삼십육조 구천억은 36900000000000이므로 10배는 369000000000000(369조)입니다.

6 수직선에서 눈금 4칸은 1억을 나타냅니다.

0 － 2500만 － 5000만 － 7500만 － 1억이므로 눈금 한 칸의 크기는 2500만입니다. 가는 84억에서 2500만씩 2번 뛰어 센 것이므로 84억 5000만입니다.

7 35000에서 25000씩 뛰어 세면

35000 － 60000 － 85000 － 110000 － 135000 － 160000입니다.

킥보드는 150000원이고, 35000에서 25000씩 5번 뛰어 센 수가 160000이므로 5개월 후에 킥보드를 살 수 있습니다.

3 큰 수의 크기 비교 15쪽

1 (1) ＞ (2) ＜ (3) ＜   **2** ㉢, ㉡, ㉠

3
225000 ┄ 230000 ┄ 235000 / ㉠
226000㉡   234000㉠

4 (1) 8, 9 (2) 6, 7, 8, 9

5 (1) 천왕성 (2) 금성

6 2002335588, 이십억 이백삼십삼만 오천오백팔십팔

1 (1) 두 수의 자릿수가 9자리로 같으므로 높은 자리 수부터 비교하면 천의 자리 수까지 같고 백의 자리 수는 6 ＞ 4입니다.

  (2) 왼쪽의 수는 9자리 수이고, 오른쪽의 수는 10자리 수이므로 701457657 ＜ 7014570657입니다.

(3) 자릿수가 같으므로 높은 자리 수부터 비교합니다.

4721조 170억 ＜ 4796조 70억
2 ＜ 9

2 ㉠ 7382018472250(13자리 수)

  ㉡ 1000만이 712047개인 수

  ➡ 7120470000000(13자리 수)

  ㉢ 7305의 100000000배인 수

  ➡ 730500000000(12자리 수)

  ㉠ 7382018472250 ＞ ㉡ 7120470000000
  3 ＞ 1

따라서 ㉢ ＜ ㉡ ＜ ㉠입니다.

3 ㉠ 10000이 18개이면 180000, 1000이 51개이면 51000, 100이 30개이면 3000입니다.

  ➡ $180000 + 51000 + 3000 = 234000$

  ㉡ 10000이 21개이면 210000, 1000이 15개이면 15000, 100이 10개이면 1000입니다.

  ➡ $210000 + 15000 + 1000 = 226000$

수직선에서 작은 눈금 5칸이 5000을 나타내므로 작은 눈금 한 칸의 크기는 1000입니다.

4 (1) 두 수의 자릿수가 같으므로 높은 자리 수부터 차례로 비교하면 각 자리의 수가 모두 같으므로 백의 자리 수는 □ ＞ 7입니다.

  따라서 □ 안에 들어갈 수 있는 수는 8, 9입니다.

  (2) 두 수의 자릿수가 같으므로 높은 자리 수부터 차례로 비교하면 백만의 자리 수는 6 ＞ 3이므로 천만의 자리 수는 5 ＜ □입니다.

  따라서 □ 안에 들어갈 수 있는 수는 6, 7, 8, 9입니다.

5 지구와 각 행성의 지름의 차를 구해 보면

금성: $12756 - 12104 = 652$ (km)

천왕성: $51118 - 12756 = 38362$ (km)

화성: $12756 - 6792 = 5964$ (km)

➡ 38362 ＞ 5964 ＞ 652이므로 지구와 크기 차이가 가장 많이 나는 행성은 천왕성, 가장 적게 나는 행성은 금성입니다.

6 5장의 수 카드를 모두 두 번씩 사용하여 가장 작은 10자리 수를 만들려면 0이 아닌 가장 작은 수를 가장 높은 자리(십억의 자리)에 놓고, 일억의 자리부터 작은 수를 차례로 2번씩 놓습니다.

$0 < 2 < 3 < 5 < 8$이므로 십억의 자리에 2를 놓고, 일억의 자리부터는 작은 수를 차례로 놓으면 가장 작은 수는 2002335588입니다.

➡ 이십억 이백삼십삼만 오천오백팔십팔

해결 전략
0은 맨 앞 자리에 올 수 없습니다.

MATH TOPIC 16~22쪽

1-1 173433007400500원
또는 173조 4330억 740만 500원

1-2 9672장　　**1-3** 110장

2-1 520억 5000만, 523억 5000만

2-2 2조 7200억　　**2-3** 134억 4000만 달러

3-1 9876543201, 1023456798

3-2 4개　　**3-3** 5개

4-1 예 368, 3404, 39743

4-2 7

5-1 <　　**5-2** ㉡, ㉠, ㉢

6-1 20011　　**6-2** 7924135

심화7 4000만 / 5억 8500만, 6억 2500만, 2028 / 2028

7-1 5, 6

1-1 1조 원짜리 수표 173장 ➡ 173조 원
1억 원짜리 수표 4330장 ➡ 4330억 원
10000원짜리 지폐 740장 ➡ 740만 원
1원짜리 동전 500개 ➡ 500원
따라서 모형 돈은 모두
173조 4330억 740만 500원입니다.
➡ 173433007400500원

1-2 한 달 동안 저금하는 돈은
우주의 아버지는 500000원,

우주의 어머니는 $100000 \times 3 = 300000$(원),
우주는 $1000 \times 6 = 6000$(원)입니다.
(우주네 가족이 1년 동안 저금한 돈)
$= 500000 \times 12 + 300000 \times 12 + 6000 \times 12$
$= 6000000 + 3600000 + 72000$
$= \underline{9672000}$(원)
　　　　● 9672×1000
따라서 1000원짜리 지폐로 바꾸면 9672장입니다.

1-3 1000만 원짜리 수표가 34장이면 340000000원, 100만 원짜리 수표가 703장이면 703000000원, 10만 원짜리 수표가 580장이면 58000000원입니다.
$340000000 + 703000000 + 58000000$
$= 1101000000$(원)

수표의 수를 가장 적게 하려면 1000만 원짜리 수표로 가능한 많이 바꾸어야 하므로 11억 원을
　　　　　　　　　　　110×10000000 ●
1000만 원짜리 수표로 바꾸고, 남은 100만 원을 100만 원짜리 수표로 바꾸면 됩니다.
따라서 1000만 원짜리 수표는 110장, 100만 원짜리 수표는 1장입니다.

해결 전략
금액으로 나타낼 때 돈의 수 뒤에 돈의 단위만큼 0을 붙입니다.

2-1 작은 눈금 4칸이 2억을 나타내고, 2억은 5000만의 4배이므로 작은 눈금 한 칸의 크기는 5000만입니다.
㉮는 520억에서 5000만씩 1번 뛰어 센 수이므로 520억 5000만입니다.
㉯는 522억에서 5000만씩 3번 뛰어 센 수이므로 522억 ─ 522억 5000만 ─ 523억 ─ 523억 5000만에서 523억 5000만입니다.

2-2 2조 8600억에서 350억씩 거꾸로 뛰어 세기를 4번 하면 어떤 수를 구할 수 있습니다.

2조 8600억 ─ 2조 8250억 ─ 2조 7900억 ─ 2조 7550억 ─ 2조 7200억 이므로 어떤 수는 2조 7200억입니다.

2-3 108억 4000만에서 5억 2000만씩 뛰어 세어 보면

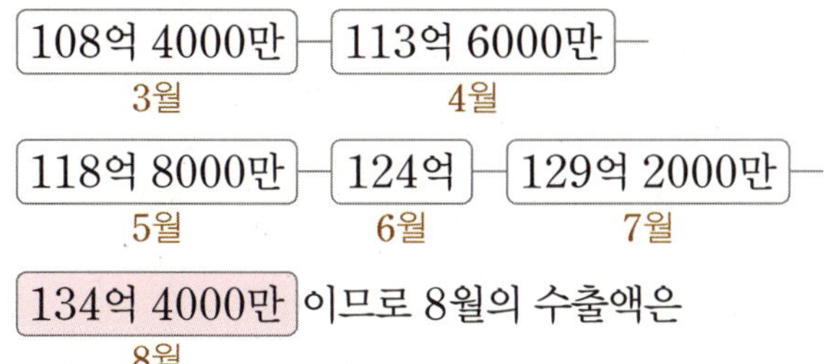

134억 4000만 이므로 8월의 수출액은
134억 4000만 달러입니다.

3-1 가장 큰 수는 큰 수부터 차례로 높은 자리에 놓아
만들면 9876543210이고, 둘째로 큰 수는 가장
큰 수의 십의 자리 수와 일의 자리 수를 바꾸면 되
므로 9876543201입니다.
가장 작은 수는 작은 수부터 차례로 높은 자리에 놓
는데 0은 맨 앞 자리에 올 수 없으므로
1023456789이고, 둘째로 작은 수는 가장 작은
수의 십의 자리 수와 일의 자리 수를 바꾸면 되므로
1023456798입니다.

3-2 가장 큰 수는 큰 수부터 차례로 높은 자리에 놓아
만들므로 큰 수부터 차례로 8자리 수를 만들어 보
면 76543210, 76543201, 76543120,
76543102, 76543021, …입니다.
따라서 76543021보다 큰 수는 모두 4개입니다.

3-3 가장 작은 수는 작은 수부터 차례로 높은 자리에
놓는데 0은 맨 앞 자리에 올 수 없으므로 작은 수
부터 차례로 6자리 수를 만들어 보면 204579,
204597, 204759, 204795, 204957,
204975, …입니다.
따라서 204975보다 작은 수는 모두 5개입니다.

4-1 3683 4043 9743$=\square\times$10억$+\square\times$10만$+\square$
로 나타내면 10억이 368개, 10만이 3404개, 일이
39743개인 수입니다.
$\Rightarrow$ 368340439743
$\quad=368\times1000000000$
$\quad\quad+3404\times100000+39743$

$360\times1000000000+83400\times100000+439743$ 등
여러 가지 방법으로 나타낼 수 있습니다.

4-2 1000000이　5개　$\Rightarrow$　5000000
　　10000이　25개　$\Rightarrow$　250000
　　1000이　80개　$\Rightarrow$　80000
　　100이 100개　$\Rightarrow$　10000
$\Rightarrow$ 5000000$+$250000$+$80000$+$10000
$\quad=$5340000
따라서 6040000$-$5340000$=$700000이고,
700000은 100000이 7개인 수입니다.

5-1 두 수의 자릿수는 12자리로 같습니다.
높은 자리 수부터 비교하면 ㉡, ㉢에 가장 작은 수
0을 넣어도 항상
4036803㉠5715$<$4 0 368 0 69㉣㉤15입니
다. (㉠, ㉣, ㉤에 어느 수를 넣어도 오른쪽 수가 더
큽니다.)
따라서 $\square$ 안에 어느 수를 넣어도 항상
4036803$\square$5715$<$4$\square$368$\square$69$\square\square$15입니다.

높은 자리 수부터 비교하며 $\square$ 안에 가장 작은 수 또는 가
장 큰 수를 넣어 비교합니다.

5-2 ㉠, ㉡, ㉢은 모두 12자리 수입니다.
높은 자리 수부터 비교하면 ㉢은 백억의 자리 숫자
가 3이므로 가장 작습니다.
㉠과 ㉡의 천만의 자리 수를 비교하면 8$<$9이므로
㉡의 억의 자리에 0을 넣어도 ㉠$<$㉡입니다. 따라
서 ㉡$>$㉠$>$㉢입니다.

6-1 5자리 수이므로 $\square\square\square\square\square$이고, 셋째 조건을 만
족시키는 수 중 가장 작은 수는 만의 자리 숫자가 1
인 경우로 10001인데 0이 3개로 맞지 않습니다. 만
의 자리 숫자가 2인 경우에 셋째 조건을 만족시키
는 수 중 가장 작은 수는 20002인데 0이 3개로 맞
지 않고, 그 다음으로 작은 수는 20011로 모든 조
건을 만족시킵니다.
따라서 조건을 모두 만족시키는 수 중에서 가장 작
은 수는 20011입니다.

가장 작은 수를 구하는 것이므로 가장 높은 자리 숫자가
1인 경우부터 생각해 봅니다.

6-2 7㉠㉣4㉢5라 하고 ㉢, ㉡, ㉣, ㉠의 순서로 조건을 만족시키는 수를 찾아봅니다.

㉢=1일 때 ㉡=2이고, ㉣=3일 때 ㉠=9입니다. ➡ 7924135

㉢=2일 때 ㉡=4인데 4는 천의 자리 숫자와 같으므로 조건에 맞지 않습니다.

㉢=3일 때 ㉡=6인데 ㉠과 ㉣을 만족시키는 숫자가 없습니다.

따라서 조건을 모두 만족시키는 수는 7924135입니다.

해결 전략
둘째 조건을 만족시키는 수를 결정한 다음 셋째 조건을 만족시키는 수를 생각해 봅니다.

7-1 87590873＞8㉠220184＞83593483에서 천만의 자리 숫자가 같으므로 백만의 자리 수와 십만의 자리 수를 비교하면 ㉠에 들어갈 수 있는 수는 4, 5, 6, 7입니다.

47222613＞4㉡621847＞44758398에서 천만의 자리 수가 같으므로 백만의 자리 수와 십만의 자리 수를 비교하면 ㉡에 들어갈 수 있는 수는 5, 6입니다. 따라서 ㉠과 ㉡에 공통으로 들어갈 수 있는 수는 5, 6입니다.

LEVEL UP TEST

23~27쪽

1 삼엽충	**2** 1000000000배 또는 10억 배	**3** 350000명 또는 35만 명	**4** 764장
5 4004575799	**6** 30000000000000달러 또는 30조 달러	**7** 7259997, 7259998, 7259999	
8 11개	**9** 약 200만 년 전	**10** 2, 3 / 0, 1, 2, 3 **11** 약 180000 cm 또는 약 18만 cm	
12 3, 4, 5	**13** 6개	**14** 13쌍	**15** 1302456987 **16** 4290장

1 접근 ≫ 수로 나타내 크기를 비교한 다음 가장 큰 수를 알아봅니다.

515000000, 2억 4300만=243000000, 54000의 10000배=540000000

화석이 출현한 시기의 자릿수는 모두 9자리로 같습니다.

자릿수가 같으므로 높은 자리 수부터 차례로 비교하면 243000000이 가장 작고,

515000000＜540000000이므로 540000000이 가장 큽니다.
　　　└──1＜4──┘

따라서 가장 오래된 화석은 삼엽충입니다.

2 접근 ≫ 1킬로의 몇 배가 1테라인지 알아봅니다.

1000 ─1000배→ 1000000(100만) ─1000배→ 1000000000(10억) ─1000배→ 1000000000000(1조)
(킬로)　　　　　(메가)　　　　　　　(기가)　　　　　　　　(테라)
　　　　└──────1000000000배(10억 배)──────┘

따라서 테라 단위는 킬로 단위의 1000000000배(10억 배)입니다.

보충 개념
■의 1000배는 ■에 0을 3개 붙입니다.
1킬로=1000
1테라=1000000000000
이므로 0의 수의 차는
12−3=9(개)입니다.

3 접근 》 35억을 (몇 × 10000)으로 나타내 봅니다.

예 35억 원은 3500000000원이고, 3500000000은 10000의 350000배입니다.
따라서 한 사람이 만 원씩 350000명이 기부해야 목표액을 모을 수 있습니다.

채점 기준	배점
35억이 10000의 몇 배인지 구했나요?	4점
기부해야 할 사람은 모두 몇 명인지 구했나요?	1점

4 접근 》 금액을 (몇 × 100만) + (몇 × 10만)으로 나타내 봅니다.

756800000 = 756000000 + 800000 = 756 × 1000000 + 8 × 100000이므
로 수표의 수를 가장 적게 하여 바꾸려면 100만 원짜리 수표 756장과 10만 원짜리
수표 8장으로 바꾸어야 합니다.
따라서 수표는 모두 756 + 8 = 764(장)입니다.

해결 전략
수표의 수를 가장 적게 하여
바꾸려면 더 큰 돈인 100만 원
짜리 수표로 최대한 많이 바
꾸어야 합니다.

5 접근 》 만의 자리에 7을 놓은 다음 가장 작은 10자리 수를 만들어 봅니다.

5장의 수 카드를 모두 두 번씩 사용하여 만든 10자리 수 중 만의 자리 숫자가 7인 수
는 □□□□□7□□□□이고, 가장 작은 10자리 수를 만들려면 0이 아닌 가장
작은 수를 가장 높은 자리에 놓아야 합니다.
따라서 십억의 자리에 4를 놓고 일억의 자리부터 작은 수를 차례로 놓으면 가장 작은
수는 4004575799입니다.

해결 전략
가장 높은 자리인 십억의 자
리에 0은 올 수 없습니다.

6 접근 》 달걀 3개의 값을 이용하여 달걀 900개는 얼마인지 구합니다.

달걀 3개를 사려면 100000000000달러가 필요하므로 달걀 900개를 사려면
100000000000 × 300 = 30000000000000(달러)가 필요합니다.
↳ 30조 달러

해결 전략
900 ÷ 3 = 300이므로 1000억
달러에 300을 곱해야 합니다.

7 접근 》 구하려는 수를 □라 하여 조건을 만족시키는 수를 구합니다.

구하려는 수를 □라 하면 □는 7259990보다 크고 칠백이십육만(7260000)보다
작은 수이므로 7259990 < □ < 7260000입니다.
□ 안에 들어갈 수 있는 수 중에서 일의 자리 숫자가 6보다 더 큰 수는
7259997, 7259998, 7259999입니다.

8 접근 >> 0이 많으려면 어떤 수를 만들어야 하는지 생각해 봅니다.

사 천 억 또는 육 천 억 을 만들 수 있습니다.
사천억 ➡ 400000000000, 육천억 ➡ 600000000000
따라서 0은 모두 11개입니다.

해결 전략
큰 수를 만들수록 0의 수가 많아집니다.

9 접근 >> 수직선의 눈금 한 칸의 크기를 알아봅니다.

수직선에서 눈금 10칸이 320만－20만＝300만 (년)을 나타내므로 눈금 한 칸의 크기는 300만÷10＝30만 (년)입니다.
따라서 호모 에렉투스가 나타난 시기는 약 20만 년 전에서 30만 년씩 6번 뛰어 센 수인 약 200만 년 전입니다.

해결 전략
20만－50만－80만－110만－140만－170만－200만

10 접근 >> 수의 크기를 비교하여 ㉠과 ㉡에 들어갈 수 있는 수를 각각 구합니다.

수의 크기를 비교하면
㉠38701244＞236680913＞94047590＞9㉡□69025입니다.
　　A　　　　　C　　　　　　B　　　　　D
㉠은 4보다 작은 수이고 ㉠38701244＞236680913이므로 ㉠에 들어갈 수 있는 수는 2, 3입니다.
94047590＞9㉡□69025에서 ㉡에 들어갈 수 있는 수는 0, 1, 2, 3입니다.

해결 전략
94047590＞9㉡□69025에서 ㉡＝4인 경우 □ 안에 가장 작은 수 0을 넣으면 조건에 맞지 않으므로 ㉡에 4보다 작은 수가 들어가야 합니다.

11 접근 >> 100원짜리 동전 100개의 금액과 1억 원 사이의 관계를 알아봅니다.

100원짜리 동전 100개는 10000원이고,
100000000＝10000×10000이므로 1억 원은 10000원의 10000배입니다.
따라서 100원짜리 동전으로 1억 원을 쌓은 높이는 약 18 cm의 10000배인 약 180000 cm(18만 cm)가 됩니다.

해결 전략

동전 수		높이
100개	➡	약 18 cm
(100×■)개	➡	약 (18×■) cm

12 접근 >> 두 수의 자릿수가 같으면 높은 자리 수부터 차례로 비교합니다.

㉮에서 두 수의 자릿수가 11자리로 같으므로 높은 자리 수부터 차례로 비교합니다.
십만의 자리 수까지 같고 만의 자리 수를 비교하면
□＝6일 때 39734860385＜397348 6 4385이므로 □ 안에는 6보다 작은 수가 들어갈 수 있습니다.
　　　　　　　　　　0＜4
➡ □ 안에 들어갈 수 있는 수는 0, 1, 2, ③, ④, ⑤입니다.

해결 전략
높은 자리 수부터 차례로 비교하며 □가 있는 자리는 □의 아래 자리 수를 비교하여 □ 안에 들어갈 수 있는 수를 구합니다.

㉮에서 두 수의 자릿수가 11자리로 같으므로 높은 자리 수부터 차례로 비교합니다. 백만의 자리 수까지 같고 십만의 자리 수를 비교하면

□=3일 때 59730**3**83627＞5973023627이므로 □ 안에는 3과 같거나 3보다 큰 수가 들어갈 수 있습니다.   8＞2

➡ □ 안에 들어갈 수 있는 수는 ③, ④, ⑤, 6, 7, 8, 9입니다.

따라서 ㉮와 ㉯의 □ 안에 공통으로 들어갈 수 있는 수는 3, 4, 5입니다.

서술형 13 접근 》 가장 큰 수부터 차례로 만들어 봅니다.

㉠ 가장 큰 수는 큰 수부터 높은 자리에 놓아 만들므로 큰 수부터 차례로 10자리 수를 만들어 보면 9876543210, 9876543201, 9876543120, 9876543102, 9876543021, 9876543012, 9876542310, ...입니다.

따라서 9876542310보다 큰 수는 모두 6개입니다.

채점 기준	배점
만들 수 있는 가장 큰 수를 구했나요?	2점
9876542310보다 큰 수는 모두 몇 개인지 구했나요?	3점

해결 전략

가장 큰 수인 9부터 차례로 높은 자리에 놓아 가장 큰 수를 만든 후, 일의 자리, 십의 자리, 백의 자리, ...의 차례로 수의 위치를 바꿔가며 둘째로 큰 수, 셋째로 큰 수, ...를 만들어 봅니다.

14 접근 》 두 수의 자릿수가 같으면 가장 높은 자리부터 차례로 비교합니다.

두 수의 자릿수가 11자리로 같으므로 높은 자리 수부터 차례로 비교하면 ㉠, ㉡을 제외한 모든 자리의 숫자가 같습니다.

㉠=8일 때 4**8**956715305＞48956715**㉡**05에서 ㉡에 들어갈 수 있는 수는 0, 1, 2입니다.   3＞㉡

㉠=9일 때 ㉡에 들어갈 수 있는 수는 0, 1, 2, 3, 4, 5, 6, 7, 8, 9입니다.

따라서 ㉠, ㉡에 들어갈 수 있는 수 (㉠, ㉡)은 (8, 0), (8, 1), (8, 2), (9, 0), (9, 1), (9, 2), ..., (9, 9)로 모두 13쌍입니다.

해결 전략

㉠=9일 때
4**9**956715305＞48956715**㉡**05   9＞8
에서 ㉡에 어떤 수가 들어가도 조건을 만족시킵니다.

15 접근 》 조건을 만족시키는 가장 작은 수를 구한 다음 둘째로 작은 수를 구합니다.

㉠과 ㉡을 만족시키면서 가장 작은 수는 □3□□□5□□□7입니다. ㉢에서 각 자리 숫자는 모두 다르고 십억의 자리에 0이 올 수 없으므로 가장 작은 수는 남은 수 0, 1, 2, 4, 6, 8, 9 중 가장 높은 자리에 1을 넣고, 그 다음 자리부터 작은 수를 차례로 넣으면 됩니다. ➡ 13**0**24**5**68**9**7

고정된 숫자

가장 작은 수에서 일의 자리 수는 바뀔 수 없으므로 둘째로 작은 수는 백의 자리와 십의 자리 수를 바꾼 1302456987입니다.

해결 전략

가장 작은 수를 구하는 것이므로 3, 5, 7을 높은 자리부터 작은 수를 차례로 넣습니다.

서술형 16

접근 ≫ 1000만 원짜리 수표와 100만 원짜리 수표의 금액을 각각 구합니다.

예 1000만 원짜리 수표 203장 ➡ 2030000000원, 100만 원짜리 수표 374장
➡ 374000000원이므로 2030000000＋374000000＝2404000000(원)입니다.
따라서 10만 원짜리 수표로 발행한 금액은
2833000000－2404000000＝429000000＝4290×100000(원)이므로
10만 원짜리 수표는 4290장입니다.

채점 기준	배점
1000만 원짜리 수표와 100만 원짜리 수표는 모두 얼마인지 구했나요?	2점
10만 원짜리 수표는 몇 장 발행했는지 구했나요?	3점

해결 전략
- 10000000원짜리 203장
  ➡ 2030000000
    - 돈의 단위
    - 돈의 수
- 1000000원짜리 374장
  ➡ 374000000
    - 돈의 단위
    - 돈의 수
- 10만은 0이 5개이므로 금액을 (몇 × 100000)으로 나타냅니다.

HIGH LEVEL

28~30쪽

1 399886644300	**2** 7, 2	**3** 40억 3400만, 75억 3400만	**4** 4	**5** 201021
6 8604235791	**7** 63	**8** 631895472 또는 274598136		

서술형 1

접근 ≫ 수 카드를 사용하여 4000억과의 차가 가장 작은 수를 만들어 봅니다.

예 4000억에 가장 가까운 수는 천억의 자리 숫자가 3이면서 가장 큰 수이거나 천억의 자리 숫자가 4이면서 가장 작은 수입니다. 천억의 자리 숫자가 3이면서 가장 큰 수는 399886644300이고, 4000억과의 차는
400000000000－399886644300＝113355700입니다. 천억의 자리 숫자가 4이면서 가장 작은 수는 400334668899이고, 4000억과의 차는
400334668899－400000000000＝334668899입니다.
따라서 113355700＜334668899이므로 4000억에 가장 가까운 수는
399886644300입니다.

채점 기준	배점
4000억보다 작은 수 중에서 4000억에 가장 가까운 수를 구했나요?	2점
4000억보다 큰 수 중에서 4000억에 가장 가까운 수를 구했나요?	2점
4000억에 가장 가까운 수를 구했나요?	1점

해결 전략
천억의 자리에 3을 놓고 가장 큰 수부터 높은 자리에 놓아 만들어 봅니다.

해결 전략
4000억에 가장 가까운 수는 4000억보다 큰 수와 작은 수 중 4000억과의 차가 가장 작은 수로 구합니다.

4 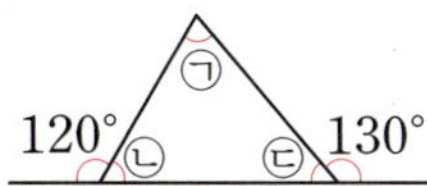

$120°+©=180°$이므로
$©=180°-120°=60°$
$ⓒ+130°=180°$이므로 $ⓒ=180°-130°=50°$
$⊙+©+ⓒ=180°$이므로
$⊙+60°+50°=180°$,
$⊙=180°-60°-50°=70°$

5 (각 ㅁㄷㄹ)$=48°+32°=80°$이므로
(각 ㄴㄷㅁ)$=180°-80°=100°$
사각형의 네 각의 크기의 합은 $360°$이므로
$90°+$(각 ㄱㄴㄷ)$+100°+48°=360°$,
(각 ㄱㄴㄷ)$=360°-90°-100°-48°=122°$

6 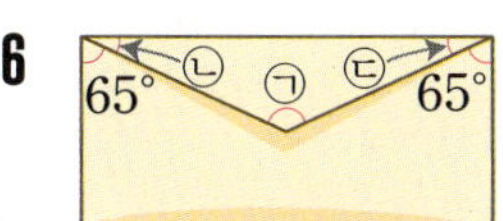

직사각형의 네 각의 크기는 모두 $90°$이므로
$©=ⓒ=90°-65°=25°$
삼각형의 세 각의 크기의 합은 $180°$이므로
$⊙+©+ⓒ=180°$,
$⊙=180°-©-ⓒ=180°-25°-25°=130°$

---

3 여러 가지 도형의 각의 크기의 합 39쪽

1 95°	**2** 900°	**3** 215°
4 270°	**5** 280°	**6** 720°

1 도형의 다섯 각의 크기의 합은 $540°$이므로
$110°+ⓐ+120°+115°+100°=540°$,
$ⓐ=540°-110°-120°-115°-100°=95°$

2 도형을 5개의 삼각형으로 나눕니다.
(도형에 표시한 각의 크기의 합)
$=$(5개 삼각형의 세 각의 크기의 합)
$=180°×5=900°$

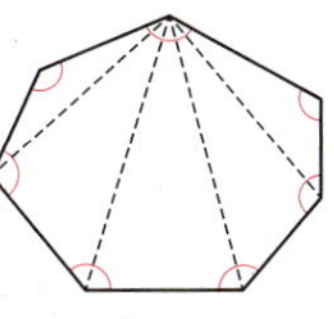

3 도형의 여섯 각의 크기의 합은 $720°$이므로
$ⓐ+135°+120°+ⓑ+120°+130°=720°$,
$ⓐ+ⓑ=720°-135°-120°-120°-130°$
$=215°$

4 종이의 다섯 각의 크기의 합은 $540°$이므로
$90°+90°+90°+ⓐ+ⓑ=540°$,
$ⓐ+ⓑ=540°-90°-90°-90°=270°$

5 사각형 ㄱㄴㄷㅂ에서
$ⓐ+130°+60°+60°=360°$이므로
$ⓐ=360°-130°-60°-60°=110°$
사각형 ㄷㄹㅁㅂ에서
$ⓑ+125°+ⓒ+65°=360°$이므로
$ⓑ+ⓒ=360°-125°-65°=170°$
따라서 $ⓐ+ⓑ+ⓒ=110°+170°=280°$입니다.

6 삼각형의 세 각의 크기의 합은 $180°$이므로
$①+②+③=180°$, $④+⑤+⑥=180°$
사각형의 네 각의 크기의 합은 $360°$이므로
$⑦+⑧+⑨+⑩=360°$
➡ ($①$~$⑩$까지의 각도의 합)
$=180°+180°+360°=720°$

1-1 (1) $50°+ⓐ+55°=180°$,
$ⓐ=180°-50°-55°=75°$
$ⓐ+55°+□=180°$,
$□=180°-ⓐ-55°$
$=180°-75°-55°=50°$

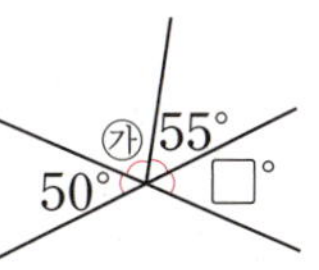

(2) 직선 ㄴㅁ에서

$$35°+㉮+25°=180°,$$
$$㉮=180°-35°-25°$$
$$=120°$$

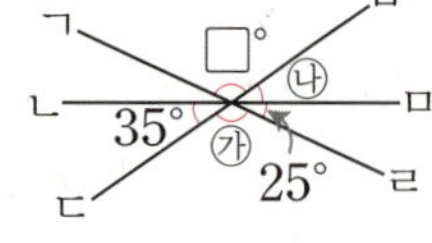

직선 ㄷㅂ에서 $㉮+25°+㉯=180°,$
$$㉯=180°-㉮-25°$$
$$=180°-120°-25°=35°$$

직선 ㄱㄹ에서 $□+㉯+25°=180°,$
$$□=180°-㉯-25°$$
$$=180°-35°-25°=120°$$

(2) $□°=㉮$(맞꼭지각)이므로
$$□°=㉮=180°-35°-25°=120°$$

한 직선에 놓이는 각의 크기의 합이 180°임을 이용하여 각의 크기를 구합니다.

1-2 직선 ㅅㄹ에서

$$78°+㉮+52°=180°,$$
$$㉮=180°-78°-52°=50°$$

직선 ㄱㅁ에서
$$㉰+78°+㉮=180°,$$
$$㉰=180°-78°-㉮$$
$$=180°-78°-50°=52°$$

직선 ㄷㅂ에서 $㉯+22°+㉰+78°=180°,$
$$㉯=180°-22°-㉰-78°$$
$$=180°-22°-52°-78°=28°$$

2-1 (각 ㅁㄷㄹ)$=90°-35°=55°$이므로

삼각형 ㅁㄷㄹ에서

(각 ㅁㄹㄷ)$=180°-50°-55°=75°$

따라서 (각 ㄱㄹㅁ)$=90°-75°=15°$입니다.

삼각형 ㅁㄴㄷ에서
(각 ㄴㅁㄷ)$=180°-90°-35°=55°$
한 직선에 놓이는 각의 크기의 합은 180°이므로
(각 ㄱㅁㄹ)$=180°-50°-55°=75°$
따라서 삼각형 ㄱㄹㅁ에서
(각 ㄱㄹㅁ)$=180°-90°-75°=15°$

직사각형은 네 각의 크기가 모두 90°로 같습니다.

2-2 한 직선에 놓이는 각의 크기의 합은 180°이므로

$$㉢=180°-53°-38°=89°$$

삼각형의 세 각의 크기의 합은 180°이므로
$$㉠+㉡+89°=180°,$$
$$㉠+㉡=180°-89°=91°$$

2-3 한 직선에 놓이는 각의 크기의 합은 180°이므로

$$㉰=180°-102°=78°$$

삼각형 ㄹㄴㅁ에서
$$58°+㉯+78°=180°,$$
$$㉯=180°-58°-78°=44°$$

따라서 $㉮=180°-㉯=180°-44°=136°$입니다.

삼각형 ㄱㄴㄷ에서 $㉠+90°+58°=180°$이므로
$㉠=180°-90°-58°=32°$
사각형 ㄱㄹㅁㄷ에서 $㉠+90°+102°+㉮=360°$이므로
$㉮=360°-32°-90°-102°=136°$

3-1 (각 ㄴㄷㄹ)
$$=180°-50°=130°$$

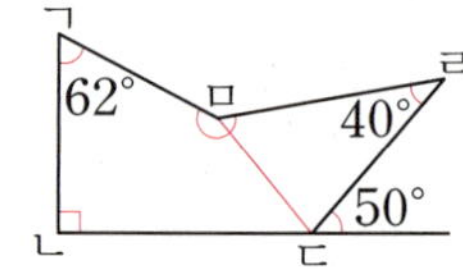

(도형 ㄱㄴㄷㄹㅁ의 다섯 각의 크기의 합)
$$=(사각형 ㄱㄴㄷㅁ의 네 각의 크기의 합)$$
$$+(삼각형 ㄷㄹㅁ의 세 각의 크기의 합)$$
$$=360°+180°=540°$$
(각 ㄱㅁㄹ)$=540°-62°-90°-130°-40°$
$$=218°$$

3-2 사각형의 네 각의 크기의 합은 360°이므로

$$90°+28°+㉠+110°+㉡$$
$$+22°=360°,$$
$$㉠+㉡=360°-90°-28°-110°-22°$$
$$=110°$$

사각형의 네 각의 크기의 합은 360°이므로
$㉣=360°-90°-28°-22°=220°$
$㉢=360°-220°=140°$
$㉠+㉡+㉢+110°=360°$이므로
$㉠+㉡=360°-140°-110°=110°$

3-3 사각형의 네 각의 크기의 합은
360°이므로

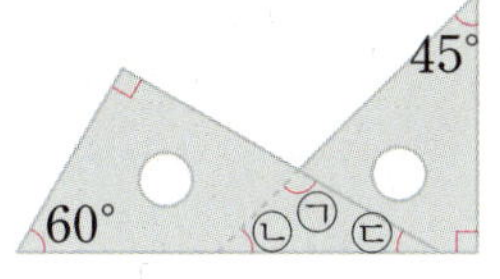

$\bigcirc = 360° - 36° - 36° - 90°$
$\qquad = 198°$

따라서 $\bigcirc = 360° - \bigcirc = 360° - 198° = 162°$입
니다.

보충 개념

4-1 삼각형의 세 각의 크기의
합은 180°이므로

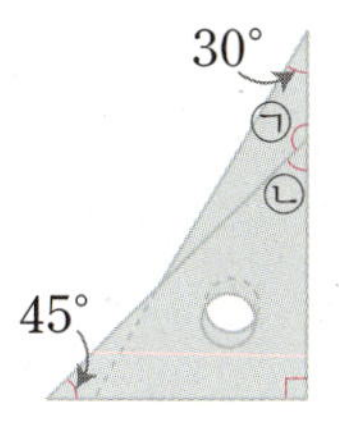

$\bigcirc = 180° - 45° - 90°$
$\qquad = 45°,$
$\bigcirc = 180° - 60° - 90° = 30°$
$\bigcirc + \bigcirc + \bigcirc = 180°$이므로
$\bigcirc = 180° - 45° - 30° = 105°$

4-2 삼각형의 세 각의 크기의 합은
180°이므로

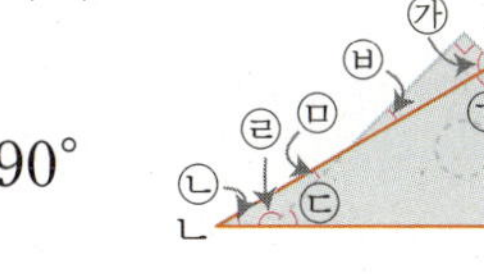

$\bigcirc = 180° - 45° - 90° = 45°$
한 직선에 놓이는 각의 크기의 합은
180°이므로
$\bigcirc = 180° - 45° = 135°$

4-3 삼각형의 세 각의 크기의
합은 180°이므로

$\bigcirc = 180° - 60° - 90°$
$\qquad = 30°,$
$\bigcirc = 180° - \bigcirc - 45°$
$\qquad = 180° - 30° - 45° = 105°$
$⑦ + \bigcirc = 180°$이므로
$⑦ = 180° - 105° = 75°$

다른 풀이

$\bigcirc = 180° - 60° - 90° = 30°$
$\bigcirc = 180° - 45° - 90° = 45°$
$\bigcirc = 180° - \bigcirc = 180° - 45° = 135°$
$\bigcirc = 180° - \bigcirc - \bigcirc$
$\quad = 180° - 30° - 135° = 15°$
$90° + ⑦ + \bigcirc = 180°$이고, $\bigcirc = \bigcirc$이므로
$⑦ = 180° - 90° - 15° = 75°$

5-1 예각은 각도가 0°보다 크고 90°
보다 작은 각이므로

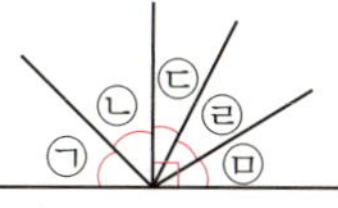

$\bigcirc$, $\bigcirc$, $\bigcirc$, $\bigcirc$, $\bigcirc$, $\bigcirc + \bigcirc$,
$\bigcirc + \bigcirc$, $\bigcirc + \bigcirc$입니다. ➡ 8개
둔각은 각도가 90°보다 크고 180°보다 작은 각이
므로 $⑦ + \bigcirc + \bigcirc$, $\bigcirc + \bigcirc + \bigcirc$,
$⑦ + \bigcirc + \bigcirc + \bigcirc$, $\bigcirc + \bigcirc + \bigcirc + \bigcirc$입니다.
➡ 4개

5-2 똑같이 나누어진 한 각의 크기는
$180° ÷ 6 = 30°$이므로

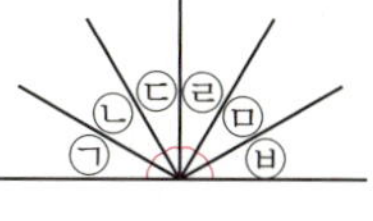

예각은 $\bigcirc$, $\bigcirc$, $\bigcirc$, $\bigcirc$, $\bigcirc$, $\bigcirc$,
$⑦ + \bigcirc$, $\bigcirc + \bigcirc$, $\bigcirc + \bigcirc$, $\bigcirc + \bigcirc$, $\bigcirc + \bigcirc$입니다.
➡ 11개

5-3 똑같이 나누어진 한 각의 크기는
$360° ÷ 8 = 45°$이므로

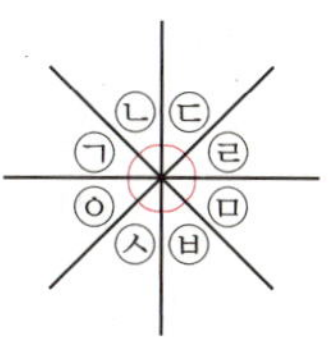

둔각은 $⑦ + \bigcirc + \bigcirc$,
$\bigcirc + \bigcirc + \bigcirc$, $\bigcirc + \bigcirc + \bigcirc$,
$\bigcirc + \bigcirc + \bigcirc$, $\bigcirc + \bigcirc + \bigcirc$, $\bigcirc + \bigcirc + \bigcirc$,
$\bigcirc + \bigcirc + ⑦$, $\bigcirc + ⑦ + \bigcirc$입니다. ➡ 8개

주의

$⑦ + \bigcirc = 90°$, $⑦ + \bigcirc + \bigcirc + \bigcirc = 180°$이므로 둔각이
아닙니다.

6-1 접기 전 부분과 접힌 부분은 모양과
크기가 같으므로 $\bigcirc = 55°$

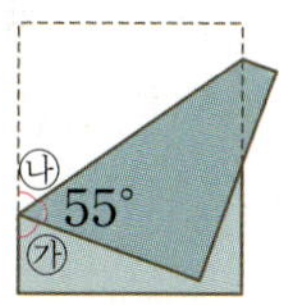

한 직선에 놓이는 각의 크기의 합은
180°이므로
$② = 180° - 55° - 55° = 70°$

6-2 삼각형 ㄱㄴㄷ에서
(각 ㄴㄷㄱ)$= 180° - 90° - 55° = 35°$이고,
접기 전 부분과 접힌 부분은 모양과 크기가 같으므
로 (각 ㄴㄷㄱ)$=$(각 ㅁㄹㅂ)$= 35°$
$48° +$(각 ㄹㅁㅂ)$+$(각 ㅂㅁㄷ)$= 180°$이므로
(각 ㄹㅁㅂ)$+$(각 ㅂㅁㄷ)$= 180° - 48° = 132°$이고,
(각 ㄹㅁㅂ)$=$(각 ㅂㅁㄷ)이므로
(각 ㄹㅁㅂ)$= 132° ÷ 2 = 66°$
삼각형 ㄹㅁㅂ에서
(각 ㄹㅂㅁ)$= 180° -$(각 ㅁㄹㅂ)$-$(각 ㄹㅁㅂ)
$\qquad = 180° - 35° - 66° = 79°$

6-3 삼각형 ㄱㄴㄷ에서
$$(각\ ㄷㄱㄴ)=180°-90°-28°=62°이므로$$
$$(각\ ㅁㄱㄷ)=90°-(각\ ㄷㄱㄴ)$$
$$=90°-62°=28°,$$
$$(각\ ㄴㄷㄱ)=(각\ ㄱㄷㅁ)=28°$$
삼각형 ㄱㄷㅁ에서
$$(각\ ㄱㅁㄷ)=180°-(각\ ㅁㄱㄷ)-(각\ ㄱㄷㅁ)$$
$$=180°-28°-28°=124°$$

7-1 숫자 눈금 한 칸의 각도는 30°이고, 짧은바늘과 긴
바늘이 이루는 작은 쪽의 각도는 숫자 눈금 5칸이
므로 30°×5=150°입니다.

7-2 ㉠은 숫자 눈금 5칸이므로
$$㉠=30°×5=150°$$
㉡은 30°에서 긴바늘이 40분 동
안 움직일 때 짧은바늘이 움직인
각도를 뺀 것이므로
$$㉡=30°-5°×4=10°$$
따라서 2시 40분일 때 짧은바늘과 긴바늘이 이루
는 작은 쪽의 각도는 ㉠+㉡=150°+10°=160°
입니다.
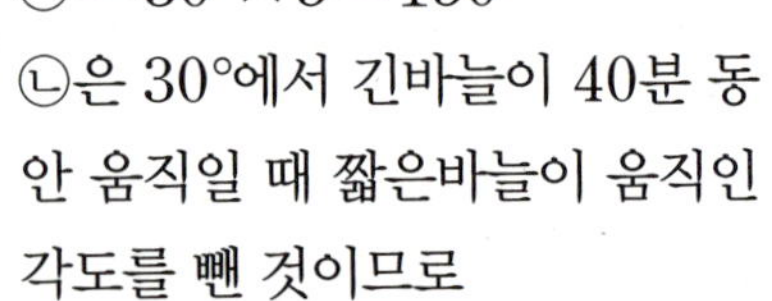
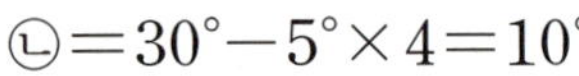

짧은바늘은 1시간(60분)에 30°씩 움직이고, 10분에
30°÷6=5°씩 움직입니다.

7-3 혜인이가 운동한 시간:
5시 20분-3시 40분=1시간 40분
1시간 40분 동안 짧은바늘이 움직인 각도는 1시간
동안 숫자 눈금 한 칸을 움직이므로 30°를 움직이
고, 40분 동안 5°×4=20°만큼 더 움직이므로
└•10분에 5°씩 움직입니다.
$$30°+20°=50°입니다.$$

8-1 도형을 한 점에서 만나도록 모았을 때 한 점에서 만나
는 각의 크기의 합이 360°이
므로
$$90°+90°+●×6=360°,$$
$$●×6=360°-90°-90°$$
$$=180°,$$
$$●=180°÷6=30°$$
사각형의 네 각의 크기의 합은
360°이므로
$$▲+▲=360°-30°-30°=300°,$$
$$▲=㉠=300°÷2=150°$$
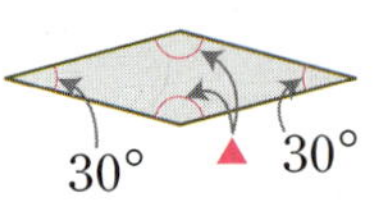

LEVEL UP TEST

48~51쪽

1 45°	**2** 85°, 42°, 53°	**3** 100°	**4** 65°	**5** 125°	**6** 5개
7 86°	**8** 165°	**9** 170°	**10** 78°	**11** 85°	**12** 99°
13 360°					

---

1 접근 ≫ 한 직선에 놓이는 각의 크기의 합은 180°임을 이용합니다.

직선 ㄴㄹ에서 ㉮=180°-50°=130°
직선 ㄴㄹ에서 ㉰=180°-135°=45°
직선 ㄷㅁ에서 ㉯=180°-50°-㉰
$$=180°-50°-45°=85°$$
따라서 ㉮-㉯=130°-85°=45°입니다.

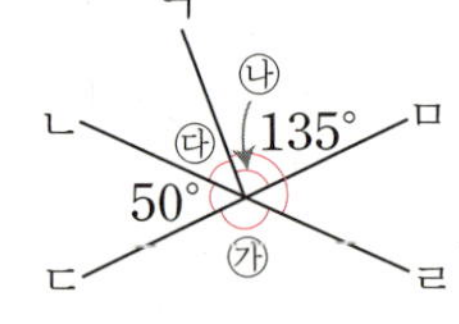

해결 전략
직선 ㄴㄹ과 직선 ㄷㅁ을 이
용합니다.

보충 개념
한 직선에 놓이는 각의 크기
의 합은 180°입니다.

직선 ㄴㄹ과 직선 ㄷㅁ이 한 점에서 만날 때 마주 보고 있는 각의 크기는 서로 같습니다.

➡ ㉮=㉯+㉰

직선 ㄴㄹ에서 ㉰=180°−135°=45°

㉮=㉯+㉰이므로 ㉮−㉯=㉰=45°

2 접근 ≫ ㉠과 ㉢을 ㉡에 관한 식으로 나타내 봅니다.

㉠=㉡+43°, ㉢=㉡+11°

삼각형의 세 각의 크기의 합은 180°이므로

㉠+㉡+㉢=㉡+43°+㉡+㉡+11°=180°,

㉡+㉡+㉡+54°=180°, ㉡+㉡+㉡=180°−54°=126°,

㉡×3=126°, ㉡=126°÷3=42°

따라서 ㉠=㉡+43°=42°+43°=85°,

㉢=㉡+11°=42°+11°=53°입니다.

3 접근 ≫ 각 ㅁㄷㄹ과 각 ㄴㄷㅁ의 크기를 구합니다.

⟪예⟫ (각 ㅁㄷㄹ)=(각 ㄴㄷㄱ)=180°−90°−30°=60°이고, 각 ㄴㄷㅁ의 크기는 삼각자를 돌린 각도와 같으므로 40°입니다.

따라서 (각 ㄴㄷㄹ)=40°+60°=100°입니다.

채점 기준	배점
각 ㅁㄷㄹ의 크기를 구했나요?	2점
각 ㄴㄷㅁ의 크기를 구했나요?	2점
각 ㄴㄷㄹ의 크기를 구했나요?	1점

4 접근 ≫ 각 ㄱㄴㄷ의 크기를 구합니다.

사각형 ㄱㄴㄷㄹ의 네 각의 크기의 합은 360°이므로

(각 ㄱㄴㄷ)=360°−55°−80°−105°=120°

(각 ㄱㄴㅁ)=(각 ㅁㄴㄷ)이므로 (각 ㄱㄴㅁ)=120°÷2=60°

따라서 삼각형의 세 각의 크기의 합은 180°이므로

㉮=180°−55°−60°=65°입니다.

5 접근 ≫ 주어진 도형의 다섯 각의 크기의 합이 540°임을 이용하여 구합니다.

한 직선에 놓이는 각의 크기의 합은 180°이므로

㉰=180°−75°=105°,

㉯=180°−80°=100°

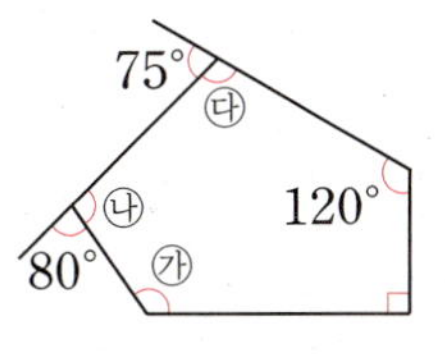

도형의 다섯 각의 크기의 합은 540°이므로

105°+100°+㉮+90°+120°=540°, ㉮+415°=540°,

　└•㉰　└•㉯

㉮=540°−415°=125°

6 접근 ≫ 각을 여러 개 붙여서 만들 수 있는 둔각의 수를 구합니다.

둔각은 각도가 $90°$보다 크고 $180°$보다 작은 각입니다.
• 각 2개로 만들 수 있는 둔각: ②＋③, ③＋④, ⑤＋⑥,
　　　　　　　　　　　　⑥＋① ➡ 4개
• 각 3개로 만들 수 있는 둔각: ②＋③＋④ ➡ 1개
따라서 크고 작은 둔각은 모두 $4＋1＝5$(개)입니다.

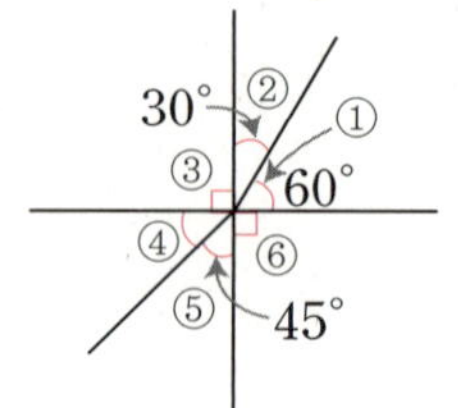

$90°$와 $180°$는 둔각이 아닙니다.
①＋②, ③, ④＋⑤, ⑥
➡ $90°$
①＋②＋③, ③＋④＋⑤,
④＋⑤＋⑥, ⑥＋①＋②
➡ $180°$

7 접근 ≫ 접기 전 부분과 접힌 부분은 모양과 크기가 같음을 이용합니다.

접기 전 부분과 접힌 부분은 모양과 크기가 같으므로
㉯$＝43°$
한 직선에 놓이는 각의 크기의 합은 $180°$이므로
㉰$＝180°－43°－43°＝94°$
사각형의 네 각의 크기의 합은 $360°$이므로
㉮$＝360°－90°－90°－94°＝86°$

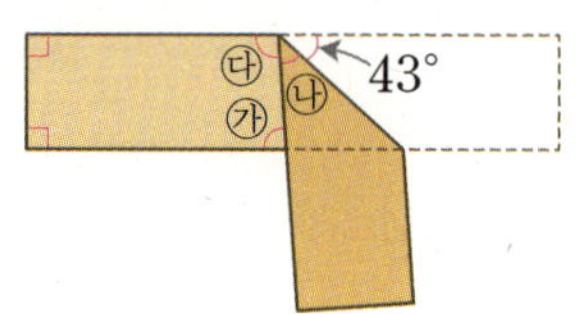

해결 전략
㉯ → ㉰ → ㉮의 순서로 각도
를 구합니다.

8 접근 ≫ 삼각자의 각의 크기를 이용하여 구합니다.

(각 ㄱㅂㄷ)$＝60°$이고 한 직선에 놓이는 각의 크기의 합은 $180°$이므로
(각 ㅁㅂㄴ)$＝180°－60°＝120°$
삼각형 ㄴㅂㅁ의 세 각의 크기의 합은 $180°$이므로
(각 ㄴㅁㅂ)$＝180°－45°－120°＝15°$
따라서 ㉮$＝180°－15°＝165°$입니다.

해결 전략
한 직선에 놓이는 각의 크기
의 합은 $180°$, 삼각형의 세 각
의 크기의 합은 $180°$임을 이
용하여 ㉮의 각도를 구합니다.

다른 풀이
(각 ㄴㄹㄷ)$＝45°$이고 한 직선에 놓이는 각의 크기의 합은 $180°$이므로
(각 ㄱㄹㅁ)$＝180°－45°＝135°$
삼각형 ㄱㅁㄹ의 세 각의 크기의 합은 $180°$이므로
(각 ㄱㅁㄹ)$＝180°－30°－135°＝15°$
따라서 ㉮$＝180°－15°＝165°$입니다.

9 접근 ≫ 숫자 눈금 한 칸의 각도를 먼저 구합니다.

숫자 눈금 한 칸의 각도는 $30°$이고, ㉠은 숫자 눈금 5칸이므로
$30°×5＝150°$
짧은바늘은 1시간에 $30°$씩 움직이고, 30분에 $15°$씩, 10분에 $5°$씩 움직입니다. ㉡은 긴바늘이 40분 동안 움직일 때 짧은바늘이 움직인 각도이므로 $5°×4＝20°$
따라서 1시 40분일 때 짧은바늘과 긴바늘이 이루는 작은 쪽의 각도는 ㉠＋㉡$＝150°＋20°＝170°$입니다.

해결 전략
㉠은 숫자 눈금 한 칸의 각도
를 이용하여 구하고, ㉡은 짧
은바늘이 10분 동안 움직이
는 각도를 이용하여 구합니다.

보충 개념
숫자 눈금 6칸의 각도가 $180°$
이므로 숫자 눈금 한 칸의 각
도는 $180°÷6＝30°$입니다.

10

접근 ≫ 사각형의 네 각의 크기의 합을 이용하여 각 ㄴㄱㄹ과 각 ㄱㄹㄷ의 크기의 합을 구합니다.

㉠ 사각형 ㄱㄴㄷㄹ의 네 각의 크기의 합은 $360°$이므로
(각 ㄴㄱㄹ)$+72°+84°+$(각 ㄱㄹㄷ)$=360°$,
(각 ㄴㄱㄹ)$+$(각 ㄱㄹㄷ)$=360°-72°-84°=204°$,
(각 ㅁㄱㄹ)$+$(각 ㄱㄹㅁ)$=204°÷2=102°$
따라서 삼각형 ㄱㅁㄹ의 세 각의 크기의 합은 $180°$이므로
(각 ㄱㅁㄹ)$=180°-102°=78$입니다.

채점 기준	배점
각 ㄴㄱㄹ과 각 ㄱㄹㄷ의 크기의 합을 구했나요?	3점
각 ㄱㅁㄹ의 크기를 구했나요?	2점

해결 전략
각 ㄴㄱㄹ과 각 ㄱㄹㄷ의 크기를 각각 구하지 않습니다.
각 ㄴㄱㄹ과 각 ㄱㄹㄷ의 크기의 합을 이용하여 각 ㄱㅁㄹ의 크기를 구합니다.
$(○+○)+(×+×)=204°$ ➡ $○+×=204°÷2=102°$

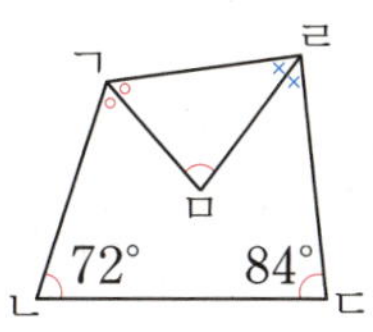

11

접근 ≫ 입사각과 반사각의 각도가 같음을 이용하여 ㉮의 각도를 구합니다.

$70°$인 각의 가운데에 거울 면과 직각인
선분 ㄱㄴ을 그어 봅니다.
입사각과 반사각의 각도는 같으므로
(각 ㄴㄱㄷ)$=70°÷2=35°$
삼각형의 세 각의 크기의 합은 $180°$이므로
삼각형 ㄱㄴㄷ에서 $35°+90°+$㉯$=180°$,
㉯$=180°-35°-90°=55°$
삼각형 ㄹㄷㄴ에서 ㉮$+40°+$㉯$=180°$,
㉮$=180°-40°-55°=85°$

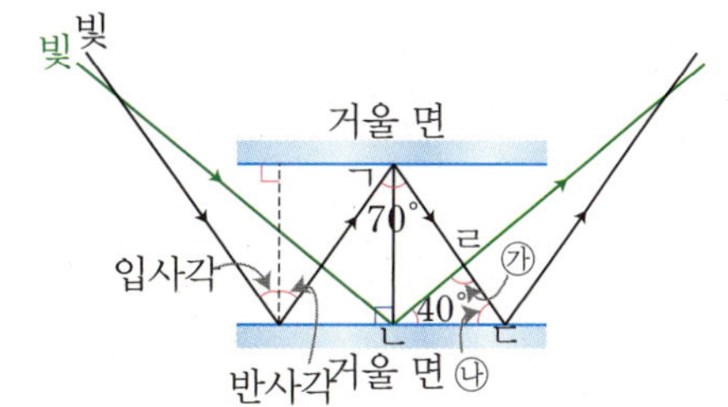

해결 전략
입사각과 반사각의 각도가 같으므로 $70°$인 각의 가운데에 거울 면과 직각인 선분을 그어 삼각형을 만들어 구합니다.

12

접근 ≫ 삼각형의 세 각의 크기의 합을 이용하여 ㉯ 또는 ㉰의 각도를 먼저 구합니다.

삼각형 ㄹㅁㄴ의 세 각의 크기의 합은 $180°$이므로
㉮$+$㉯$=180°-24°-15°=141°$
한 직선에 놓이는 각의 크기의 합은 $180°$이므로
㉰$=180°-($㉮$+$㉯$)=180°-141°=39°$
삼각형 ㄱㄴㄷ의 세 각의 크기의 합은 $180°$이므로
㉮$+$㉰$=180°-25°-17°=138°$
따라서 ㉮$=138°-$㉰$=138°-39°=99°$입니다.

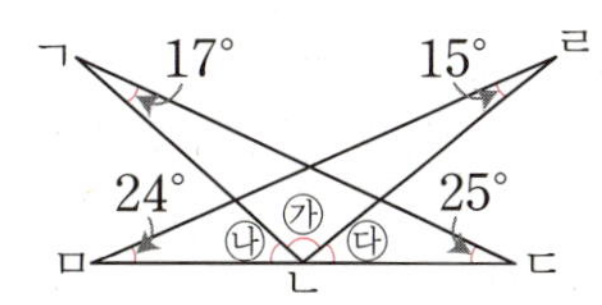

해결 전략
2개의 삼각형을 겹쳐 만든 모양입니다. 2개의 삼각형을 먼저 찾고, 그때 겹쳐진 ㉮의 각도를 구합니다.

삼각형에서 한 꼭짓점에서의 외각의 크기는 이웃하지 않는 두 내각의 크기의 합과 같습니다.
➡ ㉰$=17°+25°=42°$, ㉱$=15°+24°=39°$
한 직선에 놓이는 각의 크기의 합은 $180°$이므로 ㉮$+$㉰$+$㉱$=180°$, ㉮$+42°+39°=180°$,
㉮$=180°-42°-39°=99°$

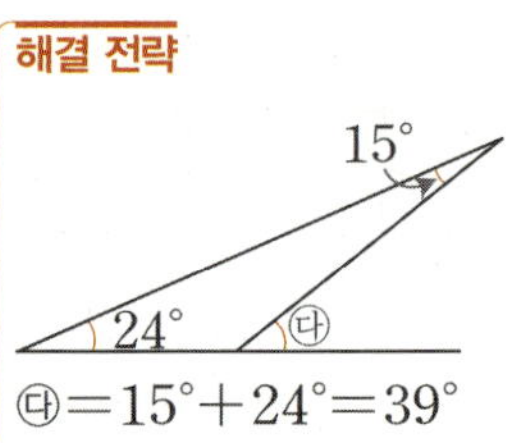

13 접근 》 도형 안의 다섯 각의 크기의 합을 이용하여 구합니다.

도형 안의 다섯 각의 크기의 합은 $540°$이고,
㉠$+○=180°$, ㉡$+△=180°$, ㉢$+★=180°$,
㉣$+●=180°$, ㉤$+▲=180°$입니다.
㉠$+$㉡$+$㉢$+$㉣$+$㉤$+○+△+★+●+▲$
$=180°×5=900°$이고
$○+△+★+●+▲=540°$이므로
㉠$+$㉡$+$㉢$+$㉣$+$㉤$=900°-540°=360°$

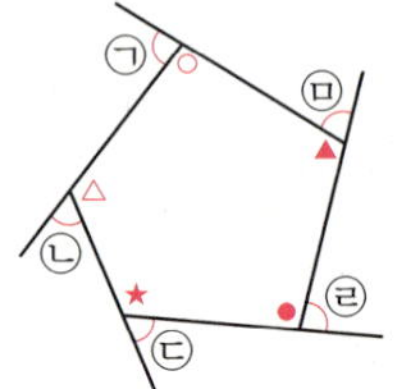

㉠, ㉡, ㉢, ㉣, ㉤의 각도를 각각 구하려고 하면 안 됩니다.

주어진 도형의 한 꼭짓점에서의 내각과 외각의 크기의 합은 $180°$이므로 도형의 내각과 외각의 크기의 합은 $180°×5=900°$입니다. 도형의 내각의 크기의 합이 $540°$이므로
(도형의 외각의 크기의 합)$=900°-540°=360°$

(■각형의 외각의 크기의 합)
$=$(■각형의 내각과 외각의 크기의 합)$-$(■각형의 내각의 크기의 합)
$=180°×■-$(■각형의 내각의 크기의 합)
$=180°×■-180°×(■-2)$
$=180°×2=360°$
➡ 삼각형, 사각형, 오각형, …의 외각의 크기의 합은 모두 $360°$입니다.

◥◣ HIGH LEVEL

52~54쪽

1 $110°$	**2** $74°$	**3** $330°$	**4** 6개	**5** 10개	**6** $69°$
7 9	**8** $26°$				

1 접근 ≫ 접기 전 부분과 접힌 부분은 모양과 크기가 같음을 이용합니다.

접기 전 부분과 접힌 부분은 모양과 크기가 같으므로
ⓛ$=60°$, ⓒ$=50°$입니다.
직사각형의 네 각의 크기는 모두 $90°$이므로
ⓔ$=180°-90°-50°=40°$
한 직선에 놓이는 각의 크기의 합은 $180°$이므로
●$=180°-60°-60°=60°$, ▲$=180°-40°-40°=100°$ ⋯ ①
사각형의 네 각의 크기의 합은 $360°$이므로
ⓖ$=360°-$●$-90°-$▲$=360°-60°-90°-100°=110°$ ⋯ ②

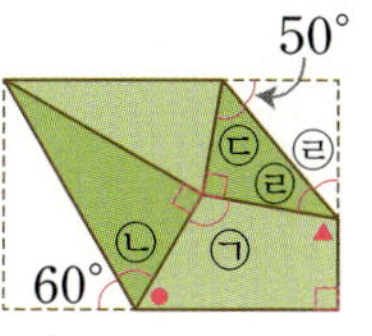

해결 전략
접힌 부분에서 각도가 같은 곳을 표시한 다음 ① 한 직선에 놓이는 각의 크기의 합은 $180°$, ② 사각형의 네 각의 크기의 합은 $360°$임을 이용하여 구합니다.

2 접근 ≫ 삼각형의 세 각의 크기의 합을 이용하여 구합니다.

한 직선에 놓이는 각의 크기의 합은 $180°$이므로
$122°+$ⓔ$=180°$에서 ⓔ$=180°-122°=58°$
삼각형의 세 각의 크기의 합은 $180°$이므로
ⓓ$+$ⓔ$+48°=180°$에서 ⓓ$=180°-58°-48°=74°$
한 직선에 놓이는 각의 크기의 합은 $180°$이므로
ⓜ$+$ⓓ$=180°$에서 ⓜ$=180°-$ⓓ$=180°-74°=106°$
삼각형의 세 각의 크기의 합은 $180°$이므로
ⓐ$+$ⓝ$+$ⓜ$=180°$에서 ⓐ$+$ⓝ$=180°-$ⓜ$=180°-106°=74°$

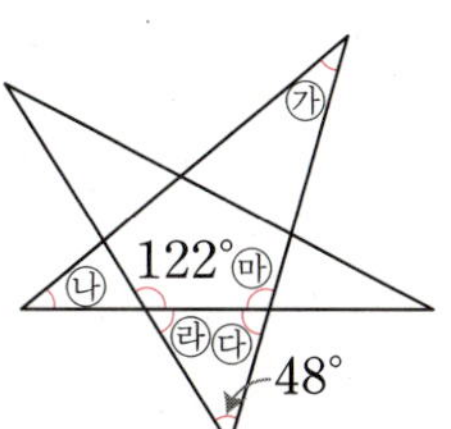

해결 전략
ⓔ → ⓓ → ⓜ의 순서로 각도를 구한 후
ⓐ$+$ⓝ$+$ⓜ$=180°$임을 이용하여 ⓐ$+$ⓝ를 구합니다.

3 접근 ≫ 삼각형과 사각형의 각의 크기의 합을 이용하여 구합니다.

ⓖ$=180°-45°-30°=105°$이고 ⓖ$=$ⓛ이므로 ⓛ$=105°$
입니다.
①의 삼각형과 ②의 사각형의 모든 각의 크기의 합은
$180°+360°=540°$이고, 이것은 색칠한 각의 크기의 합에 ⓖ의
각도($105°$)와 ⓛ의 각도($105°$)를 더한 것과 같습니다.
(색칠한 각의 크기의 합)$+105°+105°=540°$
➡ (색칠한 각의 크기의 합)$=540°-105°-105°=330°$

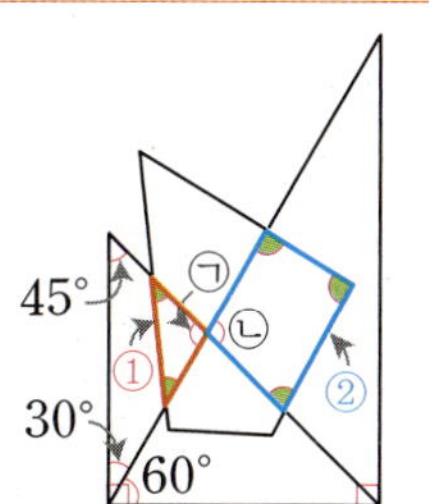

해결 전략
두 직선이 만날 때 서로 마주 보고 있는 각(맞꼭지각)의 크기는 같습니다.

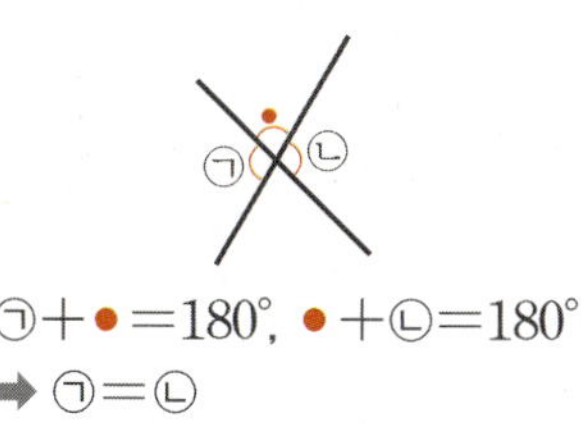

ⓖ$+$●$=180°$, ●$+$ⓛ$=180°$
➡ ⓖ$=$ⓛ

주의
색칠한 각의 크기를 각각 구하려고 하면 안 됩니다. 색칠한 각이 포함된 삼각형과 사각형을 찾아 각의 크기의 합을 구합니다.

4 접근 ≫ 점을 이어서 여러 가지 크기의 각을 만들어 봅니다.

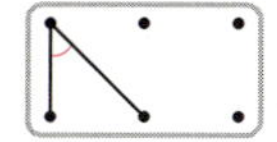 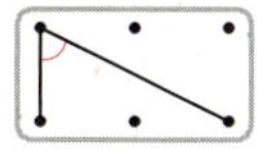 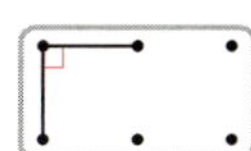 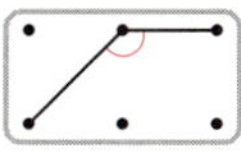 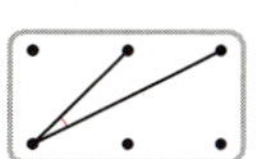 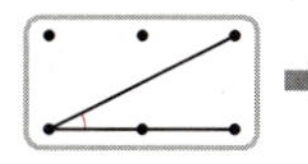 ➡ 6개

주의

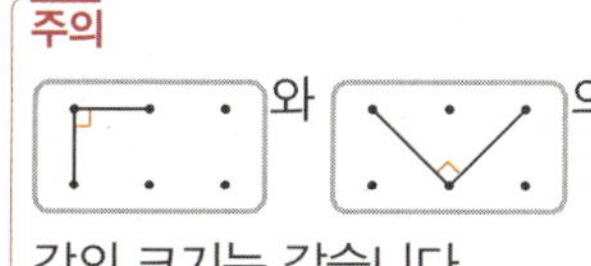

와 의 각의 크기는 같습니다.

5 접근 » 1개, 2개, 3개, ...의 각으로 찾을 수 있는 서로 다른 각도를 구합니다.

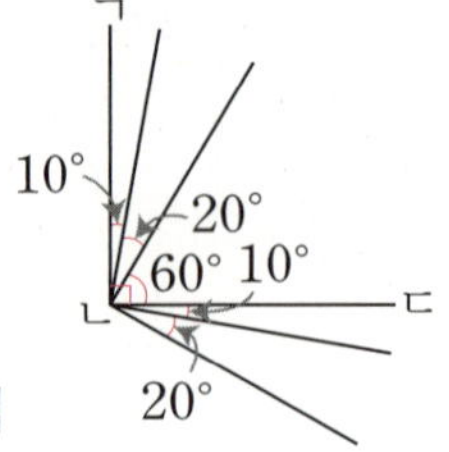

- 1개의 각으로 찾을 수 있는 각도: $10°$, $20°$, $60°$ ➡ 3개
- 2개의 각으로 찾을 수 있는 각도: $10°+20°=30°$,
  $20°+60°=80°$,
  $60°+10°=70°$ ➡ 3개
- 3개의 각으로 찾을 수 있는 각도: $10°+20°+60°=90°$ ➡ 1개
- 4개의 각으로 찾을 수 있는 각도: $10°+20°+60°+10°=100°$,
  $20°+60°+10°+20°=110°$ ➡ 2개
- 5개의 각으로 찾을 수 있는 각도: $10°+20°+60°+10°+20°=120°$ ➡ 1개

따라서 찾을 수 있는 각도는 모두 $3+3+1+2+1=10$(개)입니다.

> **주의**
> 크기가 같은 각을 여러 번 세지 않습니다.

6 접근 » 사각형의 네 각의 크기의 합을 이용하여 구합니다.

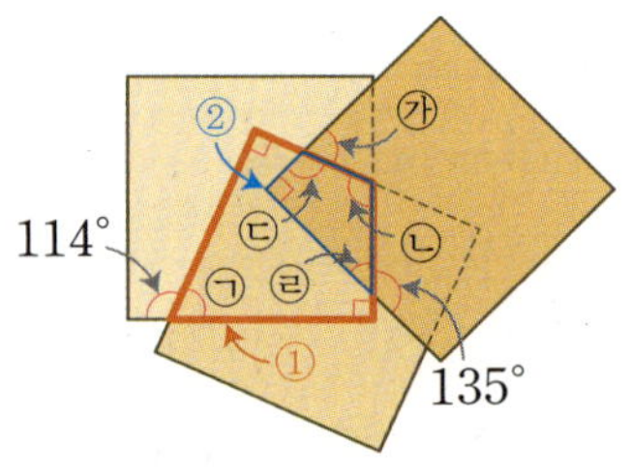

$㉠=180°-114°=66°$

사각형 ①에서 $90°+㉠+90°+㉡=360°$이므로

$㉡=360°-90°-90°-㉠$
$=360°-90°-90°-66°=114°$

$㉣=180°-135°=45°$

사각형 ②에서 $㉢+90°+㉣+㉡=360°$이므로

$㉢=360°-90°-㉣-㉡=360°-90°-45°-114°=111°$

따라서 $㉮=180°-㉢=180°-111°=69°$입니다.

> **해결 전략**
>
> 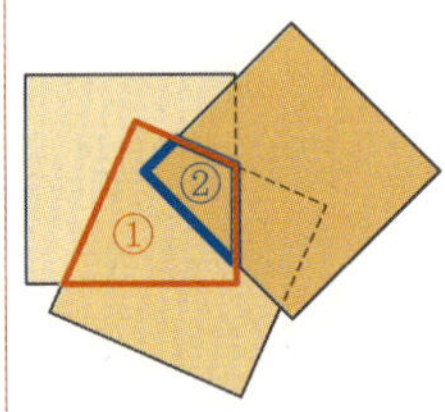
>
> ㉠의 각도를 구하고, ①의 사각형의 네 각의 크기의 합을 이용하여 ㉡의 각도를 구합니다.
> ㉣의 각도를 구하고, ②의 사각형의 네 각의 크기의 합을 이용하여 ㉢의 각도를 구합니다.

7 접근 » ■각형의 내각의 크기의 합을 두 가지 방법으로 구합니다.

■각형을 삼각형 (■−2)개로 나누어 모든 각의 크기의 합을 구합니다.
➡ (■각형의 모든 각의 크기의 합)$=180°×(■−2)$ …①

만들어지는 ■각형의 한 각의 크기는 $70°+70°=140°$이고, 각의 수는 변의 수와 같은 ■개입니다. ➡ (■각형의 모든 각의 크기의 합)$=140°×■$ …②

①＝②이므로 $180°×(■−2)=140°×■$에서 ■에 1부터 수를 넣어 보면

■$=9$일 때 $180°×7=140°×9=1260°$

따라서 ■에 알맞은 수는 9입니다.

> **해결 전략**
> ■각형의 모든 각의 크기의 합을 ①삼각형으로 나누어 구하고, ②주어진 한 각의 크기를 이용하여 구한 다음, ①＝②를 이용하여 ■에 알맞은 수를 구합니다.

■각형의 외각의 크기의 합은 항상 360°입니다. ■각형의 한 내각의 크기가 $70°+70°=140°$
이므로 한 외각의 크기는 $180°-140°=40°$입니다.
외각의 수는 내각의 수와 같은 ■개이므로 (외각의 크기의 합)÷(한 외각의 크기)=■,
$360°÷40°=9$에서 ■에 알맞은 수는 9입니다.

8 접근 ≫ 삼각형 ㅁㅂㅇ의 세 각의 크기를 구합니다.

㉠=(각 ㅅㅂㅇ)=65°이므로

㉡=$180°-65°-65°=50°$

㉢=$360°-60°-60°-204°=36°$이고,

삼각형 ㅁㅂㅇ에서

㉣=$180°-㉡-㉢=180°-50°-36°=94°$

●＋●＋㉣=$180°$, ●＋●=$180°-94°=86°$,

●=$43°$

㉤=(각 ㅁㅇㄹ)=60°이므로 삼각형 ㄱㅁㄹ에서 ㉤＋●＋▲=$180°$,

$60°+43°+▲=180°$, ▲=$180°-60°-43°=77°$

따라서 (각 ㄷㄹㅇ)=$180°-▲-▲=180°-77°-77°=26°$입니다.

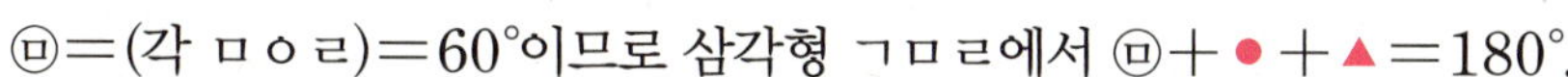

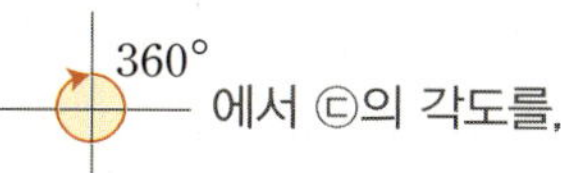

㉠의 각도를 구한 후 ㉡의 각도를,

360° 에서 ㉢의 각도를,

삼각형 ㅁㅂㅇ에서 ㉣의 각도를 구한 후 ●의 각도를, 삼각형 ㄱㅁㄹ에서 ▲의 각도를 구합니다.

삼각형 ㅂㅅㅇ에서 (각 ㅂㅅㅇ)=$180°-65°-60°=55°$
(각 ㄴㅅㅂ)=(각 ㅂㅅㅇ)=55°이므로 (각 ㅇㅅㄷ)=$180°-55°-55°=70°$
사각형 ㄹㅇㅅㄷ의 네 각의 크기의 합은 360°이므로
(각 ㄷㄹㅇ)=$360°-204°-70°-60°=26°$

3 곱셈과 나눗셈

BASIC TEST

1 (세 자리 수)×(두 자리 수) — 59쪽

1 (왼쪽에서부터) 1311, 13110 / 10

2 (1) 3, 369, 3690　(2) 10, 1028, 10, 10280

3 (1) 5, 6160, 1540, 7700
　(2) 46, 3400, 782, 4182

4
$$\begin{array}{r} 3\,6\,7 \\ \times\quad 5\,4 \\ \hline 1\,4\,6\,8 \\ 1\,8\,3\,5 \\ \hline 1\,9\,8\,1\,8 \end{array}$$

5 51000원　　**6** 140　　**7** 255개

---

1 437×30은 437×3을 계산한 값에 0을 1개 붙입니다.

$$437 \times 3 = 1311 \;\Rightarrow\; 437 \times 30 = 13110$$
(10배)

2 (1) $123 \times 30 = 123 \times 3 \times 10$
　　　　　$= 369 \times 10 = 3690$

　(2) $257 \times 40 = 257 \times 4 \times 10$
　　　　　$= 1028 \times 10 = 10280$

> **지도 가이드**
> 곱셈의 결합법칙을 이용한 문제입니다. 곱셈의 결합법칙은 세 수의 곱셈에서 어느 두 수를 먼저 곱하여도 결과가 같다는 것으로 결합법칙이라는 용어에 집중하기보다 그 원리를 이해할 수 있도록 지도해 주세요.

3 (1) $308 \times 25 = 308 \times (20+5)$
　　　　　$= 308 \times 20 + 308 \times 5$
　　　　　$= 6160 + 1540$
　　　　　$= 7700$

　(2) $246 \times 17 = (200+46) \times 17$
　　　　　$= 200 \times 17 + 46 \times 17$
　　　　　$= 3400 + 782$
　　　　　$= 4182$

> **보충 개념**
> $\bullet \times (\blacksquare + \blacktriangle) = \bullet \times \blacksquare + \bullet \times \blacktriangle$

> **지도 가이드**
> 곱셈의 분배법칙을 이용한 문제입니다. 곱셈의 분배법칙은 두 수의 합에 다른 수를 곱한 값은 그것을 각각 곱한 것의 합과 같다는 것으로 분배법칙이라는 용어에 집중하기보다 그 원리를 이해할 수 있도록 지도해 주세요.

4 $367 \times 50 = 18350$이므로 1835를 자리에 맞추어 쓴 후, 1468과 18350을 더해야 합니다.

5 100원짜리 동전: $100 \times 60 = 6000$(원)
500원짜리 동전: $500 \times 90 = 45000$(원)
➡ (저금통에 모은 동전)$= 6000 + 45000$
　　　　　　　　　　　$= 51000$(원)

6 어떤 수를 □라 하면
$$\underbrace{□ + □ + □ + \cdots + □ + □ + □}_{34번} = 4760$$

$100 \times 34 = 3400$이므로 □는 100보다 큽니다.
$140 \times 34 = 4760$이므로 □$= 140$

> **다른 풀이**
> 어떤 수를 □라 하면
> $$\underbrace{□ + □ + □ + \cdots + □ + □ + □}_{34번} = 4760$$
> □$\times 34 = 4760$, □$= 4760 \div 34 = 140$

7 $212 \times 40 = 8480$, $416 \times 21 = 8736$
□ 안에 들어갈 수 있는 자연수는 8481부터 8735까지이므로 모두 $8735 - 8481 + 1 = 255$(개)입니다.

> **해결 전략**
> (●부터 ■까지 자연수의 수)$= \blacksquare - \bullet + 1$
> 예 (2부터 9까지 자연수의 수)$= 9 - 2 + 1 = 8$(개)

---

2 곱셈의 활용, 몇십으로 나누기 — 61쪽

1 8, 8　　　　**2** >
3 ( )( )(○)　　**4** 412개
5 12.6 L　　**6** 390　　**7** 16상자

---

1 나누어지는 수와 나누는 수가 각각 10배가 되면 몫은 같습니다.

$$24 \div 3 = 8 \Rightarrow 240 \div 30 = 8$$

(10배 ─ 10배)

2 $480 \div 60 = 8$, $480 \div 80 = 6$
$8 > 6$이므로 $480 \div 60 \bigcirc\!\!>\ 480 \div 80$

다른 풀이
나누어지는 수가 같은 경우 나누는 수가 클수록 몫은 작아집니다. ➡ $480 \div 60 \bigcirc\!\!>\ 480 \div 80$
($60 < 80$)

3 자: 21개를 20개쯤으로 어림하면
$450 \times 20 = 9000$이므로 450×21은 9000보다 큽니다.
연필: 410원을 400원쯤으로 어림하면
$400 \times 23 = 9200$이므로 410×23은 9000보다 큽니다.
지우개: 390원을 400원쯤으로 어림하면
$400 \times 22 = 8800$이므로 390×22는 9000보다 작습니다.
따라서 9000원으로 살 수 있는 학용품은 지우개입니다.

4 수확한 감자의 수를 □개라 하면 $□ \div 50 = 8 \cdots 12$입니다. ➡ $50 \times 8 + 12 = □$, $□ = 412$
따라서 수확한 감자는 모두 412개입니다.

5 4학년 전체 학생은 $23 + 19 + 21 = 63$(명)이므로 4학년 학생 전체에게 줄 우유의 양은 모두
$200 \times 63 = 12600 \,(\text{mL}) \Rightarrow 12.6\,\text{L}$

보충 개념
$1000\,\text{mL} = 1\,\text{L}$

6 나머지가 30이 되는 수는 40으로 나누어떨어지는 수보다 30만큼 더 큰 수입니다. 360은 40으로 나누어떨어지므로 360보다 큰 수 중에서 나머지가 30이 되는 가장 작은 수는 $360 + 30 = 390$입니다.

7 $317 \div 20 = 15 \cdots 17$이므로 풀을 한 상자에 20개씩 담으면 15상자가 되고 풀 17개가 남습니다.
풀을 모두 담으려면 남은 풀 17개도 상자에 담아야 하므로 1상자가 더 필요합니다.
따라서 상자는 적어도 $15 + 1 = 16$(상자) 필요합니다.

---

3 몇십몇으로 나누기 63쪽

1 442
2 예 몫을 9로 어림하면 나누는 수와 몫을 곱한 값이 나누어지는 수보다 크므로 뺄 수 없습니다. /
$$\begin{array}{r} 8 \\ 21\,)\overline{1\,8\,4} \\ \underline{1\,6\,8} \\ 1\,6 \end{array}$$
3 9상자   **4** 545   **5** 48
6 (위에서부터) 3, 9

1 나누는 수가 같을 때 나누어지는 수가 1만큼 더 작아지면 나머지도 1만큼 더 작아집니다.
$456 \div 17 = 26 \cdots 14$이므로 $456 - 14 = 442$는 17로 나누어떨어집니다.

다른 풀이
나눗셈식의 계산이 맞는지 확인하는 방법을 이용하여 □ 안에 알맞은 수를 구합니다. ➡ $□ = 17 \times 26 = 442$

2 184를 180쯤으로, 21을 20쯤으로 어림하여 몫을 9로 어림했습니다. 어림한 몫으로 계산하면 $21 \times 9 = 189$가 나누어지는 수 184보다 더 크므로 뺄 수 없습니다. 따라서 몫을 1만큼 더 작게 하여 계산해야 합니다.

3 $215 \div 23 = 9 \cdots 8$입니다.
초콜릿을 한 상자에 23개씩 넣어 포장하므로 몫인 9상자까지 포장할 수 있습니다.

4 39로 나누었을 때 몫이 13인 수 중 가장 큰 수는 나머지가 38이므로 $□ = 39 \times 13 + 38 = 545$입니다.

해결 전략
나누는 수가 39일 때, 나머지가 될 수 있는 수 중에서 가장 큰 수는 39보다 1만큼 더 작은 수인 38입니다.

5 ■▲● $\div$ ★◆ 에서 ■▲ $<$ ★◆ 일 때, 몫이 한 자리 수가 되므로 $47 < □$입니다. 따라서 □ 안에 들어갈 수 있는 수 중에서 가장 작은 수는 48입니다.

6 $\begin{array}{r} ⓛ\,3 \\ 24\,)\overline{7\,ⓐ\,2} \end{array}$ $24 \times ⓛ = 7□$이므로
$24 \times 3 = 72$에서 ⓛ $= 3$입니다.
$24 \times 33 = 792$이므로
ⓐ $= 9$입니다.

MATH TOPIC 64~71쪽

1-1 40500원　　**1-2** 23730원　　**1-3** A 마트

2-1 28　　**2-2** 369　　**2-3** 27

3-1 13일　　**3-2** 58그루　　**3-3** 13쪽

4-1 3, 5　　**4-2** 5, 9　　**4-3** 30

5-1 651, 74, 48174　　**5-2** 753, 12, 62, 9

5-3 2

6-1 1, 2　　**6-2** 2, 4

7-1 (1) 7, 5, 9, 5, 4　(2) 3, 1, 5, 5, 2

심화8 106, 78, 97, 10282, 63, 6678 / 10282, 25228 / 25228

8-1 68 g, 8 g

1-1 (4학년 학생 수)$=21 \times 3=63$(명)이므로
(전체 학생의 입장료)$=600 \times 63=37800$(원)
(전체 선생님의 입장료)$=900 \times 3=2700$(원)
➡ (내야 하는 입장료)
　$=37800+2700=40500$(원)

1-2 (아이스크림 1개의 이익)
　$=3000-2435=565$(원)
(아이스크림 42개의 이익)$=565 \times 42$
　　　　　　　　　　$=23730$(원)

> **보충 개념**
> (아이스크림 1개의 이익)
> $=$(아이스크림 1개의 판매 가격)$-$(아이스크림 1개의 원가)

1-3 A 마트에서는 과자 10봉지를 사면 1000원을 할인해 주므로 11봉지의 가격은
$800 \times 11-1000=8800-1000=7800$(원)
입니다. 　└• 정가에서 할인 금액을 뺍니다.
B 마트에서는 10봉지를 사면 한 봉지를 더 주므로 11봉지의 가격은 $800 \times 10=8000$(원)입니다.
　　　　　　　└• 10봉지만 사면 됩니다.
따라서 $7800<8000$이므로 A 마트에서 사는 것이 더 쌉니다.

2-1 어떤 수를 □라 하면 $□ \div 82=7 \cdots 15$에서
$□=82 \times 7+15=589$
따라서 $589 \div 33=17 \cdots 28$이므로 나머지는 28입니다.

2-2 어떤 수를 37로 나누었을 때 몫이 한 자리 수이면서 어떤 수가 가장 큰 경우는 몫이 9이고, 나머지가 36일 때입니다.
어떤 수를 □라 하면 $□ \div 37=9 \cdots 36$에서
$□=37 \times 9+36=369$

> **해결 전략**
> 나누는 수가 정해졌을 때 몫과 나머지가 커지면 나누어지는 수도 커집니다.

> **보충 개념**
> 나누는 수가 37일 때 나머지가 될 수 있는 수 중에서 가장 큰 수는 37보다 1만큼 더 작은 수인 36입니다.

2-3 어떤 수를 □라 하면 $□ \div 42=12 \cdots 6$에서
$□=42 \times 12+6=510$
바르게 계산하면 $510 \div 24=21 \cdots 6$이므로 몫은 21, 나머지는 6입니다.
따라서 (몫)$+$(나머지)$=21+6=27$입니다.

3-1 동화책의 전체 쪽수는 $28 \times 14+18=410$(쪽)입니다. $410 \div 34=12 \cdots 2$이므로 같은 동화책을 매일 34쪽씩 12일 동안 읽으면 2쪽이 남습니다.
따라서 동화책을 모두 읽는 데
$12+1=13$(일)이 걸립니다.

> **해결 전략**
> 동화책을 모두 읽는 데 걸리는 날수이므로 남는 2쪽을 읽는 데 하루가 더 필요합니다.

3-2 도로의 한쪽에 심을 나무의 간격 수는
$980 \div 35=28$(군데)이므로 도로의 한쪽에 심어야 할 나무는 $28+1=29$(그루)입니다.
도로의 양쪽에 나무를 심어야 하므로 필요한 나무는 모두 $29 \times 2=58$(그루)입니다.

> **해결 전략**
> 도로의 처음과 끝에도 나무를 심어야 하므로
> (도로의 한쪽에 심어야 하는 나무 수)
> $=$(나무와 나무 사이의 간격 수)$+1$

3-3 (종현이가 역사책을 읽는 데 걸린 날수)
　$=425 \div 17=25$(일)
(시후가 매일 읽은 역사책의 쪽수)
　$=$(전체 쪽수)$\div$(역사책을 읽는 데 걸린 날수)
　$=325 \div 25=13$(쪽)

4-1 $575 \times 33 = 18975$, $575 \times 34 = 19550$,

$575 \times 35 = 20125$이므로 곱이 20000보다 작으면서 가장 큰 곱셈식은 $575 \times 34 = 19550$이고, 곱이 20000보다 크면서 가장 작은 곱셈식은 $575 \times 35 = 20125$입니다.

$575 \times 34 = 19550$과 20000의 차:

$20000 - 19550 = 450$

$575 \times 35 = 20125$와 20000의 차:

$20125 - 20000 = 125$

따라서 곱이 20000에 가장 가까운 곱셈식은 $575 \times 35 = 20125$입니다.

지도 가이드

어림하기를 통하여 곱이 20000이 되는 수를 알아봅니다. 정확한 계산을 하기 전의 어림하기는 수 감각을 형성하는 데 도움을 줍니다. 575를 600쯤으로 어림하면 약 $600 \times 30 = 18000$이므로 575에 30보다 큰 수를 곱하여 20000에 가장 가까운 수를 구할 수 있도록 지도해 주세요.

4-2 $9\square\square$가 가장 큰 수가 되려면 나머지가 가장 큰 수이어야 합니다. 나누는 수가 80일 때 나머지가 될 수 있는 수 중에서 가장 큰 수는 80보다 1만큼 더 작은 수인 79입니다. $9\square\square \div 80 = 11 \cdots 79$일 때 나누어지는 수가 가장 큰 수가 됩니다.

➡ $9\square\square = 80 \times 11 + 79 = 959$

4-3 $56 \times 47 = 2632$, $56 \times 48 = 2688$이므로 $26\square1 \div 56$의 몫이 47일 때 나누어지는 수는 2632와 같거나 크고, 2688보다 작아야 합니다. $26\square1$은 $26\boxed{4}1$, $26\boxed{5}1$, $26\boxed{6}1$, $26\boxed{7}1$, $26\boxed{8}1$이므로 $\square$ 안에 들어갈 수 있는 수는 4, 5, 6, 7, 8입니다. ➡ $4 + 5 + 6 + 7 + 8 = 30$

5-1 $7\square\square \times 6\square$ 또는 $6\square\square \times 7\square$의 곱셈식을 만들어 곱을 구합니다.

$$\begin{array}{r} 7\,5\,1 \\ \times\quad 6\,4 \\ \hline 4\,8\,0\,6\,4 \end{array} \qquad \begin{array}{r} 7\,4\,1 \\ \times\quad 6\,5 \\ \hline 4\,8\,1\,6\,5 \end{array} \qquad \begin{array}{r} 6\,5\,1 \\ \times\quad 7\,4 \\ \hline 4\,8\,1\,7\,4 \end{array}$$

$$\begin{array}{r} 6\,4\,1 \\ \times\quad 7\,5 \\ \hline 4\,8\,0\,7\,5 \end{array}$$

곱이 가장 큰 곱셈식입니다.

5-2 몫이 가장 큰 나눗셈식을 만들려면 나누어지는 수는 가장 크게 하고, 나누는 수는 가장 작게 합니다. 수 카드로 만들 수 있는 가장 큰 세 자리 수는 753, 가장 작은 두 자리 수는 12이므로 나눗셈식을 만들고 계산하면 $753 \div 12 = 62 \cdots 9$입니다.

5-3 몫이 가장 작은 나눗셈식을 만들려면 나누어지는 수는 가장 작게 하고, 나누는 수는 가장 크게 합니다. 수 카드로 만들 수 있는 가장 작은 세 자리 수는 235, 가장 큰 두 자리 수는 98이므로 나눗셈식을 만들면 $235 \div 98 = 2 \cdots 39$이고 몫은 2입니다.

6-1 ★에 1부터 수를 넣어 계산하면

$111 \times 11 = 1221$, $222 \times 22 = 4884$,

$333 \times 33 = 10989$, … 입니다.

★이 3인 경우는 곱이 다섯 자리 수이므로 ★이 3보다 큰 경우는 생각하지 않습니다.

★은 모두 같은 수이므로 알맞은 식은

$111 \times 11 = 1221$입니다.

➡ ★$=1$, ●$=2$

6-2 $0 \times 0 = 0$, $1 \times 1 = 1$, $5 \times 5 = 25$, $6 \times 6 = 36$

주어진 식의 일의 자리 수가 모두 같으므로 ◆는 0, 1, 5, 6 중 하나입니다. ◆$=0$인 경우 곱의 십의 자리 수도 0이 되므로 0은 제외합니다.

예 $20 \times 20 = 400$

- ◆$=1$인 경우: ◎$=2$ ➡ $21 \times 21 = 441$ (○)

  ◎$=3$ ➡ $31 \times 31 = 961$ (×)

  ◎$=4$ ➡ $41 \times 41 = 1681$ (×)

  곱이 네 자리 수이므로 ◎가 4보다 큰 경우는 생각하지 않습니다.

- ◆$=5$인 경우: ◎$=1$ ➡ $15 \times 15 = 225$ (○)

  ◎$=2$ ➡ $25 \times 25 = 625$ (×)

  ◎$=3$ ➡ $35 \times 35 = 1225$ (×)

- ◆$=6$인 경우: ◎$=1$ ➡ $16 \times 16 = 256$ (×)

  ◎$=2$ ➡ $26 \times 26 = 676$ (×)

  ◎$=3$ ➡ $36 \times 36 = 1296$ (×)

따라서 알맞은 식은 $21 \times 21 = 441$, $15 \times 15 = 225$로 ▲이 나타낼 수 있는 수는 2, 4입니다.

◆의 수를 결정한 다음 ◎에 ◆의 수를 제외하고 1부터 차례로 넣어서 주어진 식을 만족시키는 수를 찾아봅니다.

7-1 (1) ㉯＋6＝15이므로 ㉯＝9입니다.
1㉮8×㉯＝8㉯0이므로 ㉯＝5이고, ㉮＝6 또는 7입니다.
계산 결과의 백의 자리 수가 8이 되려면 3을 받아올림 해야 하므로 ㉮＝6 또는 7입니다.
168×5＝840, 178×5＝890이므로 ㉮＝7입니다.
178×2＝356이므로 ㉺＝5이고,
두 곱의 합은 890＋3560＝4450이므로 ㉻＝4입니다.

(2) 17×㉯＝17이므로 ㉯＝1이고,
㉭4－17＝7이므로 ㉭＝2입니다.
17×㉮＝㉲1이므로 ㉮＝3이고,
17×3＝51이므로 ㉲＝5, ㉳＝5입니다.

8-1 구리는 260÷12＝21…8에서 기념주화 21개를 만들 수 있고, 니켈은 360÷22＝16…8에서 기념주화 16개를 만들 수 있으므로 기념주화는 16개까지 만들 수 있습니다.

기념주화를 16개 만들면
구리는 260－12×16＝260－192＝68(g) 남고, 니켈은 360－22×16＝360－352＝8(g) 남습니다.

구리의 양은 기념주화 21개를 만들 수 있지만 니켈의 양이 기념주화 16개를 만들 수 있으므로 기념주화는 16개까지 만들 수 있습니다.

LEVEL UP TEST
72~76쪽

1 15	**2** 9614	**3** 31개	**4** 47, 157, 110	**5** 13대	**6** 8400 mL
7 47)235 (또는 57)342) / 0			**8** 880, 968	**9** 1시간 45분	**10** 41
11 44	**12** 2, 6, 7, 5, 7, 6	**13** 16개	**14** 3개	**15** 2, 1, 7, 8	

1 접근 ≫ 34와 어떤 수를 곱하여 540에 가까운 수를 만들어 봅니다.

34×15＝510, 34×16＝544이므로 □ 안에는 16보다 작은 수가 들어가야 합니다.
따라서 16보다 작은 자연수 중에서 가장 큰 수는 15입니다.

곱셈과 나눗셈의 관계를 이용하면 540÷34＝15…30이므로 □ 안에는 15, 14, 13, …, 1이 들어갈 수 있습니다. 따라서 □ 안에 들어갈 수 있는 자연수 중에서 가장 큰 수는 15입니다.

서술형 2 접근 ≫ 잘못 계산한 식으로 어떤 수를 구한 후 바르게 계산한 값을 구합니다.

예 어떤 수를 □라 하여 잘못 계산한 식을 쓰면 □÷38＝6…25입니다.
➡ □＝38×6＋25＝253
따라서 바르게 계산하면 253×38＝9614입니다.

채점 기준	배점
어떤 수를 구했나요?	3점
바르게 계산한 값을 구했나요?	2점

3 접근 ≫ 귤을 똑같이 나누어 줄 때 학생 한 명에게 주는 귤의 수와 남는 귤의 수를 구합니다.

$353 \div 32 = 11 \cdots 1$이므로 한 명에게 귤을 11개씩 줄 수 있고, 1개가 남습니다.
남는 귤이 없으려면 귤을 1개씩 더 주어야 하므로 귤은 적어도 $32 - 1 = 31$(개) 더
있어야 합니다.

4 접근 ≫ 곱셈식을 덧셈식으로 바꾸어 □ 안에 알맞은 수를 구합니다.

$47 \times 158 = \underbrace{47 + 47 + \cdots + 47 + 47}_{157번}$

$\qquad = \boxed{47 \times 157} + 47$

$157 \times 48 = \underbrace{157 + 157 + \cdots + 157 + 157}_{47번}$

$\qquad = \boxed{157 \times 47} + 157$

47×157과 157×47은 같으므로 157×48이 47×158보다 $157 - 47 = 110$
만큼 더 큽니다.

다른 풀이

$47 \times 158 = 47 \times (157 + 1) = 47 \times 157 + 47 \times 1 = \boxed{47 \times 157} + 47$
$157 \times 48 = 157 \times (47 + 1) = 157 \times 47 + 157 \times 1 = \boxed{157 \times 47} + 157$
47×157과 157×47은 같으므로 157×48이 47×158보다 $157 - 47 = 110$만큼 더 큽니다.

지도 가이드
곱셈에서 분배법칙이 성립합니다. 분배법칙의 성질은 중등 과정에서 배우게 되지만 중등에서는
'유리수의 곱셈', '문자로 나타낸 식의 곱셈' 등 많은 개념을 한꺼번에 학습하게 되므로 간단한
법칙도 어렵게 느낄 수 있습니다.
따라서 초등 과정에서 '분배법칙'이라는 용어를 사용하지 않아도 분배법칙의 성질을 경험하고
느껴 볼 수 있도록 지도해 주세요.

5 접근 ≫ 4학년 학생이 타는 버스의 수와 5학년 학생이 타는 버스의 수를 각각 구합니다.

4학년 학생이 현장 체험 학습을 가는 데 필요한 버스는 $243 \div 45 = 5 \cdots 18$에서 남
은 18명이 탈 버스 1대가 더 있어야 하므로 $5 + 1 = 6$(대)입니다.
(5학년 학생 수)$= 243 + 40 = 283$(명)이므로 5학년 학생이 현장 체험 학습을 가는
데 필요한 버스는 $283 \div 45 = 6 \cdots 13$에서 남은 13명이 탈 버스 1대가 더 있어야 하
므로 $6 + 1 = 7$(대)입니다.
따라서 버스는 모두 $6 + 7 = 13$(대) 있어야 합니다.

6

접근 》 채소주스를 250 mL씩 마신 횟수와 200 mL씩 마신 횟수를 구합니다.

㉎ 2주일은 14일이고, 처음 8일 동안 채소주스를 하루에 3번 마셨으므로 250 mL씩
$3 \times 8 = 24$(번) 마셨고, 남은 6일 동안 채소주스를 하루에 2번 마셨으므로 200 mL
씩 $2 \times 6 = 12$(번) 마셨습니다.
(처음 8일 동안 마신 채소주스의 양)
$= 250 \times 24 = 6000$ (mL),
(남은 6일 동안 마신 채소주스의 양)
$= 200 \times 12 = 2400$ (mL)입니다.
따라서 2주일 동안 마신 채소주스는 모두
$6000 + 2400 = 8400$ (mL)입니다.

채점 기준	배점
채소주스를 250 mL씩 마신 횟수와 200 mL씩 마신 횟수를 각각 구했나요?	2점
2주일 동안 마신 채소주스의 양을 구했나요?	3점

7

접근 》 나머지가 0이 되는 경우부터 생각해 봅니다.

나머지가 가장 작은 경우는 나머지가 0인 경우이므로 나머지가 0이 되도록 나눗셈식
을 만들면 $235 \div 47 = 5$ 또는 $342 \div 57 = 6$입니다.

해결 전략
나머지에 관한 조건만 만족시
키면 되므로 몫은 어떤 수가
나와도 됩니다.

8

접근 》 세 자리 수 중에서 87로 나누었을 때 몫이 될 수 있는 두 자리 수를 구합니다.

가장 큰 세 자리 수 999를 87로 나누면 $999 \div 87 = 11 \cdots 42$이므로 몫이 될 수 있
는 두 자리 수는 10, 11입니다.
몫이 10일 때 나머지도 10이므로 어떤 수는 $87 \times 10 + 10 = 880$이고,
몫이 11일 때 나머지도 11이므로 어떤 수는 $87 \times 11 + 11 = 968$입니다.

해결 전략
㉡, ㉢에서 몫과 나머지는 서
로 같은 두 자리 수입니다.

9

접근 》 해무의 최고 속도로 1시간 15분 동안 갈 수 있는 거리를 구합니다.

해무는 최고 속도로 1시간 동안 420 km를 달리므로 최고 속도로 1분 동안 달릴 수
있는 거리는 $420 \div 60 = 7$ (km)이고 1시간 15분(75분) 동안 달릴 수 있는 거리는
$7 \times 75 = 525$ (km)입니다.
KTX는 최고 속도로 1시간 동안 300 km를 달리므로 최고 속도로 1분 동안 달릴
수 있는 거리는 $300 \div 60 = 5$ (km)입니다.
KTX가 최고 속도로 525 km를 달리는 데 걸리는 시간은 $525 \div 5 = 105$ (분)으로
1시간 45분입니다.

해결 전략
해무와 KTX가 각각 최고 속
도로 1분 동안 달릴 수 있는
거리는 $420 \div 60$, $300 \div 60$
으로 구합니다.

보충 개념
(■분 동안 갈 수 있는 거리)=(1분 동안 갈 수 있는 거리)×■

10 접근 ≫ 곱하는 수의 일의 자리 수의 곱으로 ㉰에 알맞은 수를 먼저 구합니다.

$$
\begin{array}{r}
2\,㉮\,9 \\
\times\ \ \ \ ㉯\,㉰ \\
\hline
1\ 1\ 5\ 6 \quad ←2㉮9×㉰ \\
1\ ㉱\ ㉲\ 4 \quad ←2㉮9×㉯ \\
\hline
㉳\ ㉴\ ㉵\ 9\ 6 \quad ←1156+1㉱㉲40
\end{array}
$$

- $2㉮9×㉰$에서 곱의 일의 자리 숫자가 6이므로 ㉰=4이고, $2㉮9×4=1156$이므로 ㉮=8입니다.
- $289×㉯0$에서 곱의 십의 자리 숫자가 4이므로 ㉯=6이고, $289×60=17340$이므로 ㉱=7, ㉲=3입니다.

- $1156+17340=18496$이므로 ㉳=1, ㉴=8, ㉵=4입니다.

따라서 ㉮~㉵에 알맞은 수의 합은 $8+6+4+7+3+1+8+4=41$입니다.

---

11 접근 ≫ 몫이 가장 큰 경우와 몫이 가장 작은 경우의 나눗셈식을 각각 만들어 봅니다.

㉔ 몫이 가장 큰 경우는 나누어지는 수는 가장 크게 하고, 나누는 수는 가장 작게 합니다. 수 카드로 만들 수 있는 가장 큰 세 자리 수는 875, 가장 작은 두 자리 수는 13이므로 나눗셈식을 만들면 $875÷13=67\cdots4$입니다.

몫이 가장 작은 경우는 나누어지는 수는 가장 작게 하고, 나누는 수는 가장 크게 합니다. 수 카드로 만들 수 있는 가장 작은 세 자리 수는 135, 가장 큰 두 자리 수는 87이므로 나눗셈식을 만들면 $135÷87=1\cdots48$입니다.

따라서 (나머지의 차)$=48-4=44$입니다.

채점 기준	배점
몫이 가장 큰 경우의 나눗셈식을 만들어 나머지를 구했나요?	2점
몫이 가장 작은 경우의 나눗셈식을 만들어 나머지를 구했나요?	2점
나머지의 차를 구했나요?	1점

12 접근 ≫ $27×㉮=㉱4$에서 ㉮와 ㉱에 알맞은 수를 먼저 구합니다.

$$
\begin{array}{r}
㉮\,㉯ \\
27\,)\,㉰\,1\,5 \\
㉱\,4 \quad ←27×㉮ \\
\hline
1\,㉲\,5 \quad ←㉰1-㉱4 \\
1\,㉳\,2 \quad ←27×㉯ \\
\hline
1\,3 \quad ←1㉲5-1㉳2
\end{array}
$$

- $27×㉮=㉱4$이므로 ㉮=2이고, ㉱=5입니다.
- $㉰1-54=1㉲$에서 ㉲=7, ㉰=7입니다.
- $175-1㉳2=13$에서 ㉳=6입니다.
- $27×㉯=162$에서 $27×6=162$이므로 ㉯=6입니다.

13 접근 》 도로의 길이를 먼저 구합니다.

문제 분석	도로의 양쪽에 처음부터 끝까지 50개의 가로등을 18 m 간격으로 설치 ❶ 도로의 길이를 구하고 했습니다. 만약 이 도로의 양쪽에 가로등을 27 m 간격으로 처음부터 끝 ❷ 가로등 수를 구하여 까지 설치한다면 지금보다 몇 개의 가로등을 절약할 수 있을까요? (단, ❸ 답을 구합니다. 가로등의 너비는 생각하지 않습니다.)

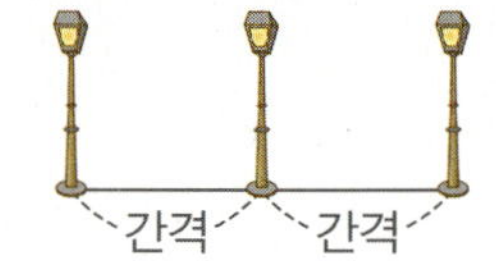

❶ 도로의 길이를 구합니다.

도로의 한쪽에 설치한 가로등은 $50 \div 2 = 25$(개)이고, 가로등 간격의 수는

$25 - 1 = 24$(군데)이므로 도로의 길이는 $18 \times 24 = 432$(m)입니다.

•(도로의 길이)=(가로등 사이의 간격)×(가로등 간격의 수)

❷ 27 m 간격으로 설치할 때 가로등 수를 구합니다.

가로등을 27 m 간격으로 설치한다면 도로의 한쪽에 설치할 가로등의 간격의 수는

$432 \div 27 = 16$(군데)이고 가로등 수는 $16 + 1 = 17$(개)이므로 도로의 양쪽에 설치할

가로등 수는 $17 \times 2 = 34$(개)입니다.

•도로의 처음과 끝에 가로등을 설치해야 하므로 1을 더합니다.

❸ 절약할 수 있는 가로등 수를 구합니다.

따라서 가로등을 $50 - 34 = 16$(개) 절약할 수 있습니다.

14 접근 》 23으로 나누었을 때 몫이 28이 되는 가장 작은 수를 구합니다.

세 자리 수를 □, 나머지를 △라 하면 $□ \div 23 = 28 \cdots △$입니다.

$□ = 23 \times 28 + △$에서 △는 0보다 크므로 □는 $23 \times 28 = 644$보다 크고

$23 \times 29 = 667$보다 작아야 합니다.

따라서 주어진 수 카드 중 3장을 골라 만들 수 있는 644보다 크고 677보다 작은 세

자리 수는 651, 653, 659로 모두 3개입니다.

15 접근 》 (네 자리 수)×4=(네 자리 수)를 만족시키는 A에 알맞은 수를 구합니다.

(네 자리 수)×4=(네 자리 수)이므로 A=1 또는 2입니다.

A=1인 경우: D×4에서 곱의 일의 자리 숫자가 1이 되는 D에 알맞은 수는 없습니다.

A=2인 경우: 2BCD×4=DCB2에서 $3 \times 4 = 12$, $8 \times 4 = 32$이고

2BCD×4=DCB2에서 D=8 또는 9이므로 D=8입니다.

2BC8×4=8CB2이므로 B=1 또는 2가 될 수 있는데 2는 사용했으므로 B=1

입니다.

B=1인 경우는 C=2 또는 7이 될 수 있는데 2는 사용했으므로 C=7입니다.

➡ A=2, B=1, C=7, D=8에서 $2178 \times 4 = 8712$입니다.

1 998	**2** 153일째	**3** 14그루	**4** 309, 346, 383	**5** 14개	**6** 3개
7 876					

서술형

1

접근 》 세 자리 수 중에서 가장 큰 수를 27로 나누어 봅니다.

㉘ 세 자리 수 중에서 가장 큰 수는 999이고 999÷27＝37입니다. 하지만 몫과 나머지의 합이 가장 커야 하므로 나머지도 가장 커야 합니다.

따라서 몫은 36, 나머지는 26일 때 몫과 나머지의 합이 가장 크게 되므로 세 자리 수는 27×36＋26＝998입니다.

해결 전략

나머지 중에서 가장 큰 수는 나누는 수인 27보다 1만큼 더 작은 수입니다.

채점 기준	배점
세 자리 수 중에서 가장 큰 수를 27로 나누었나요?	2점
몫과 나머지의 합이 가장 크게 되는 세 자리 수를 구했나요?	3점

2

접근 》 두 사람의 저금통에 들어 있는 돈이 같아질 때는 며칠째인지 구합니다.

윤아의 저금통에는 민준이의 저금통보다 68000−22400＝45600(원)만큼 더 많이 들어 있습니다. 민준이는 하루에 윤아보다 800−500＝300(원)씩 더 많이 저금하므로 오늘부터 45600÷300＝152(일)째 되는 날 두 사람의 저금통에 들어 있는 돈이 같아집니다.

따라서 민준이의 저금통에 들어 있는 돈이 윤아보다 처음으로 많아지는 날은 오늘부터 153일째 되는 날입니다.

다른 풀이

■일째 윤아의 저금액은 68000＋500×■이고, 민준이의 저금액은 22400＋800×■입니다.
68000＋500×■＜22400＋800×■에서 ＜(부등호)의 양쪽에서 22400을 빼면
45600＋500×■＜800×■이고, ＜(부등호)의 양쪽에서 500×■를 빼면
45600＜800×■−500×■, 45600＜300×■입니다.
300×152＝45600이므로 ■＝153, 154, 155, …입니다.
따라서 민준이의 저금통에 들어 있는 돈이 윤아보다 처음으로 많아지는 날은 오늘부터 153일째 되는 날입니다.

3

접근 》 나눗셈을 이용하여 한 변에 심을 나무의 최대 수를 구합니다.

꼭짓점 8개에는 반드시 나무를 심어야 하므로 꼭짓점을 제외한 변에 130−8＝122(그루)보다 적게 나무를 심어야 합니다. 변은 모두 10개이므로 122÷10＝12…2에서 정사각형의 한 변에 최대 12그루를 심을 수 있습니다.

따라서 정사각형의 한 변에 심을 나무는 꼭짓점에 심을 나무 2그루를 포함하여 최대 12＋2＝14(그루)입니다.

해결 전략

꼭짓점을 제외한 변에 심을 수 있는 나무의 최대 그루 수(122그루)와 변의 수(10개) 사이의 관계를 나눗셈식으로 나타내 봅니다.

주의

꼭짓점에 심을 나무의 수를 빠뜨리지 않도록 주의합니다.

4 접근 >> **어떤 수를 □라 하여 식을 만들어 봅니다.**

어떤 수를 □라 하면 ㉢에서 □÷37＝(몫)…13, □＝37×(몫)＋13입니다.
㉠, ㉡에서 □는 백의 자리 숫자가 3이므로
37×(몫)＋13＞299, 37×(몫)＞286입니다.
286÷37＝7…27이므로 몫은 7보다 큰 수입니다.
따라서 어떤 수는 37× 8 ＋13＝309, 37× 9 ＋13＝346,
37× 10 ＋13＝383입니다.

보충 개념
부등호의 양쪽에서 같은 수를 빼도 부등호의 방향은 바뀌지 않습니다.
37×(몫)＋13 －13 ＞
　　　　　　299 －13
➡ 37×(몫)＞286

해결 전략
몫이 7보다 큰 수 중에서 백의 자리 숫자가 3인 경우만 구합니다.

5 접근 >> **㉠, ㉡, ㉢에 알맞은 수를 먼저 찾아봅니다.**

㉠, ㉡, ㉢에 알맞은 수는 2, 4, 6, 8입니다.
㉠㉡÷㉢에서 ㉢이 2, 4, 6, 8인 경우에 나누어떨어지는 나눗셈식을 만들어 봅니다.
㉢＝2인 경우: 46÷2＝23, 48÷2＝24, 64÷2＝32, 68÷2＝34,
　　　　　　　84÷2＝42, 86÷2＝43 ➡ 6개
㉢＝4인 경우: 28÷4＝7, 68÷4＝17 ➡ 2개
㉢＝6인 경우: 24÷6＝4, 42÷6＝7, 48÷6＝8, 84÷6＝14 ➡ 4개
㉢＝8인 경우: 24÷8＝3, 64÷8＝8 ➡ 2개
따라서 만들 수 있는 나눗셈식은 모두 6＋2＋4＋2＝14(개)입니다.

해결 전략
㉢의 수를 결정한 다음 조건을 만족시키는 나눗셈식을 만들어 봅니다.

6 접근 >> **1950을 가능한 한 작은 자연수의 곱으로 나타내 봅니다.**

1950을 가능한 한 작은 자연수의 곱으로 나타내면
1950＝2×975＝2×3×325＝2×3×5×65＝2×3×5×5×13입니다.
1950＝2×3×5×5×13이므로 2, 3, 5, 5, 13의 수끼리 곱하여
(세 자리 수)×(두 자리 수)를 만들어 봅니다.
➡ (2×5×13)×(3×5)＝130×15,
　(3×5×13)×(2×5)＝195×10,
　(5×5×13)×(2×3)＝325×6,
　(2×3×5×5)×13＝150×13 ← 두 자리 수가 아닙니다.
따라서 식은 모두 3개입니다.

해결 전략
2, 3, 5, 5, 13의 수 중 곱하여 세 자리 수를 만든 다음 나머지 수들의 곱이 두 자리 수가 되는지 확인해 봅니다.

> **지도 가이드**
> 수를 더 이상 나눌 수 없을 때까지 나누어 곱셈식으로 나타내는 것을 소인수분해라고 합니다.
> 소인수분해는 중등 과정에서 본격적으로 배우게 되지만 5학년의 '최대공약수, 최소공배수'를 배울 때에도 사용되는 개념입니다.
> 따라서 곱셈하는 방법만을 학습하는 것보다 수를 곱셈식으로 나타내 수의 성질을 알아볼 수 있도록 지도해 주세요.

7 접근 ≫ ㉠이 가장 큰 수인 경우부터 찾아봅니다.

$$\begin{array}{r} ①\,②\,③ \\ \times \quad\quad 4 \\ \hline ㉠\,㉡\,㉢ \end{array}$$

㉠이 9인 경우부터 생각해 봅니다.

㉠=9인 경우: ①=2이고, ③=5, 7이 들어갈 수 있습니다.

· ①=2, ③=5인 경우

$$\begin{array}{r} 2\;②\;5 \\ \times \quad\quad 4 \\ \hline 9\;㉡\;0 \end{array}$$

에서 ②와 ㉡에 들어갈 수 있는 수는 1, 3, 6, 7, 8입니다.
②×4에서 1을 백의 자리로 올림하므로 ②=3입니다.
②=3이면 235×4=940이므로 4가 2번 사용됩니다.(×)

· ①=2, ③=7인 경우

$$\begin{array}{r} 2\;②\;7 \\ \times \quad\quad 4 \\ \hline 9\;㉡\;8 \end{array}$$

에서 ②와 ㉡에 들어갈 수 있는 수는 0, 1, 3, 5, 6입니다.
②×4에서 1을 백의 자리로 올림하므로 ②=3입니다.
②=3이면 237×4=948이므로 4가 2번 사용됩니다.(×)

㉠=8인 경우: ①=2이고, ③=5, 9가 들어갈 수 있습니다.

· ①=2, ③=5인 경우

$$\begin{array}{r} 2\;②\;5 \\ \times \quad\quad 4 \\ \hline 8\;㉡\;0 \end{array}$$

에서 ②와 ㉡에 들어갈 수 있는 수는 1, 3, 6, 7, 9입니다.
②×4에서 곱이 한 자리 수이므로 ②=1입니다.
②=1이면 215×4=860에서 ㉡=6입니다. (○)

· ①=2, ③=9인 경우

$$\begin{array}{r} 2\;②\;9 \\ \times \quad\quad 4 \\ \hline 8\;㉡\;6 \end{array}$$

에서 ②와 ㉡에 들어갈 수 있는 수는 0, 1, 3, 5, 7입니다.
②×4에서 곱이 한 자리 수이므로 ②=0 또는 1입니다.
②=0이면 209×4=836에서 ㉡=3입니다. (○)
②=1이면 219×4=876에서 ㉡=7입니다. (○)

따라서 조건을 만족시키는 곱셈식은 215×4=860, 209×4=836,
219×4=876이고, 이 중 가장 큰 세 자리 수가 나오는 곱셈식은 219×4=876입
니다.

➡ ㉠㉡㉢=876

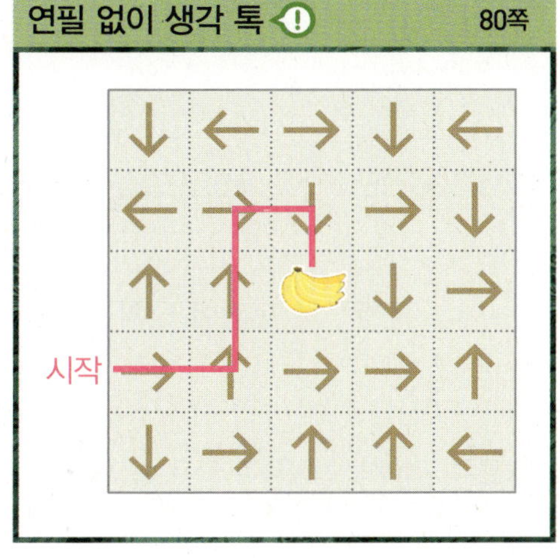

연필 없이 생각 톡 ❶　　80쪽

4 평면도형의 이동

BASIC TEST

1 점의 이동, 평면도형 밀기   85쪽

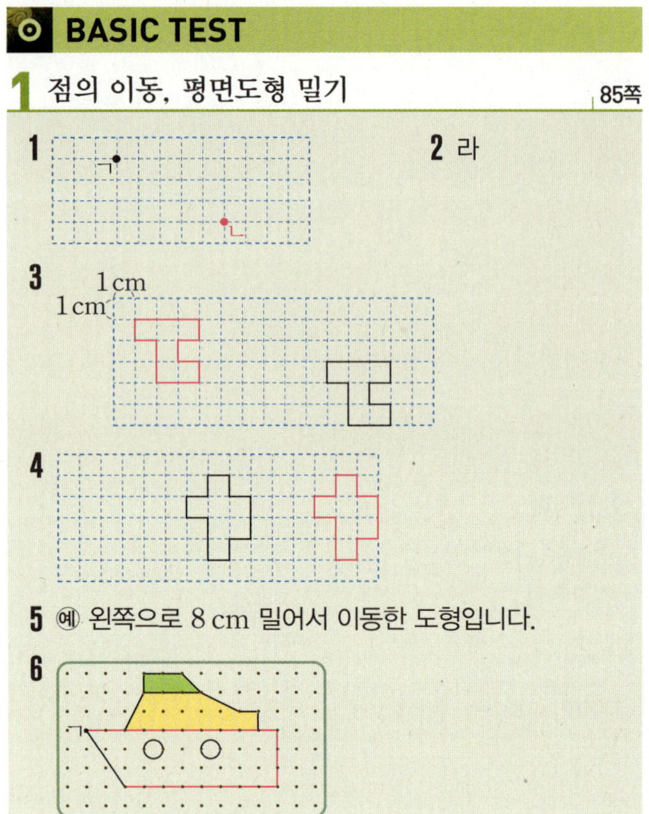

2 라

5 예 왼쪽으로 8 cm 밀어서 이동한 도형입니다.

1 점 ㄱ을 아래쪽으로 3칸, 오른쪽으로 5칸 이동한 위치에 점 ㄴ을 표시하면 그림과 같습니다.

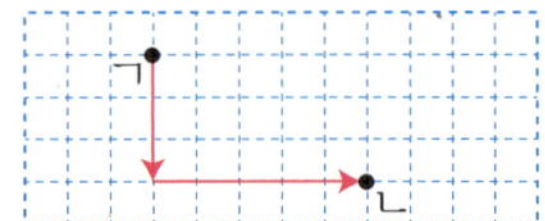

2 주어진 점을 차례로 이동한 위치는 오른쪽과 같습니다.

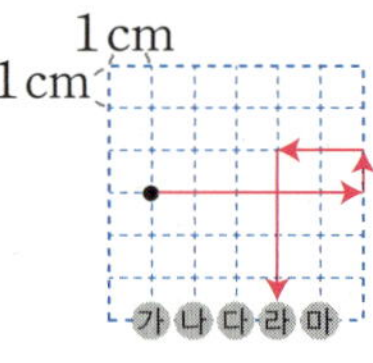

다른 풀이

오른쪽으로 5 cm 이동하고 왼쪽으로 2 cm 이동한 것은 오른쪽으로 3 cm 이동한 것과 같습니다.
위쪽으로 1 cm 이동하고 아래쪽으로 4 cm 이동한 것은 아래쪽으로 3 cm 이동한 것과 같습니다.
따라서 오른쪽으로 3 cm 이동하고 아래쪽으로 3 cm 이동하면 도착한 곳은 라입니다.

3 모눈종이 한 칸이 1 cm이므로 왼쪽으로 9칸 밀고 위쪽으로 2칸 밀었을 때의 도형을 그립니다.

4 처음 도형은 주어진 도형을 오른쪽으로 6칸 밀었을 때의 도형입니다.

5 ㉡ 도형의 한 변을 기준으로 왼쪽으로 8 cm 밀면 됩니다.

지도 가이드
밀기에서 한 변을 기준으로 하여 밀기를 할 수 있으며 기준이 바뀐다고 해서 그 결과가 달라지지 않음을 함께 지도해 주세요.

6 점 ㄱ을 차례로 이동하여 선분으로 이으면 오른쪽과 같습니다.

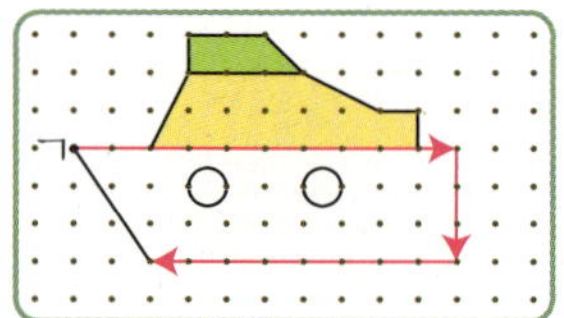

2 평면도형 뒤집기, 평면도형 돌리기   87쪽

1 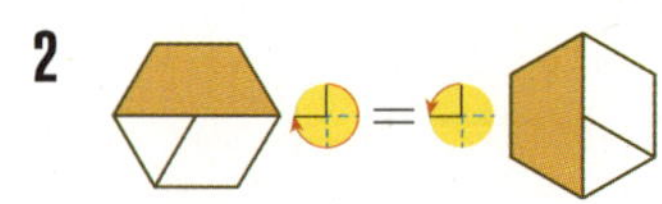

2 ④

3 ②, ④

4 ④, ⑤

5 예 도형을 위쪽(또는 아래쪽)으로 뒤집기 한 규칙입니다.

6 696

1 도형을 오른쪽으로 뒤집으면 도형의 왼쪽과 오른쪽이 서로 바뀌고, 도형을 위쪽으로 뒤집으면 도형의 위쪽과 아래쪽이 서로 바뀝니다.

2 

보충 개념
만큼 돌린 도형과 만큼 돌린 도형은 같습니다.

3 원과 정사각형은 어느 방향으로 뒤집어도 처음 도형과 같습니다.

보충 개념
도형의 왼쪽과 오른쪽, 위쪽과 아래쪽이 모두 같으면 뒤집기 한 도형과 돌리기 한 도형은 처음 도형과 항상 같습니다.

4 ④ 🟡 만큼 돌린 도형은 만큼 돌린 도형과 같습
니다.

⑤ 만큼 돌린 도형은 만큼 2번(또는 6번,
10번, ...) 돌린 도형과 같습니다.

5 도형의 위쪽과 아래쪽이 서로 바뀌었으므로 도형을
위쪽(또는 아래쪽)으로 뒤집기 한 규칙입니다.

6 **952** 를 시계 방향으로 180°만큼 돌리면

256 이 됩니다.

➡ 952−256＝696

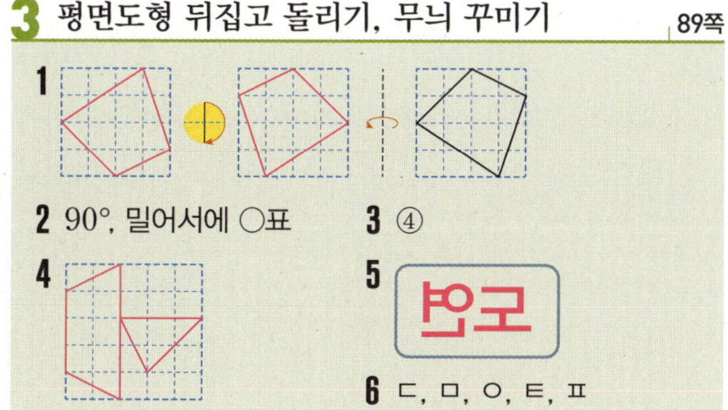

3 평면도형 뒤집고 돌리기, 무늬 꾸미기　　89쪽

1

2 90°, 밀어서에 ○표　　**3** ④

4

5 뫙匸

6 ㄷ, ㅁ, ㅇ, ㅌ, ㅍ

1 오른쪽 도형을 왼쪽으로 뒤집은 도형을 가운데에 그
리고, 가운데 도형을 시계 방향으로 180°만큼 돌린
도형을 왼쪽에 그립니다.

3 ① 어느 방향으로 여러 번 밀어도 처음 모양과 같습
니다.

② 알파벳의 왼쪽과 오른쪽이 같으므로 횟수에 상관
없이 왼쪽(오른쪽)으로 뒤집은 모양은 처음 모양
과 같습니다.

③ 같은 방향으로 짝수 번 뒤집으면 처음 모양과 같
습니다.

④ 시계 반대 방향으로 90°만큼 2번 돌린 모양은 시
계 반대 방향으로 180°만큼 돌린 ∩ 모양과 같
습니다.

⑤ 시계 방향으로 180°만큼 2번(한 바퀴) 돌리면 처
음 모양과 같습니다.

4 위쪽으로 3번 뒤집은 도형은 위쪽으로 1번 뒤집은
도형과 같고, 시계 반대 방향으로 90°만큼 5번 돌린
도형은 시계 반대 방향으로 90°만큼 1번 돌린 도형
과 같습니다.

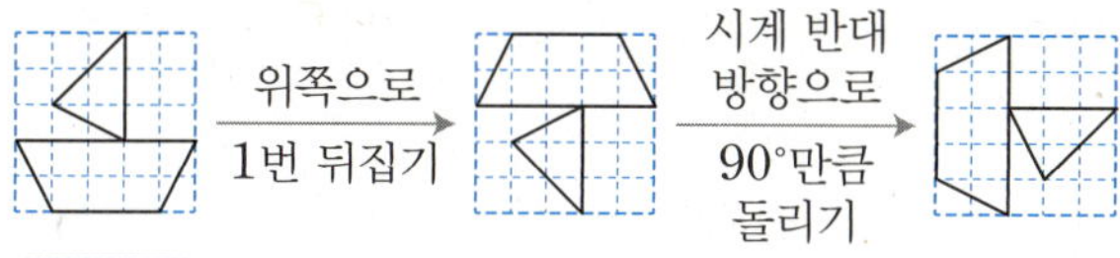

보충 개념
도형을 시계 반대 방향으로 90°만큼 4번(한 바퀴) 돌리면
처음 도형과 같습니다.

5 도장에 글자를 새길 때에는 도장을 찍어서 나타낼 글
자를 왼쪽이나 오른쪽으로 뒤집은 모양을 새깁니다.

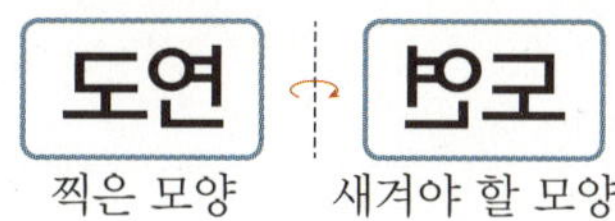

6 모양을 시계 반대 방향으로 180°만큼 돌리면 모양의
위쪽이 아래쪽으로, 오른쪽이 왼쪽으로 이동합니다.
이 모양을 오른쪽으로 뒤집으면 왼쪽과 오른쪽이 서
로 바뀌므로 결국 처음 모양과 위쪽과 아래쪽이 바뀌
게 됩니다.
따라서 움직인 모양이 처음 모양과 같으려면 위쪽과
아래쪽이 서로 같아야 합니다.

➡ ㄷ, ㅁ, ㅇ, ㅌ, ㅍ

MATH TOPIC　　90~97쪽

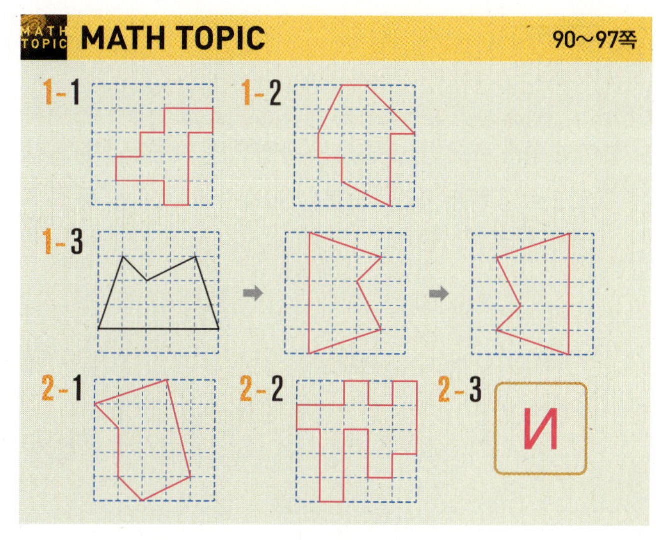

3-1

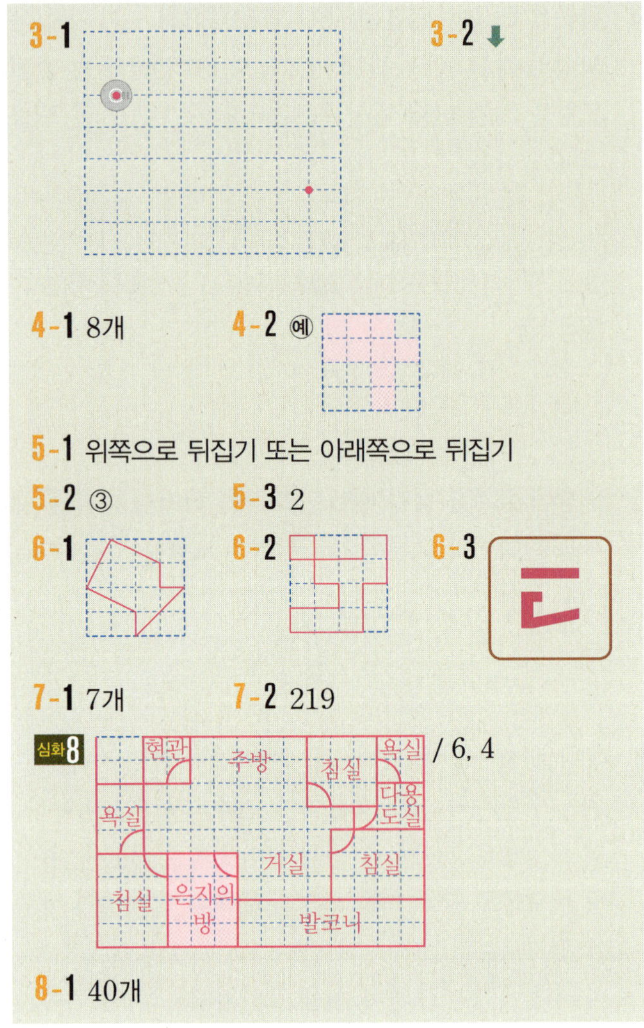

3-2 ↓

4-1 8개   **4-2** (예)

5-1 위쪽으로 뒤집기 또는 아래쪽으로 뒤집기

5-2 ③   **5-3** 2

6-1   **6-2**   **6-3**

7-1 7개   **7-2** 219

심화8

/ 6, 4

8-1 40개

1-1 시계 반대 방향으로 90°만큼 7번 돌린 도형은 시계 반대 방향으로 90°만큼 4번(한 바퀴) 돌리고 3번을 더 돌리는 것이므로 처음 도형을 시계 반대 방향으로 90°만큼 3번 돌린 도형과 같습니다.
└ 처음 도형과 같습니다.

> **해결 전략**
> (시계 반대 방향으로 90°만큼 3번 돌리기)＝⟳＝⟲

> **보충 개념**
> ⟳ 3번＝⟲

1-2 아래쪽으로 2번, 4번, … 뒤집으면 처음 도형과 같으므로 5번 뒤집은 도형은 아래쪽으로 1번 뒤집은 도형과 같습니다.

1-3 시계 방향으로 90°만큼 4번, 8번, 12번, … 돌리면 처음 도형과 같으므로 13번 돌린 도형은 시계 방향으로 90°만큼 1번 돌린 도형과 같습니다.
시계 반대 방향으로 180°만큼 돌리면 도형의 위쪽이 아래쪽으로, 오른쪽이 왼쪽으로 이동합니다.

2-1 • 도형을 아래쪽으로 짝수 번(2번, 4번, 6번, …) 뒤집으면 처음 도형과 같으므로 7번 뒤집은 도형은 아래쪽으로 1번 뒤집은 도형과 같습니다.
• 도형을 어느 방향으로 밀어도 모양은 변하지 않습니다.

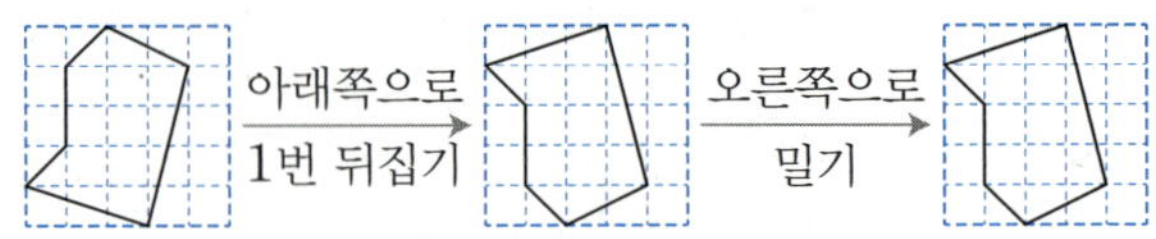

2-2 도형을 오른쪽으로 짝수 번(2번, 4번, 6번, …) 뒤집으면 처음 도형과 같으므로 오른쪽으로 3번 뒤집은 도형은 오른쪽으로 1번 뒤집은 도형과 같습니다.

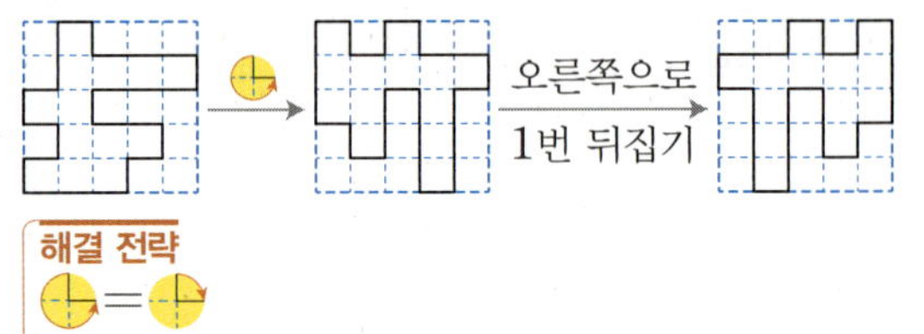

> **해결 전략**
> ⟳＝⟳

2-3 오른쪽 도형을 거꾸로 움직여 처음 도형을 알아봅니다. 오른쪽 도형을 시계 반대 방향으로 270°만큼 2번 돌리고 오른쪽으로 뒤집으면 처음 도형이 나옵니다.

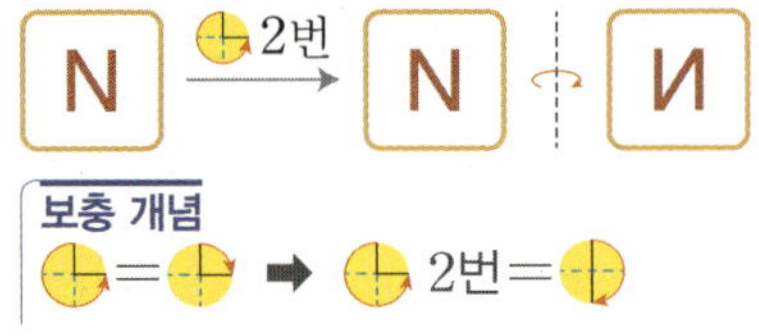

> **보충 개념**
> ⟳＝⟲ ➡ ⟳ 2번＝⟲

> **해결 전략**
> 왼쪽으로 뒤집고 시계 방향으로 270°만큼 2번 돌리는 것을 거꾸로 하면 시계 반대 방향으로 270°만큼 2번 돌리고 오른쪽으로 뒤집는 것입니다.

3-1 왼쪽과 오른쪽은 반대 방향이고, 위쪽과 아래쪽은 반대 방향이므로 명령어에 따라 한 번 이동하면
⬅↙⬇ → ➡↗➡ → ⬇➡➡ → ⬆↖⬅ 은
⬇ → ➡ → ➡ 으로 이동한 것과 같습니다.

3-2 ➡ → ⬇ → ⬅ → ⬆ 은 서로 반대 방향으로 한 칸씩 이동하므로 제자리에 있는 것과 같습니다.
명령어에 따라 2번 반복하여 '차'에 도착하려면 명령어에 따라 한 번 이동하였을 때 '바'에 도착해야 하므로 왼쪽으로 한 칸 이동, 아래쪽으로 한 칸 이동해야 합니다. 따라서 빈칸에 ⬇ 을 그려 넣습니다.

4-1 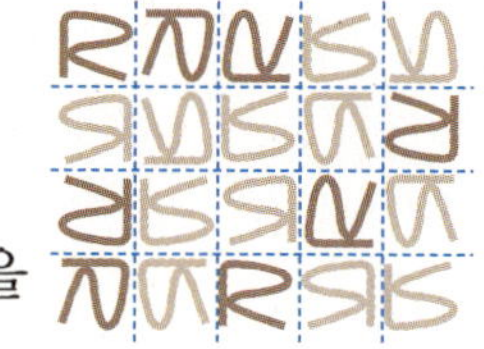 R를 돌렸을 때의 모양은

 입니다.

칸을 나누어 돌려서 만든 모양을
찾으면 모두 8개입니다.

4-2 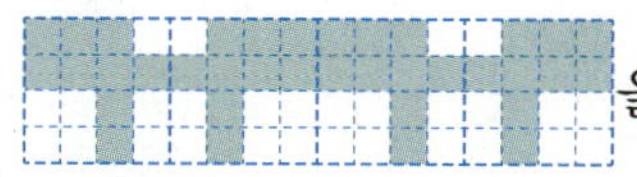 도형을 오른쪽으로 뒤집는 것을 반복해서

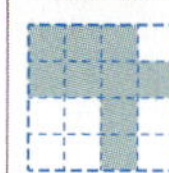 을 만들고 만든 모양을

아래쪽으로 뒤집어서 무늬를 만들었습니다.

다른 풀이

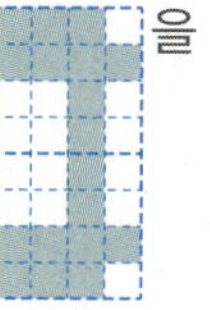 도형을 아래쪽으로 뒤집어서 을 만들고

만든 모양을 오른쪽으로 뒤집어 가며 무늬를 만들었습니다.

5-1 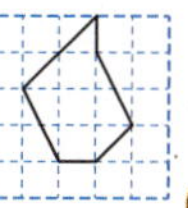 위쪽으로 5번 뒤집기 (=1번) 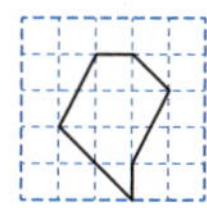 오른쪽으로 2번 밀기 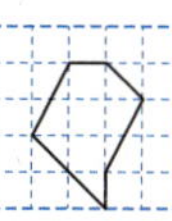

따라서 처음 도형을 위쪽 또는 아래쪽으로 뒤집은
도형과 같습니다.

해결 전략

위쪽으로 5번 뒤집기는 위쪽으로 1번 뒤집기와 같고, 도형
을 어느 방향으로 여러 번 밀어도 처음 도형과 같습니다.

5-2 시계 반대 방향으로 90°만큼 7번 돌리기는 시계 반
대 방향으로 90°만큼 3번 돌리기와 같고, 이것은
시계 반대 방향으로 270°만큼 돌리기 한 도형과 같
으므로 ㅌ 입니다.

① 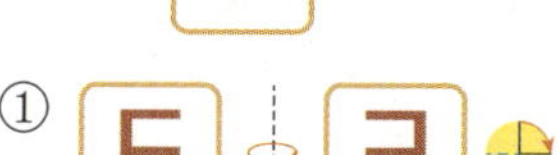

② 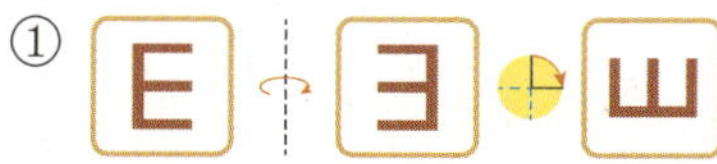 아래쪽으로 밀기

③ 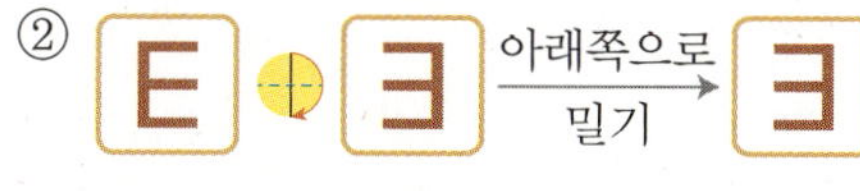

④ 

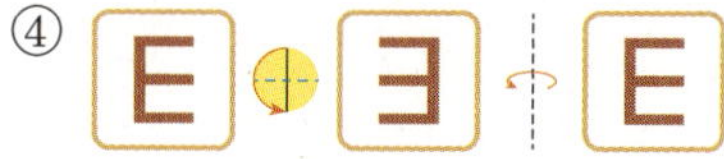

⑤ 시계 방향으로 90°만큼 3번 돌리기와 같고 이것
은 시계 방향으로 270°만큼 돌리기 한 도형과
같으므로 ㅌ 입니다.

5-3 위쪽으로 9번 뒤집기는 위쪽으로 1번 뒤집기와 같
으므로 주어진 도형을 위쪽으로 9번 뒤집은 도형은
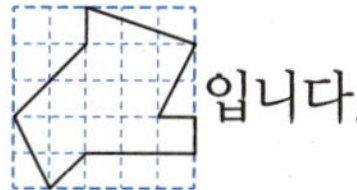 입니다.

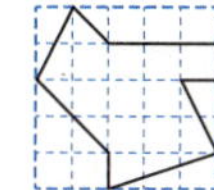 오른쪽으로 뒤집기  만큼 2번 돌리기 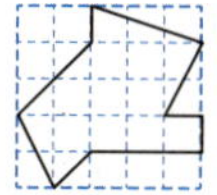

따라서 □ 안에 들어갈 수 있는 수 중에서 가장 작
은 수는 2입니다.

해결 전략

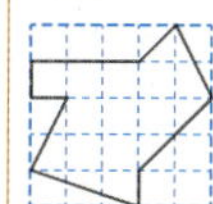 만큼 □번 돌리기 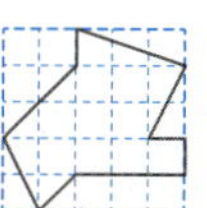

돌리기 전과 후의 도형을 보고 □ 안에 들어갈 수 있는 수
중에서 가장 작은 수를 알아봅니다.

6-1 만큼 돌리는 규칙입니다.

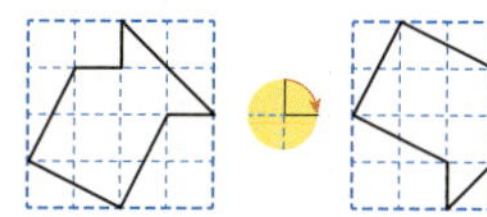

6-2 만큼 돌리기, 오른쪽(왼쪽)으로 뒤집기를
번갈아 가며 움직이는 규칙입니다.

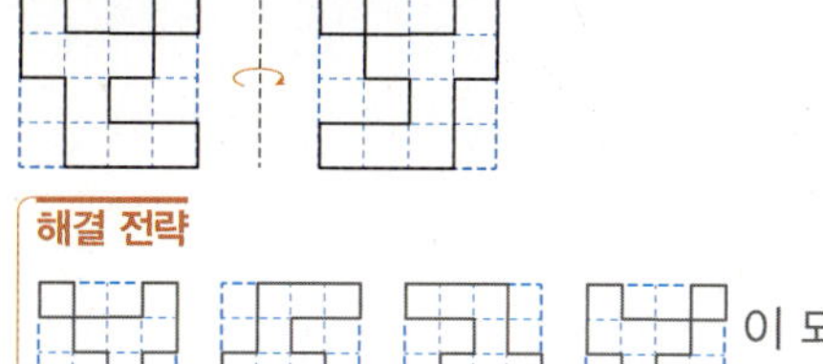

해결 전략

 이 되풀이되는 규칙
입니다.

6-3 **보기** 의 방법은 왼쪽 수 카드를 만큼 돌
리고 위쪽(아래쪽)으로 뒤집은 것입니다.

다른 풀이

보기 의 방법은 왼쪽 수 카드를 오른쪽(왼쪽)으로 뒤집고 ↶(↷)만큼 돌린 것입니다.

참고

보기 의 수 카드를 움직인 방법은 여러 가지입니다.

7-1 0↷0, 1↷1, 2↷2, 3↷E,

4↷h, 5↷S, 6↷9, 7↷L,

8↷8, 9↷6 ➡ 7개

7-2 • 오른쪽으로 뒤집었을 때 같은 숫자가 되는 수 카드의 숫자: 1, 8 → 만들 수 있는 가장 큰 수: 81

• 위쪽으로 뒤집었을 때 같은 숫자가 되는 수 카드의 숫자: 1, 3, 8

→ 만들 수 있는 가장 작은 수: 138

➡ (만든 두 수의 합)=81+138=219

보충 개념

가장 큰 수는 높은 자리부터 큰 수를 차례로 놓아 만들고, 가장 작은 수는 높은 자리부터 작은 수를 차례로 놓아 만듭니다.

8-1 • 자음 중에서 오른쪽으로 뒤집었을 때 같은 모양이 되는 글자: ㅁ, ㅂ, ㅅ, ㅇ, ㅈ, ㅊ, ㅍ, ㅎ

• 모음 중에서 오른쪽으로 뒤집었을 때 같은 모양이 되는 글자: ㅗ, ㅛ, ㅜ, ㅠ, ㅡ, ㅣ

자음이 ㅁ일 때 만들 수 있는 글자는 모, 묘, 무, 뮤, 므, 미로 6개이지만 '미'는 오른쪽으로 뒤집으면 처음 글자와 같지 않으므로 처음 글자와 같은 글자는 5개입니다.

나머지 자음 ㅂ, ㅅ, ㅇ, ㅈ, ㅊ, ㅍ, ㅎ도 각각 5개씩 만들 수 있으므로 오른쪽으로 뒤집었을 때 처음 글자와 같은 글자가 되는 것은 모두

$5 \times 8 = 40$(개)입니다.

보충 개념

자음과 모음의 모양에서 왼쪽과 오른쪽이 같으면 오른쪽으로 뒤집었을 때 같은 모양이 됩니다.

LEVEL UP TEST

98~104쪽

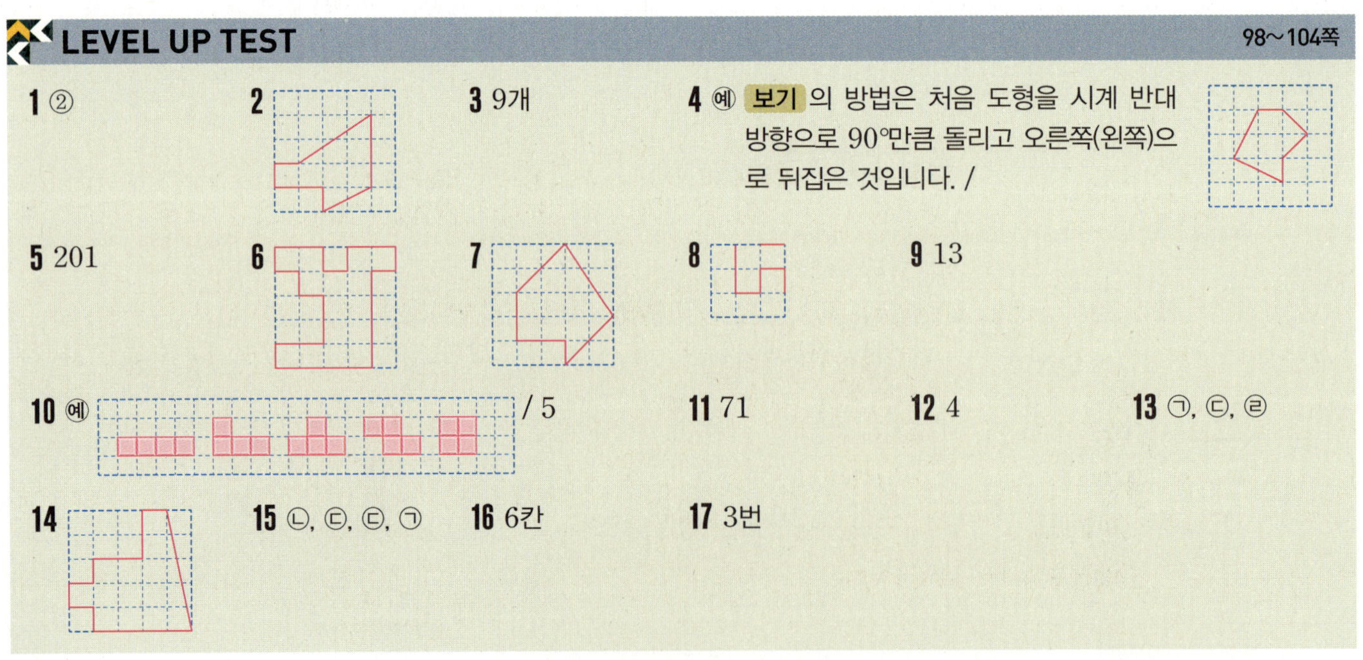

1 ②

2

3 9개

4 예 보기 의 방법은 처음 도형을 시계 반대 방향으로 90°만큼 돌리고 오른쪽(왼쪽)으로 뒤집은 것입니다. /

5 201

6

7

8

9 13

10 예 / 5

11 71

12 4

13 ㉠, ㉢, ㉣

14

15 ㉢, ㉣, ㉢, ㉠

16 6칸

17 3번

1

접근 ≫ 시계 방향으로 90°만큼 4번 돌리면 처음 도형과 같습니다.

만큼 4번 돌린 도형은 처음 도형과 같으므로 만큼 10번 돌린 도형은 만큼 2번 돌린 도형과 같습니다.

따라서 만큼 돌린 것과 같습니다.

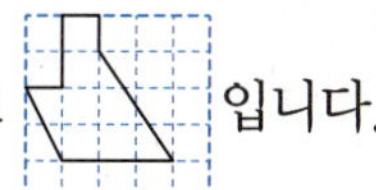

다른 풀이

화살표가 처음 가리키는 번호가 ④번이므로 시계 방향으로 90°만큼 10번 돌렸을 때 화살표는
④ → ③ → ② → ① → ④ → ③ → ② → ① → ④ → ③ → ②에서 ②번을 가리킵니다.
　1번　2번　3번　4번　5번　6번　7번　8번　9번　10번

2

접근 ≫ 처음 도형을 먼저 그려 봅니다.

처음 도형은 ⌐ 도형을 위쪽으로 뒤집은 도형이므로 ⌐ 입니다.

처음 도형을 만큼 돌린 도형은 만큼 돌린 도형과 같습니다.

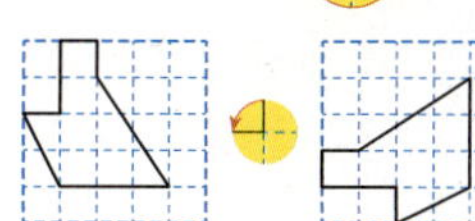

해결 전략

처음 도형을 그린 다음 처음 도형을 만큼 돌립니다.

3

접근 ≫ 돌리기 방법으로 만들 수 있는 도형을 모두 그린 다음 같은 도형을 찾아봅니다.

도형을 돌렸을 때의 도형은

, , , 이므로 돌려서 만든 도형을 찾으면 모두 9개입니다.

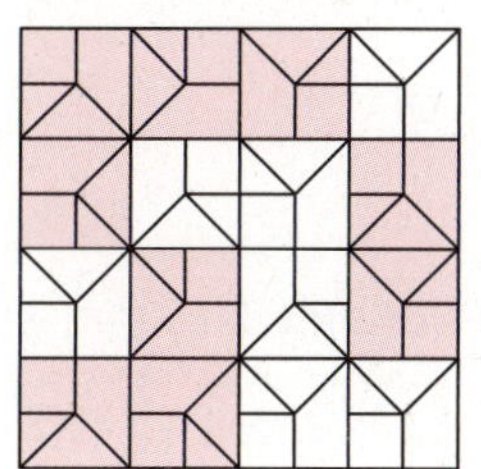

주의

도형을 뒤집어서 만들 수 있는 도형을 찾으면 안 됩니다.

4

접근 ≫ 보기 의 방법을 찾아봅니다.

보기

 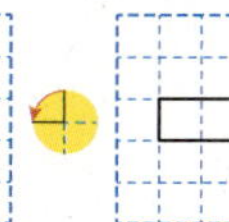 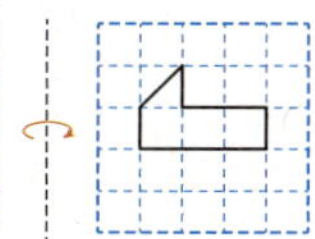 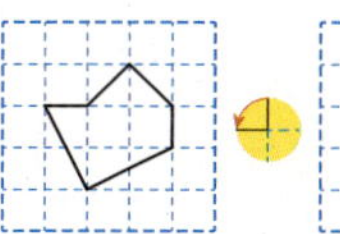 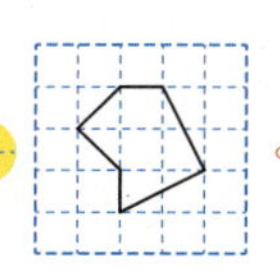 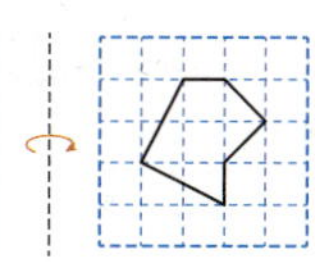

다른 풀이

보기 의 방법은 처음 도형을 시계 방향으로 90°만큼 돌리고 위쪽(아래쪽)으로 뒤집은 것입니다.

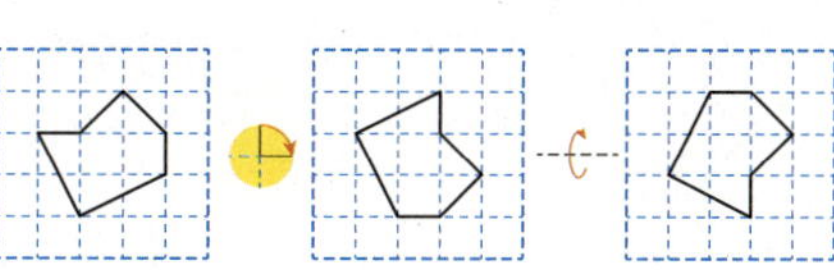

채점 기준	배점
보기 의 방법을 찾았나요?	3점
움직인 방법에 맞게 알맞은 도형을 그렸나요?	2점

5

접근 ≫ 수 카드로 만들 수 있는 가장 작은 세 자리 수를 만들어 봅니다.

수 카드로 만들 수 있는 가장 작은 세 자리 수는 **8 0 9**이고, **8 0 9**를 만큼 돌려서 만들어지는 수는 **6 0 8**입니다.

➡ $809 - 608 = 201$

해결 전략

가장 작은 세 자리 수를 만들 때 0은 백의 자리에 놓을 수 없으므로 0 다음으로 작은 수인 8을 백의 자리에 놓습니다.

6

접근 ≫ 왼쪽으로 뒤집은 도형과 오른쪽으로 뒤집은 도형은 같습니다.

왼쪽으로 뒤집은 도형과 오른쪽으로 뒤집은 도형은 같으므로 바르게 움직였을 때의 도형은 잘못 움직였을 때의 도형과 같습니다.

해결 전략

잘못 움직인 도형에서 움직인 방법을 거꾸로 하여 처음 도형을 찾은 다음 바르게 움직인 도형을 그리려면 어렵습니다. 잘못 움직였을 때와 바르게 움직였을 때의 다른 점을 찾아봅니다.

다른 풀이

처음 도형을 알아본 다음 바르게 움직인 도형을 알아봅니다.

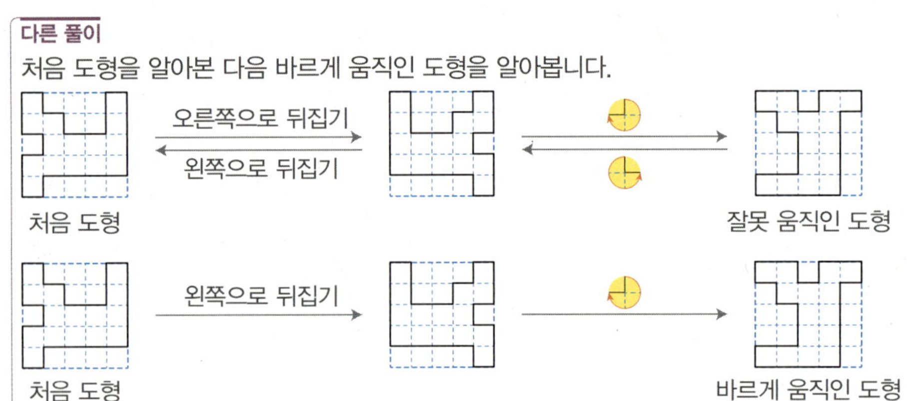

7

접근 ≫ 마지막 도형을 거꾸로 움직여 가며 처음 도형을 알아봅니다.

왼쪽으로 101번 뒤집은 도형은 왼쪽으로 1번 뒤집은 도형과 같고, 위쪽으로 3번 뒤집은 도형은 위쪽으로 1번 뒤집은 도형과 같습니다.

따라서 오른쪽 도형을 아래쪽으로 1번 뒤집고 오른쪽으로 1번 뒤집으면 처음 도형이 됩니다.

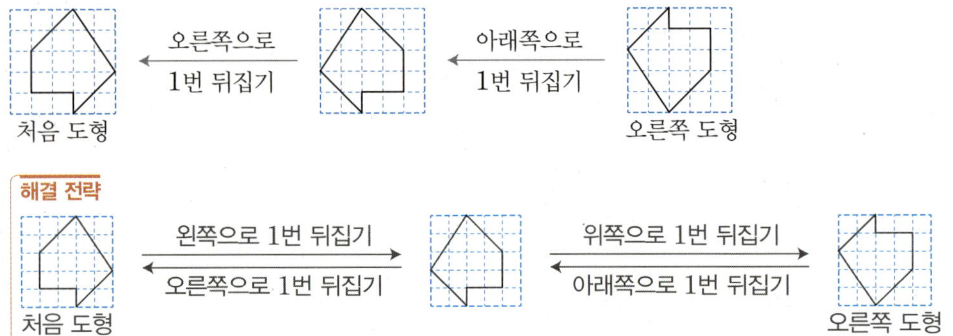

해결 전략

8

접근 ≫ **도형을 주어진 방법으로 이동한 도형을 차례로 그려 봅니다.**

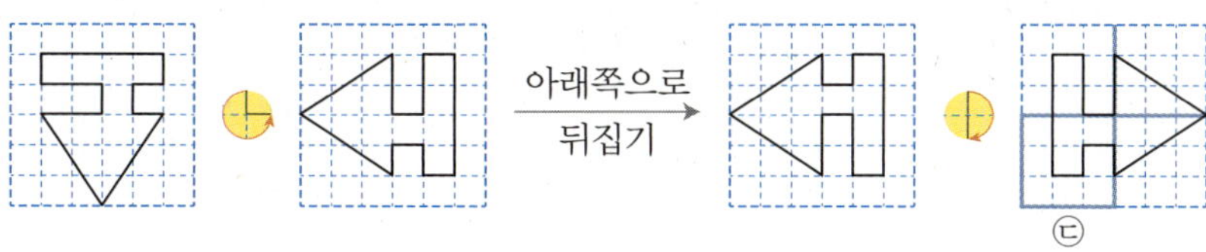

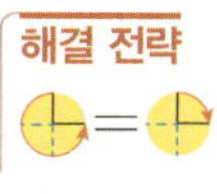

9

접근 ≫ **㉠이 1인 경우부터 생각해 봅니다.**

두 자리 수 ㉠㉡이 가장 작으려면 ㉠이 1인 경우부터 생각해야 합니다.

오른쪽으로 1번 뒤집고 시계 방향으로 90°만큼 3번 돌렸을 때 ㉡가 되므로 ㉡은 3입니다.

따라서 가장 작은 수는 13입니다.

10

접근 ≫ **정사각형 4개를 이어 붙여서 만들 수 있는 서로 다른 도형을 그려 봅니다.**

정사각형 3개를 이어 붙인 트리오미노에 정사각형 1개를 더 붙여서 서로 다른 도형을 만듭니다.

 ➡ 5가지

11

접근 ≫ **어떤 수를 □라고 하여 어떤 수를 구합니다.**

> 문제 분석
>
> 정민이는 오른쪽 수 카드가 나타내는 수에서 어떤 수를 빼야 할 것을 잘
> ❷ 바르게 계산합니다.
> 못하여 수 카드를 시계 반대 방향으로 180°만큼 돌려서 만들어지는 수
> ❶ 어떤 수를 구하여
> 에서 어떤 수를 뺐더니 17이 되었습니다. 바르게 계산하면 얼마일까요?

❶ 어떤 수를 구합니다.

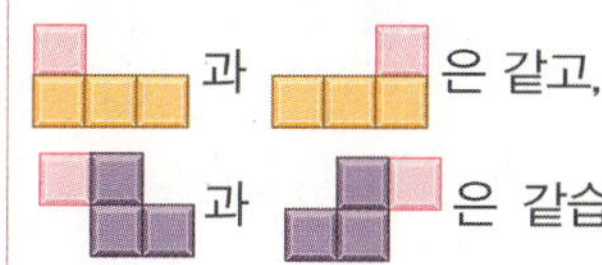

82 를 🔄만큼 돌리면 28 입니다.

어떤 수를 □라 하면 28−□=17에서 □=28−17, □=11입니다.

❷ 바르게 계산합니다.

어떤 수가 11이므로 82에서 어떤 수를 빼면 82−11=71입니다.

12 접근 ≫ 알고리즘대로 평면에서 이동해 봅니다.

알고리즘대로 이동하여 색칠하면 4가 나타납니다.

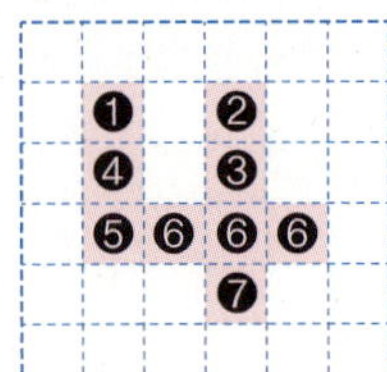

13 접근 ≫ 보기 의 도형을 밀기, 뒤집기, 돌리기 한 도형을 그려 봅니다.

정사각형 안의 선의 방향이 보기 와 같은 것을 찾으면 다음과 같습니다.

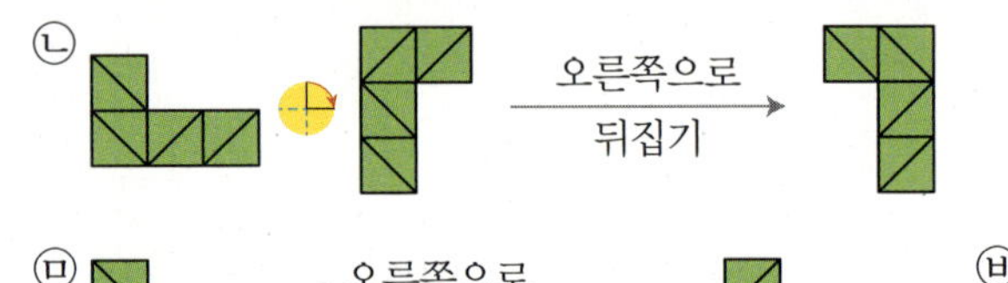

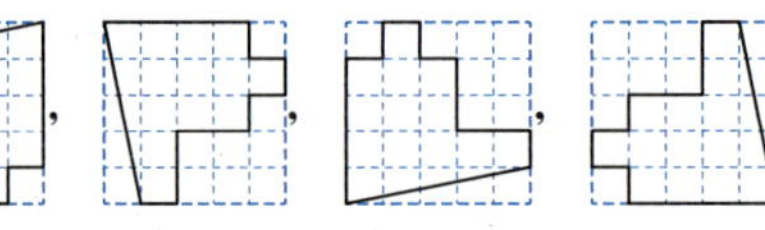

따라서 나올 수 없는 도형은 ㉠, ㉡, ㉣입니다.

14 접근 ≫ 도형이 이동하는 규칙을 알아봅니다.

시계 반대 방향으로 $90°$만큼(또는 시계 방향으로 $270°$만큼) 돌리는 규칙입니다.

4번 이동할 때마다 처음 도형과 같으므로 ▨, ▨, ▨, ▨ 도형이 되풀이됩니다.

따라서 20째 도형은 $20÷4=5$이므로 넷째 도형과 같습니다.

15 접근 ≫ 세 가지 색깔의 병을 각각 한 개씩 줍는 방법을 찾아봅니다.

아래쪽으로 1칸, 오른쪽으로 2칸, 위쪽으로 1칸 이동하면 3대의 로봇이 서로 다른 색깔의 병을 한 개씩 주울 수 있습니다.

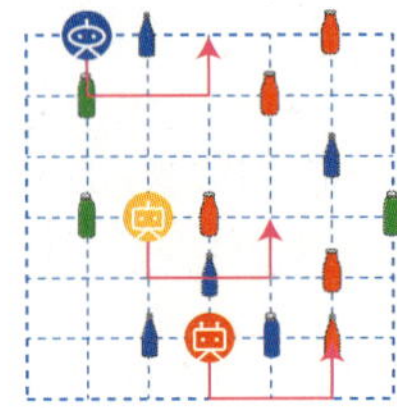

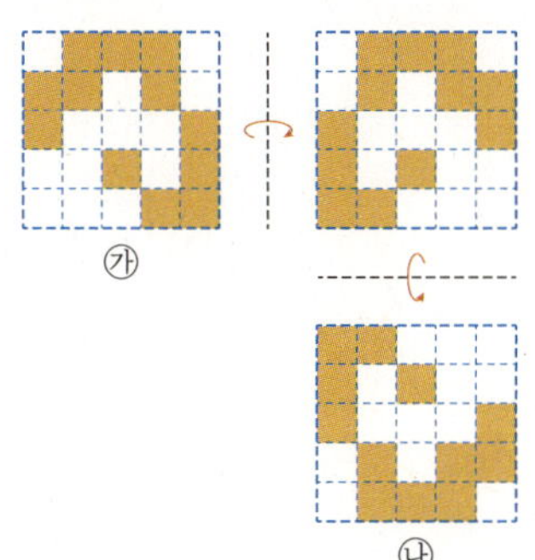

16 접근 ≫ ㉮를 2번 뒤집기 한 도형을 그려 봅니다.

㉮와 ㉯를 완전히 포개었을 때, 색칠된 칸끼리 겹치는
칸은 •로 표시한 칸입니다.

➡ 6칸

17 접근 ≫ 국새를 찍은 모양을 문제의 방법대로 이동해 봅니다.

국새를 찍은 모양은 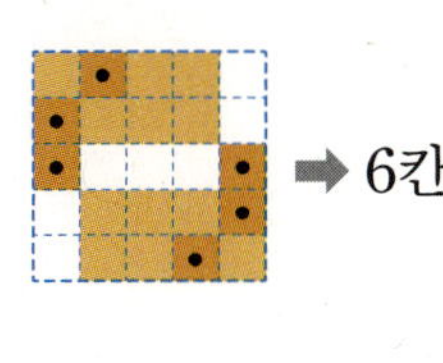이고, 이것을 왼쪽으로 5번 뒤집으면 1번 뒤집은 모양과

같으므로 입니다. 이 모양을 만큼 13번 돌린 모양은 만큼 1번 돌린

— 국새에 새겨진 모양과 같습니다.

모양과 같으므로 입니다.

— 만들 모양

따라서 국새에 새겨진 모양을 만큼 1번 돌린 모양과 같게 하려면

만큼 적어도 3번 돌려야 합니다.

HIGH LEVEL

105~107쪽

1 179	**2** 13칸	**3** ㉡, ㉢	**4** 1시 30분, 4시 30분, 7시 30분, 10시 30분
5 3가지	**6** 7번		

---

1 접근 ≫ 왼쪽 모양을 조건에 맞게 이동해 봅니다.

시계 방향으로 180°만큼 11번 돌린 모양은 시계 방향으로 180°만큼 1번 돌린 모양
과 같습니다.

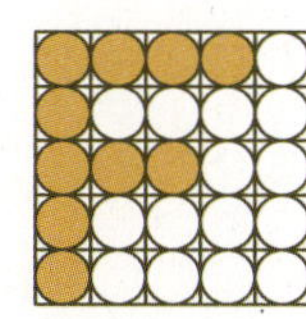  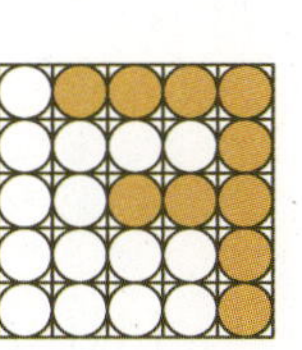

따라서 불을 켜야 하는 전구의 번호를 모두 더하면
$6+11+16+21+22+13+18+23+24+25=179$입니다.

2 접근 ≫ 보기 와 같은 방법으로 도형을 돌려 봅니다.

색칠된 칸이 지나간 자리를 표시하면 다음과 같습니다.

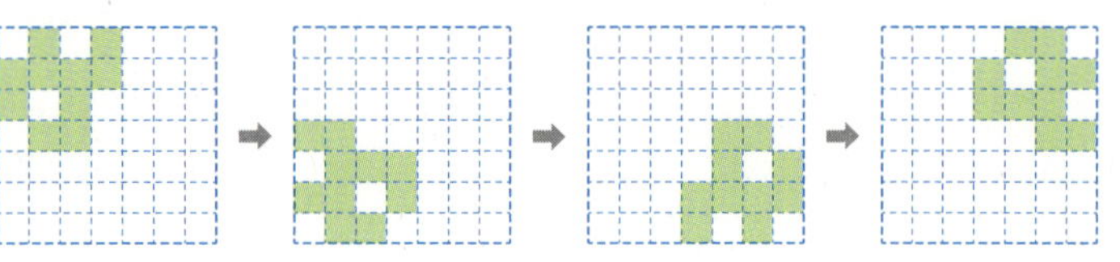

따라서 색칠되지 않은 칸은 13칸입니다.

3 접근 ≫ 보기 의 도형을 여러 가지 방법으로 이동하여 주어진 도형을 만들어 봅니다.

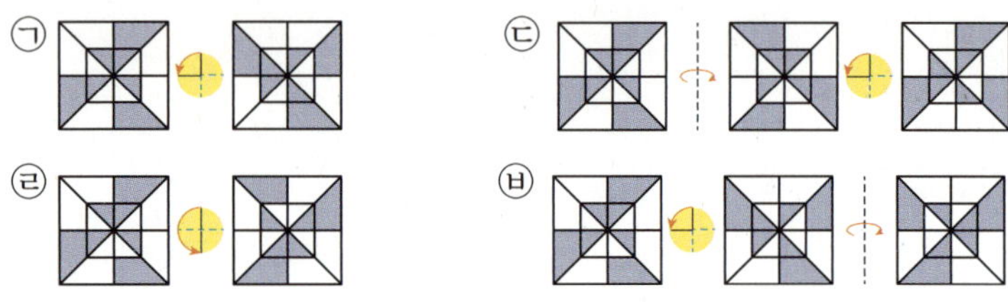

따라서 나올 수 없는 도형은 ㉡, ㉤입니다.

다른 풀이

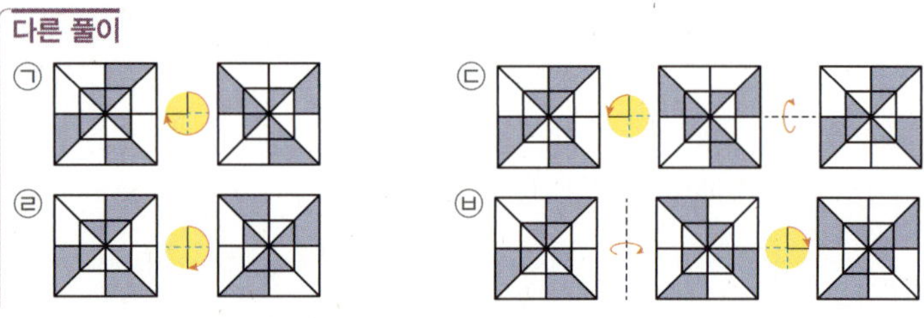

4 접근 ≫ 실제 시각과 거울에 비친 시각이 같은 6시, 12시를 기준으로 조건에 맞는 시각을 구합니다.

- 6시일 때 실제 시각과 거울에 비친 시각이 같으므로 6시부터 3시간의 절반인 1시간 30분 후(또는 1시간 30분 전)의 실제 시각과 거울에 비친 시각의 차이가 3시간이 됩니다. ➡ 7시 30분, 4시 30분

- 12시일 때 실제 시각과 거울에 비친 시각이 같으므로 12시부터 1시간 30분 후(또는 1시간 30분 전)의 실제 시각과 거울에 비친 시각의 차이가 3시간이 됩니다. ➡ 1시 30분, 10시 30분

따라서 실제 시각과 거울에 비친 시각의 차이가 3시간(또는 9시간)인 시각은 1시 30분, 4시 30분, 7시 30분, 10시 30분입니다.

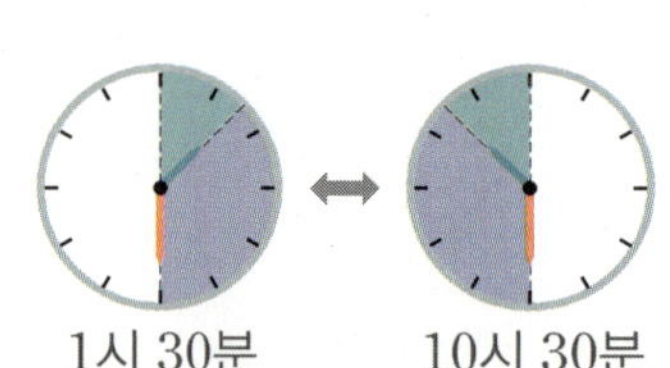

5

접근 ≫ 조건을 만족시키면서 이동하는 방법은 몇 가지인지 알아봅니다.

다음의 3가지 경우가 있습니다.

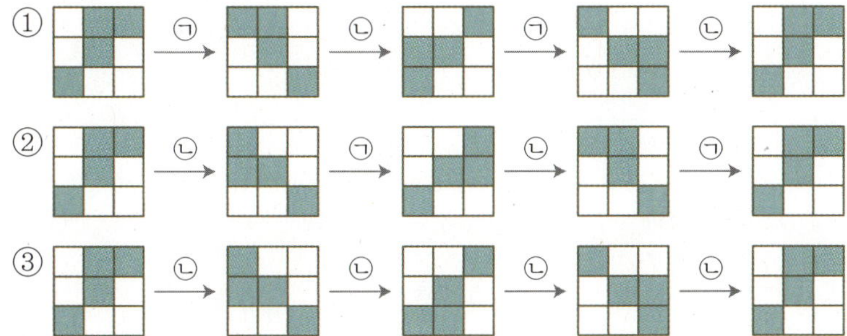

6

접근 ≫ ㈎ 도형에서 어떤 정사각형을 먼저 그려야 하는지 생각해 봅니다.

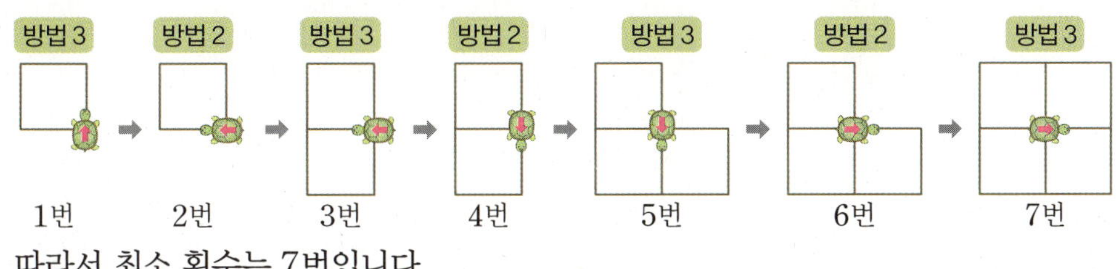

따라서 최소 횟수는 7번입니다.

① → ② → ③
→ ④의 순서로
만듭니다.

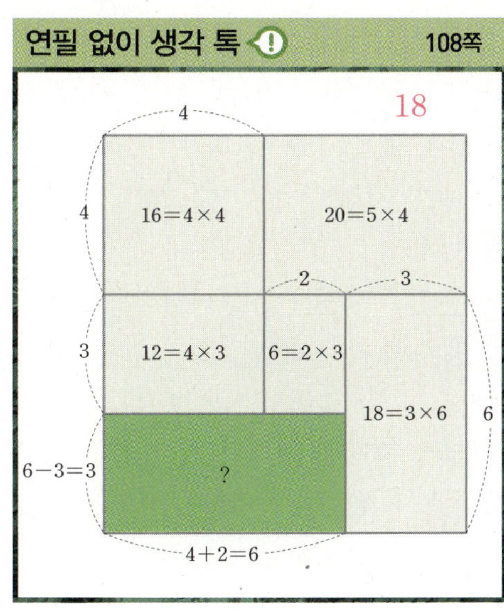

5 막대그래프

⊙ BASIC TEST

1 막대그래프
113쪽

1 반, 학생 수 **2** 막대그래프 **3** 6명
4 100명 **5** 70명
6 ㉠ 역사책 / ㉡ 가장 많은 학생들이 읽고 싶어 하는 책
이 역사책이기 때문입니다.

1 막대그래프의 가로는 반으로 1반, 2반, 3반, 4반, 5
반을 나타냈습니다. 막대그래프의 세로는 학생 수로
각 반별로 감기에 걸린 학생 수를 나타냈습니다.

2 막대그래프는 항목별 수량을 막대의 길이로 나타내
므로 항목별 수량의 많고 적음을 한눈에 비교하기 쉽
습니다.

3 감기에 걸린 학생이 가장 많은 반은 5반으로 12명이
고, 가장 적은 반은 2반으로 6명입니다.
➡ $12-6=6$(명)

4 세로 눈금 5칸이 50명을 나타내므로 세로 눈금 한
칸은 $50÷5=10$(명)을 나타냅니다.
읽고 싶어 하는 책별 학생 수를 구하면 문학책은
70명, 과학책은 80명, 예술책은 30명, 사회책은
20명입니다.
전체 학생 수가 300명이므로 역사책을 읽고 싶어 하
는 학생은
$300-(70+80+30+20)=100$(명)입니다.

5 역사책을 읽고 싶어 하는 학생은 100명, 예술책을
읽고 싶어 하는 학생은 30명이므로 역사책을 읽고
싶어 하는 학생은 예술책을 읽고 싶어 하는 학생보다
$100-30=70$(명) 더 많습니다.

6 많은 학생들이 읽고 싶어 하는 책부터 차례로 쓰면
역사책, 과학책, 문학책, 예술책, 사회책입니다.
따라서 역사책을 가장 많이 준비하면 좋을 것 같습
니다.

2 막대그래프 그리기
115쪽

1 9명
2

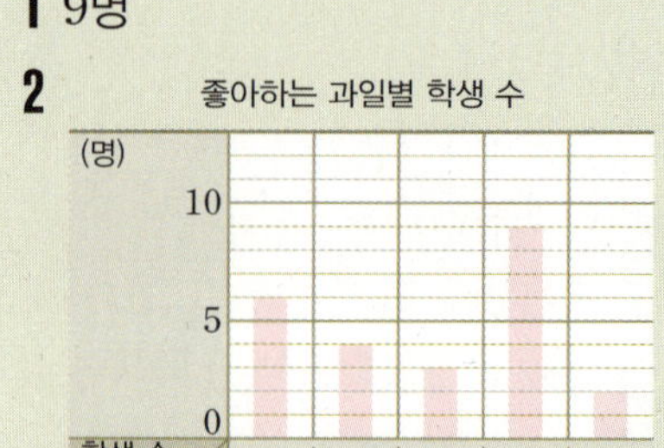

3 배 **4** 2배 **5** 9칸

6
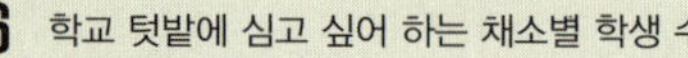
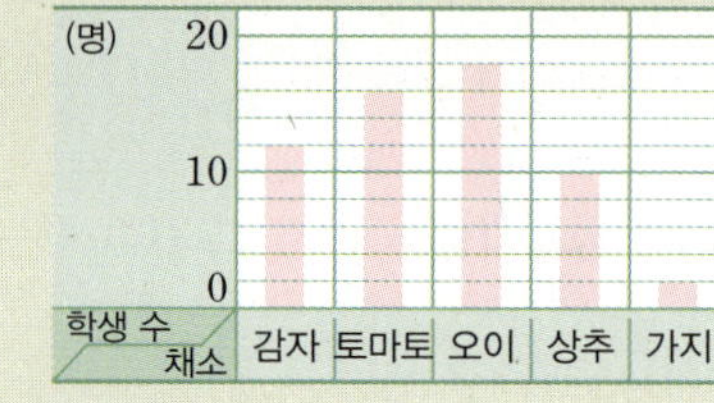

7
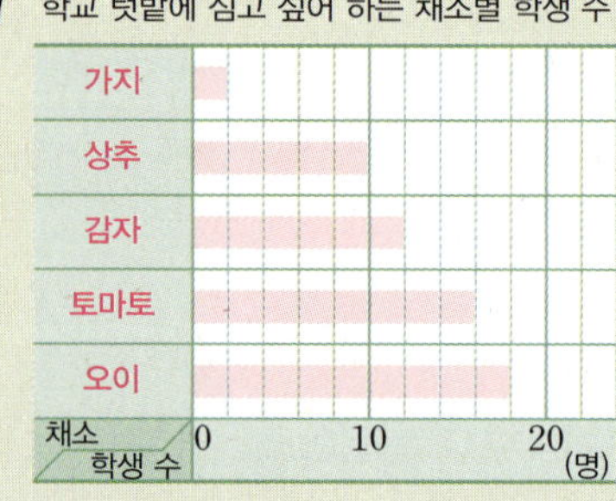

1 전체 학생 수에서 포도, 자두, 사과, 배를 좋아하는
학생 수를 뺍니다.
➡ $24-(6+4+3+2)=24-15=9$(명)

2 세로 눈금 한 칸은 $5÷5=1$(명)을 나타내므로 좋아
하는 과일별 학생 수에 맞게 막대를 그립니다.

3 2의 막대그래프에서 막대의 길이가 가장 짧은 것은
배이므로 가장 적은 학생들이 좋아하는 과일은 배입
니다.

4 포도를 좋아하는 학생은 6명, 사과를 좋아하는 학생
은 3명입니다.
따라서 포도를 좋아하는 학생 수는 사과를 좋아하는
학생 수의 $6÷3=2$(배)입니다.

5 $18÷2=9$이므로 오이를 심고 싶어 하는 학생 수는
세로 눈금 9칸으로 나타냅니다.

6 세로 눈금 5칸이 10명을 나타내므로 세로 눈금 한 칸은 $10 \div 5 = 2$(명)을 나타냅니다.

7 가로 눈금 5칸이 10명을 나타내므로 가로 눈금 한 칸은 $10 \div 5 = 2$(명)을 나타냅니다.
학생 수가 적은 채소부터 차례로 쓰면 가지, 상추, 감자, 토마토, 오이입니다.

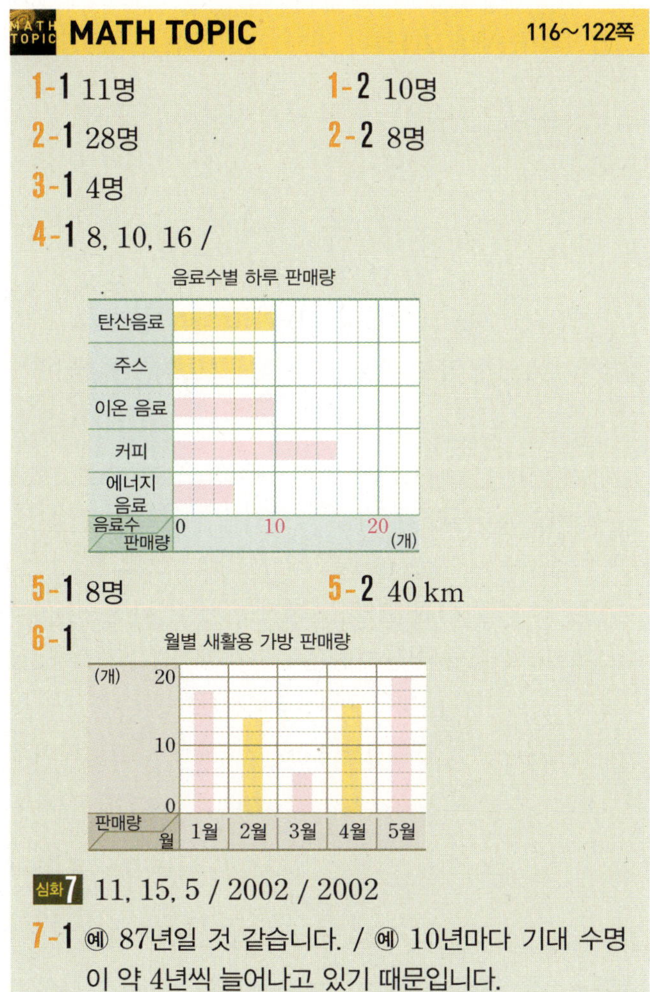

MATH TOPIC

116~122쪽

1-1 11명　　　　　**1-2** 10명
2-1 28명　　　　　**2-2** 8명
3-1 4명
4-1 8, 10, 16 /

5-1 8명　　　　　**5-2** 40 km
6-1

심화7 11, 15, 5 / 2002 / 2002
7-1 예 87년일 것 같습니다. / 예 10년마다 기대 수명이 약 4년씩 늘어나고 있기 때문입니다.

1-1 강아지를 기르고 싶어 하는 학생이
$36 - (4 + 7 + 9 + 5) = 36 - 25 = 11$(명)이므로 강아지를 기르고 싶어 하는 학생이 가장 많습니다.
따라서 세로 눈금은 적어도 11명까지 나타낼 수 있어야 합니다.

1-2 안경을 쓴 학생은 3반이 5반보다 5명 더 많으므로 3반의 안경을 쓴 학생은 $5 + 5 = 10$(명)입니다.
2반의 안경을 쓴 학생은
$45 - (9 + 10 + 7 + 5 + 6) = 45 - 37 = 8$(명)이므로 안경을 쓴 학생은 3반이 가장 많습니다.
따라서 세로 눈금은 적어도 10명까지 나타낼 수 있어야 합니다.

2-1 미국을 여행하고 싶어 하는 학생이 9명이므로 일본을 여행하고 싶어 하는 학생은
$9 - 4 = 5$(명)입니다.
따라서 정아네 반 학생은 모두
$5 + 9 + 6 + 3 + 5 = 28$(명)입니다.

2-2 윷놀이와 팽이치기를 좋아하는 학생 수의 합은
$24 - 7 - 5 = 12$(명)입니다.
윷놀이를 좋아하는 학생 수를 □명이라 하면 팽이치기를 좋아하는 학생 수는 (□+4)명입니다.
□+□+4=12, □+□=8, □=4이므로 윷놀이를 좋아하는 학생은 4명, 팽이치기를 좋아하는 학생은 $4 + 4 = 8$(명)입니다.
따라서 가장 많은 학생들이 좋아하는 민속놀이는 팽이치기이고 학생 수는 8명입니다.

3-1 남학생 수와 여학생 수를 나타내는 막대의 칸 수의 차가 1반은 2칸, 2반은 5칸, 3반은 3칸, 4반은 4칸입니다.
남학생 수와 여학생 수의 차가 가장 큰 반은 2반, 가장 작은 반은 1반입니다.
따라서 2반의 여학생은 14명, 1반의 여학생은 10명이므로 차는 $14 - 10 = 4$(명)입니다.

4-1 표에서 탄산음료의 판매량은 10개인데 막대그래프에서 탄산음료의 막대가 가로 눈금 5칸입니다. 가로 눈금 5칸이 10개를 나타내므로 가로 눈금 한 칸은 $10 \div 5 = 2$(개)를 나타냅니다.

막대그래프에서 주스의 막대가 가로 눈금 4칸이므로 주스는 $2 \times 4 = 8$(개)입니다. 커피의 판매량이 주스 판매량의 2배이므로 커피는 $8 \times 2 = 16$(개)입니다.

이온 음료의 판매량은 하루 동안 팔린 음료수의 합계에서 탄산음료, 주스, 커피, 에너지 음료의 수를 빼어 구하면 $50 - (10 + 8 + 16 + 6) = 10$(개)입니다.

해결 전략
표와 막대그래프 모두에 있는 자료의 수량(탄산음료의 판매량)을 이용하여 가로 눈금 한 칸의 크기를 구합니다.

5-1 막대그래프에서 막대의 세로 눈금이 악기 연주는 5칸, 요리는 8칸, 운동은 7칸, 독서는 4칸이므로 모두 $5 + 8 + 7 + 4 = 24$(칸)입니다.

세로 눈금 24칸이 48명을 나타내므로 세로 눈금 한 칸은 $48 \div 24 = 2$(명)을 나타냅니다.

독서의 막대는 세로 눈금 4칸이므로 취미가 독서인 학생은 $2 \times 4 = 8$(명)입니다.

5-2 막대그래프에서 캠핑장의 막대가 세로 눈금 6칸이고 집과 캠핑장 사이의 거리가 24 km이므로 세로 눈금 한 칸은 $24 \div 6 = 4$ (km)를 나타냅니다.

막대그래프에서 막대의 세로 눈금이 수영장은 3칸, 놀이공원은 7칸이므로 모두 $3 + 7 = 10$(칸)입니다.

따라서 수영장에서 민재네 집을 거쳐 놀이공원까지의 거리는 $4 \times 10 = 40$ (km)입니다.

해결 전략
막대그래프에서 캠핑장의 막대가 세로 눈금 6칸이고 민재네 집과 캠핑장 사이의 거리가 24 km임을 이용하여 세로 눈금 한 칸의 크기를 구합니다.
(수영장에서 민재네 집을 거쳐 놀이공원까지의 거리)
 ＝(민재네 집과 수영장 사이의 거리)
  ＋(민재네 집과 놀이공원 사이의 거리)

6-1 세로 눈금 5칸이 10개를 나타내므로 세로 눈금 한 칸은 $10 \div 5 = 2$(개)를 나타냅니다.

㉠에서 1월의 판매량이 18개이므로 세로 눈금이 $18 \div 2 = 9$(칸)인 막대를 그립니다.

㉡에서 1월의 판매량이 18개이므로 3월의 판매량은 $18 \div 3 = 6$(개)입니다. 3월은 세로 눈금이 $6 \div 2 = 3$(칸)인 막대를 그립니다.

㉢에서 2월의 판매량은 14개, 4월의 판매량은 16개이므로 5월의 판매량은 $74 - (18 + 14 + 6 + 16) = 20$(개)입니다. 5월은 세로 눈금이 $20 \div 2 = 10$(칸)인 막대를 그립니다.

◤◢ LEVEL UP TEST

123~126쪽

1 6명

2 예)

3 예) 야구 / 예) 가장 많은 학생들이 좋아하는 운동 경기가 야구이기 때문입니다.

4 2000명　　**5** 역사 박물관, 자동차 박물관

6 7명　　**7** 30명

8 8칸　　**9** 6칸

10 48명　　**11** 1600원

12 14명

1
접근 ≫ 강아지를 좋아하는 학생 수를 먼저 구합니다.

세로 눈금 한 칸은 1명을 나타냅니다.
(강아지를 좋아하는 학생 수)
$=28-(4+9+2+3)=10$(명)
강아지를 좋아하는 학생은 10명, 사자를 좋아
하는 학생은 4명이므로 강아지를 좋아하는 학
생은 사자를 좋아하는 학생보다
$10-4=6$(명) 더 많습니다.

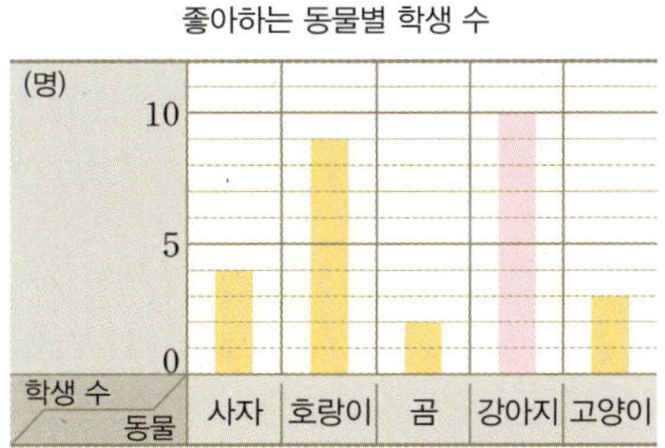

2
접근 ≫ 수영을 좋아하는 학생 수를 먼저 구합니다.

(수영을 좋아하는 학생 수)$=27-(11+5+3+2)=6$(명)
막대그래프의 가로 눈금 한 칸의 크기를 정한 후 각 운동 경기별 학생 수에 맞게 막대
로 나타내고, 막대그래프에 알맞은 제목을 씁니다.

> **보충 개념**
> 막대그래프 그리는 방법
> ① 가로와 세로 중 어느 쪽에 조사한 수를 나타낼 것인가를 정합니다.
> ② 눈금 한 칸의 크기를 정하고, 조사한 수 중 가장 큰 수를 나타낼 수 있도록 눈금의 수를 정합
>   니다.
> ③ 조사한 수에 맞게 막대로 나타냅니다.
> ④ 막대그래프에 알맞은 제목을 씁니다.

3
서술형
접근 ≫ 가장 많은 학생들이 좋아하는 운동 경기를 알아봅니다.

채점 기준	배점
어떤 운동 경기를 관람하는 것이 가장 좋을지 썼나요?	2점
운동 경기를 선택한 까닭을 썼나요?	3점

4
접근 ≫ 세로 눈금 한 칸의 크기를 먼저 구합니다.

막대그래프에서 2022년의 막대가 세로 눈금 7칸이고 2022년의 취업자가 3500명
이므로 세로 눈금 한 칸은 $3500÷7=500$(명)을 나타냅니다.
따라서 2020년의 막대는 세로 눈금 4칸이므로 2020년의 취업자는
$500×4=2000$(명)입니다.

5 접근 ≫ 박물관별로 조사한 남학생 수와 여학생 수의 합을 각각 구합니다.

세로 눈금 한 칸은 1명을 나타냅니다.
박물관별로 가고 싶어 하는 학생 수는 역사 박물관은 $9+8=17$(명), 생활사 박물관은 $4+3=7$(명), 화폐 박물관은 $8+10=18$(명), 자동차 박물관은 $11+6=17$(명), 민속 박물관은 $6+2=8$(명), 고궁 박물관은 $2+4=6$(명)입니다.
따라서 가고 싶어 하는 학생 수가 같은 박물관은 역사 박물관과 자동차 박물관입니다.

6 접근 ≫ 조사한 남학생 수와 여학생 수의 합을 각각 구합니다.

(조사한 남학생 수)$=9+4+8+11+6+2=40$(명)
(조사한 여학생 수)$=8+3+10+6+2+4=33$(명)
따라서 조사한 남학생 수와 여학생 수의 차는 $40-33=7$(명)입니다.

주의
남학생 수를 나타내는 막대를 여학생 수에, 여학생 수를 나타내는 막대를 남학생 수에 포함하지 않도록 합니다.

7 접근 ≫ 세로 눈금 한 칸의 크기를 먼저 구합니다.

세로 눈금 5칸이 10명을 나타내므로 세로 눈금 한 칸은 $10÷5=2$(명)을 나타냅니다.
김홍도를 조사한 학생은 6명, 신윤복을 조사한 학생은 12명입니다.
정선을 조사한 학생은 김홍도를 조사한 학생보다 2명 더 많으므로 $6+2=8$(명), 안견을 조사한 학생은 신윤복을 조사한 학생보다 8명 더 적으므로 $12-8=4$(명)입니다.
➡ (조사한 전체 학생 수)$=6+12+8+4=30$(명)

해결 전략
조건에 따라 김홍도를 조사한 학생 수를 보고 정선을 조사한 학생 수를 구하고, 신윤복을 조사한 학생 수를 보고 안견을 조사한 학생 수를 구합니다.

8 접근 ≫ 행성 열차 한 칸에 탈 수 있는 사람 수를 알아본 후 행성 열차의 칸 수를 구합니다.

세로 눈금 한 칸은 1명을 나타내므로 행성 열차는 한 칸에 4명씩 탈 수 있습니다.
행성 열차를 한 번 운행할 때 32명까지 탈 수 있으므로 행성 열차는 모두 $32÷4=8$(칸)입니다.

해결 전략
나눗셈식을 이용하여 행성 열차의 칸 수를 구합니다.

9 접근 ≫ 회전 컵 8칸에 탄 사람 수를 먼저 구합니다.

회전 컵은 한 칸에 6명씩 탈 수 있으므로 회전 컵 8칸에 탄 사람은 모두 $6×8=48$(명)입니다. 바이킹은 한 칸에 8명이 탈 수 있으므로 48명이 한 번에 타려면 바이킹은 적어도 $48÷8=6$(칸) 있어야 합니다.

해결 전략
회전 컵 8칸에 탄 사람 수를 구하여 바이킹 한 칸에 탈 수 있는 사람 수로 나눕니다.

10 접근 ≫ 막대그래프에서 막대의 세로 눈금의 칸 수의 합을 먼저 구합니다.

막대그래프에서 막대의 세로 눈금이 A 마을은 5칸, B 마을은 3칸, C 마을은 8칸,
D 마을은 2칸이므로 모두 $5+3+8+2=18$(칸)입니다.
세로 눈금 18칸이 144명을 나타내므로 세로 눈금 한 칸은 $144\div18=8$(명)을 나타냅니다.
C 마을에 사는 학생은 $8\times8=64$(명), D 마을에 사는 학생은 $8\times2=16$(명)입니다.
따라서 C 마을에 사는 학생은 D 마을에 사는 학생보다 $64-16=48$(명) 더 많습니다.

다른 풀이

막대그래프에서 막대의 세로 눈금이 A 마을은 5칸, B 마을은 3칸, C 마을은 8칸, D 마을은 2칸
이므로 모두 $5+3+8+2=18$(칸)입니다.
세로 눈금 한 칸은 $144\div18=8$(명)을 나타내고, 막대그래프에서 C 마을의 막대는 D 마을의
막대보다 세로 눈금이 $8-2=6$(칸) 더 깁니다.
따라서 C 마을에 사는 학생은 D 마을에 사는 학생보다 $8\times6=48$(명) 더 많습니다.

11 접근 ≫ 정우가 산 간식의 가격을 각각 알아봅니다.

세로 눈금 5칸이 1000원을 나타내므로 세로 눈금 한 칸은 $1000\div5=200$(원)을 나타냅니다.
정우가 산 간식의 가격은 빵이 1800원, 우유가 2200원, 과자가 2400원, 아이스크림이 2000원이므로 모두 $1800+2200+2400+2000=8400$(원)입니다.
따라서 정우가 편의점에서 간식을 사고 10000원을 냈다면 거스름돈으로
$10000-8400=1600$(원)을 받아야 합니다.

12 접근 ≫ 전체 여자 어린이 수를 구한 후 전체 남자 어린이 수를 구합니다.

가로 눈금 한 칸은 1명을 나타냅니다.
(전체 여자 어린이 수)$=9+7+8+13=37$(명)
(전체 남자 어린이 수)$=$(전체 여자 어린이 수)$+8=37+8=45$(명)
달님반의 남자 어린이 수를 □명이라 하면
(전체 남자 어린이 수)$=12+□+10+9=31+□$(명)이므로
$31+□=45$, $□=45-31=14$입니다.
따라서 달님반의 남자 어린이는 14명입니다.

HIGH LEVEL

1 36분 **2** 5명 **3** 장호, 80점

4 55, 40 /

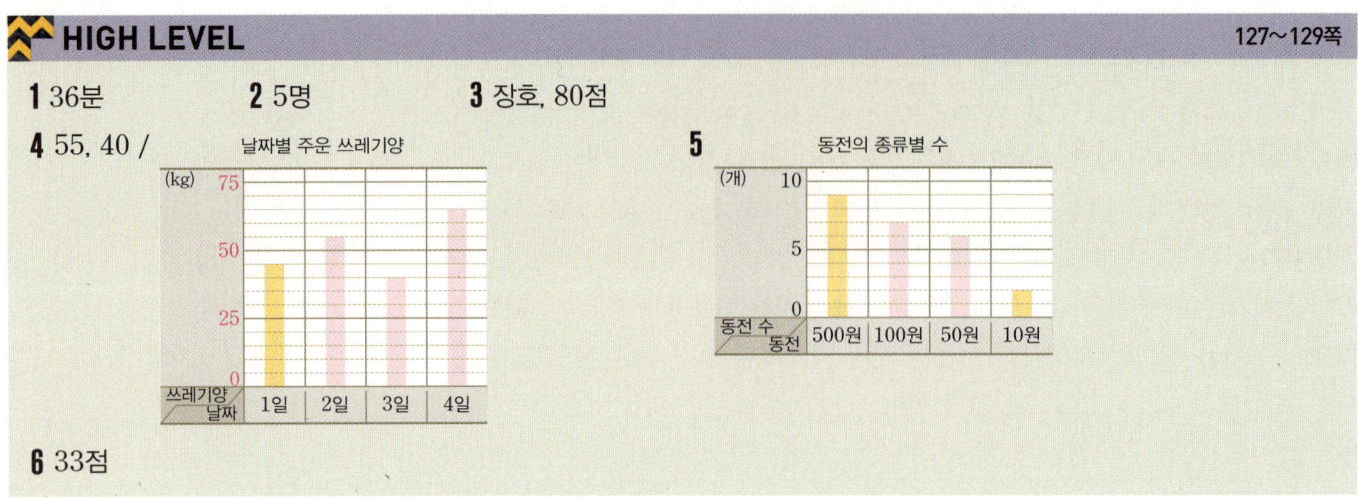

6 33점

1 접근 ≫ 세로 눈금 한 칸의 크기를 먼저 구합니다.

막대그래프에서 월요일의 막대가 세로 눈금 10칸이고 월요일에 독서를 한 시간이 40분이므로 세로 눈금 한 칸은 $40 \div 10 = 4$(분)을 나타냅니다.
요일별 독서를 한 시간을 구하면 월요일은 40분, 화요일은 $4 \times 7 = 28$(분), 목요일은 $4 \times 11 = 44$(분), 금요일은 $4 \times 6 = 24$(분)입니다.
5일 동안 독서를 한 시간이 172분이므로 수요일에 독서를 한 시간은
$172 - (40 + 28 + 44 + 24) = 172 - 136 = 36$(분)입니다.

해결 전략
월요일에 독서를 한 시간과 월요일의 막대의 길이를 이용하여 세로 눈금 한 칸의 크기를 구합니다.

해결 전략
세로 눈금 10칸 ➡ 40분
(세로 눈금 한 칸의 크기)
$= 40 \div 10 = 4$(분)

2 접근 ≫ 장수풍뎅이를 좋아하는 학생 수를 □명이라 하여 전체 학생 수를 구하는 식을 만들어 봅니다.

잠자리를 좋아하는 학생은 장수풍뎅이를 좋아하는 학생보다 3명 더 많으므로 장수풍뎅이를 좋아하는 학생 수를 □명이라 하면 잠자리를 좋아하는 학생 수는 (□+3)명입니다.
소율이네 반 학생이 26명이므로 $9 + 6 + □ + 3 + □ = 26$, $□ + □ + 18 = 26$,
□+□=26-18, □+□=8, □=4에서 잠자리를 좋아하는 학생은 $4 + 3 = 7$(명), 장수풍뎅이를 좋아하는 학생은 4명입니다.
따라서 가장 많은 학생들이 좋아하는 곤충은 나비로 9명, 가장 적은 학생들이 좋아하는 곤충은 장수풍뎅이로 4명이므로 학생 수의 차는 $9 - 4 = 5$(명)입니다.

서술형 **3** 접근 ≫ 걸린 고리가 가장 많은 학생이 점수가 가장 높습니다.

⒲ 학생별 걸린 고리는 수아 $10 - 6 = 4$(개), 성균 3개, 장호 8개, 민정 $10 - 8 = 2$(개), 소라 6개입니다.
점수가 가장 높은 학생은 걸린 고리 수가 가장 많은 학생이므로 장호의 점수가 가장 높고, 걸린 고리가 8개이므로 걸리지 않은 고리는 $10 - 8 = 2$(개)입니다.

해결 전략
• 걸린 고리가 많을수록 점수가 높습니다.
• (걸린 고리 수)+(걸리지 않은 고리 수)=10

➡ (장호의 점수)=30+7×(걸린 고리 수)−3×(걸리지 않은 고리 수)

$\qquad$ =30+7×8−3×2=80(점)

채점 기준	배점
학생별 걸린 고리의 수를 구했나요?	2점
점수가 가장 높은 학생을 찾았나요?	1점
점수가 가장 높은 학생의 점수를 구했나요?	2점

다른 풀이

	수아	성균	장호	민정	소라
걸린 고리 수(개)	4	3	8	2	6
걸리지 않은 고리 수(개)	6	7	2	8	4

(수아의 점수)=30+7×4−3×6=40(점), (성균이의 점수)=30+7×3−3×7=30(점),
(장호의 점수)=30+7×8−3×2=80(점), (민정이의 점수)=30+7×2−3×8=20(점),
(소라의 점수)=30+7×6−3×4=60(점)
따라서 점수가 가장 높은 학생은 장호이고, 80점입니다.

4 접근 ≫ 3일에 주운 쓰레기양을 □ kg이라 하여 4일 동안 주운 쓰레기양의 합을 구하는 식을 만들어 봅니다.

표에서 3일에 주운 쓰레기양을 □kg이라 하면 2일에 주운 쓰레기양은 (□+15) kg
이므로 45+□+15+□+65=205, □+□+125=205,

□+□=205−125=80, □=40입니다.
3일에 주운 쓰레기양은 40 kg이고, 2일에 주운 쓰레기양은 40+15=55 (kg)입니다.
막대그래프에서 1일의 막대는 세로 눈금 9칸이고 45 kg을 나타내므로 세로 눈금 한
칸은 45÷9=5 (kg)을 나타냅니다.
따라서 2일은 55÷5=11(칸), 3일은 40÷5=8(칸), 4일은 65÷5=13(칸)인
막대를 그립니다.

> **해결 전략**
> 표와 막대그래프 모두에 있는 자료의 수량(1일에 주운 쓰레기양)을 이용하여 세로 눈금 한 칸의 크기를 구합니다.

5 접근 ≫ 동전의 수를 구하는 식과 금액의 합을 구하는 식을 각각 구합니다.

100원짜리 동전의 수를 □개, 50원짜리 동전의 수를 ○개라 하면 동전은 모두 24개
이므로 9+□+○+2=24, □+○+11=24, □+○=13입니다.
금액의 합은 5520원이므로 500×9+100×□+50×○+10×2=5520,
4500+100×□+50×○+20=5520,
100×□+50×○=5520−4520=1000입니다.
□=7, ○=6이면 100×7+50×6=700+300=1000입니다.
따라서 100원짜리 동전은 7개, 50원짜리 동전은 6개이므로 100원은 세로 눈금 7칸,
50원은 세로 눈금 6칸인 막대를 그립니다.

> **해결 전략**
> □+○=13인 □와 ○를 예상해 보고 그 수를 100×□+50×○=1000에 넣어서 확인합니다.

> **해결 전략**
> • 100원짜리 동전의 수와 50원짜리 동전의 수를 예상하고 확인하여 구합니다.
> • 두 동전의 금액의 합이 1000원이므로 50원짜리 동전의 수는 짝수입니다.

6 접근 ≫ **나중에 던진 3명이 윷가락을 던져서 나온 모양을 알아봅니다.**

ⓛ에서 걸이 나온 학생이 6명이므로 나중에 던진 3명 중 한 명은 걸이 나왔고, 도, 개, 윷, 모가 나온 학생은 모두 8명입니다. ㉠에서 8을 서로 다른 네 수의 합으로 나타내면 $0+1+3+4$ 또는 $0+1+2+5$입니다.

$0+1+3+4$인 경우는 나중에 던진 2명이 도와 개가 한 번씩 나온 것이고,
　모　윷　도　개
$0+1+2+5$인 경우는 나중에 던진 2명이 모두 개가 나온 것이므로 ⓒ을 만족시키
　모　윷　도　개
지 않습니다. ➡ 도: 3명, 개: 4명, 걸: 6명, 윷: 1명, 모: 0명

모양	도	개	걸	윷	모	합계
학생 수(명)	3	4	6	1	0	14
점수(점)	$1\times3=3$	$2\times4=8$	$3\times6=18$	$4\times1=4$	$5\times0=0$	33

따라서 14명이 윷을 던져서 나온 모양을 표로 나타내 점수의 합을 구하면
$3+8+18+4+0=33$(점)입니다.

다른 풀이

걸이 나온 학생이 6명이므로 나중에 던진 3명 중 한 명은 걸이 나왔고, 나머지 두 명은 도, 개, 윷, 모 중 서로 다른 모양이 나와야 합니다.

- 도와 개가 나온 경우: 도가 3명, 개가 4명, 걸이 6명, 윷이 1명, 모가 0명으로 ㉠을 만족시킵니다.
- 도와 윷이 나온 경우: 도가 3명, 개가 3명, 걸이 6명, 윷이 2명, 모가 0명으로 ㉠을 만족시키지 않습니다.
- 도와 모가 나온 경우: 도가 3명, 개가 3명, 걸이 6명, 윷이 1명, 모가 1명으로 ㉠을 만족시키지 않습니다.

개와 윷이 나온 경우, 개와 모가 나온 경우, 윷과 모가 나온 경우도 같은 방법으로 생각하면 ㉠을 만족시키지 않습니다.
따라서 나중에 던진 3명은 도, 개, 걸이 나와야 합니다.
➡ 도: 3명, 개: 4명, 걸: 6명, 윷: 1명, 모: 0명
학생 14명의 점수의 합은 $1\times3+2\times4+3\times6+4\times1+5\times0=33$(점)입니다.

해결 전략

- 14명 중에서 걸이 나온 학생 6명을 빼면 8명입니다. 8은 도, 개, 윷, 모가 나온 횟수의 합과 같으므로 ㉠을 만족시키도록 서로 다른 네 수의 합으로 나타냅니다.
- 막대그래프의 도, 개, 윷, 모가 나온 학생 수를 통해 나중에 던진 2명이 윷가락을 던져서 나온 모양을 알 수 있습니다.

연필 없이 생각 톡 ❗ 　　130쪽

6 규칙 찾기

1 수의 배열에서 규칙 찾기　135쪽

1 23155	**2** 65502, 75393, 85284에 색칠	
3 35609	**4** 370	**5** 4
6 2580		

1 22130－21105＝1025이고 한 칸 건너서
24180－22130＝2050이므로 오른쪽으로 1025
씩 커집니다.
22130＋1025＝23155이므로 ◎에 알맞은 수는
23155입니다.

2 수 배열표에서 85284를 찾은 다음 9891씩 작아지
는 수를 찾아 색칠합니다.
85284－9891＝75393,
75393－9891＝65502
➡ 85284, 75393, 65502에 색칠합니다.

> **해결 전략**
> • 오른쪽으로 110씩 커집니다.
> • 아래쪽으로 10001씩 커집니다.
> • ＼ 방향으로 10111씩 커집니다.
> • ／ 방향으로 9891씩 커집니다.

3 ／ 방향으로 9891씩 작아지므로 ◆에 알맞은 수는
45500보다 9891만큼 더 작은 35609입니다.

> **다른 풀이**
>
> | ㉠ | | | ◆ |
> |---|---|---|---|
> | 45280 | 45390 | 45500 | |
> | 55281 | 55391 | 55501 | |
> | 65282 | 65392 | 65502 | |
> | 75283 | 75393 | 75503 | |
> | 85284 | 85394 | 85504 | |
>
> 위쪽으로 10001씩 작아지므로 ㉠에 알맞은 수는 45280
> 보다 10001만큼 더 작은 35279입니다. 오른쪽으로 110
> 씩 커지므로 35279－35389－35499－35609에서
> 35609입니다.

4

31	34		㉡		43
	144	147			
	254				
			㉢	■	

오른쪽으로 3씩 커지고, 아래쪽으로 110씩 커집니
다. ㉢에 알맞은 수는 147－257－367에서 367
입니다. ■에 알맞은 수는 ㉢보다 3만큼 더 큰 수이
므로 370입니다.

> **다른 풀이**
> 오른쪽으로 3씩 커지고, 아래쪽으로 110씩 커집니다. ㉡
> 에 알맞은 수는 34에서 3씩 2번 뛰어 센 수이므로 34－
> 37－40에서 40이고, ■에 알맞은 수는 ㉡에서 110씩 3
> 번 뛰어 센 수이므로 40－150－260－370에서 370입
> 니다.

5 두 수의 곱의 일의 자리 숫자를 쓰는 규칙입니다.
304×16에서 일의 자리 수끼리의 곱은
4×6＝24이므로 곱의 일의 자리 숫자는 4이고,
302×17에서 일의 자리 수끼리의 곱은
2×7＝14이므로 곱의 일의 자리 숫자는 4입니다.
따라서 ■와 ●에 공통으로 알맞은 수는 4입니다.

6 가로는 왼쪽의 수를 3으로 나눈 몫을 오른쪽에 쓰는
규칙이고, 세로는 위쪽의 수와 40의 곱을 아래쪽에
쓰는 규칙입니다.
㉢에 알맞은 수는 540÷3＝180,
㉡에 알맞은 수는 7200÷3＝2400
(또는 60×40＝2400)입니다.
따라서 ㉢＋㉡＝180＋2400＝2580입니다.

2 모양의 배열에서 규칙 찾기　137쪽

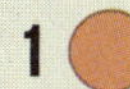

1 🔴

2 예

3 49개

4 예 시계 반대 방향으로 90°씩 돌리기 하면서 ○ 표시
된 사각형의 양쪽에 사각형이 각각 1개씩 늘어납니다.

5 36개　　　**6** 25개

정답과 풀이

1 $\triangle$, $\bigcirc$, $\heartsuit$ 모양이 되풀이되고, 빨간색, 보라색이 되풀이됩니다.
따라서 빈칸에 알맞은 모양은 ● 입니다.

2 가로와 세로가 각각 1줄씩 늘어나는 직사각형 모양이 됩니다. 작은 사각형의 수가 $2 \times 1 = 2$(개), $3 \times 2 = 6$(개), $4 \times 3 = 12$(개), $5 \times 4 = 20$(개), ... 이므로 여섯째 모양의 작은 사각형의 수는 $7 \times 6 = 42$(개)입니다.

3 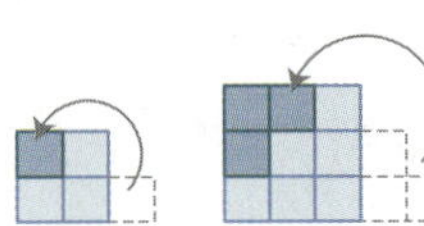 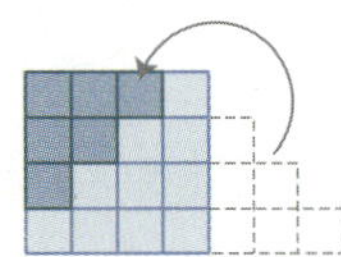

모형의 수가 1개, $2 \times 2 = 4$(개), $3 \times 3 = 9$(개), $4 \times 4 = 16$(개), ...이므로 일곱째 모양을 만드는 데 필요한 모형은 $7 \times 7 = 49$(개)입니다.

5

순서	첫째	둘째	셋째	넷째
바둑돌 수(개)	1	$1+2$ $=3$	$1+2+3$ $=6$	$1+2+3+4$ $=10$

따라서 여덟째 모양을 만드는 데 필요한 바둑돌은
$1+2+3+4+5+6+7+8 = 36$(개)입니다.
$1+2+3+4+5+6+7+8 = 9 \times 4 = 36$

6

정사각형의 수(개)	1	2	3	4
면봉의 수(개)	4	7	10	13

$+3$ $+3$ $+3$

정사각형이 1개씩 늘어날 때마다 면봉은 3개씩 늘어나므로 정사각형을 8개 만드는 데 필요한 면봉은
$4 + 3 \times 7 = 4 + 21 = 25$(개)입니다.

3 계산식의 배열에서 규칙 찾기 139쪽

1 $2200 + 1400 - 1000 = 2600$

2 100000001

3 12345678987654321

4 $7200 \div 200 = 36$

5 예 37037037에 3을 ■배 한 수를 곱하면 계산 결과는 ■가 9개인 수 ■■■■■■■■■가 됩니다.

6 777777777

1 1500, 1600, 1700, ...과 같이 100씩 커지는 수에 각각 700, 800, 900, ...과 같이 100씩 커지는 수를 더하고 300, 400, 500, ...과 같이 100씩 커지는 수를 빼면 계산 결과는
$100 + 100 - 100 = 100$씩 커집니다.
다섯째: $1900 + 1100 - 700 = 2300$
여섯째: $2000 + 1200 - 800 = 2400$
일곱째: $2100 + 1300 - 900 = 2500$
여덟째: $2200 + 1400 - 1000 = 2600$

2 더해지는 수 앞에는 4가 1개씩, 더하는 수 앞에는 5가 1개씩 늘어나는 두 수를 더하면 계산 결과는 1과 1 사이에 0이 1개씩 늘어납니다.
➡ $44444445 + 55555556 = 100000001$

3 계산 결과의 가장 큰 숫자는 곱하는 1의 수와 같습니다.
➡ $\underbrace{111111111}_{9개} \times \underbrace{111111111}_{9개}$
$= 12345678987654321$

4 나누어지는 수는 400씩 커지고, 나누는 수는 200으로 같으므로 몫은 $400 \div 200 = 2$씩 커집니다.

6 21은 3의 7배이므로 계산 결과는 7이 9개인 777777777입니다.
➡ $37037037 \times 21 = 777777777$

4 등호($=$)를 사용한 식 141쪽

1 33 / 예 15는 25보다 10만큼 더 작은 수이므로 □ 안에 알맞은 수는 43보다 10만큼 더 작은 수인 33입니다.

2 예 $51 + 20 - 1 = 14 \times 5$, 예 $14 \times 5 = 5 \times 14$,
예 $30 - 2 = 9 + 19$, 예 $30 - 2 = 4 \times 7$

3 12   **4** (1) 3 (2) 17

5 ㉠ ㉡ ㉢ ㉣
고 진 감 래

6 예 $520 + 430 + 340 = 540 + 430 + 320$

1 계산하지 않아도 수의 관계를 이용하여 □ 안에 알맞은 수를 구할 수 있습니다.

2 계산 결과가 70인 식 $51+20-1$, 14×5, 5×14 중에서 두 양을 골라 등호를 사용한 식으로 나타냅니다.

계산 결과가 28인 식 $30-2$, $9+19$, 4×7 중에서 두 양을 골라 등호를 사용한 식으로 나타냅니다.

3 ㉠에서 나누어지는 수가 27에서 135로 5배가 되었으므로 나누는 수도 9에서 ●로 5배가 되어야 등호 양쪽의 계산 결과가 같습니다. ➡ ●$=9\times5=45$

㉡에서 곱하는 수가 60에서 20으로 3으로 나눈 수가 되었으므로 곱해지는 수는 11에서 ■로 3배가 되어야 등호 양쪽의 계산 결과가 같습니다.

➡ ■$=11\times3=33$

따라서 ●와 ■의 차는 $45-33=12$입니다.

4 ⑴ 24는 23보다 1만큼 더 큰 수이고, 25보다 1만큼 더 작은 수이므로

$23+24+25=24+24+24$이고

$24+24+24=24\times3$입니다.

따라서 $23+24+25=24\times3$입니다.

⑵ 17은 13보다 4만큼 더 큰 수, 15보다 2만큼 더 큰 수, 19보다 2만큼 더 작은 수, 21보다 4만큼 더 작은 수이므로

$13+15+17+19+21$
$=17+17+17+17+17$
$=17\times5$입니다.

5

같습니다.
$64=30+30+4$ ➡ ㉠$=4$
같습니다.

2만큼 더 작은 수
$42-8=40-6$ ➡ ㉡$=6$
2만큼 더 작은 수

같습니다.
$51\times7=7\times51$ ➡ ㉢$=7$
같습니다.

1만큼 더 큰 수
$69+2=70+1$ ➡ ㉣$=1$
1만큼 더 작은 수

따라서 글자를 찾아 단어를 만들면 '고진감래'입니다.

보충 개념

고진감래: 쓴 것이 다하면 단 것이 온다는 뜻으로 고생 끝에 즐거움이 온다는 것을 이르는 말.

6 ╲ 방향과 ╱ 방향의 세 수의 합이 같습니다.

MATH TOPIC 142~150쪽

1-1 110개	**1-2** 48장		
2-1 69383	**2-2** 1010430		
3-1 11	**3-2** 43		
4-1 1개	**4-2** 5개		
5-1 22개	**5-2** 8번	**5-3** 13번	
6-1 1467532785324672			
7-1 다섯째	**7-2** 72개		
8-1 57	**8-2** 7행 9열		

심화9 2, 2 / 2, 64 / 64

9-1 예 직선으로 연결된 수들의 합($1+2+3+4+5$)은 비스듬히 꺾어진 곳의 수(15)와 같습니다.

1-1

순서	첫째	둘째	셋째	넷째
구슬 수(개)	2	6	12	20
식	1×2	2×3	3×4	4×5

따라서 10째 모양을 만드는 데 필요한 구슬은 $10\times11=110$(개)입니다.

해결 전략

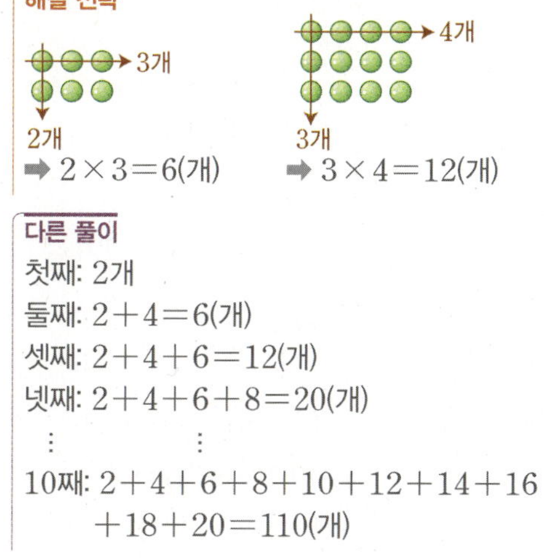

다른 풀이

첫째: 2개
둘째: $2+4=6$(개)
셋째: $2+4+6=12$(개)
넷째: $2+4+6+8=20$(개)
⋮
10째: $2+4+6+8+10+12+14+16$
  $+18+20=110$(개)

1-2

순서	첫째	둘째	셋째	넷째
타일 수(장)	4	8	12	16
식	1×4	2×4	3×4	4×4

따라서 12째 모양을 만드는 데 필요한 타일은
$12 \times 4 = 48$(장)입니다.

해결 전략

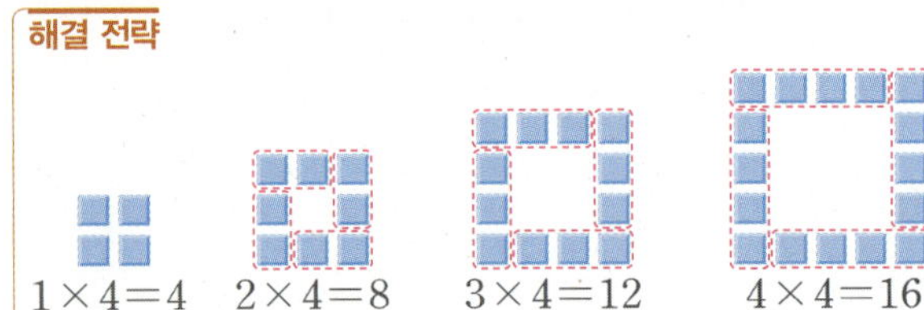

$1 \times 4 = 4$　$2 \times 4 = 8$　$3 \times 4 = 12$　$4 \times 4 = 16$

다른 풀이

첫째 모양에서 타일은 4장이고, 타일이 4장씩 늘어나므로
12째 모양을 만드는 데 필요한 타일은
$4 + 4 \times 11 = 4 + 44 = 48$(장)입니다.

2-1

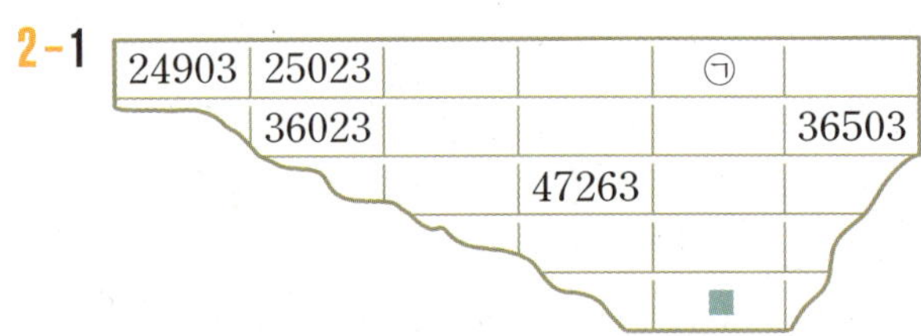

오른쪽으로 120씩 커지므로 25023부터 120씩
뛰어 세어 보면 $25023 - 25143 - 25263 -$
25383에서 ㉠은 25383입니다.
아래쪽으로 11000씩 커지므로 ㉠ 25383부터
11000씩 뛰어 세어 보면 $25383 - 36383 -$
$47383 - 58383 - 69383$에서 ■에 알맞은 수는
69383입니다.

2-2

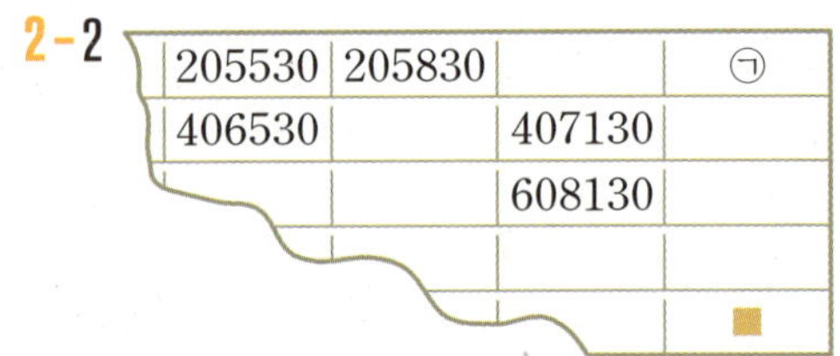

오른쪽으로 300씩 커지므로 205830부터 300씩
뛰어 세어 보면 $205830 - 206130 - 206430$에
서 ㉠은 206430입니다.
아래쪽으로 201000씩 커지므로 ㉠ 206430부터
201000씩 뛰어 세어 보면 $206430 - 407430 -$
$608430 - 809430 - 1010430$에서 ■에 알맞
은 수는 1010430입니다.

3-1 9개의 수 중 한가운데 수를 □라 하여 식을 만들면
$(\square - 8) + (\square - 7) + (\square - 6) + (\square - 1) + \square$
$+ (\square + 1) + (\square + 6) + (\square + 7) + (\square + 8)$
$= \square \times 9 = 171, \square = 171 \div 9 = 19$
따라서 합이 171이 되는 9개의 수 중 가장 작은 수
는 $19 - 8 = 11$입니다.

보충 개념

달력에서 가로와 세로의 칸 수가 같은 모양 안에 있는 9
개 수의 합은 항상 (한가운데 수)$\times 9$와 같습니다.

3-2 세 수 중 가장 작은 수를 □라 하여 식을 만들면
$\square + (\square + 7) + (\square + 14) = 150,$
$\square \times 3 + 21 = 150, \square \times 3 = 129,$
$\square = 129 \div 3 = 43$
따라서 세 수 중 가장 작은 수는 43입니다.

다른 풀이

세 수 중 가운데 수를 □라 하여 식을 만들면
$(\square - 7) + \square + (\square + 7) = \square + \square + \square = \square \times 3 = 150,$
$\square = 150 \div 3 = 50$
따라서 가장 작은 수는 $50 - 7 = 43$입니다.

해결 전략

수가 아래쪽으로 1씩 커지고, 오른쪽으로 6씩 커집니다.

4-1 가 저울의 양쪽에서 ★ 1개를 덜어 내면 저울 양쪽
의 무게가 같으므로 식으로 나타내면
●＋●＝◆입니다.
나 저울의 왼쪽에 ●＋◆에서 ◆ 대신에
●＋●를 넣어 식으로 나타내면
●＋●＋●＝★＋★＋★, ●＝★입니다.
따라서 ●＋●＝◆, ●＝★에서
★＋★＝●＋●＝◆이므로 다 저울의 오른쪽에
◆를 1개 올려놓아야 합니다.

4-2 가 저울을 식으로 나타내면
■＋■＝▲＋▲＋▲이고 나 저울을 식으로 나타
내면 ♥＋♥＝▲＋■＋■입니다.
♥＋♥＝▲＋■＋■에서 ■＋■ 대신에
▲＋▲＋▲를 넣어 식으로 나타내면
♥＋♥＝▲＋▲＋▲＋▲이므로 ♥＝▲＋▲입니다.
따라서 ♥＋■＋■＝▲＋▲＋▲＋▲＋▲이므로
다 저울의 오른쪽에 ▲를 5개 올려놓아야 합니다.

5-1 탁자 1개에는 의자를 4개 놓을 수 있습니다. 탁자
가 1개씩 늘어날 때마다 의자는 2개씩 늘어납니다.
따라서 탁자를 10개 이어 붙일 때 필요한 의자는
$4+2\times9=4+18=22$(개)입니다.

> **다른 풀이**
> 탁자를 10개 이어 붙이면 의자를 가로에 10개, 세로에
> 1개 놓을 수 있으므로 필요한 의자는
> $10+1+10+1=22$(개)입니다.

5-2

자른 횟수(번)	1	2	3	4
잘린 끈의 수(도막)	2	4	8	16

잘린 끈의 수는 바로 앞의 끈의 수의 2배이므로
$\underset{1번}{1\times2=2},\ \underset{2번}{2\times2=4},\ \underset{3번}{4\times2=8},\ \underset{4번}{8\times2=16},$
$\underset{5번}{16\times2=32},\ \underset{6번}{32\times2=64},\ \underset{7번}{64\times2=128},$
$\underset{8번}{128\times2=256}$에서 8번 잘라야 합니다.

> **다른 풀이**
>
> | 자른 횟수(번) | 1 | 2 | 3 | 4 |
> |---|---|---|---|---|
> | 잘린 끈의 수(도막) | 2 | 4 | 8 | 16 |
>
> 잘린 끈의 수는 2를 자른 횟수만큼 곱하면 됩니다.
> 2를 8번 곱하면 256이 되므로 끈을 8번 잘라야 합니다.

> **해결 전략**
> 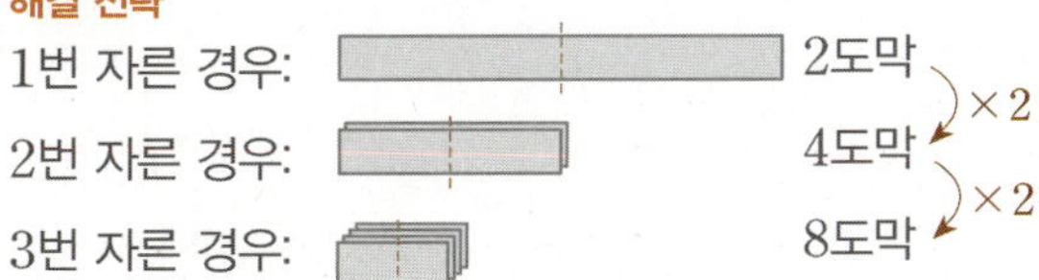
>

5-3 $10\,m=1000\,cm=10000\,mm$입니다. 종이를
한 번 접을 때마다 두께는 2배가 됩니다.

접은 횟수(번)	0	1	2	3	4
두께(mm)	2	4	8	16	32

접은 횟수(번)	5	6	7	8	9
두께(mm)	64	128	256	512	1024

접은 횟수(번)	10	11	12	13
두께(mm)	2048	4096	8192	16384

13번 접으면 두께가 $16384\,mm$이므로 적어도
13번 접어야 합니다.

6-1 계산 결과를 숫자의 수가 같도록 두 부분으로 나누
면 앞부분의 수는 곱해지는 수보다 항상 1만큼 더
작습니다.
또 계산 결과의 앞부분의 수와 뒷부분의 수를 더하
면 곱하는 수가 됩니다.

$8\times9=72 \Rightarrow 7+2=9$
1만큼 더 작은 수
$28\times99=2772 \Rightarrow 27+72=99$
$328\times999=327672 \Rightarrow 327+672=999$
$5328\times9999=53274672$
$\Rightarrow 5327+4672=9999$

따라서 곱해지는 수보다 1만큼 더 작은 수는
14675327이고, 이 수와 더해서 99999999가 되
는 수는
$99999999-14675327=85324672$이므로
계산 결과는 1467532785324672입니다.

7-1

순서	첫째	둘째	셋째
흰색 바둑돌 수(개)	$1\times1=1$	$2\times2=4$	$3\times3=9$
검은색 바둑돌 수(개)	$2\times4=8$	$3\times4=12$	$4\times4=16$

순서	넷째	다섯째	여섯째
흰색 바둑돌 수(개)	$4\times4=16$	$5\times5=25$	$6\times6=36$
검은색 바둑돌 수(개)	$5\times4=20$	$6\times4=24$	$7\times4=28$

흰색 바둑돌은 3개, 5개, 7개, 9개, 11개, … 늘어
나고, 검은색 바둑돌은 4개씩 늘어납니다.
따라서 흰색 바둑돌이 검은색 바둑돌보다 많아지는
것은 다섯째부터입니다.

7-2 검은색 바둑돌은 1개, $2\times2=4$(개),
$3\times3=9$(개), …, $9\times9=81$(개)이므로 검은색
바둑돌이 81개인 경우는 아홉째입니다.
흰색 바둑돌은 0개, $1\times2=2$(개),
$(1+2)\times2=6$(개), $(1+2+3)\times2=12$(개),
…이므로 아홉째는
$(1+2+\cdots+8)\times2=36\times2=72$(개)입니다.

> **해결 전략**
> $1+2+3+4+5+6+7+8=9\times4=36$

8-1

	1열	2열	3열	4열	…
1행	1	2	5	10	
2행	4	3	6	11	…
3행	9	8	7	12	
4행	16	15	14	13	
⋮				⋮	

■행 ■열에 있는 수들은 ↘ 방향에 있는 수들입니다. ↘ 방향의 수들을 써 보면 1, 3, 7, 13, ...으로 2, 4, 6, ... 커집니다.

8행 8열의 수는

1, 3, 7, 13, 21, 31, 43, 57에서 57입니다.
$+2 \ +4 \ +6 \ +8 \ +10 \ +12 \ +14$

다른 풀이

각 행의 첫째 수들은 $1, 2 \times 2 = 4, 3 \times 3 = 9, 4 \times 4 = 16,$ ...이므로 8행의 첫째 수는 $8 \times 8 = 64$입니다.

8행은 8열까지 오른쪽으로 1씩 작아지므로 8행 8열의 수는 64, 63, 62, 61, 60, 59, 58, 57에서 57입니다.

8-2

	1열	2열	3열	4열	5열	...
1행	1	2	9	10	25	
2행	4	3	8	11	24	
3행	5	6	7	12	23	...
4행	16	15	14	13	22	
5행	17	18	19	20	21	
⋮			⋮			

↘ 방향의 수들을 써 보면

1, 3, 7, 13, 21, ...로 2, 4, 6, 8, ... 커집니다.
$+2 \ +4 \ +6 \ +8$

75와 가장 가까운 수를 구하기 위해 9행 9열의 수를 구하면

$1 + (2 + 4 + 6 + 8 + 10 + 12 + 14 + 16) = 73$입니다.

홀수 행은 ↑ 방향으로 수가 1씩 커집니다. 즉, 9행 9열에서 행이 하나씩 작아질수록 수는 1씩 커지므로 75는 9행 9열보다 행이 2만큼 더 작은 수인 7행입니다.

따라서 75는 7행 9열의 수입니다.

해결 전략

↘ 방향의 수가 속한 행과 열의 수가 홀수이면 행이 하나씩 작아질수록 1씩 커지고, 행과 열의 수가 짝수이면 행이 하나씩 작아질수록 1씩 작아집니다.

LEVEL UP TEST 151~156쪽

1 27

2 68230

3

1	2	3	4	5	6	7	8	9	10
11	12	13	14	15	16	17	18	19	20
21	22	23	24	25	26	27	28	29	30
31	32	33	34	35	36	37	38	39	40
41	42	43	44	45	46	47	48	49	50

4 9

5 33개

6 91개

7

19	12	17
14	16	18
15	20	13

8 444443555556

9 21

10 파

11 19개

12 35 g

13 73

14 145개

15 93

16 125

17 178

---

1 접근 ≫ 구하려는 4개의 수 중 가장 큰 수를 □라 하여 식을 만들어 봅니다.

4개의 수 중 가장 큰 수를 □라 하여 식을 만들면

$(\square - 8) + (\square - 7) + (\square - 1) + \square = 92,$

$\square + \square + \square + \square - 16 = 92, \square \times 4 = 92 + 16 = 108, \square = 108 \div 4 = 27$

따라서 가장 큰 수는 27입니다.

다른 풀이

4개의 수 중 가장 작은 수를 □라 하여 식을 만들면

$\square + (\square + 1) + (\square + 7) + (\square + 8) = 92,$

$\square \times 4 + 16 = 92, \square \times 4 = 92 - 16 = 76, \square = 76 \div 4 = 19$

따라서 4개의 수 중 가장 큰 수는 $19 + 8 = 27$입니다.

해결 전략

• 가장 큰 수를 □라 하여 식 만들기

□−8	□−7
□−1	□

• 가장 작은 수를 □라 하여 식 만들기

□	□+1
□+7	□+8

2 접근 ≫ 어떤 규칙으로 수를 더하고 빼는지 찾아봅니다.

$$63182 \xrightarrow{+3} 63185 \xrightarrow{-30} 63155 \xrightarrow{+300} 63455 \xrightarrow{-3000} 60455 \xrightarrow{+30000} 90455$$

3, 30, 300, 3000, 30000을 차례대로 번갈아 가며 더하고 빼는 규칙입니다.

40957부터 시작하여 보기 와 같은 방법으로 수를 나열하면

$$40957 \xrightarrow{+3} 40960 \xrightarrow{-30} 40930 \xrightarrow{+300} 41230 \xrightarrow{-3000} 38230 \xrightarrow{+30000} 68230$$

이므로 마지막 수는 68230입니다.

다른 풀이

보기 의 90455는 63182보다 27273만큼 더 큽니다.
따라서 마지막 수는 40957보다 27273만큼 더 큰 수인 68230입니다.

3 접근 ≫ 조각에 가려진 수들의 합을 식으로 나타내 봅니다.

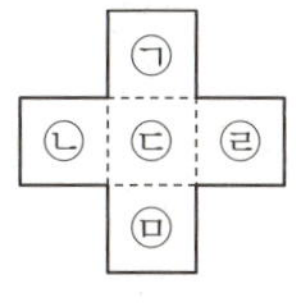

조각에서 각 칸에 알맞은 수들을 차례대로 ㉠, ㉡, ㉢, ㉣, ㉤이라 하면 ㉠은 ㉢보다 10만큼 더 작은 수이고 ㉤은 ㉢보다 10만큼 더 큰 수이므로 ㉠+㉤=㉢+㉢이고, ㉡은 ㉢보다 1만큼 더 작은 수이고 ㉣은 ㉢

$$\underset{㉢-10+㉢+10}{}$$

보다 1만큼 더 큰 수이므로 ㉡+㉣=㉢+㉢입니다.

$$\underset{㉢-1+㉢+1}{}$$

즉, ㉠+㉡+㉢+㉣+㉤=㉢+㉢+㉢+㉢+㉢=㉢×5와 같습니다.

㉢×5=85에서 ㉢=85÷5=17이므로 조각을 놓아야 하는 곳은

6	7	8
16	17	18
26	27	28

입니다.

4 접근 ≫ 3을 여러 번 곱했을 때 곱의 일의 자리 숫자가 반복되는 규칙을 찾아봅니다.

예 $3 \times 1 = 3$이고, 3을 5번 곱했을 때 곱의 일의 자리 숫자가 3이므로 곱의 일의 자리 숫자는 3, 9, 7, 1이 반복됩니다. 따라서 $30 \div 4 = 7 \cdots 2$이므로 3을 30번 곱했을 때 곱의 일의 자리 숫자는 3을 2번 곱했을 때 곱의 일의 자리 숫자와 같은 9입니다.

채점 기준	배점
3을 여러 번 곱했을 때 곱의 일의 자리 숫자의 규칙을 찾았나요?	3점
3을 30번 곱했을 때 곱의 일의 자리 숫자를 구했나요?	2점

다른 풀이

3을 6번 곱했을 때 곱의 일의 자리 숫자가 9이므로 곱의 일의 자리 숫자는 9, 7, 1, 3이 반복됩니다.
3을 2번 곱한 식이 첫째 식이므로 3을 30번 곱했을 때 곱의 일의 자리 숫자는 $29 \div 4 = 7 \cdots 1$에서 3을 2번 곱했을 때 곱의 일의 자리 숫자와 같은 9입니다.

5 접근 ≫ 늘어놓은 흰색 바둑돌과 검은색 바둑돌의 규칙을 알아봅니다.

이 반복되고 있으므로 규칙에 따라 50개의 바둑돌을 늘어놓으면

6개

$50 \div 6 = 8 \cdots 2$에서 ○●○●●●이 8번 반복되고 ○●이 더 있습니다.

○●○●●●에는 검은색 바둑돌이 4개이므로 50개의 바둑돌을 늘어놓았을 때 검은색 바둑돌은 모두 $4 \times 8 + 1 = 33$(개)입니다.

해결 전략
되풀이되는 바둑돌 수를 찾아봅니다.

6 접근 ≫ 가장 윗층부터 쌓은 공의 수를 세어 봅니다.

가장 윗층부터 쌓은 공의 수를 세어 보면 1개, $2 \times 2 = 4$(개), $3 \times 3 = 9$(개), $4 \times 4 = 16$(개), $5 \times 5 = 25$(개), $6 \times 6 = 36$(개)입니다.

따라서 쌓은 공은 모두 $1 + 4 + 9 + 16 + 25 + 36 = 91$(개)입니다.

해결 전략
각 층별로 나누어 쌓은 공의 수를 세어 봅니다.

해결 전략
층별로 쌓은 공을 나열하면 다음과 같습니다.

6층　5층　4층　3층　…

7 접근 ≫ 빈칸에 가~라를 써넣어 등호를 사용한 식을 세워 봅니다.

19	12	가
나	다	18
15	20	라

가$+18+$라$=15+20+$라에서

가$+18=35$, 가$=35-18=17$입니다.

➡ →, ↓, ↘, ↗ 방향에 놓인 수들의 합은 $19+12+17=48$입니다.

$19+$나$+15=48$에서 나$=48-19-15=14$,

$12+$다$+20=48$에서 다$=48-12-20=16$,

$15+20+$라$=48$에서 라$=48-15-20=13$입니다.

해결 전략
→, ↓, ↘, ↗ 방향에 놓인 세 수의 합이 모두 같음을 이용하여 등호를 사용한 식을 세워 봅니다.

8 접근 ≫ 계산 결과의 수들의 규칙을 찾아봅니다.

계산 결과를 숫자의 수가 같도록 두 부분으로 나누면 앞부분의 수는 곱하는 수보다 항상 1만큼 더 작습니다.

또 계산 결과의 앞부분의 수와 뒷부분의 수를 더하면 곱해지는 수가 됩니다.

$9 \times 4 = 36 \Rightarrow 3+6=9$　　$99 \times 44 = 4356 \Rightarrow 43+56=99$

$999 \times 444 = 443556 \Rightarrow 443+556=999$

$9999 \times 4444 = 44435556 \Rightarrow 4443+5556=9999$

해결 전략
99×44와 44×99는 같으므로 곱하는 두 수의 순서와 관계없이 계산 결과를 비교합니다.

999999×444444에서 곱하는 수보다 1만큼 더 작은 수는 444443이고, 이 수와 더해서 999999가 되는 수는 $999999 - 444443 = 555556$이므로 계산 결과는 444443555556입니다.

9 접근 ≫ 연속하는 7개 수의 합을 가운데 수에 관한 식으로 나타내 봅니다.

⑩ $2+3+4+5+6+7+8$의 계산 결과는 가운데 수 5를 7번 더한 수와 같습니다. 같은 방법으로 126을 연속하는 7개 수의 합으로 나타내면 (가운데 수)×7로 나타낼 수 있습니다.

(가운데 수)×7$=126$, (가운데 수)$=126 \div 7 = 18$입니다. 따라서 연속하는 7개의 수는 15, 16, 17, 18, 19, 20, 21이므로 가장 큰 수는 21입니다.

채점 기준	배점
가운데 수에 관한 식으로 나타냈나요?	3점
가장 큰 수를 구했나요?	2점

해결 전략

보기 의 가운데 수를 □라 하면
$(□-3)+(□-2)+(□-1)+□+(□+1)+(□+2)+(□+3)=□×7$입니다.
따라서 연속하는 7개 수의 합은 (가운데 수)×7입니다.
└● 수의 개수

다른 풀이

연속하는 7개의 수 중 가장 큰 수를 □라 하면
$(□-6)+(□-5)+(□-4)+(□-3)+(□-2)+(□-1)+□=126$입니다.
$□×7-21=126$, $□×7=126+21=147$, $□=147 \div 7=21$
따라서 가장 큰 수는 21입니다.

10 접근 ≫ 피아노 건반을 치는 계이름의 순서에서 반복되는 구간을 찾아봅니다.

'도, 레, 미, 파, 솔, 라, 시, 도, 시, 라, 솔, 파, 미, 레'가 반복되므로 14개의 계이름이 반복됩니다.
따라서 130째에 치는 건반은 $130 \div 14 = 9 \cdots 4$에서 반복되는 규칙의 넷째 계이름인 '파'입니다.

해결 전략

반복되는 구간을 찾은 다음 130을 반복되는 구간에 있는 계이름의 개수로 나누어 위치를 찾습니다.

11 접근 ≫ 도형의 수가 늘어날 때 면봉 수의 규칙을 찾아봅니다.

도형의 수(개)	1	2	3	4	5
면봉의 수(개)	6	11	16	21	26

$+5 \quad +5 \quad +5 \quad +5$

도형이 1개씩 늘어날 때마다 면봉은 5개씩 늘어나므로
(면봉의 수)$=$(도형의 수)×5$+$1입니다.

주의

도형을 더 만들 때 5개가 안 되는 면봉으로는 변이 6개인 도형을 1개 만들 수 없습니다.

$100-1=99$, $99\div5=19\cdots4$이므로 면봉 100개로 만들 수 있는 변이 6개인 도형은 19개입니다.

다른 풀이

도형 1개는 면봉 6개로 만들 수 있고 도형이 1개씩 늘어날 때마다 면봉이 5개씩 늘어나므로 도형 □개를 만들 때 필요한 면봉의 수는 $6+5\times(□-1)$입니다.
면봉의 수가 100을 넘지 않으면서 100에 가까운 수를 구하면
$6+5\times18=96$, $6+5\times19=\underline{101}$에서 □$-1=18$, □$=19$입니다.
　　　　　　　　　　　　　　└─• 100이 넘습니다.
따라서 만들 수 있는 변이 6개인 도형은 19개입니다.

12 접근 》 등호를 사용한 식으로 나타냅니다.

가 저울에서 ㉠$+$㉠$=$㉡, 나 저울에서 ㉠$+$㉡$=30\,g$이므로 ㉠$+$㉠$+$㉠$=30\,g$입니다. ➡ ㉠$=10\,g$, ㉡$=20\,g$
다 저울에서 ㉠$+$㉣$=$㉡$+$㉢이므로 $10\,g+$㉣$=20\,g+$㉢, ㉣$=10\,g+$㉢이고 라 저울에서 ㉢$+$㉣$=60\,g$이므로 ㉢$+10\,g+$㉢$=60\,g$, ㉢$+$㉢$=50\,g$, ㉢$=25\,g$입니다.
따라서 구슬 ㉣의 무게는 $10\,g+$㉢$=10\,g+25\,g=35\,g$입니다.

13 접근 》 각 줄의 가장 왼쪽에 있는 수의 규칙을 찾아봅니다.

각 줄의 가장 왼쪽에 있는 수는 1, 2, 4, 7, 11, $\ldots$이므로
　　　　　　　　　　　　　 $+1$　$+2$　$+3$　$+4$

12째 줄의 가장 왼쪽에 있는 수는
1, 2, 4, 7, 11, 16, 22, 29, 37, 46, 56, 67에서 67입니다.
　$+1$ $+2$ $+3$ $+4$ $+5$ $+6$ $+7$ $+8$ $+9$ $+10$ $+11$
각 줄의 수는 오른쪽으로 1씩 커지므로 12째 줄의 왼쪽에서부터 일곱째 수는 67, 68, 69, 70, 71, 72, 73에서 73입니다.

해결 전략

$1+(1+2+3+4+5+6+7+8+9+10+11)=1+6\times11=1+66=67$
　　　　　　　　　　　가운데 수　　　　　　　　가운데 수　수의 개수

14 접근 》 바둑돌이 늘어나는 규칙을 찾아봅니다.

순서	첫째	둘째	셋째	넷째	다섯째
바둑돌 수(개)	5	$5+7$	$5+7+10$	$5+7+10+13$	$5+7+10+13+16$

따라서 아홉째 모양을 만드는 데 필요한 바둑돌은
$5+7+10+13+16+19+22+25+28=145$(개)입니다.

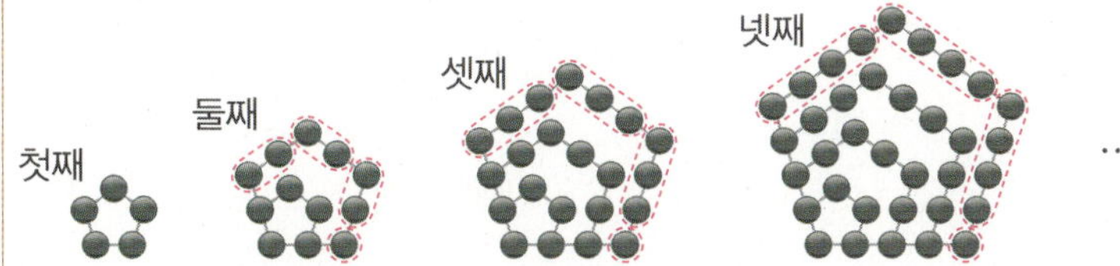

늘어나는 바둑돌의 수는 둘째는 첫째보다 $2 \times 3 + 1 = 7$(개) 늘어나고, 셋째는 둘째보다 $3 \times 3 + 1 = 10$(개) 늘어나고, 넷째는 셋째보다 $4 \times 3 + 1 = 13$(개) 늘어납니다.

따라서 아홉째는 여덟째보다 $9 \times 3 + 1 = 28$(개) 늘어납니다.

15

접근 ≫ **홀수째와 짝수째로 나누어 규칙을 찾아봅니다.**

- 홀수째 수의 규칙: 2, 4, 8, 16, 32, …
  $\times 2$ $\times 2$ $\times 2$ $\times 2$

- 짝수째 수의 규칙: 3, 5, 9, 15, 23, …
  $+2$ $+4$ $+6$ $+8$

20째 수는 짝수째 수 중 10째 수이므로 20째 수는

$3 + (2 + 4 + 6 + 8 + 10 + 12 + 14 + 16 + 18) = 93$입니다.

16

접근 ≫ **검은색 바둑돌 수의 규칙과 흰색 바둑돌 수의 규칙을 각각 찾아봅니다.**

순서	첫째	둘째	셋째	넷째
검은색 바둑돌 수(개)	$1 \times 1 + 4$	$2 \times 2 + 4$	$3 \times 3 + 4$	$4 \times 4 + 4$
흰색 바둑돌 수(개)	1×4	2×4	3×4	4×4

검은색 바둑돌 수의 규칙에서 아홉째 모양을 만드는 데 필요한 검은색 바둑돌은

$9 \times 9 + 4 = 85$(개)이므로 ■$= 85$입니다.

흰색 바둑돌 수의 규칙에서 열째 모양을 만드는 데 필요한 흰색 바둑돌은

$10 \times 4 = 40$(개)이므로 ●$= 40$입니다.

➡ ■$+$●$= 85 + 40 = 125$

17

접근 ≫ **수 배열의 규칙을 찾아봅니다.**

	1열	2열	3열	4열	5열	6열	…
1행	1	8	9	16	17	24	
2행	2	7	10	15	18	23	…
3행	3	6	11	14	19	22	
4행	4	5	12	13	20	21	

1부터 수가 2개의 열에 8개씩 나열되어 있습니다. 1행 44열의 수는 $8 \times 22 = 176$이고, 1행 45열의 수는 177입니다. 홀수 열은 아래쪽으로 수가 1씩 커지므로 2행 45열의 수는 178입니다.

다른 풀이 1

1행의 수는 1, 8, 9, 16, 17, 24, ...이고, 홀수 열의 수는 1, 9, 17, ...입니다.

1행 45열의 수는 홀수 열의 수에서 23째 수이므로 $1+8 \times 22 = 177$입니다. 홀수 열은 아래쪽으로 수가 1씩 커지므로 2행 45열의 수는 $177+1=178$입니다.

다른 풀이 2

1행의 수는 1, 8, 9, 16, 17, 24, ... 이고, 짝수 열의 수는 8, 16, 24, ...입니다.

8×1 8×2 8×3

1행 44열의 수는 짝수 열의 수에서 22째 수이므로 $8 \times 22 = 176$이고, 1행 45열의 수는 177, 2행 45열의 수는 178입니다.

◤◤ HIGH LEVEL

157~159쪽

1 9쪽, 10쪽, 24쪽	**2** 857142	**3** 15번
4 회색 벽돌, 7개	**5** 46	**6** 825

1 접근 ≫ 쪽 번호를 매기는 규칙을 찾아봅니다.

8장의 종이 앞면과 뒷면에 적힌 쪽 번호는 다음과 같습니다.

31, 32	1, 2		29, 30	3, 4		27, 28	5, 6		25, 26	7, 8
①			②			③			④	

23, 24	9, 10		21, 22	11, 12		19, 20	13, 14		17, 18	15, 16
⑤			⑥			⑦			⑧	

따라서 23쪽이 적힌 종이에 적힌 다른 쪽 번호는 9쪽, 10쪽, 24쪽입니다.

해결 전략

• 종이 한 장에 쪽 번호를 4개씩 매길 수 있으므로 종이 8장에 쪽 번호를 모두 매기면 $4 \times 8 = 32$(쪽)까지 나옵니다.

• ①번 종이부터 ⑧번 종이까지 쪽 번호를 매기고, 다시 ⑧번 종이부터 ①번 종이까지 쪽 번호를 매깁니다.

2 접근 ≫ 계산 결과의 규칙을 찾아봅니다.

곱해지는 수는 142857로 같고, 곱하는 수가 1부터 1씩 커집니다.

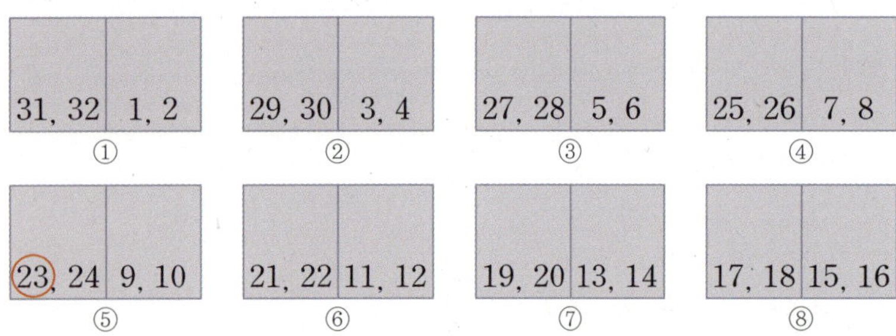

계산 결과는 왼쪽과 같이 1, 4, 2, 8, 5, 7이 시계 방향으로 돌아가며 차례대로 나옵니다.

이때 두 수의 곱의 일의 자리 숫자를 이용하여 가장 높은 자리 숫자를 구합니다.

$142857 \times 6 = \square\square\square\square\square 2$

곱의 일의 자리 숫자가 2이므로 가장 높은 자리 숫자는 8입니다.

따라서 $142857 \times 6 = 857142$입니다.

해결 전략

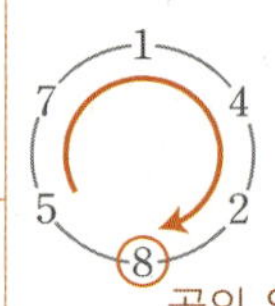

(예) $142857 \times 4 = 571428$

곱의 일의 자리 숫자가 8이므로 가장 높은 자리 숫자는 5입니다.

3 접근 ≫ 원판이 2개인 경우부터 옮기는 규칙을 찾아봅니다.

• 원판이 2개인 경우 3번 만에 옮길 수 있습니다.

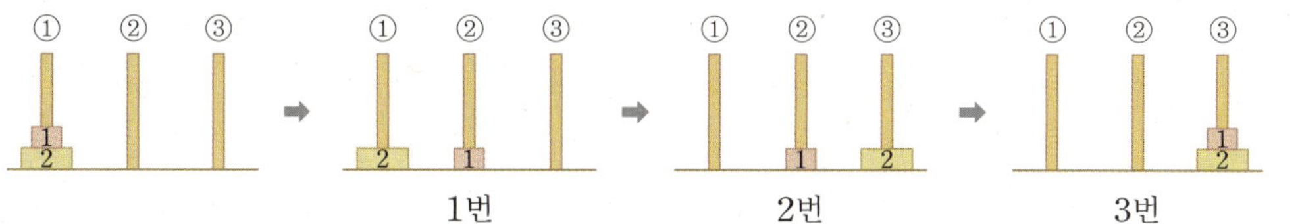

원판 2개를 다른 기둥에 옮기려면 원판을 3번 옮겨야 합니다.

• 원판이 3개인 경우: 위의 2개를 ②번 기둥에 옮긴 다음(3번), 남은 1개를 ③번 기둥에 옮기고(1번), ②번 기둥의 2개를 ③번 기둥으로 옮기면(3번) 됩니다.

➡ $3+1+3=7$(번)

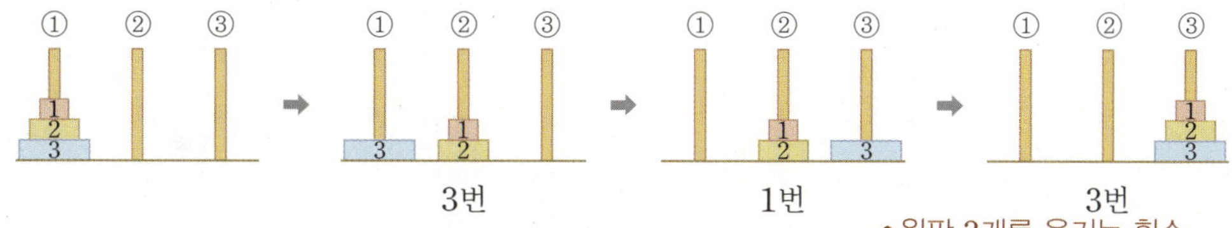

• 원판이 4개인 경우: 위의 3개를 ②번 기둥에 옮긴 다음(7번), 남은 1개를 ③번 기둥에 옮기고(1번), ②번 기둥의 3개를 ③번 기둥으로 옮기면(7번) 됩니다.

➡ $7+1+7=15$(번)

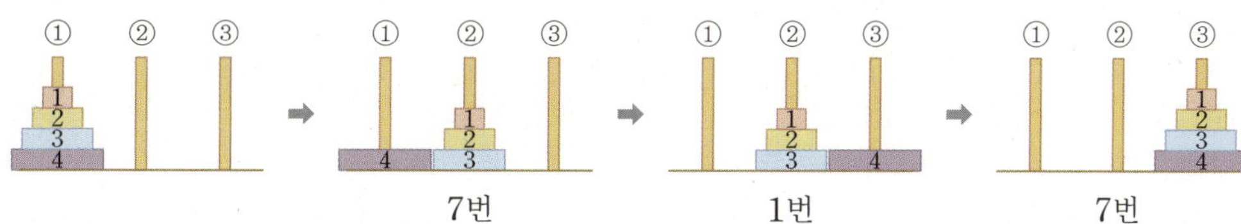

4 접근 ≫ 갈색 벽돌과 회색 벽돌이 놓인 규칙을 찾아 각각의 벽돌의 수를 구합니다.

홀수째와 짝수째로 나누어 생각합니다.

벽돌이 3개씩 늘어나고, 갈색 벽돌과 회색 벽돌의 위치가 서로 바뀌는 규칙입니다.

순서	첫째	셋째	다섯째	일곱째	아홉째	11째	13째	15째
갈색 벽돌 수(개)	2	4	6	8	10	12	14	16
회색 벽돌 수(개)	2	6	10	14	18	22	26	30
수의 차(개)	0	2	4	6	8	10	12	14

홀수째는 회색 벽돌이 갈색 벽돌보다 $2+4+6+8+10+12+14=56$(개) 더 많습니다.

순서	둘째	넷째	여섯째	여덟째	10째	12째	14째
갈색 벽돌 수(개)	4	8	12	16	20	24	28
회색 벽돌 수(개)	3	5	7	9	11	13	15
수의 차(개)	1	3	5	7	9	11	13

짝수째는 갈색 벽돌이 회색 벽돌보다 $1+3+5+7+9+11+13=49$(개) 더 많습니다.

따라서 15째까지는 회색 벽돌이 갈색 벽돌보다 $56-49=7$(개) 더 많습니다.

5 접근 ≫ 두 수로 여러 가지 연산을 해 보며 규칙을 찾아봅니다.

$8 \div 5 = 1 \cdots 3 \Rightarrow 13,\ 15 \div 5 = 3 \Rightarrow 30,\ 25 \div 6 = 4 \cdots 1 \Rightarrow 41,$
$32 \div 8 = 4 \Rightarrow 40,\ 40 \div 8 = 5 \Rightarrow 50$

왼쪽의 수를 오른쪽의 수로 나누었을 때의 몫을 십의 자리 숫자로, 나머지를 일의 자리 숫자로 나타낸 것입니다.

따라서 ㉠에 알맞은 수는 $42 \div 9 = 4 \cdots 6$에서 46입니다.

6 접근 ≫ 칸이 늘어나는 규칙을 찾아봅니다.

늘어나는 칸의 수만큼 수를 쓸 수 있으므로 늘어나는 칸의 수를 알아봅니다.

순서	첫째	둘째	셋째	넷째	다섯째
칸 수(칸)	4	$4+12$ $=16$	$4+12+20$ $=36$	$4+12+20+28$ $=64$	$4+12+20+28+36$ $=100$

다섯째의 칸의 수는 100이므로 100까지 수를 쓸 수 있습니다. 넷째에서 64까지의 수를 쓸 수 있으므로 다섯째는 65부터 100까지의 수를 쓸 수 있습니다.
또 첫째에서 세로줄은 2칸, 둘째에서 세로줄은 4칸, 셋째에서 세로줄은 6칸이므로 다섯째에서 세로줄은 10칸입니다.
따라서 100이 포함된 세로줄은 오른쪽과 같습니다.

69	70	71	72	73	74	75	76	77	78
68									79
67									80
66									81
65	37	17	5	1	2				82
100	64	36	16	4	3				83
99									84
98									85
97									86
96	95	94	93	92	91	90	89	88	87

$\Rightarrow 69+68+67+66+65+100+99+98+97+96 = 825$

4가 쓰인 칸의 왼쪽 칸에 놓인 수들은 4, 16, 36, 64, 100이므로 100은 다섯째의 마지막 수입니다.
또 첫째에서 세로줄은 2칸, 둘째에서 세로줄은 4칸, 셋째에서 세로줄은 6칸이므로 100이 쓰인 다섯째에서 세로줄은 10칸입니다.
따라서 100이 포함된 세로줄은 오른쪽과 같습니다.

$\Rightarrow 69+68+67+66+65+100+99+98+97+96 = 825$

69					
68					
67					
66					
65	37	17	5	1	2
100	64	36	16	4	3
99					
98					
97					
96					

연필 없이 생각 톡 ❗ 160쪽

01 접근 ≫ 큰 수가 나타내는 자릿값을 이용하여 수로 나타내 봅니다.

10조가 39개이면 390조, 100억이 294개이면 2조 9400억, 1000만이 395개이면 39억 5000만입니다.

➡ 390조＋2조 9400억＋39억 5000만
　＝392조 **9**439억 5000만

따라서 천억의 자리 숫자는 9입니다.

```
      390조
    2조 9400억
 +        39억 5000만
 ─────────────────────
  392조 9439억 5000만
```

보충 개념
100억이 100개인 수 ➡ 1조
1000만이 10개인 수 ➡ 1억

02 접근 ≫ 수직선의 눈금 한 칸의 크기를 구합니다.

67억과 69억 사이가 눈금 4칸으로 나누어져 있으므로 4칸은 69억－67억＝2억을 나타내고, 2억은 5000만의 4배이므로 눈금 한 칸의 크기는 5000만입니다.
㉮는 67억에서 5000만씩 1번 뛰어 센 수이므로 67억 5000만이고,
㉯는 69억에서 5000만씩 3번 뛰어 센 수이므로 69억－69억 5000만－70억－70억 5000만입니다.

해결 전략

67억 ─ [4칸=2억] ─ 69억

5000만씩 4번 뛰어 세면 2억입니다.

03 접근 ≫ 0이 많으려면 어떤 수를 만들어야 하는지 생각해 봅니다.

[오][백][억] 또는 [칠][백][억] 을 만들 수 있습니다.
오백억 ➡ 50000000000, 칠백억 ➡ 70000000000
따라서 0은 모두 10개입니다.

해결 전략

큰 수를 만들수록 0의 수가 많아집니다.

04 접근 ≫ 자릿수를 비교하고, 자릿수가 같으면 높은 자리부터 차례로 비교합니다.

㉠, ㉡, ㉢은 모두 12자리 수입니다. 높은 자리 수부터 비교하면 ㉡은 백억의 자리 숫자가 4이므로 가장 작습니다. ㉠과 ㉢의 천만의 자리 수를 비교하면 8＞7이므로 ㉠의 억의 자리에 0부터 9까지 어느 수를 넣어도 ㉠＞㉢입니다.
따라서 ㉠＞㉢＞㉡입니다.

해결 전략

㉠ 650[0]8027[ ]219
㉢ 65007[ ]648031
㉠의 □ 안에 가장 작은 수 0을 넣어도 천만의 자리 수가 8＞7이므로 ㉠이 ㉢보다 항상 큽니다.

05 접근 ≫ 거꾸로 뛰어 세어 어떤 수를 구합니다.

5조 7300억에서 650억씩 거꾸로 4번 뛰어 세면 어떤 수를 구할 수 있습니다.

따라서 어떤 수는 5조 4700억입니다.

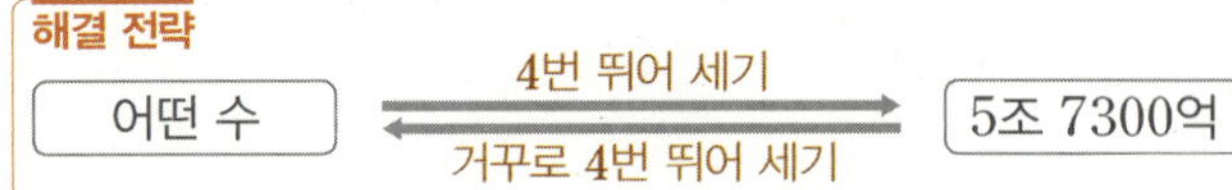

06 접근 ≫ 100만 명의 한 달 저금액을 구합니다.

100만 명의 한 달 저금액은 20000원의 100만 배이므로

$20000 \times 1000000 = 20000000000 = 200$억(원)입니다.

2조 원은 200억 원의 100배이므로 100개월 동안 모아야 합니다.

1년은 12개월이므로 100개월은 $100 \div 12 = 8 \cdots 4$에서 8년 4개월입니다.

해결 전략

200억   2조
└─100배─┘

매달 200억 원씩 100개월 저금하면 2조 원이 됩니다.

07 접근 ≫ 1광년이 나타내는 거리를 이용하여 1000광년이 몇 km인지 구합니다.

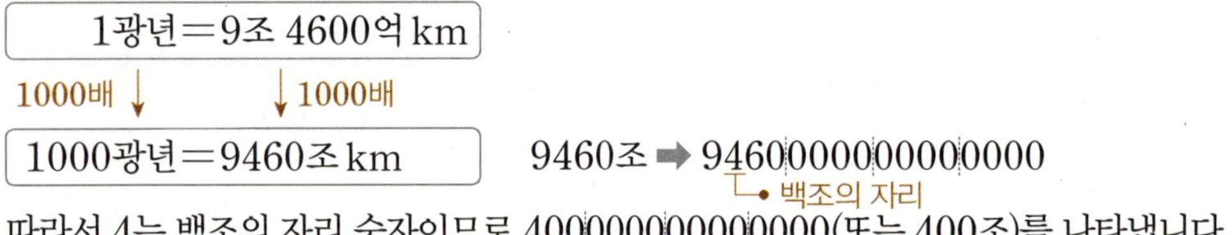

따라서 4는 백조의 자리 숫자이므로 400000000000000(또는 400조)를 나타냅니다.

해결 전략

1000광년은 1광년의 1000배이므로 9조 4600억 km의 1000배를 구합니다.

08 접근 ≫ 수로 나타내 크기를 비교합니다.

수가 작을수록 태양과의 거리가 가깝습니다. 자릿수가 더 적은 수를 찾고, 자릿수가 같은 경우 높은 자리 수가 더 작은 수를 차례로 찾아봅니다.

지구: 149600000(9자리 수)   목성: 778340000(9자리 수)

해왕성: 4498400000(10자리 수)   화성: 227940000(9자리 수)

수성: 57910000(8자리 수)   토성: 1426670000(10자리 수)

천왕성: 2870660000(10자리 수)   금성: 108210000(9자리 수)

수성   < 지구, 목성, 화성, 금성 < 해왕성, 토성, 천왕성
(8자리 수)   (9자리 수)   (10자리 수)

따라서 태양에서 가까운 행성부터 차례로 쓰면

수성, 금성, 지구, 화성, 목성, 토성, 천왕성, 해왕성입니다.

해결 전략

· 지구: 149600000
목성: 778340000
화성: 227940000
금성: 108210000
➡ 금성 < 지구 < 화성 < 목성

· 해왕성: 4498400000
토성: 1426670000
천왕성: 2870660000
➡ 토성 < 천왕성 < 해왕성

09

접근 ≫ 높은 자리부터 작은 수를 차례로 놓아 가장 작은 수부터 만들어 봅니다.

가장 작은 수는 높은 자리부터 작은 수를 차례로 놓는데, 0은 맨 앞자리에 올 수 없으므로 100122334455입니다. 둘째로 작은 수는 100122334545, 셋째로 작은 수는 100122334554입니다.

10

접근 ≫ 100만 원짜리 수표를 최대 몇 장으로 바꿀 수 있는지 구합니다.

17200000 ➡ 100만 원짜리 수표를 최대 17장까지 바꿀 수 있습니다.
└ 백만의 자리

100만 원짜리 수표 1장을 10만 원짜리 수표 10장으로 바꾸는 방법으로 전체 수표의 수가 55장이 되도록 만들어 봅니다.

100만 원짜리 수표의 수(장)	17	16	15	14	13
10만 원짜리 수표의 수(장)	2	12	22	32	42
수표의 수의 합(장)	19	28	37	46	55

따라서 은행에서 바꾼 10만 원짜리 수표는 42장입니다.

11

접근 ≫ 10000원짜리 지폐 1000장의 금액과 5억 원 사이의 관계를 알아봅니다.

10000원짜리 지폐 1000장은 1000만 원이고, 5억 원은 1000만 원의 50배입니다.
└ 10000원 × 1000장 = 100000000원 = 1000만 원

따라서 높이는 약 10 cm의 50배인 약 500 cm가 됩니다.

해결 전략
5000000000원 = 100000000원 × 50이므로 5억 원은 1000만 원의 50배입니다.

12

접근 ≫ 매년 증가하는 수출액을 먼저 구합니다.

10년 동안 증가한 금액: 7500만 − 1000만 = 6500만(달러)
➡ 수출액이 매년 650만 달러씩 증가하였습니다.

2023년의 수출액 7500만 달러부터 650만 달러씩 뛰어 세어 봅니다.

7500만	8150만	8800만	9450만	1억 100만
2023년	2024년	2025년	2026년	2027년

따라서 수출액이 처음으로 1억 달러가 넘는 해는 2027년입니다.

13

접근 ≫ 가장 작은 수부터 만들어 봅니다.

가장 작은 수부터 차례로 만들어 보면 103568, 103586, 103658, 103685, 103856, 103865, ...이므로 103865보다 작은 수는 모두 5개입니다.

14 접근 ≫ 기호를 사용하여 억의 자리 숫자와 천만의 자리 숫자를 나타내고 조건에 맞는 수를 찾아봅니다.

처음 수를 ㉠㉡4792107, 억의 자리와 천만의 자리를 바꾼 수를 ㉡㉠4792107이라 하면 억의 자리와 천만의 자리를 바꾸었을 때 수가 더 작아졌으므로 ㉠>㉡입니다.

```
  ㉠ ㉡ 4 7 9 2 1 0 7
− ㉡ ㉠ 4 7 9 2 1 0 7
  3 6 0 0 0 0 0 0 0
```

└ ㉠>㉡이므로 억의 자리에서 받아내림을 해야 합니다.

억의 자리 계산에서
㉠−㉡−1=3, ㉠−㉡=4이고,
㉠+㉡=12이므로 두 식을 만족시키는 수는
㉠=8, ㉡=4입니다. •문제에서 나온 조건

따라서 처음 수는 844792107입니다.

15 접근 ≫ □를 사용하여 수를 나타내고 조건을 만족시키는 수를 구합니다.

10자리 수이므로 □□□□□□□□□□입니다.

㉡을 만족시키는 가장 큰 수:

십억	억	천만	백만	십만	만	천	백	십	일
4		8							

(1, 2), (2, 4), (3, 6), (4, 8) 중에서 가장 큰 수

㉢을 만족시키는 가장 큰 수: 4 9 8 3
(3, 1), (6, 2), (9, 3) 중에서 가장 큰 수

㉣을 만족시키는 가장 큰 수: 4 9 2 8 3

㉠을 만족시키면서 가장 큰 수가 되려면 사용하지 않은 수 0, 1, 5, 6, 7을 큰 수부터 차례로 높은 자리에 씁니다.

따라서 조건을 모두 만족시키는 수는 4928736510입니다.

16 접근 ≫ ㉠이 6보다 작은 경우와 큰 경우로 나누어 찾아봅니다.

• ㉠이 6보다 작은 경우: 가장 큰 수는 666㉠㉠㉠0, 가장 작은 수는 ㉠000㉠㉠6이므로 두 수의 차는 666㉠㉠㉠0−㉠000㉠㉠6=1775993입니다. 일의 자리 계산에서 10−6=4이므로 차가 1775993이 될 수 없습니다. ㉠은 6보다 작지 않습니다.

• ㉠이 6보다 큰 경우: 가장 큰 수는 ㉠㉠㉠6660, 가장 작은 수는 600066㉠이므로 두 수의 차는 ㉠㉠㉠6660−600066㉠=1775993입니다. 일의 자리 계산에서 10−㉠=3, ㉠=7입니다.
7776660−6000667=1775993이므로 ㉠=7입니다.

17 접근 ≫ 두 수의 자릿수가 같으면 가장 높은 자리부터 차례로 비교합니다.

두 수는 모두 11자리 수이고, 높은 자리 수부터 차례로 비교하면 십억의 자리 숫자까지 같으므로 ㉠<3입니다.
㉠=3일 때 69③5172㉡460<69351726384에서
└─ ㉡<6 ─┘
㉡에 들어갈 수 있는 수는 0, 1, 2, 3, 4, 5입니다.

㉠＝0, 1, 2일 때 각각 ㉡에 들어갈 수 있는 수는 0, 1, 2, 3, 4, 5, 6, 7, 8, 9입니다.
따라서 ㉠＝3일 때 6쌍, ㉠＝0, 1, 2일 때 각각 10쌍이므로
모두 6＋10＋10＋10＝36(쌍)입니다.

18 접근 》 덧셈식의 규칙을 찾아봅니다.

구하는 수는 계산 결과의 천의 자리 숫자이므로 각 자리 수의 합 중에 일의 자리 수부터 천의 자리 수까지의 합만 구하면 됩니다.
5부터 5555555555까지 모두 10개의 수를 더했습니다.
일의 자리 수의 합: 5가 10번 ➡ $5 \times 10 = 50$
십의 자리 수의 합: 50이 9번 ➡ $50 \times 9 = 450$
백의 자리 수의 합: 500이 8번 ➡ $500 \times 8 = 4000$
천의 자리 수의 합: 5000이 7번 ➡ $5000 \times 7 = 35000$
따라서 $50 + 450 + 4000 + 35000 = 39500$이므로 천의 자리 숫자는 9입니다.

서술형 19 접근 》 가장 큰 수와 가장 작은 수를 먼저 만들어 봅니다.

⑩ 가장 큰 수는 876504321이므로 숫자 7이 나타내는 값은 70000000이고, 가장 작은 수는 123405678이므로 숫자 7이 나타내는 값은 70입니다.
70000000은 70의 1000000배입니다.

채점 기준	배점
만들 수 있는 가장 큰 수와 가장 작은 수에서 숫자 7이 나타내는 값을 각각 구했나요?	3점
가장 큰 수에서 숫자 7이 나타내는 값은 가장 작은 수에서 숫자 7이 나타내는 값의 몇 배인지 구했나요?	2점

서술형 20 접근 》 수의 크기를 비교하여 □ 안에 들어갈 수 있는 수와 △ 안에 들어갈 수 있는 수를 먼저 구합니다.

⑩ □ 안에 들어갈 수 있는 수는 0, 1, 2이므로 만들 수 있는 가장 큰 수는 210입니다. △에 들어갈 수 있는 수는 7, 8, 9이므로 만들 수 있는 가장 작은 수는 789입니다. 따라서 두 수의 차는 $789 - 210 = 579$입니다.

채점 기준	배점
□ 안에 들어갈 수 있는 수로 만들 수 있는 가장 큰 수를 구했나요?	2점
△ 안에 들어갈 수 있는 수로 만들 수 있는 가장 작은 수를 구했나요?	2점
두 수의 차를 구했나요?	1점

보충 개념
- 두 수의 자릿수가 같으므로 높은 자리 수부터 비교하면 백만의 자리까지의 수가 같으므로 3＞□입니다. □＝3일 때 조건에 맞지 않으므로 □＝0, 1, 2입니다.
- 두 수의 자릿수가 같으므로 높은 자리 수부터 비교하면 천의 자리까지의 수가 같으므로 7＜△입니다. △＝7일 때 816903783＜816903792이므로 △ 안에 7도 들어갈 수 있습니다. 따라서 △＝7, 8, 9입니다.

<table>
<tr><td colspan="6">교내 경시 2단원 각도</td></tr>
<tr><td>01 ㉡, ㉢</td><td>02 9개</td><td>03 15°</td><td>04 43</td><td>05 60°</td><td>06 120°</td></tr>
<tr><td>07 86°, 40°, 54°</td><td>08 65°</td><td>09 360°</td><td>10 75°</td><td>11 90°</td><td>12 115°</td></tr>
<tr><td>13 95°</td><td>14 40°</td><td>15 80°</td><td>16 130°</td><td>17 93°</td><td>18 70°</td></tr>
<tr><td>19 155°</td><td>20 145°</td><td></td><td></td><td></td><td></td></tr>
</table>

01

접근 》 예각, 둔각, 사각형의 네 각의 크기의 합, 변이 5개인 도형의 다섯 각의 크기의 합에 대하여 생각해 봅니다.

㉡ 둔각은 각도가 직각(90°)보다 크고 180°보다 작은 각이므로 190°는 둔각이 아닙니다.

㉢ 모든 사각형의 네 각의 크기의 합은 360°로 같습니다.

> **보충 개념**
> 변이 5개인 도형은 3개의 삼각형으로 나눌 수 있으므로 다섯 각의 크기의 합은 180°×3=540°입니다.

02

접근 》 각 1개, 2개, 3개, ...로 만들 수 있는 예각의 수를 구합니다.

예각은 각도가 0°보다 크고 직각(90°)보다 작은 각이므로
㉠, ㉡, ㉢, ㉣, ㉤, ㉠+㉡, ㉡+㉢, ㉢+㉣, ㉣+㉤입니다. ➡ 9개

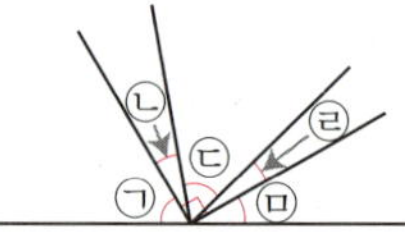

> **주의**
> 90°와 180°는 예각이 아닙니다.

03

접근 》 먼저 피자 한 조각이 나타내는 중심각의 크기를 구합니다.

㉮의 각도는 360°를 8등분 한 것 중에 3이므로 360°÷8=45°, 45°×3=135°
㉯의 각도는 360°를 6등분 한 것 중에 2이므로 360°÷6=60°, 60°×2=120°
따라서 표시된 ㉮와 ㉯의 각도의 차는 135°−120°=15°입니다.

└ 원의 두 반지름이 만나서 생기는 각

> **보충 개념**

04

접근 》 삼각형의 세 각이 모두 예각이 되기 위한 조건을 생각해 봅니다.

세 각의 크기가 예각이므로 나머지 한 각의 크기는 90°보다 작아야 하고, ★이 가장 작으려면 나머지 한 각의 크기는 90°보다 작으면서 가장 커야 하므로 89°입니다.
➡ ★=180°−48°−89°=43°

> **보충 개념**
> • 예각: 각도가 0°보다 크고 직각(90°)보다 작은 각
> • 삼각형의 세 각의 크기의 합: 180°

05

접근 》 도형의 한 각의 크기를 구하여 ㉠의 각도를 구합니다.

도형은 삼각형 4개로 나눌 수 있습니다.
(도형의 6개의 각의 크기의 합)
=(삼각형의 세 각의 크기의 합)×4=180°×4=720°
도형의 6개의 각의 크기가 모두 같으므로 ㉡=720°÷6=120°입니다.
따라서 ㉠=180°−120°=60°입니다.

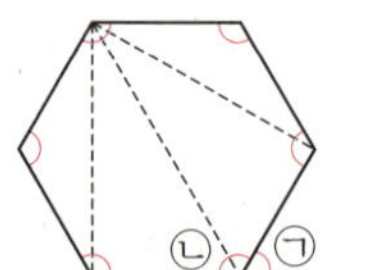

> **해결 전략**
> ㉡의 각도를 구한 다음 한 직선에 놓이는 각의 크기의 합 180°에서 빼서 ㉠의 각도를 구합니다.

06

접근 » **두 삼각자의 각도 30°, 60°, 90°와 45°, 45°, 90°를 이용하여 구합니다.**

만들 수 있는 가장 큰 각도부터 써 보면 $90°+60°=150°$, $90°+45°=135°$,
$90°+30°=120°$, ... 입니다.
따라서 셋째로 큰 각도는 $120°$입니다.

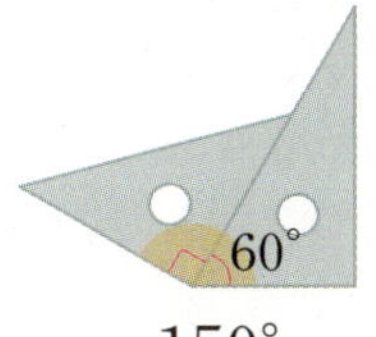

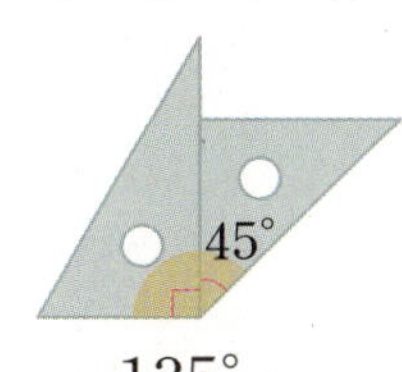

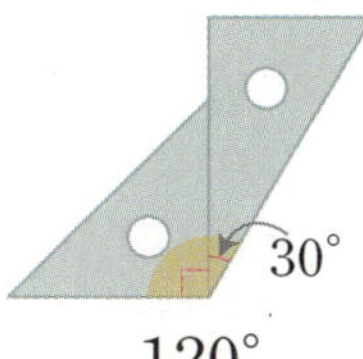

07

접근 » **㉠과 ㉢을 각각 ㉡에 관한 식으로 나타내 봅니다.**

㉠+㉡+㉢=180°이고 ㉠=㉡+46°, ㉢=㉡+14°이므로
㉠+㉡+㉢=㉡+46°+㉡+㉡+14°=180°,
㉡+㉡+㉡+60°=180°, ㉡+㉡+㉡=180°−60°,
㉡+㉡+㉡=120°, ㉡×3=120°, ㉡=40°입니다.
㉠=㉡+46°=40°+46°=86°
㉢=㉡+14°=40°+14°=54°

08

접근 » **한 직선에 놓이는 각의 크기의 합을 이용합니다.**

한 직선에 놓이는 각의 크기의 합은 180°이므로
$(180°−㉮)+㉯+65°=180°$이고, $㉮=㉯+65°$입니다.
따라서 $㉮−㉯=65°$입니다.

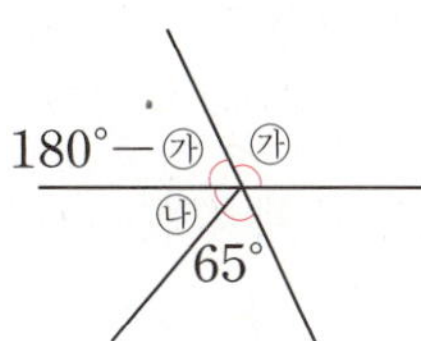

해결 전략
'='의 양쪽에 같은 수를 더하거나 뺄 수 있습니다.
$180°−㉮+㉯+65°=180°$ ➡ $180°−㉮+㉯+65°−180°+㉮=180°−180°+㉮$
➡ $㉯+65°=㉮$

양쪽에서 180°를 빼고, ㉮를 더합니다.

09

접근 » **한 직선에 놓이는 각의 크기의 합을 이용합니다.**

한 직선에 놓이는 각의 크기의 합은 180°이므로
(㉠+㉣)+(㉡+㉤)+(㉢+㉥)
$=180°+180°+180°=540°$입니다.
(㉠+㉡+㉢)+(㉣+㉤+㉥)=540°에서
삼각형의 세 각의 크기의 합은 180°이므로
㉣+㉤+㉥=180°이고, ㉠+㉡+㉢=540°−180°=360°입니다.

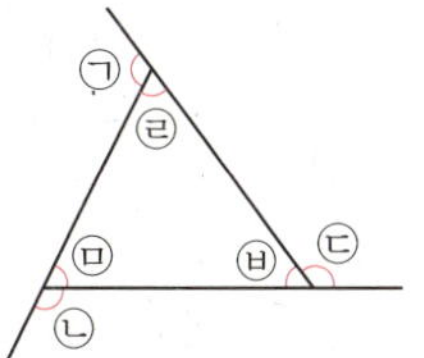

10 접근 ≫ 한 직선에 놓이는 각의 크기의 합, 삼각형의 세 각의 크기의 합, 사각형의 네 각의 크기의 합을 이용합니다.

$ㄹ=180°-60°-50°=70° \cdots$ ①
$ㅅ=180°-100°=80° \cdots$ ②
$ㅁ=180°-\underset{ㅅ}{80°}-60°=40° \cdots$ ①
$ㄴ=180°-35°-\underset{ㅁ}{40°}=105° \cdots$ ③
$ㅂ=180°-90°-50°=40° \cdots$ ②
$ㄷ=180°-30°-\underset{ㅂ}{40°}=110° \cdots$ ④

사각형의 네 각의 크기의 합은 $360°$이므로
$ㄱ=360°-ㄴ-ㄷ-ㄹ=360°-105°-110°-70°=75°$

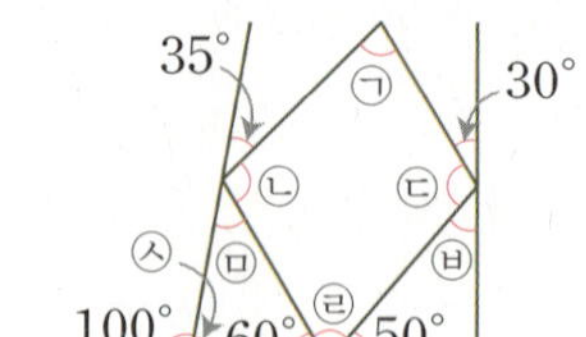

해결 전략
• ㄴ, ㄷ, ㄹ의 각도를 구하여 ㄱ의 각도를 구합니다.
• ①~④는 한 직선에 놓이는 각의 크기의 합은 $180°$임을 이용하였고, ①~②는 삼각형의 세 각의 크기의 합은 $180°$임을 이용한 것입니다.

11 접근 ≫ 삼각형의 세 각의 크기의 합과 한 직선에 놓이는 각의 크기의 합을 이용하여 ㉯와 ㉺의 각도를 각각 구합니다.

삼각형 ㄱㄴㄷ에서 $㉮+㉯=180°-25°-18°=137°$
이므로 $㉯=180°-137°=43°$입니다.
삼각형 ㄹㄷㅁ에서 $㉮+㉺=180°-20°-27°=133°$
이므로 $㉮+43°=133°, ㉮=133°-43°=90°$입니다.

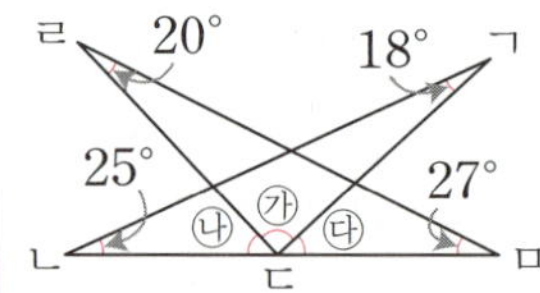

해결 전략
• 2개의 삼각형을 겹쳐 만든 모양에서 2개의 삼각형을 먼저 찾고, 겹쳐진 ㉮의 각도를 구합니다.
• 한 직선에 놓이는 각의 크기의 합은 $180°$입니다.

12 접근 ≫ 숫자 눈금 한 칸의 각도를 구한 다음 긴바늘과 짧은바늘이 이루는 각도를 구합니다.

숫자 눈금 한 칸은 $30°$이고, ①이 나타내는 각도는 숫자 눈금 3칸이므로 $30°×3=90°$입니다.
②가 나타내는 각도는 긴바늘이 50분 동안 움직일 때 짧은바늘이 움직인 각도이므로 $5°×5=25°$입니다.
따라서 긴바늘과 짧은바늘이 이루는 작은 쪽의 각도는 $90°+25°=115°$입니다.

해결 전략
짧은바늘은 1시간(60분)에 숫자 눈금 한 칸인 $30°$씩 움직이고, 10분에 $30°÷6=5°$씩 움직입니다.

13 접근 ≫ 접기 전 부분과 접힌 부분의 모양과 크기가 같음을 이용합니다.

접기 전 부분과 접힌 부분은 모양과 크기가 같으므로
(각 ㄹㄴㅁ)=(각 ㄹㅂㅁ)=$35°$, (각 ㄹㅁㄴ)=(각 ㄹㅁㅂ)=$70°$입니다.
삼각형 ㄹㄴㅁ에서 (각 ㄴㄹㅁ)=$180°-35°-70°=75°$이므로
(각 ㅂㄹㅁ)=(각 ㄴㄹㅁ)=$75°$이고 (각 ㄱㄹㅂ)=$180°-75°-75°=30°$입니다.
따라서 삼각형 ㄱㄴㄹㅂ에서 (각 ㄱㅂㄹ)=$180°-55°-30°=95°$입니다.

해결 전략
접힌 부분에서 각도가 같은 곳을 표시한 다음 한 직선에 놓이는 각의 크기의 합과 삼각형의 세 각의 크기의 합을 이용합니다.

14 접근 ≫ 그림 그리기를 한 시간을 구하고, 그 시간 동안 짧은바늘이 움직인 각도를 구합니다.

5시 50분부터 7시 10분까지는 1시간 20분입니다.

짧은바늘은 1시간(60분)에 숫자 눈금 한 칸을 움직이므로 $30°$만큼 움직이고, 10분에 $30°\div6=5°$씩 움직입니다.

따라서 짧은바늘이 움직인 각도는 $30°+5°\times2=30°+10°=40°$입니다.

1시간 동안 움직인 각도 ┘ • 20분 동안 움직인 각도

---

15 접근 ≫ 각 ㄱㅂㄷ의 각도를 구하여 ㉮의 각도를 구합니다.

점 ㄱ을 중심으로 $50°$만큼 돌렸으므로 (각 ㄷㄱㅂ)$=50°$입니다.

(각 ㄱㄷㄴ)$=$(각 ㄱㅁㄹ)$=30°$이므로

삼각형 ㄱㅂㄷ에서 (각 ㄱㅂㄷ)$=180°-50°-30°=100°$입니다.

따라서 ㉮$=180°-100°=80°$입니다.

삼각형 ㄱㅂㄷ의 세 각의 크기를 구해야 합니다.
(각 ㄷㄱㅂ), (각 ㄱㄷㅂ)
→ (각 ㄱㅂㄷ)의 순서로 각도를 구합니다.

---

16 접근 ≫ 접기 전 부분과 접힌 부분의 모양과 크기가 같음을 이용합니다.

접기 전 부분과 접힌 부분의 모양과 크기가 같고 삼각형의 세 각의 크기의 합은 $180°$이므로

ㄴ$=180°-50°-90°=40°$, ㄷ$=$ㄴ$=40°$이고,

ㅂ$=180°-40°-40°=100°$입니다.

→ 한 직선에 놓이는 각의 크기의 합은 $180°$입니다.

마찬가지로 ㅁ$=180°-20°-90°=70°$, ㄹ$=$ㅁ$=70°$이고,

ㅅ$=180°-70°-70°=40°$입니다.

사각형의 네 각의 크기의 합은 $360°$이므로

ㄱ$=360°-100°-90°-40°=130°$입니다.

• ㅂ   • ㅅ

삼각형의 세 각의 크기의 합과 접힌 부분에서 각도가 같은 곳을 이용하여 ㄴ, ㄷ, ㄹ, ㅁ의 각도를 각각 구하고, 사각형의 네 각의 크기의 합을 이용하여 ㄱ의 각도를 구합니다.

---

17 접근 ≫ 삼각형의 세 각의 크기의 합과 한 직선에 놓이는 각의 크기의 합을 이용하여 구합니다.

$87°+$ㄷ$+$ㄹ$=180°$이고, ㅁ$+$ㄹ$=180°$이므로

$87°+$ㄷ$+$ㄹ$=$ㅁ$+$ㄹ, ㅁ$=87°+$ㄷ입니다.

삼각형의 세 각의 크기의 합이 $180°$이므로

ㄱ$+$ㄴ$+$ㅁ$=$ㄱ$+$ㄴ$+87°+$ㄷ$=180°$이고,

ㄱ$+$ㄴ$+$ㄷ$=180°-87°=93°$입니다.

보충 개념

삼각형의 한 꼭짓점에서의 외각의 크기는 다른 두 꼭짓점의 내각의 크기의 합과 같습니다.

➡ ㅁ$=87°+$ㄷ

삼각형의 세 각의 크기의 합이 $180°$인 것과 한 직선에 놓이는 각의 크기의 합이 $180°$인 것을 이용하여 ㅁ을 ㄷ에 관한 식으로 나타냅니다.

18

접근 ≫ 한 직선에 놓이는 각의 크기의 합과 사각형의 네 각의 크기의 합을 이용합니다.

㉠$=180°-110°=70°$이고

사각형 ①에서 $90°+㉠+90°+㉢=360°$이므로

㉢$=360°-90°-㉠-90°$

$\quad=360°-90°-70°-90°=110°$입니다.

㉡$=180°-130°=50°$이고

사각형 ②에서 ㉣$+90°+㉡+㉢=360°$이므로

㉣$=360°-90°-㉡-㉢=360°-90°-50°-110°=110°$입니다.
$\qquad\qquad\qquad\qquad\quad ㉡\quad\ ㉢$

따라서 ㉮$=180°-㉣=180°-110°=70°$입니다.

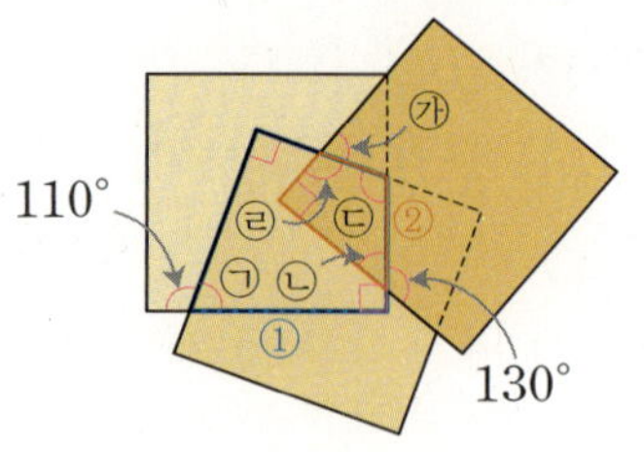

해결 전략

㉠을 구하고 사각형 ①에서 사각형의 네 각의 크기의 합을 이용하여 ㉢을 구합니다. ㉡을 구하고 사각형 ②에서 사각형의 네 각의 크기의 합을 이용하여 ㉣을 구합니다.

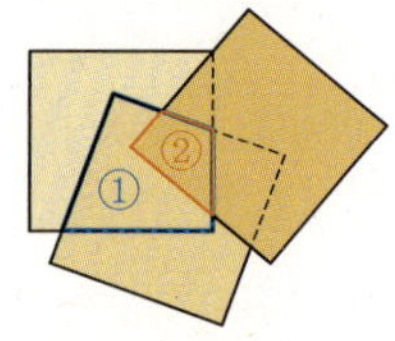

서술형 19

접근 ≫ 접기 전 부분과 접힌 부분의 모양과 크기가 같음을 이용합니다.

예 각 ㅇㅁㅂ과 각 ㅂㅁㄷ은 크기가 같으므로

(각 ㅇㅁㅂ)$=(180°-130°)÷2=50°÷2=25°$입니다.

사각형의 네 각의 크기의 합은 $360°$이므로

(각 ㅁㅂㅅ)$=360°-25°-90°-90°=155°$입니다.

채점 기준	배점
각 ㅇㅁㅂ의 크기를 구했나요?	3점
각 ㅁㅂㅅ의 크기를 구했나요?	2점

해결 전략

접힌 부분에서 각도가 같은 곳을 표시한 다음 한 직선에 놓이는 각의 크기의 합과 사각형의 네 각의 크기의 합을 이용합니다.

서술형 20

접근 ≫ 사각형의 네 각의 크기의 합을 이용하여 각 ㄱㄴㅁ과 각 ㄱㄹㅁ의 합을 구합니다.

예 사각형 ㄱㄴㄷㄹ에서 네 각의 크기의 합은 $360°$이므로

(각 ㄱㄴㄷ)$+$(각 ㄱㄹㄷ)$=360°-130°-60°=170°$입니다.

(각 ㄱㄴㅁ)$=$(각 ㅁㄴㄷ), (각 ㄱㄹㅁ)$=$(각 ㅁㄹㄷ)이므로

(각 ㄱㄴㅁ)$+$(각 ㄱㄹㅁ)$=($(각 ㄱㄴㄷ)$+$(각 ㄱㄹㄷ))$÷2$
$\qquad\qquad\qquad\qquad\qquad\quad 170°$
$\qquad\qquad\qquad\qquad\quad =170°÷2=85°$입니다.

따라서 사각형 ㄱㄴㅁㄹ에서 (각 ㄴㅁㄹ)$=360°-130°-85°=145°$입니다.
$\qquad\qquad\qquad\qquad\qquad\qquad\qquad$ (각 ㄱㄴㅁ)$+$(각 ㄱㄹㅁ)

채점 기준	배점
(각 ㄱㄴㅁ)$+$(각 ㄱㄹㅁ)의 크기를 구했나요?	3점
각 ㄴㅁㄹ의 크기를 구했나요?	2점

해결 전략

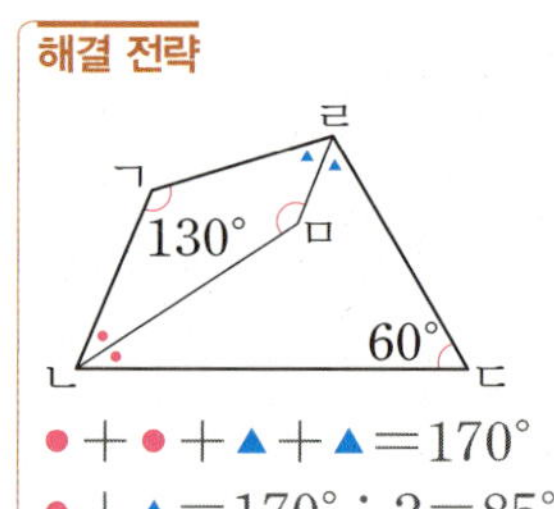

●$+$●$+$▲$+$▲$=170°$

●$+$▲$=170°÷2=85°$

01

접근 ≫ 소설책의 전체 쪽수를 하루에 읽는 쪽수로 나누어 봅니다.

$355 \div 40 = 8 \cdots 35$이므로 40쪽씩 8일 동안 읽으면 35쪽이 남습니다.
하루를 더 읽으면 남은 35쪽을 모두 읽을 수 있으므로 소설책 한 권을 다 읽는 데
$8 + 1 = 9$(일)이 걸립니다.

해결 전략
소설책을 다 읽는 데 걸리는 날수이므로 남은 쪽수를 읽는 데 필요한 하루를 더해야 합니다.

02

접근 ≫ ☐ 안에 들어갈 수 있는 수가 어떤 수부터 어떤 수까지인지 알아봅니다.

$193 \times 35 = 6755$, $529 \times 14 = 7406$이므로 ☐ 안에 들어갈 수 있는 자연수는
6756부터 7405까지입니다.
따라서 모두 $7405 - 6756 + 1 = 650$(개)입니다.

해결 전략
(●에서 ■까지 자연수의 수)
$= ■ - ● + 1$

03

접근 ≫ 나눗셈을 확인하는 식을 이용합니다.

보이지 않는 부분의 수를 ☐라 하면 $250 \div ☐ = 17 \cdots 12$입니다.
$☐ \times 17 + 12 = 250$이므로 $☐ \times 17 = 238$, $☐ = 238 \div 17 = 14$입니다.
따라서 보이지 않는 부분의 수는 14입니다.

04

접근 ≫ 먼저 각 달의 날수가 며칠씩 있는지 구합니다.

5월, 7월, 8월은 각각 31일까지 있고, 6월은 30일까지 있으므로 5월 1일부터 8월
31일까지는 모두 $31 + 30 + 31 + 31 = 123$(일)입니다.
하루는 24시간이므로 5월 1일부터 8월 31일까지는 모두 $123 \times 24 = 2952$(시간)
입니다.

해결 전략
(전체 시간)
$=$ (날수) $\times$ (하루의 시간)

05

접근 ≫ 먼저 쟁반 1개를 팔았을 때의 이익을 구합니다.

(쟁반 1개의 이익) $=$ (쟁반 1개의 판매 가격) $-$ (쟁반 1개의 원가)
$\qquad = 4000 - 3245 = 755$(원)
(판 쟁반의 이익) $=$ (쟁반 1개의 이익) $\times$ (판 쟁반 수)
$\qquad = 755 \times 36 = 27180$(원)

06 접근 ≫ 283을 30으로 나누어 몫과 나머지를 구합니다.

$283 \div 30 = 9 \cdots 13$이므로 지우개를 30명의 학생들에게 9개씩 나누어 주면 13개가 남습니다. 지우개를 남김없이 모두 나누어 주려면 지우개는 적어도 $30 - 13 = 17$(개) 더 필요합니다.

해결 전략
283을 30으로 나누었을 때 나머지가 없으려면 283에 얼마를 더해야 하는지 생각해 봅니다.

07 접근 ≫ 나눗셈식의 몫이 작게 되는 조건을 생각해 봅니다.

몫이 작은 나눗셈식을 만들려면 나누어지는 수는 작게 하고, 나누는 수는 크게 해야 합니다.

수 카드로 만들 수 있는 가장 작은 세 자리 수는 345, 가장 큰 두 자리 수는 86이므로 나눗셈식을 만들면 $345 \div 86 = 4 \cdots 1$입니다.

보충 개념
가장 작은 수는 높은 자리부터 작은 수를 차례로 놓아 만들고, 가장 큰 수는 높은 자리부터 큰 수를 차례로 놓아 만듭니다.

08 접근 ≫ 도로의 한쪽에 심는 나무 수를 구한 다음 양쪽에 심는 나무 수를 구합니다.

$875 \div 25 = 35$이므로 도로의 한쪽에 심어야 할 나무는 $35 + 1 = 36$(그루)입니다.
도로의 양쪽에 심어야 하므로 필요한 나무는 모두 $36 \times 2 = 72$(그루)입니다.

해결 전략
(도로의 한쪽에 심어야 하는 나무 수)=(나무와 나무의 간격 수)+1

09 접근 ≫ 트럭이 다리를 완전히 건너기 위해서 이동해야 하는 거리를 구합니다.

트럭이 다리에 진입하여 다리를 완전히 건너기 위해서 이동해야 하는 거리는
(다리의 길이)+(트럭의 길이)$= 1280 + 8 = 1288$ (m)입니다.
따라서 이 거리를 1초에 14 m를 가는 빠르기로 건너간다면
$1288 \div 14 = 92$(초) ➡ 1분 32초가 걸립니다.

보충 개념
(걸리는 시간)
=(이동해야 하는 거리)
÷(1초에 가는 거리)

해결 전략
트럭은 다리 끝에서 트럭의 길이만큼을 더 지나야 다리를 완전히 건널 수 있습니다.

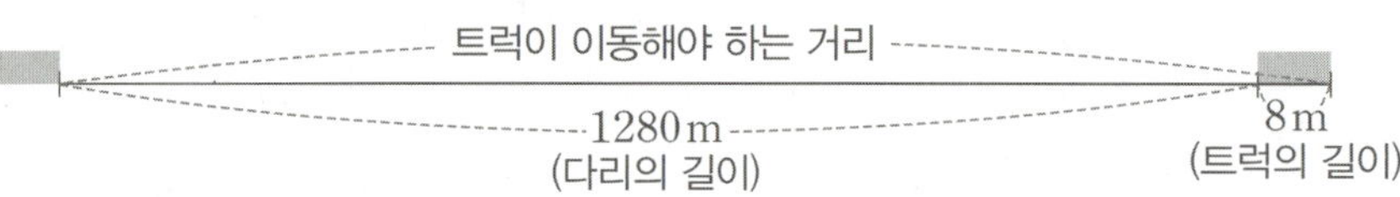

10 접근 ≫ 어림하여 □ 안에 수를 넣어 20000에 가장 가까운 수를 찾아봅니다.

□$=53$일 때 $365 \times 53 = 19345$, □$=54$일 때 $365 \times 54 = 19710$,
□$=55$일 때 $365 \times 55 = 20075$
곱이 20000보다 작을 때 가장 큰 곱셈식은 19710이고,
20000과의 차는 $20000 - 19710 = 290$입니다.
곱이 20000보다 클 때 가장 작은 곱셈식은 20075이고,
20000과의 차는 $20075 - 20000 = 75$입니다.
$290 > 75$이므로 곱이 20000에 가장 가까운 곱셈식은 $365 \times 55 = 20075$이고,
□ 안에 알맞은 수는 55입니다.

해결 전략
곱이 20000보다 작은 수 중 가장 큰 수와 20000보다 큰 수 중 가장 작은 수를 구합니다.

11 접근 ≫ 색 테이프의 전체 길이의 합에서 겹쳐진 부분의 길이의 합을 빼서 구합니다.

$1\,m\,25\,cm = 125\,cm$이고, 색 테이프 13장을 이어 붙이면 겹쳐진 부분은 12군데
입니다.

(이어 붙인 색 테이프의 전체 길이)

$=$ (색 테이프의 전체 길이) $-$ (겹쳐진 부분의 길이)

$= 125 \times 13 - 5 \times 12 = 1625 - 60 = 1565\,(cm)$

12 접근 ≫ 곱을 가장 크게 만들기 위해 각 자리에 넣어야 하는 수를 찾아봅니다.

곱이 가장 큰 (세 자리 수) × (두 자리 수)의 식을 만들려면 다음 번호 순서로 큰 수부
터 넣어 계산해 봅니다.

| ①③⑤ | ①④⑤ | ②③⑤ | ②④⑤ |
| × ②④ | × ②③ | × ①④ | × ①③ |

↑ 이 경우가 항상 가장 큰 곱셈식이 됩니다.

8 5 1	8 2 1	7 5 1	7 2 1
× 7 2	× 7 5	× 8 2	× 8 5
6 1 2 7 2	6 1 5 7 5	6 1 5 8 2	6 1 2 8 5

13 접근 ≫ 어떤 수를 □라 하여 식을 만들어 봅니다.

어떤 수를 □라 하면 □$\times 53 -$□$\times 35 = 432$, □$\times 18 = 432$,
□$= 432 \div 18 = 24$입니다.

해결 전략

□에 53을 곱하는 것은 □를 53번 더하는 것이고, □에 35를 곱하는 것은 □를 35번 더하는
것입니다.

□를 53번 더한 값에서 □를 35번 더한 값을 빼면 □를 $53 - 35 = 18$(번) 더한 값과 같습니다.

14 접근 ≫ 몫이 9인 나눗셈식을 곱셈식으로 바꾸어 생각해 봅니다.

주어진 나눗셈식의 몫이 9이므로 나눗셈식으로 나타내면 $2\square5 \div 28 = 9 \cdots \bullet$입니다.
28로 나누었을 때 몫이 9인 수 중 가장 작은 수는 나머지가 0인 수이고, 가장 큰 수
는 나머지가 27인 수입니다.
나누어지는 수가 가장 작은 수일 때 $28 \times 9 = 252$이고,
나누어지는 수가 가장 큰 수일 때 $28 \times 9 + 27 = 279$이므로
$2\square5$는 252보다 크거나 같고 279보다 작거나 같습니다.
따라서 나누어지는 수는 255, 265, 275로 □ 안에 들어갈 수 있는 수는 5, 6, 7입니
다.

15 접근 ≫ 구하는 수를 □라 하여 조건을 모두 만족시키는 수를 구합니다.

세 자리 수를 □라 할 때 첫째 조건과 둘째 조건을 만족시키는 나눗셈식은 다음과 같이 세 가지가 있습니다.

$\square \div 93 = 2 \cdots 2 \Rightarrow \square = 93 \times 2 + 2 = 188$
$\square \div 93 = 3 \cdots 3 \Rightarrow \square = 93 \times 3 + 3 = 282$
$\square \div 93 = 4 \cdots 4 \Rightarrow \square = 93 \times 4 + 4 = 376$

따라서 188, 282, 376 중에서 셋째 조건인 각 자리 숫자의 합이 12인 수는 282입니다.

해결 전략
· 몫과 나머지가 1인 경우:
$\square \div 93 = 1 \cdots 1$
$\Rightarrow \square = 93 \times 1 + 1 = 94$
(세 자리 수가 아닙니다.)
· 몫과 나머지가 5인 경우:
$\Rightarrow \square \div 93 = 5 \cdots 5$
$\square = 93 \times 5 + 5 = 470$
(400보다 큽니다.)

16 접근 ≫ 확실히 알 수 있는 수부터 먼저 구합니다.

47에는 3ⓛ이 1번 들어가므로 ㉠=1이고, ㉡=2입니다.
$475 \div 32 = 14 \cdots 27$이므로 나머지는 27입니다.

해결 전략
㉠과 ㉡을 먼저 구하고 (세 자리 수)÷(두 자리 수)를 계산하여 나머지를 구합니다.

17 접근 ≫ 나누어지는 수를 □, 나머지를 △라 하여 나눗셈식을 만들어 봅니다.

세 자리 수를 □, 나머지를 △라 하면 $\square \div 32 = 27 \cdots \triangle$입니다.
△가 될 수 있는 수는 1부터 31까지이므로 □는 $32 \times 27 + 1 = 865$부터 $32 \times 27 + 31 = 895$까지의 수입니다.
만들 수 있는 세 자리 수 중에서 865부터 895까지의 수는 867, 869, 876, 879로 모두 4개입니다.

해결 전략
백의 자리에는 8이 들어가고, 십의 자리에 들어갈 수 있는 수는 6, 7입니다. 89■인 경우 895보다 항상 크므로 십의 자리에 9는 들어갈 수 없습니다.

18 접근 ≫ 나누어지는 수의 일의 자리 숫자를 먼저 찾아봅니다.

둘째 조건에서 나누어지는 수의 일의 자리 숫자는 3입니다. ➡ ㉠㉡3
첫째 조건에서 백의 자리 숫자와 십의 자리 숫자의 합은 $9 - 3 = 6$이고,
셋째 조건에서 ㉠ > ㉡인 (㉠, ㉡)은 (6, 0), (5, 1), (4, 2)입니다.
조건을 만족시키는 수는 603, 513, 423 중 하나입니다.
$603 \div 20 = 30 \cdots 3$, $513 \div 20 = 25 \cdots 13$, $423 \div 20 = 21 \cdots 3$이므로 나머지가 13인 세 자리 수는 513입니다.

해결 전략
(나누어지는 수)
$= 20 \times (몫) + 13$
└ 일의 자리가 0
따라서 나누어지는 수의 일의 자리 숫자는 3입니다.

19 접근 ≫ 43으로 나누었을 때 몫이 될 수 있는 수를 먼저 구합니다.

예 100과 200 사이의 수 중에서 43으로 나누었을 때 나머지가 0인 수는
$43 \times 3 = 129$, $43 \times 4 = 172$입니다.
따라서 나머지가 7인 수는 129와 172에 각각 나머지 7을 더한 136, 179입니다.

채점 기준	배점
43으로 나누었을 때 나머지가 0인 수를 모두 구했나요?	3점
43으로 나누었을 때 나머지가 7인 수를 모두 구했나요?	2점

해결 전략

몫을 □라 하여
$100 < 43 \times □ < 200$인
□를 구한 다음 $43 \times □ + 7$
인 수를 구합니다.

20 접근 ≫ 어떤 수를 □라 하여 잘못된 식을 만들어 봅니다.

예 어떤 수를 □라 하면 $□ \div 34 = 26 \cdots 9$입니다. 나눗셈을 확인하는 식을 이용하면
$□ = 34 \times 26 + 9 = 893$입니다.
따라서 바르게 계산하면 $893 \times 34 = 30362$입니다.

채점 기준	배점
어떤 수를 구했나요?	3점
바르게 계산한 값을 구했나요?	2점

해결 전략

잘못 계산한 식으로 어떤 수
□를 구한 다음 바른 식을 세
워 계산합니다.

주의

어떤 수를 구하는 문제가 아
니라 어떤 수를 구하여 바르
게 계산한 값을 구하는 문제
입니다.

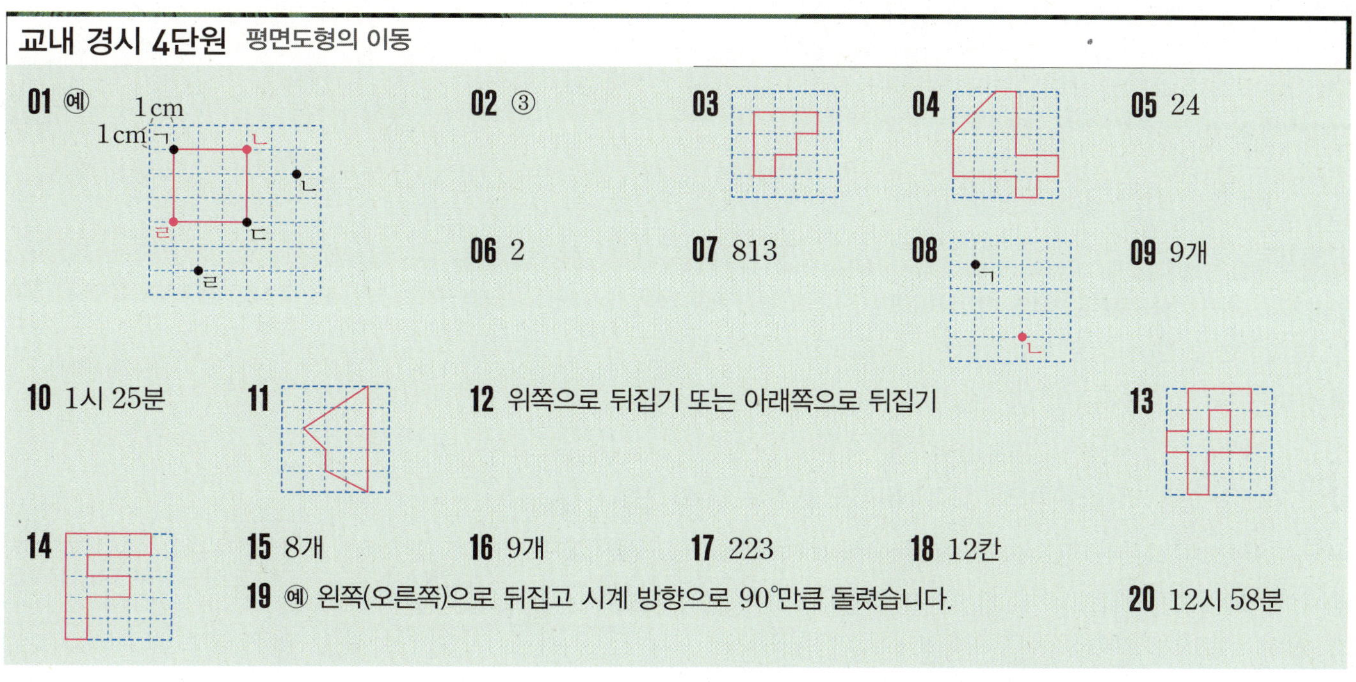

교내 경시 4단원 평면도형의 이동

01 예 1 cm

02 ③

03

04

05 24

06 2

07 813

08

09 9개

10 1시 25분

11

12 위쪽으로 뒤집기 또는 아래쪽으로 뒤집기

13

14

15 8개

16 9개

17 223

18 12칸

19 예 왼쪽(오른쪽)으로 뒤집고 시계 방향으로 90°만큼 돌렸습니다.

20 12시 58분

01

접근 ≫ 정사각형은 네 변의 길이가 모두 같고 네 각의 크기가 모두 직각임을 이용하여 이동할 두 점을 골라 봅니다.

한 변이 3 cm인 정사각형을 만들려면 점 ㄴ을 왼쪽으로 2칸, 위쪽으로 1칸 이동하고 점 ㄹ을 왼쪽으로 1칸, 위쪽으로 2칸 이동하여 네 점을 이어 그립니다.

다른 풀이

선분 ㄱㄴ을 한 변으로 하는 정사각형을 만들려면 점 ㄷ을 오른쪽으로 1칸, 아래쪽으로 3칸 이동하고 점 ㄹ을 왼쪽으로 2칸 이동하여 네 점을 이어 그립니다.

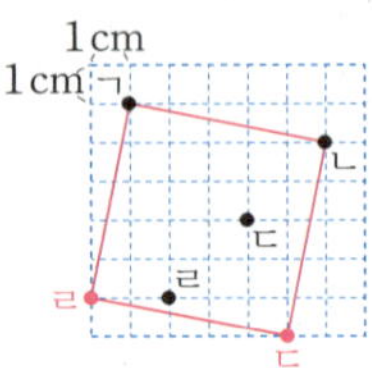

해결 전략
두 점을 선택하여 한 변의 길이가 어떤 정사각형을 만들지 생각해 봅니다.

02

접근 ≫ 시계 방향으로 90°만큼 몇 번 돌리면 처음 모양과 같아지는지 알아봅니다.

시계 방향으로 90°만큼 4번 돌리면 처음 모양과 같습니다.
시계 방향으로 101번 돌리면 101÷4=25…1로 시계 방향으로 90°만큼 1번 돌린 것과 같으므로 ③번을 가리킵니다.

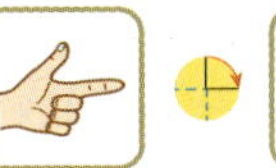

해결 전략
번호는 같이 돌아가지 않고, 처음 손가락이 가리키는 곳을 기준으로 생각해 봅니다.

03

접근 ≫ 시계 반대 방향으로 90°만큼 4번 돌리면 처음 도형과 같습니다.

시계 반대 방향으로 90°만큼 11번 돌린 도형은 시계 반대 방향으로 90°만큼 8번 돌리고 3번을 더 돌리는 것이므로 처음 도형을 시계 반대 방향으로 90°만큼 3번 돌린 도형과 같습니다.

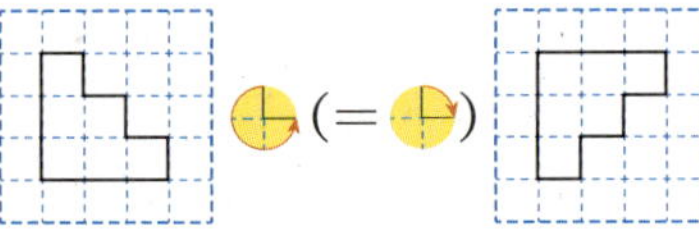

해결 전략
(↻만큼 3번)=↺=↻이므로 시계 방향으로 90°만큼 1번 돌린 도형과 같습니다.

04

접근 ≫ 도형을 움직인 규칙을 찾아봅니다.

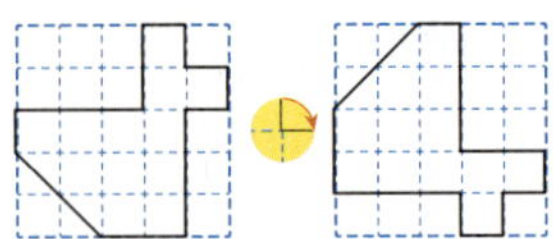만큼 돌리는 규칙입니다.

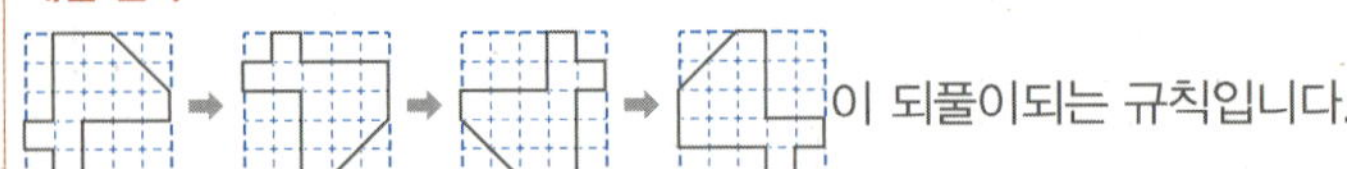

해결 전략
이 되풀이되는 규칙입니다.

05

접근 ≫ 수 카드를 오른쪽으로 뒤집었을 때 만들어지는 수를 구합니다.

수 카드를 오른쪽으로 뒤집으면 왼쪽과 오른쪽이 서로 바뀝니다. 수 카드를 오른쪽으로 뒤집었을 때 만들어지는 수는 58이므로 처음 수와의 차는 82−58=24입니다.

해결 전략
오른쪽으로 뒤집으면 8과 2가 뒤집어질 뿐 아니라 수의 위치도 서로 바뀝니다.

06

접근 ≫ 처음 도형을 주어진 방법으로 움직였을 때의 도형을 그려 봅니다.

주어진 도형을 왼쪽으로 4번 밀고, 아래쪽으로 5번 뒤집은 도형은  입니다.

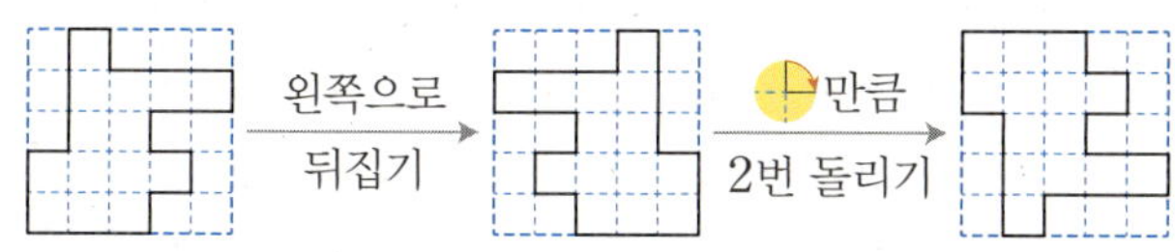

따라서 □ 안에 들어갈 수 있는 가장 작은 수는 2입니다.

· 왼쪽으로 4번 밀기는 처음 도형과 같고, 아래쪽으로 5번 뒤집기는 아래쪽으로 1번 뒤집기와 같습니다.
· 돌리기 전과 후의 도형을 보고 □ 안에 들어갈 수 있는 가장 작은 수를 구합니다.

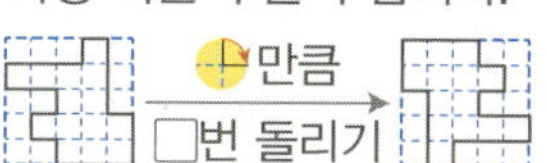

07

접근 ≫ 조건을 만족시키는 수를 각각 찾아봅니다.

위쪽과 아래쪽이 같으면 아래쪽으로 뒤집어도 같은 숫자가 됩니다.
· 아래쪽으로 뒤집어도 같은 숫자가 되는 카드의 숫자: 1, 3, 8
　➡ 만들 수 있는 가장 큰 수: 831
왼쪽과 오른쪽이 같으면 왼쪽으로 뒤집어도 같은 숫자가 됩니다.
· 왼쪽으로 뒤집어도 같은 숫자가 되는 카드의 숫자: 1, 8
　➡ 만들 수 있는 가장 작은 수: 18
따라서 두 수의 차는 $831-18=813$입니다.

해결 전략
가장 큰 수는 높은 자리부터 큰 수를 차례로 놓아 만들고, 가장 작은 수는 높은 자리부터 작은 수를 차례로 놓아 만듭니다.

08

접근 ≫ 세 사람이 이동한 것을 한 번에 생각하여 점 ㄱ을 이동합니다.

세 사람이 이동한 것을 한 번에 생각하면 오른쪽으로 3칸, 왼쪽으로 2칸, 오른쪽으로 1칸 이동한 것은 오른쪽으로 $(3-2+1)$칸 이동한 것과 같고, 아래쪽으로 2칸, 위쪽으로 1칸, 아래쪽으로 2칸 이동한 것은 아래쪽으로 $(2-1+2)$칸 이동한 것과 같습니다.
(헤리, 준우, 민지 / 헤리 / 준우, 민지)
따라서 점 ㄱ을 오른쪽으로 2칸, 아래쪽으로 3칸 이동한 위치에 점 ㄴ을 표시합니다.

해결 전략
왼쪽과 오른쪽이 반대 방향이고, 위쪽과 아래쪽이 반대 방향임을 이용하여 방향과 칸 수를 알아봅니다.

09

접근 ≫ 돌리기 방법으로 만들 수 있는 모양을 모두 그려 보고 같은 모양을 찾아봅니다.

6을 돌려서 만들 수 있는 모양은 ◠, 9, ◡, 6입니다.
칸을 나누어 돌려서 만든 모양을 찾아보면 모두 9개입니다.

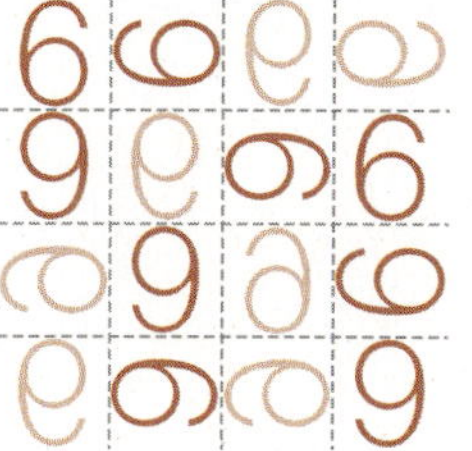

주의
$360°$만큼 돌린 모양을 빠뜨리면 안 됩니다.

10

접근 ≫ 유리에 비친 모습은 시계를 어떤 방법으로 움직인 것과 같은지 생각해 봅니다.

시계의 오른쪽에서 비친 모습이므로 유리에 비친 시각을 왼쪽이나 오른쪽으로 뒤집은 모양을 그려 봅니다.

따라서 시계가 가리키는 시각은 1시 25분입니다.

주의
유리에 비친 시계를 위쪽이나 아래쪽으로 뒤집은 모양으로 생각하면 안 됩니다.

11

접근 ≫ 처음 도형을 먼저 그려 봅니다.

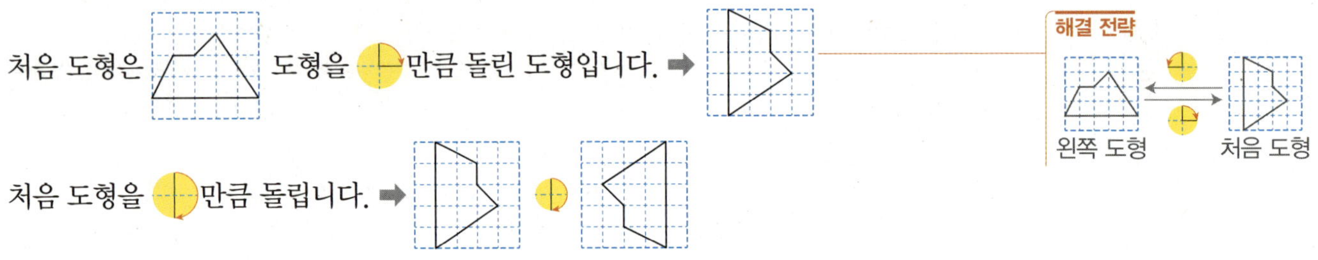

12

접근 ≫ 처음 도형을 주어진 방법으로 움직인 도형을 그려 봅니다.

아래쪽으로 7번 뒤집기는 아래쪽으로 1번 뒤집기와 같고, 위쪽으로 밀기는 모양은 변하지 않고 위치만 바뀝니다.

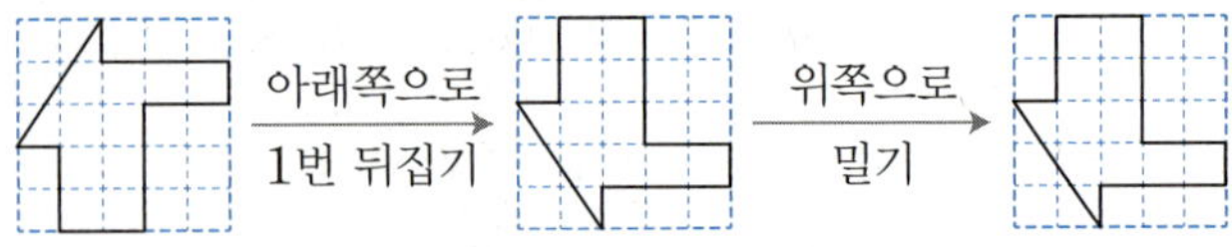

보충 개념
같은 방향으로 짝수 번 뒤집으면 처음 도형과 같습니다.

따라서 처음 도형을 위쪽 또는 아래쪽으로 뒤집은 도형과 같습니다.

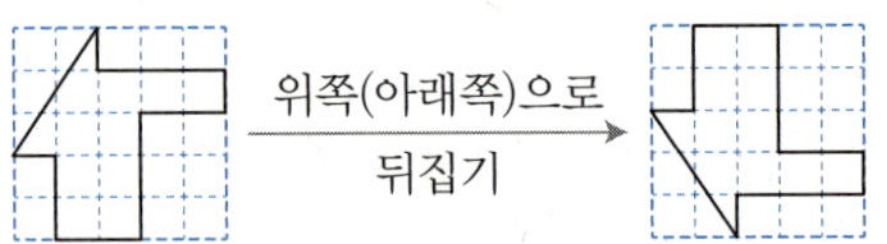

13

접근 ≫ 오른쪽 도형을 거꾸로 움직여 가며 처음 도형을 알아봅니다.

도형을 오른쪽으로 5번 뒤집은 도형은 오른쪽으로 1번 뒤집은 도형과 같고,   만큼 3번 돌린 도형은   만큼 돌린 도형과 같습니다.

움직인 순서와 방향을 반대로 움직이면 처음 도형이 되므로 오른쪽 도형을   만큼 돌리고 왼쪽으로 1번 뒤집기 합니다.

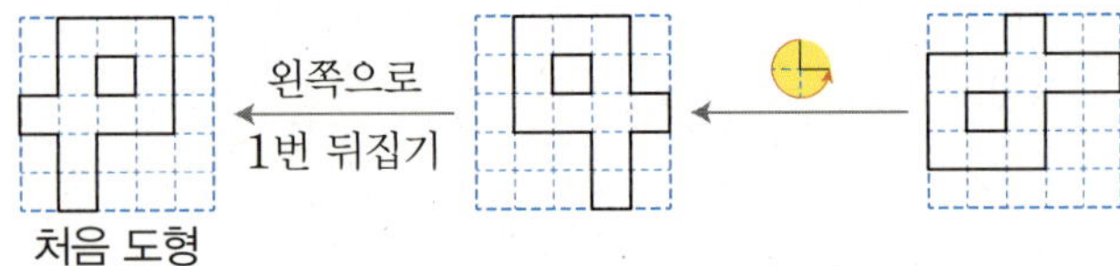

14 접근 ≫ 오른쪽으로 뒤집거나 왼쪽으로 뒤집어도 같은 도형이 됩니다.

오른쪽으로 뒤집거나 왼쪽으로 뒤집어도 같은 도형이므로 바르게 움직였을 때와 잘못 움직였을 때는 같은 도형이 됩니다.

다른 풀이
처음 도형을 알아본 다음 바르게 움직인 도형을 알아봅니다.

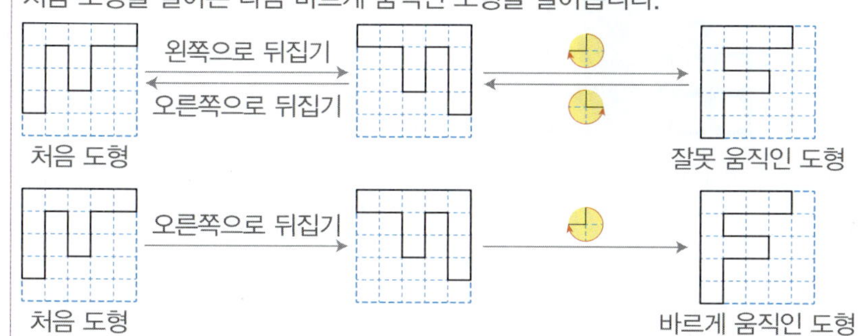

15 접근 ≫ 돌리기 방법으로 만들 수 있는 도형을 모두 그려 보고 같은 도형을 찾아봅니다.

▷ 도형을 돌려서 만들 수 있는 도형은 ◁, ▽, ▷, △ 이므로 돌려서 만든 도형을 찾으면 모두 8개입니다.

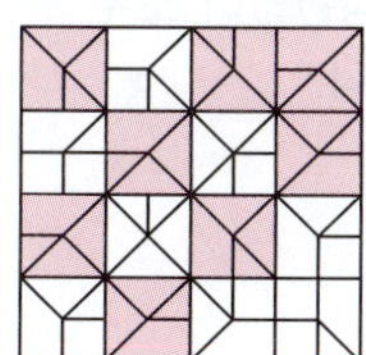

16 접근 ≫ 알파벳을 주어진 방법으로 이동했을 때의 모양을 생각해 봅니다.

오른쪽으로 뒤집으면 도형의 왼쪽과 오른쪽이 서로 바뀌고, 시계 반대 방향으로 180°만큼 돌리면 도형의 위쪽이 아래쪽으로, 왼쪽이 오른쪽으로 이동합니다.
결국 처음 모양과 위쪽과 아래쪽이 서로 바뀌게 됩니다.
따라서 움직인 모양이 처음 모양과 같으려면 위쪽과 아래쪽 모양이 서로 같아야 합니다.
즉, 위쪽 또는 아래쪽으로 뒤집었을 때 처음 모양과 같은 알파벳을 찾으면

A B C D E F G H I J K L M N O P
Q R S T U V W X Y Z 로 모두 9개입니다.

해결 전략
처음 도형을 그린 다음 바르게 움직인 도형을 그리려면 어렵습니다. 잘못 움직였을 때와 바르게 움직였을 때의 다른 점을 찾아봅니다.

해결 전략
왼쪽 도형은 삼각형 3개와 사각형 1개로 나누어져 있습니다.

해결 전략
위쪽 또는 아래쪽으로 뒤집어서 같은 모양이 되는 알파벳을 모두 찾아봅니다.

17

접근 ≫ **왼쪽 모양을 조건에 맞게 이동해 봅니다.**

시계 방향으로 $180°$만큼 15번 돌린 도형은 시계 방향으로 $180°$만큼 1번 돌린 도형과 같습니다.

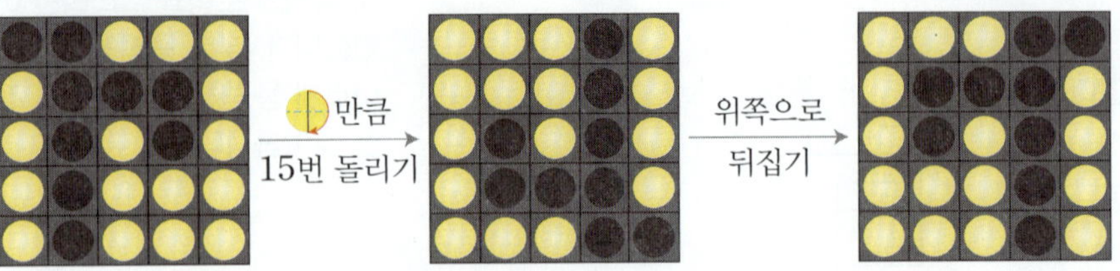

불이 켜진 전구의 번호의 합은 $1+2+3+6+10+11+13+15+16+17+18+20+21+22+23+25=223$입니다.

> **해결 전략**
> ($\circlearrowright$만큼 15번)
> $=$($\circlearrowright$만큼 1번)

18

접근 ≫ **색칠된 칸이 지나간 자리를 모두 표시해 봅니다.**

색칠된 칸이 지나간 자리를 표시하면 다음과 같습니다.

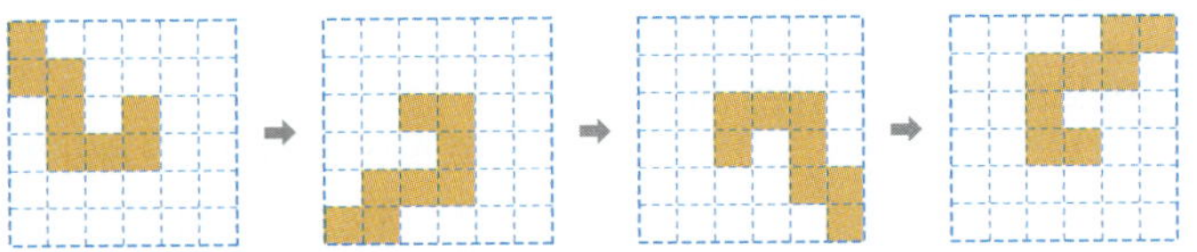 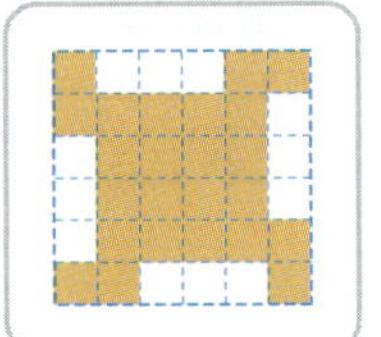

따라서 색칠되지 않은 칸은 12칸입니다.

> **해결 전략**
> $\circlearrowright$만큼 4번=$\circlearrowleft$이므로 시계 반대 방향으로 $90°$만큼 4번 돌리면 처음 도형과 같습니다. 이때 색칠된 칸끼리 겹치는 것에 상관없이 모두 표시해야 합니다.

서술형 19

접근 ≫ **왼쪽 도형을 여러 가지 방법으로 이동하여 오른쪽 도형을 만들어 봅니다.**

예 • 왼쪽(오른쪽)으로 뒤집고 시계 방향으로 $90°$만큼 돌렸습니다.

• 위쪽(아래쪽)으로 뒤집고 시계 반대 방향으로 $90°$만큼 돌렸습니다.

• 시계 반대 방향으로 $90°$만큼 돌리고 왼쪽(오른쪽)으로 뒤집었습니다.

• 시계 방향으로 $90°$만큼 돌리고 위쪽(아래쪽)으로 뒤집었습니다. 등

채점 기준	배점
뒤집기와 돌리기를 모두 사용하여 설명했나요?	2점
뒤집기와 돌리기를 순서에 맞게 설명했나요?	3점

> **해결 전략**
> 돌리기만으로 오른쪽 도형을 만들 수 없으므로 뒤집기도 이용합니다.

접근 ≫ **철봉에 거꾸로 매달린 것은 모양을 어떻게 움직인 것과 같은지 생각해 봅니다.**

예 철봉에 거꾸로 매달려서 시계를 본 모양은 시계 방향으로 $180°$만큼 또는 시계 반대 방향으로 $180°$만큼 돌린 모양과 같습니다. ⇒ E5:21 ⊕ 12:53

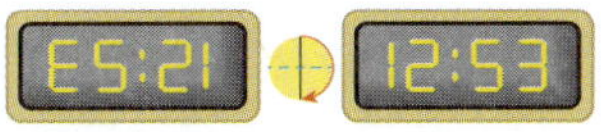

따라서 지금은 12시 53분이므로 5분 후 시각은 12시 58분입니다.

채점 기준	배점
철봉에 거꾸로 매달려서 보면 도형이 ⊕ 또는 ⊕ 만큼 돌린 도형과 같다는 것을 알고 있나요?	3점
5분 후 시각은 몇 시 몇 분인지 구했나요?	2점

교내 경시 5단원 막대그래프

01 11, 6, 26 /

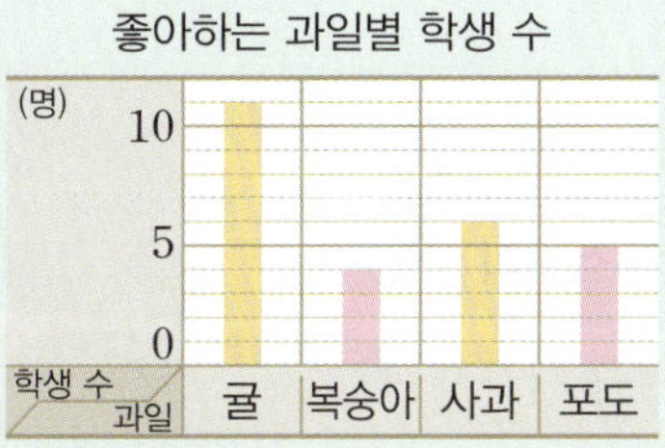

좋아하는 과일별 학생 수

02 26명 **03** 귤, 사과 **04** 10점

05 30점 **06** 16칸 **07** 8명

08 17일 **09** 10명 **10** 420개

11 5, 8, 9 **12** 16명 **13** 8명

14 8명

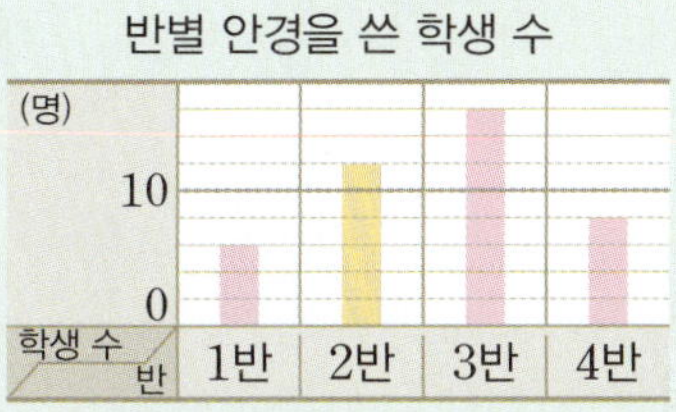

16 36개 **17** 5개 **18** 4개

19 8명 **20** 20명

15 반별 안경을 쓴 학생 수

01

접근 ≫ **막대그래프를 보고 귤과 사과를 좋아하는 학생 수를 각각 구합니다.**

표에서 복숭아를 좋아하는 학생은 4명, 포도를 좋아하는 학생은 5명이므로 막대그래프를 완성합니다.

그래프에서 귤을 좋아하는 학생은 11명, 사과를 좋아하는 학생은 6명이고
(합계)=11＋4＋6＋5＝26(명)이므로 표를 완성합니다.

해결 전략
막대그래프에서 세로 눈금 한 칸의 크기를 먼저 구합니다.

02

접근 ≫ **좋아하는 과일별 학생 수의 합을 구합니다.**

조사한 학생은 표의 합계와 같으므로 26명입니다.

해결 전략
수량의 합을 구할 때는 그래프보다 표를 이용하는 것이 더 편리합니다.

03 접근 ≫ 막대의 길이가 포도보다 더 긴 과일을 알아봅니다.

막대의 길이가 포도보다 더 긴 과일은 귤과 사과입니다.

04 접근 ≫ 점수와 세로 눈금과의 관계를 알아봅니다.

세로 눈금 5칸이 50점을 나타내므로 세로 눈금 한 칸은 $50 \div 5 = 10$(점)을 나타냅니다.

05 접근 ≫ 막대의 길이가 가장 긴 것과 가장 짧은 것을 각각 찾아봅니다.

점수가 가장 높은 과목은 막대의 길이가 가장 긴 국어이고 막대가 세로 눈금 9칸이므로 90점입니다. 점수가 가장 낮은 과목은 막대의 길이가 가장 짧은 사회이고 막대가 세로 눈금 6칸이므로 60점입니다.
따라서 두 점수의 차는 $90 - 60 = 30$(점)입니다.

다른 풀이
막대의 길이가 가장 긴 과목은 국어로 9칸이고, 막대의 길이가 가장 짧은 과목은 사회로 6칸입니다. 두 막대의 길이의 차가 3칸이므로 점수가 가장 높은 과목과 가장 낮은 과목의 점수의 차는 $10 \times 3 = 30$(점)입니다.

06 접근 ≫ 수학 점수를 먼저 알아봅니다.

주어진 막대그래프에서 세로 눈금 한 칸이 10점이고 수학 점수는 세로 눈금 8칸으로 80점입니다. 세로 눈금 한 칸이 5점을 나타내는 막대그래프로 다시 그린다면 80점은 $80 \div 5 = 16$(칸)으로 그려야 합니다.

07 접근 ≫ 노란색을 좋아하는 학생 수를 먼저 구합니다.

노란색을 좋아하는 학생이 $28 - (6 + 7 + 4 + 3) = 8$(명)이므로 노란색을 좋아하는 학생이 가장 많습니다.
따라서 적어도 8명까지 나타낼 수 있어야 합니다.

08 접근 ≫ 세로 눈금 한 칸의 크기를 먼저 구합니다.

세로 눈금 5칸이 10일을 나타내므로 세로 눈금 한 칸은 $10 \div 5 = 2$(일)을 나타냅니다. 1월에 눈이 온 날은 $2 \times 7 = 14$(일)이고, 1월은 31일까지 있으므로 1월에 눈이 오지 않은 날은 $31 - 14 = 17$(일)입니다.

09 접근 ≫ 전체 학생 수와 막대의 세로 눈금 칸 수의 합을 비교하여 세로 눈금 한 칸의 크기를 구합니다.

막대그래프에서 막대의 세로 눈금이 피아노는 5칸, 북은 4칸, 바이올린은 7칸, 가야금은 3칸으로 모두 $5+4+7+3=19$(칸)입니다. 19칸이 38명이므로 세로 눈금 한 칸은 $38\div19=2$(명)을 나타냅니다.
피아노를 배우고 싶어 하는 학생은 막대의 세로 눈금이 5칸이므로
$5\times2=10$(명)입니다.

10 접근 ≫ 하루에 사탕이 몇 개씩 남는지 알아봅니다.

두 막대그래프에서 세로 눈금 5칸이 50개를 나타내므로 세로 눈금 한 칸은 10개를 나타냅니다. 하루에 남는 초코 맛 사탕은 $60-30=30$(개), 딸기 맛 사탕은 $90-80=10$(개), 멜론 맛 사탕은 $80-60=20$(개)이므로 하루에 남는 사탕은 모두 $30+10+20=60$(개)입니다.
따라서 일주일 동안 남는 사탕은 모두 $60\times7=420$(개)입니다.

다른 풀이
두 막대그래프에서 세로 눈금 한 칸의 크기가 10개로 같으므로 맛별 막대 길이의 차를 구하면 초코 맛 사탕은 $6-3=3$(칸), 딸기 맛 사탕은 $9-8=1$(칸), 멜론 맛 사탕은 $8-6=2$(칸)입니다. 맛별 막대 길이의 차가 모두 $3+1+2=6$(칸)이므로 하루에 남는 사탕은 $10\times6=60$(개)입니다.
따라서 일주일 동안 남는 사탕은 모두 $60\times7=420$(개)입니다.

11 접근 ≫ 호랑이를 좋아하는 학생 수를 □라 하여 식을 세워 봅니다.

호랑이를 좋아하는 학생 수를 □명이라 하면 토끼를 좋아하는 학생 수는 (□+4)명, 곰을 좋아하는 학생 수는 (□+3)명입니다.
$4+□+□+3+□+4=26$, $□+□+□+11=26$, $□\times3=15$, $□=5$

따라서 호랑이를 좋아하는 학생은 5명, 토끼를 좋아하는 학생은 9명, 곰을 좋아하는 학생은 8명입니다.

12 접근 ≫ 세로 눈금 한 칸의 크기를 먼저 구합니다.

막대그래프의 세로 눈금 5칸이 10명을 나타내므로 세로 눈금 한 칸은
$10\div5=2$(명)을 나타냅니다. 야구장에 놀러 가고 싶어 하는 학생은 세로 눈금 8칸이므로 $8\times2=16$(명)입니다.

해결 전략
(학생 수)=(막대의 세로 눈금 칸 수)×(세로 눈금 한 칸의 크기)

13 접근 ≫ 막대의 칸 수의 차를 구합니다.

박물관에 놀러 가고 싶어 하는 학생은 세로 눈금 10칸, 축구장에 놀러 가고 싶어 하는
학생은 세로 눈금 6칸입니다.
따라서 박물관에 놀러 가고 싶어 하는 학생은 축구장에 놀러 가고 싶어 하는 학생보다
세로 눈금이 4칸 더 길므로 $4 \times 2 = 8$(명) 더 많습니다.

다른 풀이
박물관에 놀러 가고 싶어 하는 학생은 세로 눈금 10칸이므로 $10 \times 2 = 20$(명)이고, 축구장에 놀
러 가고 싶어 하는 학생은 세로 눈금 6칸이므로 $6 \times 2 = 12$(명)입니다.
따라서 박물관에 놀러 가고 싶어 하는 학생은 축구장에 놀러 가고 싶어 하는 학생보다
$20 - 12 = 8$(명) 더 많습니다.

해결 전략
(학생 수의 차)＝(막대의 세로 눈금 칸 수의 차)×(세로 눈금 한 칸의 크기)

14 접근 ≫ 놀이공원과 수영장에 놀러 가고 싶어 하는 학생 수의 합을 먼저 구합니다.

놀이공원과 수영장에 놀러 가고 싶어 하는 학생 수의 합은
$64 - (20 + 12 + 16) = 64 - 48 = 16$(명)입니다.
놀이공원과 수영장에 놀러 가고 싶어 하는 학생 수가 같으므로 수영장에 놀러 가고
싶어 하는 학생은 $16 \div 2 = 8$(명)입니다.

해결 전략
전체 학생 수에서 박물관, 축구장, 야구장에 놀러 가고 싶어 하는 학생 수를 뺍니다.

다른 풀이
놀이공원과 수영장에 놀러 가고 싶어 하는 학생 수를 각각 □라 하면
□$+20+$□$+12+16=64$, □$+$□$+48=64$, □$+$□$=16$, □$=8$입니다.
따라서 수영장에 놀러 가고 싶어 하는 학생은 8명입니다.

15 접근 ≫ 세로 눈금 한 칸의 크기를 먼저 구합니다.

막대그래프의 세로 눈금 5칸이 10명을 나타내므로 세로 눈금 한 칸은
$10 \div 5 = 2$(명)을 나타냅니다.
㉠ 4반에서 안경을 쓴 학생이 8명이므로 세로 눈금 $8 \div 2 = 4$(칸)인 막대를 그립니
다.
㉡ 2반에서 안경을 쓴 학생은 12명이고, 1반에서 안경을 쓴 학생의 2배이므로 1반
에서 안경을 쓴 학생은 $12 \div 2 = 6$(명)입니다.
1반은 세로 눈금 $6 \div 2 = 3$(칸)인 막대를 그립니다.
㉢ 3반에서 안경을 쓴 학생은 $42 - (6 + 12 + 8) = 16$(명)이므로 세로 눈금
$16 \div 2 = 8$(칸)인 막대를 그립니다.

해결 전략
• ㉠에서 4반, ㉡에서 1반,
㉢에서 3반의 학생 수를 각
각 구합니다.
• 전체 학생 수에서 1반, 2반,
4반의 안경을 쓴 학생 수를
뺍니다.

16 접근 ≫ A 상자 한 개와 E 상자 한 개에 담을 수 있는 탁구공의 수를 먼저 구합니다.

A 상자 한 개에는 탁구공을 6개 담을 수 있고, E 상자 한 개에는 탁구공을 8개 담을
수 있으므로 A 상자 2개와 E 상자 3개에는 탁구공을 모두
$6 \times 2 + 8 \times 3 = 12 + 24 = 36$(개) 담을 수 있습니다.

해결 전략
막대그래프의 세로 눈금 5칸
이 5개를 나타내므로 세로 눈
금 한 칸은 1개를 나타냅니다.

17

접근 ≫ C 상자 한 개에 담을 수 있는 탁구공의 수를 먼저 구합니다.

C 상자 한 개에는 탁구공을 5개 담을 수 있으므로 탁구공 25개를 C 상자에 담으려면 C 상자는 $25 \div 5 = 5$(개) 필요합니다.

18

접근 ≫ B 상자 2개에 담을 수 있는 탁구공의 수를 먼저 구합니다.

B 상자 한 개에는 탁구공을 7개 담을 수 있으므로 B 상자 2개에 담을 수 있는 탁구공은 $7 \times 2 = 14$(개)입니다.
D 상자 한 개에는 탁구공을 4개 담을 수 있으므로
$14 \div 4 = 3 \cdots 2$에서 D 상자는 적어도 $3 + 1 = 4$(개) 필요합니다.

보충 개념
$14 \div 4 = 3 \cdots 2$
상자의 수 ┘   └ 남은 탁구공의 수
남은 탁구공 2개도 담아야 하므로 필요한 상자는 적어도 $3 + 1 = 4$(개)입니다.

서술형 19

접근 ≫ 세로 눈금 한 칸의 크기를 먼저 구합니다.

㉮ 세로 눈금 한 칸은 $10 \div 5 = 2$(명)을 나타냅니다. 여학생에게 가장 인기 있는 장래 희망은 연예인으로 20명이고, 가장 인기 없는 장래 희망은 요리사로 12명이므로 여학생 수의 차는 $20 - 12 = 8$(명)입니다.

채점 기준	배점
여학생에게 가장 인기 있는 장래 희망과 가장 인기 없는 장래 희망을 알고 있나요?	2점
가장 인기 있는 장래 희망과 가장 인기 없는 장래 희망의 여학생 수의 차를 구했나요?	3점

서술형 20

접근 ≫ 전체 여학생 수를 먼저 구합니다.

㉮ 여학생은 $14 + 18 + 20 + 12 + 16 = 80$(명)이므로 남학생은 $80 - 4 = 76$(명)입니다. 따라서 장래 희망이 운동선수인 남학생은
$76 - (14 + 14 + 18 + 10) = 20$(명)입니다.

채점 기준	배점
전체 남학생 수를 구했나요?	2점
장래 희망이 운동선수인 남학생 수를 구했나요?	3점

01 접근 » 나눗셈식의 배열에서 규칙을 찾아봅니다.

나누어지는 수가 900씩 커지고 300으로 나누므로 계산 결과는
$900 \div 300 = 3$씩 커집니다. 따라서 ㉠에는 7800보다 900만큼 더 큰 수인 8700
을 300으로 나누어 계산 결과가 29인 식이 나옵니다.

해결 전략
나누어지는 수와 나누는 수의
규칙을 찾습니다.

02 접근 » 덧셈식과 곱셈식의 규칙을 찾아봅니다.

더한 짝수들은 2부터 차례로 커지다가 한가운데에서 다시 작아집니다.
□째의 가장 큰 수는 □째 수이므로 □째 수의 합을 곱셈식으로 나타내면
(가장 큰 수)×□가 됩니다.
따라서 여덟째 식은
$2+4+6+8+10+12+14+16+14+12+10+8+6+4+2=16 \times 8$
입니다.

한가운데 수
여덟째 수

가장 큰 수
한가운데 수

해결 전략
덧셈식의 한가운데 수와 곱한
수와의 관계를 생각합니다.

03 접근 » 색칠한 칸의 규칙을 찾아봅니다.

색칠한 칸 수는 한 칸씩 늘어나고, 색칠한 칸은 시계 반대 방향으로 움직입니다.
넷째에 색칠한 칸 수는 4칸이므로 다섯째에 색칠한 칸 수는 $4+1=5$(칸)이고, 넷째
에 색칠한 모양에서 시계 반대 방향으로 움직여서 색칠합니다.

해결 전략
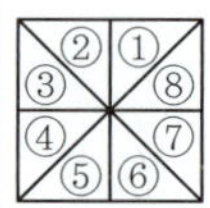

첫째: ①
둘째: ②, ③
셋째: ④, ⑤, ⑥
넷째: ⑦, ⑧, ①, ②

04 접근 » 등호(=)의 양쪽의 식을 비교해 봅니다.

더해지는 수가 22에서 19로 3만큼 더 작아졌으므로 더하는 수는 ㉠에서 ㉡으로 3만
큼 더 커져야 등호 양쪽의 계산 결과가 같습니다.
(㉠, ㉡)은 (1, 4), (2, 5), (3, 6), (4, 7), (5, 8), (6, 9)로 모두 6쌍입니다.

해결 전략
㉠과 ㉡의 관계를 찾은 후
(㉠, ㉡)에 알맞은 수는 몇 쌍
인지 찾습니다.

05 접근 ≫ 어떤 칸부터 수를 찾는 것이 간단한지 생각해 봅니다.

12와 27을 각각 두 수의 곱으로 나타내면

12 ➡ 1×12, 2×6, 3×4

27 ➡ 1×27, 3×9입니다.

곱으로 나타낸 수 중에서 ⓒ에 들어갈 수 있는 수는 ⓒ=1 또는 3인데 ⓒ=1은 불

가능하므로 ⓒ=3입니다.

ⓒ=3을 이용하여 나머지 칸에 알맞은 수를 구합니다.

ⓛ×ⓒ=ⓛ×3=27 ➡ ⓛ=9, ㉠×ⓛ=㉠×9=45 ➡ ㉠=5,

㉠×㉑=5×㉑=30 ➡ ㉑=6, ㉒×㉑=㉒×6=24 ➡ ㉒=4

다른 풀이

45와 27을 각각 두 수의 곱으로 나타낸 다음 위의 방법과 동일하게 풀 수도 있습니다.

06 접근 ≫ 삼각형의 가운데에 있는 수의 규칙을 찾아봅니다.

첫째 삼각형: $(7-3)×2=8$

둘째 삼각형: $(6-4)×3=6$

셋째 삼각형: $(10-8)×5=10$

➡ 삼각형의 가운데에 있는 수는 삼각형 아래에 있는 두 수의 차와 삼각형 위에 있는 수의 곱입니다.

따라서 넷째 삼각형에서 $(8-4)×3=12$이므로 ㉠=12입니다.

07 접근 ≫ 대한민국을 기준으로 체코와 뉴질랜드의 시각의 차이를 각각 구해 봅니다.

체코는 대한민국보다 (7월 8일 오후 11시)−(7월 8일 오후 4시)=7(시간) 느리고,

뉴질랜드는 대한민국보다 (7월 9일 오전 2시)−(7월 8일 오후 11시)=3(시간) 빠릅니다.

	체코		대한민국		뉴질랜드
	← 7시간 느림			3시간 빠름 →	
	8월 20일 오전 5시		8월 20일 오전 5시		8월 20일 오전 5시
	− 7시간			+ 3시간	
	8월 19일 오후 10시				8월 20일 오전 8시

08 접근 ≫ 잘린 끈의 수의 규칙을 찾아봅니다.

끈을 한 번 자를 때마다 잘린 끈은 2개씩 늘어납니다.

자른 횟수(번)	1	2	3	4	5	…
잘린 끈의 수(개)	3	5	7	9	11	…

$+2$ $+2$ $+2$ $+2$

(잘린 끈의 수)$=3+2×($(자른 횟수)$-1)$이므로 10번 자르면 끈은

$3+2×9=21$(개)가 됩니다.

09 접근 》 자른 횟수를 □라 하여 식을 만들어 봅니다.

자른 횟수를 □번이라 하면 $3+2\times(\square-1)=57$,
$2\times(\square-1)=54$, $\square-1=27$, $\square=28$입니다.
따라서 잘린 끈이 57개가 되려면 끈을 28번 잘라야 합니다.

10 접근 》 점이 늘어나는 규칙을 찾아봅니다.

순서	첫째	둘째	셋째	넷째	…
점의 수(개)	1	$1+6$	$1+6+12$	$1+6+12+18$	…

$1+1\times6+2\times6+3\times6$

점이 6개, 12개, 18개, … 늘어납니다.
따라서 여덟째에는 점이
$1+6+12+18+24+30+36+42=169$(개)입니다.

해결 전략

셋째

넷째

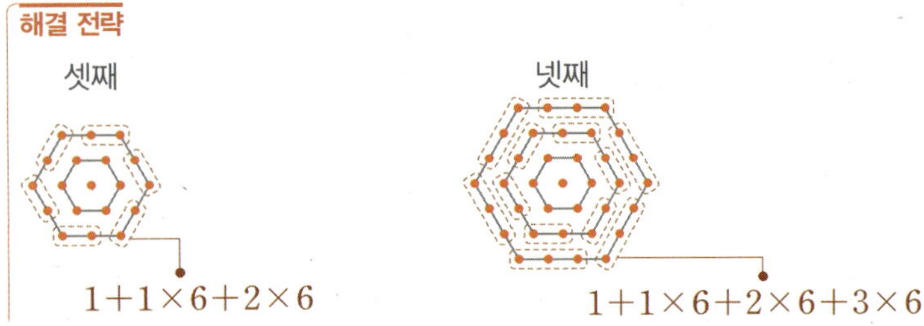

$1+1\times6+2\times6$

$1+1\times6+2\times6+3\times6$

다른 풀이

순서	첫째	둘째	셋째	넷째	…
점의 수(개)	1	$1+1\times6$	$1+1\times6+2\times6$	$1+1\times6+2\times6+3\times6$	…

따라서 여덟째에는 점이
$1+1\times6+2\times6+3\times6+4\times6+5\times6+6\times6+7\times6$

분배법칙 이용 예 $1\times6+2\times6=(1+2)\times6$

$=1+(1+2+3+4+5+6+7)\times6=1+28\times6=169$(개)입니다.

11 접근 》 →, ↓, ↘, ↗ 방향으로 놓인 세 수의 합이 모두 같음을 이용합니다.

7	17	가
나	9	13
15	다	라

$7+17+가=가+13+라$에서
$7+17=13+라$, $24=13+라$, 라$=11$
$7+나+15=7+9+라$에서
나$+15=9+라$, 나$+15=20$, 나$=5$

$17+9+다=나+9+13$에서 $17+다=나+13$, $17+다=18$, 다$=1$

$7+17+가=7+나+15$에서 $17+가=나+15$, $17+가=20$, 가$=3$

12 접근 ≫ 쌓기나무가 늘어나는 규칙을 찾아봅니다.

쌓기나무 수를 식으로 써 보면 다음과 같은 규칙이 있습니다.

첫째: 1

둘째: $1+(1+2)$

셋째: $1+(1+2)+(1+2+3)$

넷째: $1+(1+2)+(1+2+3)+(1+2+3+4)$

$$\vdots$$

여섯째: $1+(1+2)+(1+2+3)+(1+2+3+4)+(1+2+3+4+5)$
$\qquad +(1+2+3+4+5+6)$

따라서 여섯째 모양을 만드는 데 필요한 쌓기나무는

$1+3+6+10+15+21=56$(개)입니다.

13 접근 ≫ 늘어나는 흰색 바둑돌과 검은색 바둑돌의 규칙을 찾아봅니다.

홀수째와 짝수째로 나누어 규칙을 찾으면 홀수째는 검은색 바둑돌이 흰색 바둑돌보다 2개, 4개, 6개, 8개, … 많아지고, 짝수째는 흰색 바둑돌이 검은색 바둑돌보다 2개, 4개, 6개, 8개, … 많아집니다.

12째는 짝수째이므로 흰색 바둑돌이 검은색 바둑돌보다 12개 더 많습니다.

순서	둘째	넷째	여섯째	여덟째	10째	12째
바둑돌 수의 차(개)	2	4	6	8	10	12

다른 풀이

순서	첫째	둘째	셋째	넷째	다섯째
흰색 바둑돌 수(개)	0	4	4	12	12
검은색 바둑돌 수(개)	2	2	8	8	18
바둑돌 수의 차(개)	2	2	4	4	6

흰색 바둑돌과 검은색 바둑돌 수의 차의 규칙은 2, 2, 4, 4, 6, 6, …입니다.
홀수째는 검은색 바둑돌 수가 더 많고 짝수째는 흰색 바둑돌 수가 더 많습니다.
12째는 짝수째이므로 흰색 바둑돌이 검은색 바둑돌보다 12개 더 많습니다.

14 접근 ≫ 면봉이 늘어나는 규칙을 찾아봅니다.

순서	첫째	둘째	셋째	넷째	…
면봉의 수(개)	$1\times3=3$	$3\times3=9$	$6\times3=18$	$10\times3=30$	…

$+(2\times3) \quad +(3\times3) \quad +(4\times3)$

10째 모양을 만드는 데 필요한 면봉은

$1\times3+2\times3+3\times3+4\times3+\cdots+10\times3$

$=(1+2+3+4+\cdots+10)\times3=55\times3=165$(개)입니다.

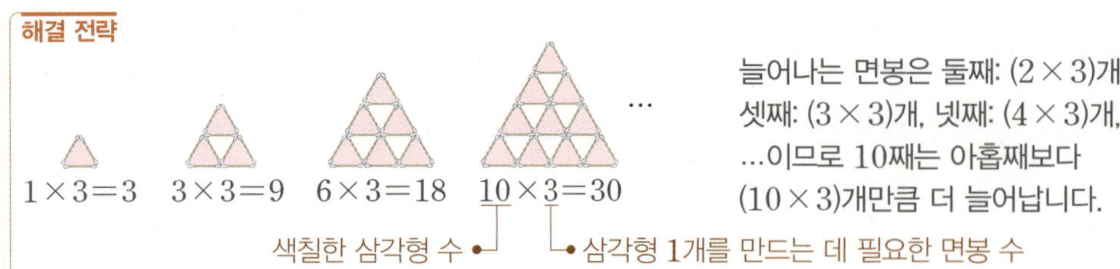

15 접근 ≫ 방향이 바뀌는 수의 규칙을 찾아봅니다.

방향이 바뀌는 수의 순서	첫째	둘째	셋째	넷째	다섯째	여섯째	일곱째	여덟째
방향이 바뀌는 수	2	3	5	7	10	13	17	21

$+1 \quad +2 \quad +2 \quad +3 \quad +3 \quad +4 \quad +4$

방향이 바뀌는 수를 나타냈을 때 늘어나는 수는 1, 2, 2, 3, 3, 4, 4, … 입니다.

따라서 20째로 방향이 바뀌는 수는 $2+(1+2+2+3+3+4+4+\cdots+10+10)=111$입니다.

$2+1+(2+3+4+\cdots+10)×2=3+54×2=3+108=111$

16 접근 ≫ 낮은 자리부터 각 자리 수의 합을 구합니다.

계산 결과에서 가장 낮은 자리부터 네 자리 수는 일, 십, 백, 천의 자리까지의 수입니다.

일의 자리 수의 합: 1이 1000번 더해짐. ➡ $1×1000=1000$

십의 자리 수의 합: 10이 999번 더해짐. ➡ $10×999=9990$

백의 자리 수의 합: 100이 998번 더해짐. ➡ $100×998=99800$

천의 자리 수의 합: 1000이 997번 더해짐. ➡ $1000×997=997000$

따라서 일, 십, 백, 천의 자리 수의 합이

$1000+9990+99800+997000=1107790$이므로 가장 낮은 자리부터 네 자리 수는 7790입니다.

17 접근 ≫ 매달 토끼가 어떻게 늘어나는지 규칙을 찾아봅니다.

처음 한 쌍의 아기 토끼는 한 달 후에 어른 토끼가 되고, 2달 후에는 토끼 한 쌍을 낳습니다. 이후 어른 토끼는 매달 토끼를 한 쌍씩 낳고, 아기 토끼는 1달 후에 어른 토끼가 되고 2달 후에는 토끼 한 쌍을 낳습니다.

달	처음	1달 후	2달 후	3달 후	4달 후	5달 후
아기 토끼의 수(쌍)	1	0	1	1	2	3
어른 토끼의 수(쌍)	0	1	1	2	3	5

따라서 5달 후에 토끼는 모두 $3+5=8$(쌍)입니다.

18 접근 ≫ 토끼가 늘어나는 수의 규칙을 찾아봅니다.

달	처음	1달 후	2달 후	3달 후	4달 후	5달 후
토끼의 수(쌍)	1	1	2	3	5	8

토끼의 쌍의 수를 나타내 보면 앞의 두 수를 더하면 그 다음 수가 됩니다.

달	6달 후	7달 후	8달 후	9달 후	10달 후	11달 후	12달 후
토끼의 수(쌍)	5+8 =13	8+13 =21	13+21 =34	21+34 =55	34+55 =89	55+89 =144	89+144 =233

1년 후(12달 후) 토끼는 모두 233쌍입니다.

19 접근 ≫ 수를 세는 손가락의 순서를 알아봅니다.

⑳ 엄지부터 수를 세어 다시 엄지에 오기 전까지 8개의 수가 반복됩니다.
따라서 130을 8로 나눌 때 나머지가 130을 세는 손가락입니다.
$130 \div 8 = 16 \cdots 2$이므로 130은 검지로 셉니다.

채점 기준	배점
반복되는 수는 몇 개인지 구했나요?	2점
130을 세는 손가락을 구했나요?	3점

20 접근 ≫ 네 수 중 가장 작은 수를 □라 하여 식을 만들어 봅니다.

⑳ 가장 작은 수를 □라 하면 색칠한 네 수는 □, □+1, □+7, □+8입니다.
색칠한 네 수의 합은 □+(□+1)+(□+7)+(□+8)=□×4+16=140,
□×4=124, □=31이므로 가장 작은 수는 31입니다.

채점 기준	배점
네 수의 합을 구하는 식을 만들었나요?	2점
네 수 중 가장 작은 수를 구했나요?	3점

수능형 사고력을 기르는 1학기 TEST — 1회

01 ②	**02** 110°	**03** ㉡, ㉣	**04** 98765423	**05** 16명	**06** 96명
07 60개	**08** 15000원	**09** 5, 6	**10** 25°	**11** 18 m 10 cm	**12** 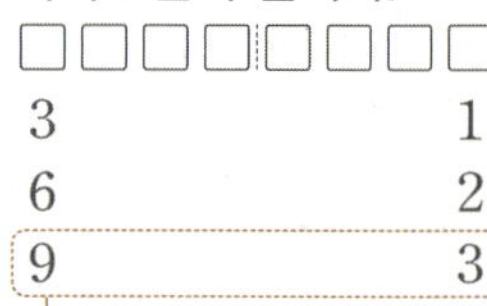
13 10분	**14** 20분	**15** 54852	**16** 2시간 11분	**17** 35장	
18 11행 셋째	**19** 3240°	**20** 31783			

01 1단원
접근 ≫ 백만의 자리 숫자를 각각 알아봅니다.

① 43801726 ➡ 3   ② 8504917 ➡ 8   ③ 146905623 ➡ 6
④ 290583714 ➡ 0   ⑤ 67490154 ➡ 7
따라서 백만의 자리 숫자가 가장 큰 것은 ②입니다.

해결 전략
백만의 자리 숫자는 일의 자리부터 7째 자리의 숫자입니다.

주의
각 수가 몇 자리인지 비교할 필요는 없습니다.

02 2단원 + 4단원
접근 ≫ 도형을 어떤 방법으로 이동해도 사각형의 네 각의 크기는 변하지 않습니다.

사각형을 시계 방향으로 180°만큼 돌려도 네 각의 크기는 변하지 않고 사각형의 위쪽이 아래쪽으로, 오른쪽이 왼쪽으로 이동합니다.

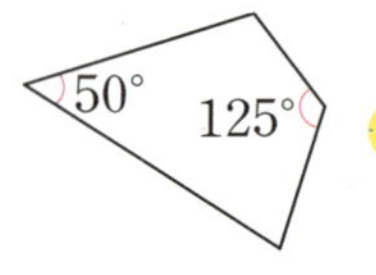 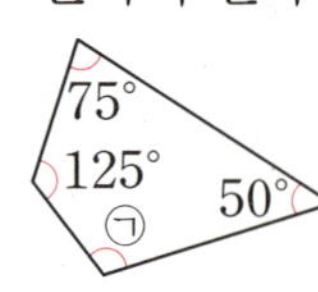

사각형의 네 각의 크기의 합은 360°이므로
$75° + 125° + ㉠ + 50° = 360°$,
$㉠ = 360° - 75° - 125° - 50° = 110°$입니다.

해결 전략
오른쪽 도형에서 125°와 50°의 각을 찾고 사각형의 네 각의 크기의 합이 360°임을 이용합니다.

03 2단원
접근 ≫ 각각의 시각을 시계에 나타내 봅니다.

예각   둔각   예각   둔각

따라서 둔각인 시각은 ㉡, ㉣입니다.

해결 전략
긴바늘과 짧은바늘이 이루는 작은 쪽의 각의 크기가 숫자 눈금 3칸보다 큰 각을 찾습니다.

보충 개념
둔각은 각도가 직각보다 크고 180°보다 작은 각입니다.

04 1단원
접근 ≫ ㉠ → ㉡ → ㉢의 순서대로 조건을 모두 만족시키는 가장 큰 수를 찾아봅니다.

㉠에서 여덟 자리 수이므로 ☐☐☐☐☐☐☐☐이고
㉡에서 (천만의 자리 숫자)=(일의 자리 숫자)×3이고, 가장 큰 수이므로
9☐☐☐☐☐☐3입니다.
㉢에서 각 자리의 숫자는 모두 다르고 가장 큰 수를 구하는 것이므로 9와 3을 제외한 0, 1, 2, 4, 5, 6, 7, 8을 높은 자리부터 큰 수를 차례로 ☐ 안에 써넣으면 98765423입니다.

해결 전략
㉡을 만족시키는 수 중에서 가장 큰 수는 천만의 자리 숫자가 9인 수입니다.
☐☐☐☐☐☐☐☐
3 1
6 2
9 3
• 이 경우가 가장 큰 수입니다.

05 5단원

접근 ≫ 세로 눈금 한 칸의 크기를 먼저 구합니다.

A형의 막대는 AB형의 막대보다 세로 눈금 3칸만큼 더 깁니다. 세로 눈금 3칸이 12명
이므로 세로 눈금 한 칸은 $12 \div 3 = 4$(명)을 나타냅니다.
따라서 AB형은 막대가 세로 눈금 4칸이므로 $4 \times 4 = 16$(명)입니다.

06 5단원

접근 ≫ 막대의 세로 눈금 칸 수를 모두 더해 봅니다.

막대그래프에서 막대의 세로 눈금이 A형은 7칸, B형은 5칸, O형은 8칸, AB형은 4칸
이므로 모두 $7 + 5 + 8 + 4 = 24$(칸)입니다.
세로 눈금 한 칸이 4명을 나타내므로 조사한 학생은 모두
$24 \times 4 = 96$(명)입니다.

해결 전략
(전체 학생 수)=(막대의 전체 세로 눈금 칸 수)×(세로 눈금 한 칸의 크기)

07 6단원

접근 ≫ 바둑돌이 늘어나는 규칙을 알아봅니다.

순서	첫째	둘째	셋째	넷째	…
바둑돌 수(개)	6	12	18	24	…

$+6$ $+6$ $+6$

바둑돌이 6개씩 늘어납니다.
따라서 10째 모양을 만드는 데 필요한 바둑돌은
$6 + 6 + 6 + \cdots + 6 = 6 \times 10 = 60$(개)입니다.
10번

해결 전략
주어진 도형의 변은 6개이므로 바둑돌이 $1 \times 6 = 6$(개)씩 늘어납니다.

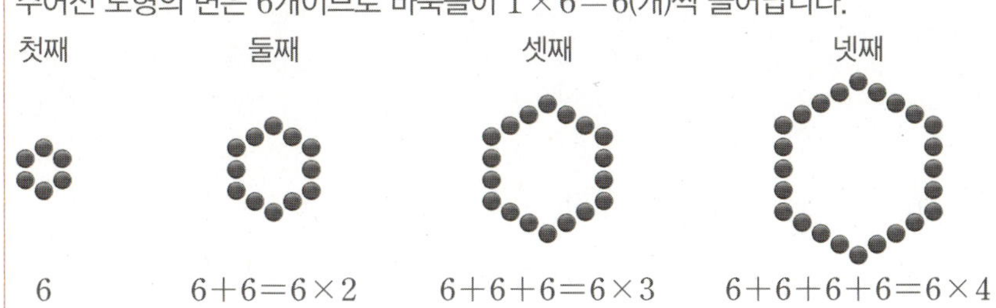

첫째   둘째   셋째   넷째

6 $6 + 6 = 6 \times 2$ $6 + 6 + 6 = 6 \times 3$ $6 + 6 + 6 + 6 = 6 \times 4$

08 1단원 + 3단원

접근 ≫ 공책 100권을 한 권씩 살 때와 2권씩 묶어 살 때의 금액을 각각 구합니다.

가장 비싸게 사는 금액은 공책을 한 권씩 사는 것이고, 가장 싸게 사는 금액은 공책을
2권씩 묶음으로 사는 것입니다.
(가장 비싸게 사는 금액)$= 800 \times 100 = 80000$(원)
(가장 싸게 사는 금액)$= (100 \div 2) \times 1300 = 50 \times 1300 = 65000$(원)
따라서 (두 금액의 차)$= 80000 - 65000 = 15000$(원)입니다.

다른 풀이

공책을 한 권씩 2권을 사면 $800 \times 2 = 1600$(원)이고, 공책을 2권씩 묶음으로 사면 1300원이므로 2권씩 묶음으로 사는 것이 300원 더 적게 듭니다. 따라서 공책 100권을 살 때 2권씩 묶음으로 사는 것과 한 권씩 사는 것의 금액의 차는 $(300 \div 2) \times 100 = 150 \times 100 = 15000$(원)입니다.

09 [3단원]

접근 》 나눗셈식을 곱셈식으로 바꾸어 생각해 봅니다.

주어진 나눗셈의 몫이 15이므로 2□8÷17=15…▲이고, 17로 나누었을 때 나머지 ▲가 가장 작을 때는 0이고 가장 클 때는 16입니다.

나누어지는 수가 가장 작은 경우는 나머지가 0인 경우이므로

$17 \times 15 = 255$이고, 나누어지는 수가 가장 큰 경우는 나머지가 16인 경우이므로

$17 \times 15 + 16 = 271$입니다.

2□8은 255보다 크거나 같고 271보다 작거나 같으므로 □ 안에 들어갈 수 있는 수는 5, 6입니다.

해결 전략
17로 나누었을 때 나머지는 0부터 16까지의 수가 될 수 있습니다.

10 [2단원] + [4단원]

접근 》 먼저 각 ㄱㄴㄹ의 크기를 구합니다.

(각 ㄱㄴㄷ)=115°이고, 각 ㄱㄴㄷ을 시계 방향으로 90°만큼 돌렸으므로

(각 ㄱㄴㄹ)=90°입니다.

따라서 ㉮=(각 ㄱㄴㄷ)-(각 ㄱㄴㄹ)=115°-90°=25°입니다.

해결 전략
각 ㄱㄴㄷ을 시계 방향으로 90°만큼 돌렸으므로 선분 ㄱㄴ이 선분 ㄹㄴ으로, 선분 ㄴㄷ이 선분 ㄴㅁ으로 움직입니다.

11 [3단원]

접근 》 색 테이프를 겹치지 않고 이어 붙인 길이에서 겹쳐진 길이만큼을 빼서 구합니다.

$1\,m\ 30\,cm = 130\,cm$이고, 색 테이프 15장을 이어 붙이면 겹쳐진 부분은 14군데입니다.

이어 붙인 색 테이프의 전체 길이는

$\underline{130 \times 15} - \underline{10 \times 14} = 1950 - 140 = 1810\,(cm)$ ➡ $18\,m\ 10\,cm$입니다.
  └ 색 테이프   └ 겹쳐진
    전체 길이   길이

해결 전략
색 테이프를 겹친 부분은 색 테이프 2장을 이어 붙일 때부터 생기므로
(겹친 부분의 수)
=(색 테이프의 수)-1입니다.

12 [4단원]

접근 》 도형을 움직인 규칙을 찾아봅니다.

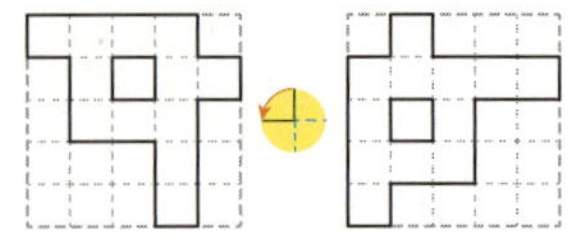

만큼 돌리는 규칙입니다.

해결 전략
도형이 위쪽 → 왼쪽 → 아래쪽 → 오른쪽으로 이동합니다.

13 [3단원] + [5단원]

접근 》 가로 눈금 한 칸의 크기를 먼저 구합니다.

가로 눈금 5칸이 500 m를 나타내므로 가로 눈금 한 칸은 $500 \div 5 = 100$ (m)를 나타냅니다. 민하네 집과 학교 사이의 거리는 800 m입니다.

민하가 5분에 400 m씩 걷고 800 m는 400 m의 2배이므로 집에서 학교까지 가는 데 걸리는 시간은 $5 \times 2 = 10$(분)입니다.

보충 개념

(1분 동안 움직인 거리)×(시간)=(전체 움직인 거리)

14 [3단원] + [5단원]

접근 》 민하네 집에서 가장 먼 장소를 찾아봅니다.

민하네 집에서 가장 먼 장소는 거리가 1300 m인 공원입니다. 1300 m는 130 m의 10배이므로 민하가 1300 m를 걷는 데 걸리는 시간은 $2 \times 10 = 20$(분)입니다.

다른 풀이

민하네 집에서 가장 먼 장소는 막대의 길이가 가장 긴 공원이고 거리가 1300 m입니다. 민하는 2분에 130 m를 걸으므로 1분에 $130 \div 2 = 65$ (m)를 걷습니다.
따라서 1300 m를 걷는 데 걸리는 시간은 $1300 \div 65 = 20$(분)입니다.

15 [3단원]

접근 》 가장 큰 수부터 넣어 곱이 가장 큰 식을 만들어 봅니다.

큰 수부터 다음 번호의 순서대로 넣어 계산해 봅니다.

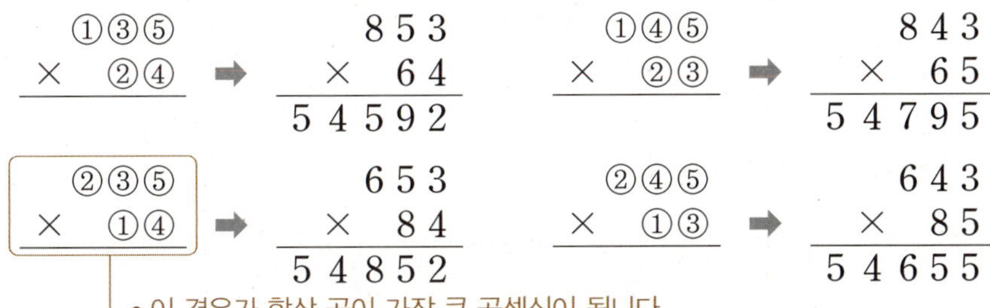

이 경우가 항상 곱이 가장 큰 곱셈식이 됩니다.

따라서 계산 결과가 가장 크게 될 때의 곱은 54852입니다.

16 [4단원]

접근 》 거울이 놓인 곳을 생각해 봅니다.

거울이 시계의 위쪽(아래쪽)이나 왼쪽(오른쪽)에 놓일 수 있습니다.

따라서 거울을 시계의 왼쪽(오른쪽)에 놓고 비친 모습입니다.

독서를 시작한 시각: 08:25   독서를 끝낸 시각: 10:36

➡ (독서를 한 시간)=10시 36분−8시 25분=2시간 11분

17 [1단원] + [6단원]
접근 ≫ 100만 원짜리 수표는 최대 몇 장까지 바꿀 수 있는지 구합니다.

100만 원짜리 수표는 32장까지 찾을 수 있습니다. 100만 원짜리 수표 1장을 10만 원짜리 수표 10장으로 바꾸는 방법으로 전체 수표의 수(64장)를 맞추어 봅니다.

100만 원짜리 수표	10만 원짜리 수표	전체 수표
32장	5장	37장
31장	15장	46장
30장	25장	55장
29장	35장	64장

1장씩 줄어들면   10장씩 늘어납니다.

따라서 은행에서 찾은 10만 원짜리 수표는 35장입니다.

해결 전략

최대로 찾을 수 있는 100만 원짜리 수표의 수를 구한 다음, 100만 원짜리 수표 1장씩을 10만 원짜리 수표로 바꿔 봅니다.

18 [6단원]
접근 ≫ 각 줄의 가장 왼쪽에 있는 수의 규칙을 찾아봅니다.

각 행의 가장 왼쪽에 있는 수를 써 보면 1, 3, 6, 10, 15, …로 더하는 수가 $+2$ $+3$ $+4$ $+5$

2, 3, 4, 5, …로 커집니다. 64에 가장 가까운 수를 구하기 위해 11행의 가장 왼쪽에 있는 수를 구하면 $1+(2+3+\cdots+9+10+11)=66$입니다.

각 행에서 오른쪽으로 1씩 작아지므로 66, 65, 64, …에서 64는 왼쪽에서 셋째 수입니다. 따라서 64는 11행 셋째 수입니다.

해결 전략

$1+2+3+4+5+6$
$+7+8+9+10+11$
$=$(한가운데 수)$\times$(수의 개수)
$=6\times11=66$

19 [서술형] [2단원] + [3단원]
접근 ≫ 변이 20개인 도형은 몇 개의 삼각형으로 나누어지는지 구합니다.

例 변이 20개인 도형은 18개의 삼각형으로 나누어집니다. 삼각형의 세 각의 크기의 합은 $180°$이므로 (변이 20개인 도형의 각의 크기의 합)$=180°\times18=3240°$입니다.

채점 기준	배점
변이 20개인 도형의 나누어진 삼각형의 수를 구했나요?	3점
변이 20개인 도형의 각의 크기의 합을 구했나요?	2점

해결 전략

(■각형의 각의 크기의 합)
$=$(나누어지는 삼각형의 수)
  $\times180°$

20 [서술형] [3단원]
접근 ≫ 어떤 수를 □라 하여 잘못된 식을 만들어 봅니다.

例 어떤 수를 □라 하면 $\square\div37=23\cdots8$입니다. 나눗셈을 확인하는 식을 이용하면 $\square=37\times23+8=859$이므로 어떤 수는 859입니다.
따라서 바르게 계산하면 $859\times37=31783$입니다.

채점 기준	배점
어떤 수를 구했나요?	3점
바르게 계산한 값을 구했나요?	2점

주의

어떤 수를 구하는 문제가 아니라 어떤 수를 구하여 바르게 계산한 값을 구하는 문제입니다.

수능형 사고력을 기르는 1학기 TEST – 2회

01 21 **02** 1080° **03** 약 540000 cm **04** 2시 35분 **05** 86400~115200회

06 130° **07**

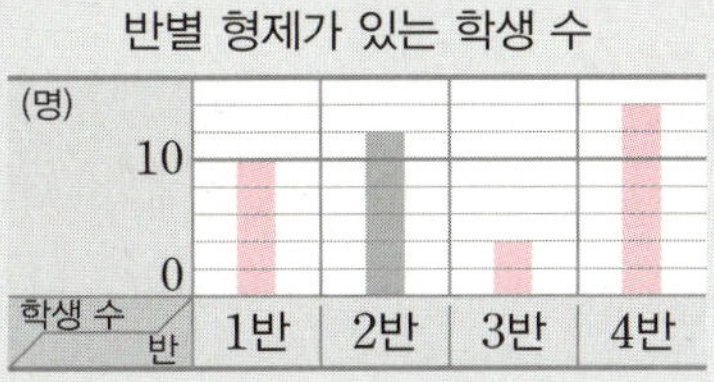

08 9명 **09**

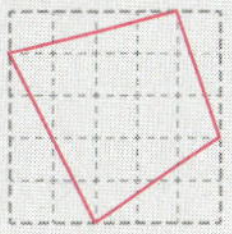

10 23

11 6997762200 **12** 12 **13** 974163

14 1 **15** ⑤ **16** 154° **17** 740, 814, 888, 962 **18** 948 m

19 5조 9450억 **20** 92그루

01

3단원

접근 ≫ 36과 어떤 수를 곱하여 760에 가까운 수를 만들어 봅니다.

36×21=756, 36×22=792이므로 □ 안에는 22보다 작은 수가 들어가야 합니다.

따라서 22보다 작은 수 중에서 가장 큰 수는 21입니다.

다른 풀이

곱셈과 나눗셈의 관계를 이용하면 760÷36=21⋯4이므로 □ 안에는 21, 20, 19, ..., 1이 들어갈 수 있습니다.

따라서 □ 안에 들어갈 수 있는 자연수 중에서 가장 큰 수는 21입니다.

해결 전략

760을 36으로 나누면 몫이 21이고 나머지가 4이므로 □ 안에는 21보다 작거나 같은 수가 들어갑니다.

02

2단원

접근 ≫ 도형을 삼각형으로 나누어 생각해 봅니다.

도형을 오른쪽과 같이 6개의 삼각형으로 나누어 각의 크기의 합을 구합니다.

(색칠된 각의 크기의 합)=180°×6=1080°

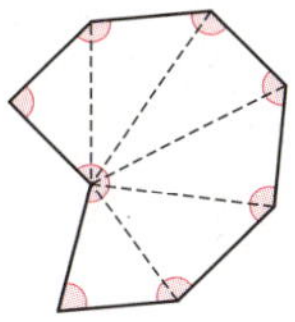

해결 전략

(도형의 각의 크기의 합)

=(나누어지는 삼각형의 수)×180°

03

1단원 + 3단원

접근 ≫ 100원짜리 동전 100개의 금액과 3억 원 사이의 관계를 알아봅니다.

100원짜리 100개는 10000원이고, 3억 원은 10000원의 30000배입니다.

따라서 높이는 약 18 cm의 30000배인 18×30000=540000(cm)이므로 약 540000 cm가 됩니다.

해결 전략

300000000=10000×30000이므로

3억 원은 10000원의 30000배입니다.

해결 전략

금액	높이
10000원 ➡	약 18 cm
(10000×■)원 ➡	약 (18×■) cm

04 [4단원] 접근 ≫ 시계를 아래쪽으로 뒤집었을 때의 시각을 생각합니다.

시계의 아래쪽에서 비친 모습이므로 거울에 비친 모습
은 시계를 위쪽이나 아래쪽으로 뒤집은 모양입니다.
따라서 시계가 가리키는 시각은 2시 35분입니다.

해결 전략
시계를 아래쪽으로 뒤집으면
위쪽과 아래쪽이 서로 바뀝니
다.

05 [1단원] + [3단원] 접근 ≫ 하루는 24시간이고 1시간은 60분입니다.

하루는 24시간이고 1시간은 60분이므로 하루는 $24 \times 60 = 1440$(분)입니다.
따라서 민수의 하루 동안 뛰는 심박수의 범위는
$1440 \times 60 = 86400$(회)에서 $1440 \times 80 = 115200$(회)까지입니다.

보충 개념
(하루)$=24$시간$=1440$분

06 [2단원] 접근 ≫ 숫자 눈금 한 칸의 각도는 30°입니다.

숫자 눈금 한 칸이 30°입니다.
①이 나타내는 각도는 숫자 눈금 4칸이므로 $30° \times 4 = 120°$입니
다.
②가 나타내는 각도는 긴바늘이 20분 동안 움직일 때 짧은바
늘이 움직인 각도입니다. 짧은바늘은 1시간(60분)에 30°씩 움직이고, 10분에
$30° \div 6 = 5°$씩 움직이므로
②가 나타내는 각도는 $5° \times 2 = 10°$입니다.
따라서 긴바늘과 짧은바늘이 이루는 작은 쪽의 각도는 $120° + 10° = 130°$입니다.

해결 전략
①의 각도는 숫자 눈금 한 칸
의 크기를 이용하여 구하고,
②의 각도는 짧은바늘이 20
분 동안 움직인 각도를 이용
하여 구합니다.

07 [5단원] 접근 ≫ 세로 눈금 한 칸의 크기를 먼저 구합니다.

세로 눈금 5칸이 10명을 나타내므로 세로 눈금 한
칸은 $10 \div 5 = 2$(명)을 나타냅니다.
㉠에서 4반은 세로 눈금 $14 \div 2 = 7$(칸)인 막대를
그립니다.
㉡에서 2반은 형제가 있는 학생이 12명이고, 3반
에서 형제가 있는 학생의 3배이므로 3반에서 형제가 있는 학생은 $12 \div 3 = 4$(명)입
니다. 따라서 3반은 세로 눈금 $4 \div 2 = 2$(칸)인 막대를 그립니다.
㉢에서 형제가 있는 학생이 모두 40명이므로 1반에서 형제가 있는 학생은
$40 - (12 + 4 + 14) = 10$(명)입니다. 따라서 1반은 세로 눈금 $10 \div 2 = 5$(칸)인 막
대를 그립니다.

반별 형제가 있는 학생 수

(명)				
10				
0				
학생 수 / 반	1반	2반	3반	4반

해결 전략
㉠에서 4반, ㉡에서 3반의 학
생 수를 구한 다음 ㉢에서 1반
의 학생 수를 구합니다.

08 _{5단원}
접근 » 4학년 전체 남학생 수부터 구합니다.

(전체 남학생 수)＝9＋10＋13＋11＝43(명)이므로
(전체 여학생 수)＝43－5＝38(명)입니다.
(전체 여학생 수)＝8＋12＋(3반 여학생 수)＋9＝38,
29＋(3반 여학생 수)＝38, (3반 여학생 수)＝38－29＝9(명)

09 _{4단원}
접근 » 오른쪽 도형을 거꾸로 움직여 가며 처음 도형을 알아봅니다.

오른쪽으로 9번 뒤집은 도형은 오른쪽으로 1번 뒤집은 도형과 같고, 시계 반대 방향으로 90°만큼 3번 돌린 도형은 시계 방향으로 90°만큼 돌린 도형과 같습니다.
움직인 순서와 방향을 반대로 움직이면 처음 도형이 되므로 오른쪽 도형을 시계 반대 방향으로 90°만큼 돌리고 왼쪽으로 1번 뒤집기 합니다.

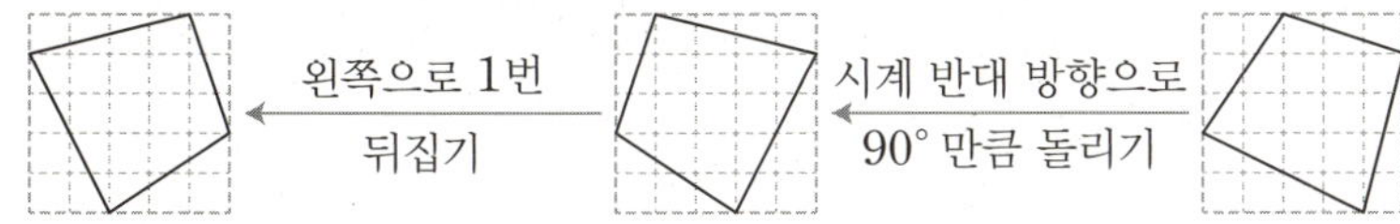

10 _{6단원}
접근 » 각각의 모양을 비교하여 규칙을 찾아봅니다.

모양의 각 칸이 나타내는 수는 오른쪽과 같습니다. | 16 | 8 | 4 | 2 | 1 |
따라서 모양이 나타내는 수는 16＋4＋2＋1＝23입니다.

11 _{1단원}
접근 » 수 카드를 사용하여 70억과의 차가 가장 작은 수를 만들어 봅니다.

70억에 가장 가까운 수는 십억의 자리 숫자가 6이면서 가장 큰 수이거나 십억의 자리 숫자가 7이면서 가장 작은 수입니다.
십억의 자리 숫자가 6이면서 가장 큰 수는 6997762200이고,
70억과의 차는 7000000000－6997762200＝2237800입니다.
십억의 자리 숫자가 7이면서 가장 작은 수는 7002266799이고,
70억과의 차는 7002266799－7000000000＝2266799입니다.
➡ 2237800＜2266799이므로 70억에 가장 가까운 수는 6997762200입니다.

12 _{6단원}
접근 » 연속하는 7개 수의 합을 한가운데 수에 관한 식으로 나타내 봅니다.

3＋4＋5＋⑥＋7＋8＋9＝42는 한가운데 수 6을 7번 더한 수와 같으므로 연속하는 7개 수의 합은 (한가운데 수)×7로 나타낼 수 있습니다.

105를 연속하는 7개 수의 합으로 나타내면

(한가운데 수)×7＝105, (한가운데 수)＝105÷7＝15입니다.

따라서 연속하는 7개의 수는 12, 13, 14, 15, 16, 17, 18이므로 가장 작은 수는 12입니다.

해결 전략

한가운데 수를 □라 하면

(□−3)+(□−2)+(□−1)+□+(□+1)+(□+2)+(□+3)＝□×7입니다.

따라서 연속하는 7개 수의 합은 (한가운데 수)×7입니다.

13 1단원 + 4단원

접근 ≫ 아래쪽으로 뒤집어서 수가 되는 것과 시계 방향으로 180°만큼 돌려서 수가 되는 것을 각각 찾습니다.

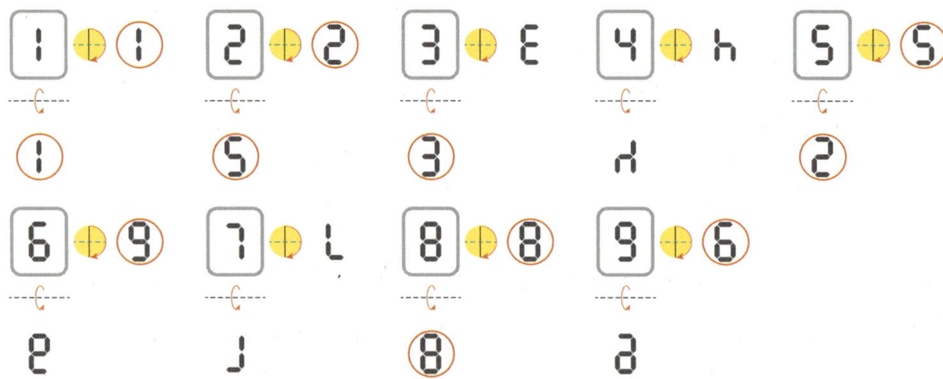

해결 전략

가장 작은 수는 높은 자리부터 작은 수를 차례로 놓아 만들고, 가장 큰 수는 높은 자리부터 큰 수를 차례로 놓아 만듭니다.

주의

뒤집거나 돌렸을 때 다른 수가 만들어져도 됩니다.

- 아래쪽으로 뒤집어도 수가 되는 카드의 수: 1, 2, 3, 5, 8

  ➡ 만들 수 있는 가장 작은 수: 12358

- 시계 방향으로 180°만큼 돌려도 수가 되는 카드의 수: 1, 2, 5, 6, 8, 9

  ➡ 만들 수 있는 가장 큰 수: 986521

따라서 두 수의 차는 986521−12358＝974163입니다.

14 3단원 + 6단원

접근 ≫ 누르는 숫자의 순서를 알아봅니다.

'0, 1, 2, 3, 4, 5, 6, 7, 8, 9, 8, 7, 6, 5, 4, 3, 2, 1'이 반복되므로 18개의 숫자가 반복됩니다.

따라서 200을 18로 나눌 때 나머지가 200째에 누르는 숫자 키보드의 순서입니다.

200÷18＝11…2이므로 200째에 누르는 숫자는 둘째에 누르는 '1'입니다.

해결 전략

반복되는 구간을 찾은 다음 200을 반복되는 구간에 있는 숫자의 개수로 나누어 위치를 찾습니다.

15 _{4단원}

접근 » **보기** 의 도형을 뒤집기, 돌리기 하여 주어진 도형을 만들어 봅니다.

보기 의 도형을 뒤집기, 돌리기 하여 주어진 도형을 만든 다음 정사각형 안의 선의
방향을 생각하여 그려 봅니다.

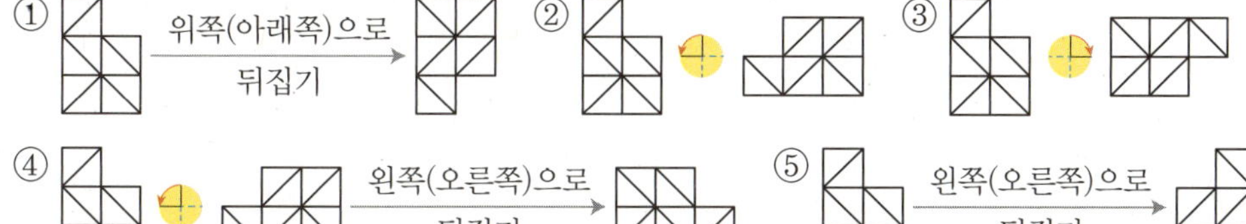

따라서 **보기** 와 같은 도형은 ⑤입니다.

16 _{2단원}

접근 » 접기 전 부분과 접힌 부분의 모양과 크기가 같음을 이용합니다.

사각형 ㅁㅇㄷㄹ에서

(각 ㅁㅇㄷ)$=360°-58°-90°-90°=122°$입니다.
  └ • 사각형의 네 각의 크기의 합은 360°입니다.

(각 ㅁㅇㅈ)$=180°-122°=58°$
  └ • 한 직선을 이루는 각의 크기의 합은 180°입니다.

(각 ㅂㅁㅇ)$=$(각 ㄹㅁㅇ)$=58°$
  └ • 접기 전 부분과 접힌 부분의 각의 크기는 같습니다.

따라서 사각형 ㅁㅂㅈㅇ에서 ㉮$=360°-58°-90°-58°=154°$입니다.

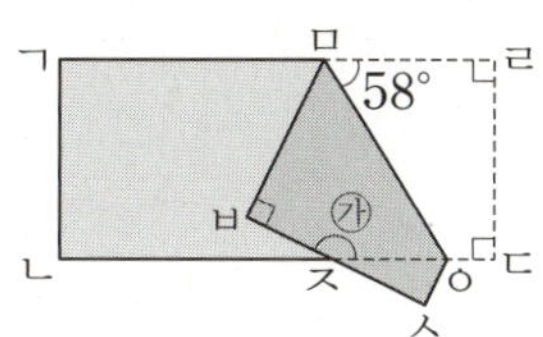

해결 전략

사각형 ㅁㅇㄷㄹ에서 각 ㅁㅇㄷ
의 크기를 구한 다음 각 ㅁㅇㅈ
의 크기를 구합니다.

17 _{3단원}

접근 » 73으로 나누었을 때 몫이 될 수 있는 두 자리 수를 구합니다.

세 자리 수를 73으로 나누었을 때 몫이 될 수 있는 두 자리 수는 10, 11, 12, 13입
니다.

• 몫이 10이고 나머지가 10인 경우 ➡ $73×10+10=740$
• 몫이 11이고 나머지가 11인 경우 ➡ $73×11+11=814$
• 몫이 12이고 나머지가 12인 경우 ➡ $73×12+12=888$
• 몫이 13이고 나머지가 13인 경우 ➡ $73×13+13=962$

따라서 어떤 수가 될 수 있는 수는 740, 814, 888, 962입니다.

해결 전략

• 가장 큰 세 자리 수 999를
  73으로 나누면
  $999÷73=13…50$이므
  로 몫이 될 수 있는 두 자리
  수는 10, 11, 12, 13입니다.
• (어떤 수)$÷73=$ ■ … ■
  ➡ (어떤 수)$=73×$ ■ $+$ ■

18 _{3단원}

접근 » 열차가 20초 동안 달린 거리와 터널의 길이와의 관계를 생각해 봅니다.

열차는 1분에 3 km($=3000$ m)를 달리므로 1초에 $3000÷60=50$ (m)를 달립니
다. 열차가 터널을 완전히 통과하는 데 20초가 걸렸으므로 열차가 터널을 완전히 통
과하는 데 간 거리는 $50×20=1000$ (m)입니다.
  └ • 1초에 50 m를 달리므로 20초에는
     $50×20=1000$ (m)를 달립니다.

따라서 터널의 길이는 열차가 터널을 완전히 통과하는 데 간 거리에서 열차의 길이를
빼면 되므로

(터널의 길이)$=$(열차가 터널을 완전히 통과하는 데 간 거리)$-$(열차의 길이)
$\qquad\qquad\quad =1000-52=948$ (m)입니다.

보충 개념

(1초에 달린 거리)
$=$(1분에 달린 거리)$÷60$

해결 전략

열차는 터널 끝에서 열차의 길이만큼을 더 가야 터널을 완전히 통과한 것입니다.

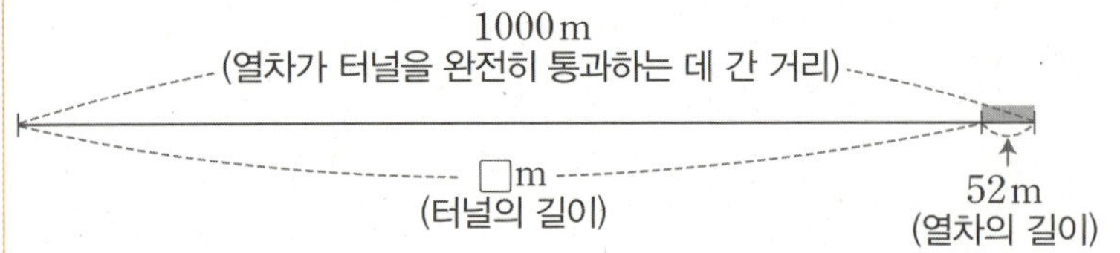

서술형 19 [1단원] 접근 ≫ **거꾸로 뛰어 세어 어떤 수를 구합니다.**

예 어떤 수는 6조 1200억에서 350억씩 거꾸로 5번 뛰어 센 수입니다.

6조 1200억—6조 850억—6조 500억—6조 150억—5조 9800억—5조 9450억

이므로 어떤 수는 5조 9450억입니다.

채점 기준	배점
어떤 수를 구하는 방법을 설명했나요?	2점
어떤 수를 구했나요?	3점

해결 전략

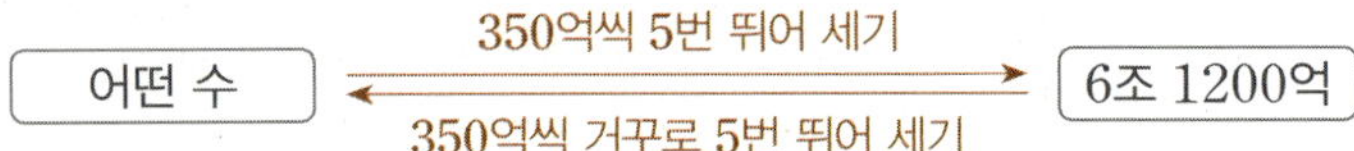

서술형 20 [3단원] 접근 ≫ **도로의 한쪽에 심는 가로수의 수를 먼저 구합니다.**

예 990÷22＝45이므로 도로의 한쪽에 심어야 할 가로수는 45＋1＝46(그루)입

니다. 도로의 양쪽에 가로수를 심어야 하므로 필요한 가로수는 모두

46×2＝92(그루)입니다. •─ 가로수와 가로수의 간격의 수

채점 기준	배점
나눗셈식을 세워 계산했나요?	2점
필요한 가로수는 모두 몇 그루인지 구했나요?	3점

해결 전략

(도로의 한쪽에 심어야 하는 가로수의 수)＝(가로수 사이의 간격의 수)＋1

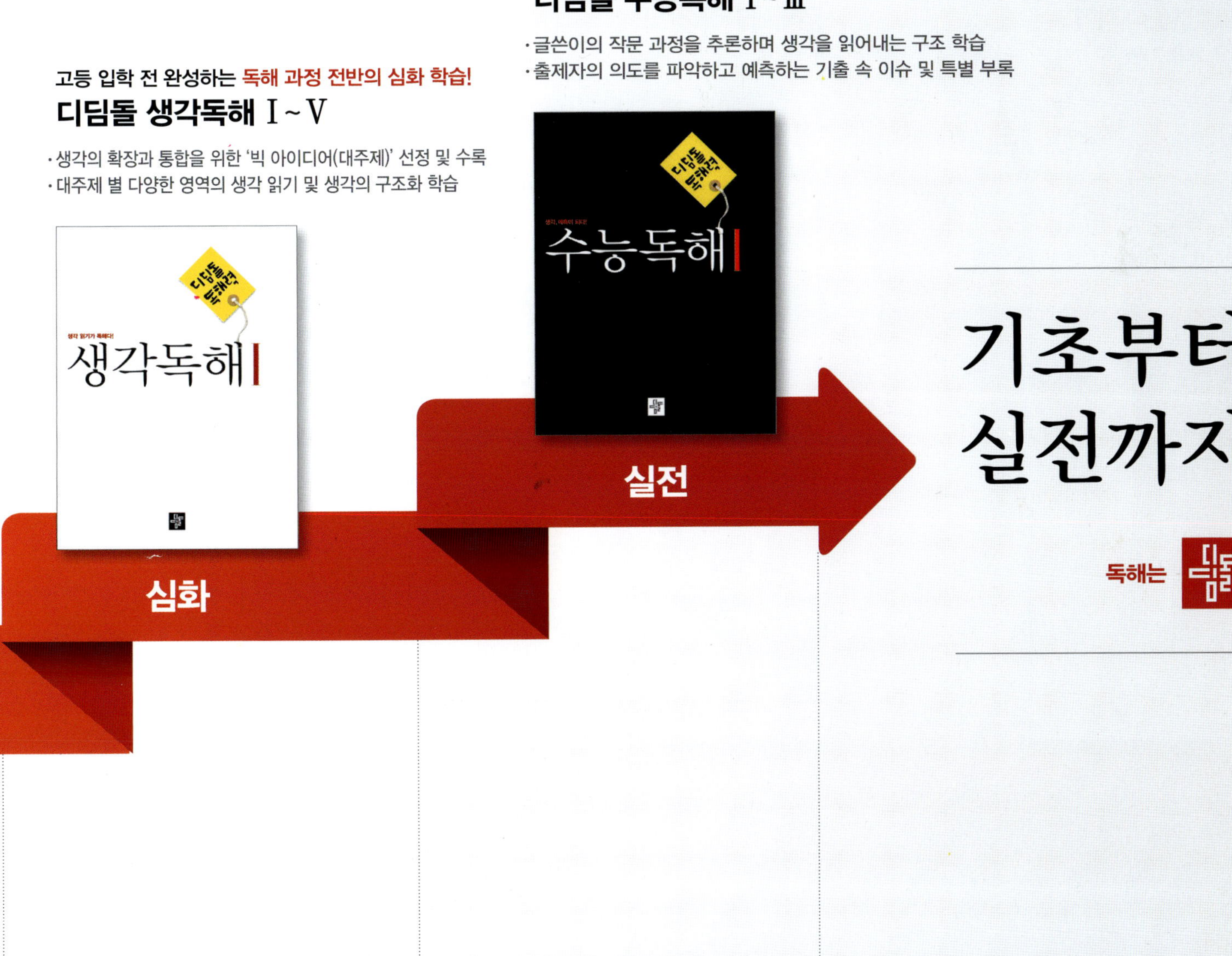

고등 입학 전 완성하는 독해 과정 전반의 심화 학습!
디딤돌 생각독해 Ⅰ~Ⅴ
·생각의 확장과 통합을 위한 '빅 아이디어(대주제)' 선정 및 수록
·대주제 별 다양한 영역의 생각 읽기 및 생각의 구조화 학습
수능국어 실전대비 독해 학습의 완성!
디딤돌 수능독해 Ⅰ~Ⅲ
·글쓴이의 작문 과정을 추론하며 생각을 읽어내는 구조 학습
·출제자의 의도를 파악하고 예측하는 기출 속 이슈 및 특별 부록
생각독해Ⅰ
수능독해Ⅰ
심화
실전
기초부터
실전까지
독해는 디딤돌
중등
고등(예비고~고2)

한걸음 한걸음 디딤돌을 걷다 보면
수학이 완성됩니다.

학습 능력과 목표에 따라
맞춤형이 가능한 디딤돌 초등 수학